2018年制定

鋼・合成構造標準示方書

耐震設計編

土木学会

Standard Specifications for Steel and Composite Structures – 2018

IV   Seismic Design

May, 2018

Japan Society of Civil Engineers

はじめに

　土木学会鋼構造委員会は，1971 年の発足以来，土木分野における鋼構造および鋼・コンクリート合成構造に関する研究，調査を行い，学術・技術の進展に寄与することを目的として活動を続けている．この間，鋼・合成構造に関する技術が進歩した一方で，鋼・合成構造物に対して要求される性能も変化し続けてきた．社会から求められる鋼・合成構造物とは何かを考え，それを実現するための技術を，最新技術も含めて標準化し，統一的な学会規準として顕しておくことは，学会としての極めて重要な責務であると考えており，これが「鋼・合成構造標準示方書」発刊の意義である．

　「鋼・合成構造標準示方書」は，2007 年 3 月の［総則編・構造計画編・設計編］の発刊を皮切りに，［耐震設計編］（2008 年 3 月），［施工編］（2009 年 7 月），［維持管理編］（2013 年 12 月）と発刊され，全編が出そろった．しかし，最初の発刊から既に 10 年以上が経過し，その間にも新しい技術や知見が蓄積されてきている．学会の示方書である以上，先進性を有した示方書であり続けることが期待されており，そのため，本示方書は，一定の周期ごとに改定することとしている．鋼構造委員会には，改定のための小委員会を設け，継続的に次期改定に向けての議論を行っている．既に［総則編・構造計画編・設計編］が 2016 年 5 月に改定されており，本［耐震設計編］はそれに続く改定編となる．今回の改定により，鋼・合成構造の耐震設計に関わる最新技術が反映され，活用できるようになるとともに，今後研究すべき方向がより明らかになることを強く期待している．

　最後に，［耐震設計編］の改定を担当された鋼・合成構造標準示方書耐震設計編小委員会の委員各位，本示方書の改定作業全般を統括された鋼・合成構造標準示方書総括小委員会の委員各位に深甚の謝意を示す．また，示方書の内容について，終始忌憚のないご意見をいただいた鋼構造委員会の委員各位に心からお礼を申し上げる．

2018 年 5 月

土木学会鋼構造委員会
委員長　舘石和雄

序

　鋼構造委員会の設計基準としては，1987年に発行された「鋼構造物設計指針 PART A 一般構造物」と「鋼構造物設計指針 PART B 合成構造物」までその源流を遡ることができる．その後，鋼構造物設計指針は1997年に改定され，部分係数法の導入や兵庫県南部地震以後の研究成果など，当時の設計基準としては最新の知見が盛り込まれていた．このような鋼構造委員会の設計基準の発展の流れを継承し，かつ，新しい性能規定化の方針を取り入れた設計基準が「鋼・合成構造標準示方書」として2007年に発刊された．

　2000年当時は，欧州諸国の統一設計基準のEurocodeや，信頼性設計理論の考えを大幅に取り入れた荷重抵抗係数設計法による橋梁基準AASHTO LRFDが取りまとめられていた時期である．さらに1995年に発効されたWTO協定への対応から，土木と建築の基準も，従来の仕様規定から性能規定化への変更が求められていた時期でもあった．鋼・合成構造標準示方書はそのような社会的背景から発刊された．

　前述した2007年に発刊された第1弾の鋼・合成構造標準示方書では［総則編・構造計画編・設計編］が取りまとめられた．その後，2008年に［耐震設計編］が，2009年に［施工編］，2013年には［維持管理編］が出版された．これで当初予定されていた全ての編が発行され，「鋼・合成構造標準示方書」全編が完結した．しかし，この間の技術の発展も大きく，かつ5年毎に改定を行う方針から，かなり遅れたものの2016年に［総則編・構造計画編・設計編］の改定版が取りまとめられた．この鋼・合成構造標準示方書［耐震設計編］は初版から10年ぶりの改定版である．主な改定項目については次項以降の「改定の方針」に詳述されているため省略するが，東北地方太平洋沖地震（2011）や熊本地震（2016）等の被害から多くの犠牲を払って得た教訓を生かして耐震設計の高度化が進められたものと確信している．

　しかし，全ての技術がそうであるように，技術の進歩は止むことはない．また，安全・安心に対する社会の要請も変化する．さらに，学会の基準として先進性と厳密性を重要視するあまり，一般の実務者からは受け容れがたい部分もあるかと思う．今後とも「鋼・合成構造標準示方書」のあり方を継続的に検討するつもりであり，皆様の忌憚のない意見を頂ければ幸いである．

　最後になりましたが，執筆・とりまとめを担当された後藤芳顯委員長を初めとした［耐震設計編］委員の皆様に対し厚く御礼申し上げます．また，貴重なご意見をいただいた鋼構造委員会委員に対し御礼申し上げます．

2018年5月

土木学会鋼構造委員会
鋼・合成構造標準示方書総括小委員会
委員長　奥井　義昭

改定の方針

　鋼構造分野での現在の耐震設計につながる検討は土木学会新技術小委員会・耐震 WG（主査：宇佐美勉　当時名古屋大学教授）で 1991 年から開始された．WG の活動中に兵庫県南部地震（1995）が発生し，鋼構造物にも他の構造物と同様に甚大な被害が生じた．地震後，道路橋示方書 V 耐震設計編をはじめとする各土木系機関の設計基準類では設計地震動の大幅な引き上げがなされた．そして，このように引き上げられた地震動に対して構造物の耐震性能を的確に評価する必要性から性能照査型の設計体系もいち早く導入された．かかる流れの中で宇佐美教授を中心に土木学会鋼構造委員会，日本鋼構造協会でも独自の検討が重ねられ，その成果として，鋼・合成構造標準示方書［耐震設計編］（以下，前回示方書）が 2008 年にまとめられた．今回の［耐震設計編］の改定は 10 年ぶりになるが，その間に得られた多くの知見や概念を取り入れたため大幅な改定となった．

　耐震設計編小委員会（以下，本小委員会）では今回の鋼・合成構造標準示方書［耐震設計編］（以下，本示方書）をまとめる上で性格の異なる二つの課題があった．

　一つは前回示方書の照査法である「ひずみ照査法」をどのように扱うかという現実的な課題である．前回示方書の発刊当時，国の「緊急輸送道路の橋梁耐震補強 3 箇年プログラム」に対応するため，道路橋示方書の適用が容易でなかった特殊橋梁の耐震補強等で前回示方書のひずみ照査法を利用した耐震照査が多くおこなわれた．しかし，前回示方書の発刊時には，すでに，ひずみ照査法の問題点が指摘されていた．その後も同様の問題点を述べた複数の論文が公表され，ひずみ照査法の提案者との間で引き続き討議がなされている．指摘されているひずみ照査法の主な問題点は，前回示方書の発刊当時，鋼製橋脚に関する研究成果しかなく，これから導かれた終局ひずみをアーチ橋やトラス橋などの他の構造形式の終局ひずみに準用している点である．具体的には，部材座屈の影響の小さい鋼製橋脚の終局ひずみを部材座屈が支配的なトラス部材やアーチ部材に用いると危険側になるという指摘である．多くの資料を基に本委員会で検討した結果，ひずみ照査法の扱いとしては，実験などで妥当性が検証されている部材座屈の影響が小さい鋼製橋脚やコンクリート充填橋脚を対象とした水平一方向地震動に対する照査に適用を限定することになった．ただし，本小委員会委員長の非力もあり，「ひずみ照査法」の扱いについて小委員会での意見を完全には一致させることはできなかった．意見の一致を見なかった点については「ひずみ照査法をめぐる問題」として付録にありのままに記述した．これは，前回示方書の刊行時にも今回と同様の議論がなされたが，記録が残されず，本小委員会での混乱につながったことの反省からである．次回改定時には参照いただきたい．

　いま一つは，「想定外」の被害を極力減らすには耐震設計法はどうあるべきであるかという近年重要性が認識されているが容易に回答の得られない難しい課題である．兵庫県南部地震（1995）を契機に各機関の耐震設計法の枠組みが性能照査型設計に移行して以来，東北地方太平洋沖地震（2011）や熊本地震（2016）のほかのいくつかの巨大地震が発生した．これらの地震により，各機関の構造物に対する耐震性向上の取り組みが着実に成果を上げていることが示された反面，依然として「想定外」の被害が生じ，耐震設計にはいまだ多くの課題があることも明らかになった．さらに，南海トラフ地震の想定地震動（2013）によると，地域によっては現在の設計地震動を遥かに超えるキラーパルス発生の可能性も指摘されている．しかし，東北地方太平洋沖地震（2011）以後，社会基盤施設の「想定外」の被害の発生はもはや社会的に許容されにくい状況にある．

このような状況下で，従来の耐震設計の枠内で地震作用を引き上げるなどの対症療法的な対応で社会的な要請に応えるのは限界があり，耐震設計の枠組みそのものを再考する時期に来ている．したがって，本示方書では「想定外」の被害を低減するために二つの取り組みを行った．一つは地震動下の構造物の挙動をより正確にとらえて構造物の安全性を照査する手法の提示したことである．すなわち，多方向地震動成分下にも適用できる構造物全体系の 3 次元挙動を考慮した高度な照査法を示した．2016 年制定土木構造物共通示方書（性能・作用編）では，信頼性のある設計地震動として当該地点で考えうる最大級のシナリオ型地震動の多方向成分の同時入力に対して照査することを原則としているが，本照査法はこのような場合にも適用できる．いま一つは，想定を超える極大地震動の作用により構造物の応答が安全限界を超えた場合にも，このような状態をあらかじめ予測し，減災の観点から致命的な大規模崩壊を防ぐ崩壊制御設計法の概念を示したことである．

　多方向地震動成分の同時入力に対する耐震照査法は近年の地震動予測，実験，計測，解析，コンピュータに関する諸技術の目覚ましい進展を背景としている．このような進展で，建設地点における多方向地震動成分入力下の構造系の 3 次元終局挙動の予測精度向上が実務分野においても急速に図られつつある．その結果，現行の示方書では必ずしも十分な対応のできない既設構造の耐震補強などでは，精緻な解析モデルを用いて現実に即した耐震性能照査が行われることも珍しくなくなってきた．このような動きは，現行の水平 1 方向地震動成分による耐震設計で生じる「想定外」の地震被害を低減する一つの決め手となる．そこで，構造物の 3 次元挙動にもとづく照査法の現状を調査し，統一化，標準化することで新たな性能照査型耐震設計の枠組を提示した．性能照査設計の基本は要求される耐震性能を構造物が満足していることを直接的に照査するもので，その信頼性は構造物が終局限界に至るまでの地震時 3 次元動的挙動をいかに正確に予測できるかにかかっている．このような観点から，本示方書では高度な解析法を含めて精度が検証されている有効な解析手法を広く紹介するとともに，解析の精度確保や妥当性検証のための方策も提示した．各種予測式の取りまとめや実験データが掲載されている多数の文献の分類・整理を行い，掲載したのもこの目的のためである．さらに，本示方書では部材の損傷条件やモデル化を明確にすることで，現行の示方書では対応が難しい厳しい条件下の耐震補強の照査にも適用できるようにした．

　「想定外」の地震被害を低減するいま一つの対策である崩壊制御設計法は，構造物の応答が安全限界を超える場合を想定して，この領域での挙動を耐震設計とは別の観点から制御することで致命的な大規模崩壊を回避するための方法である．このような考え方の重要性は 9.11 同時多発テロでの WTC ビル倒壊（2001）を契機に，欧米を中心に重要性が認識された．しかし，安全限界を超え崩壊に至る領域における構造物の挙動は現段階では不明な点が多く，また高次の動的複合非線形問題であるのでその解析は容易でない．したがって，定量的な崩壊制御はいまだ研究段階にあるため，本示方書では，崩壊制御の概念と，耐崩壊性能を高めるための構造系のロバスト性向上手法などを定性的に述べるにとどまっている．今後，研究の進展とともに，より完成度の高い崩壊制御設計法が次回の改定時に提示されることを期待したい．

2018 年 5 月

土木学会鋼構造委員会

鋼・合成構造標準示方書耐震設計編小委員会

委員長　後藤　芳顯

土木学会　鋼構造委員会　委員構成

委員長：舘石 和雄

副委員長：川畑 篤敬

幹事長：塩竈 裕三

委　員

芦塚 憲一郎	麻生 稔彦	穴見 健吾	阿部 雅人	有住 康則	池田 学	伊藤 裕一
岩崎 英治	上野 淳人	大倉 一郎	岡田 誠司	小笠原 照夫	荻原 勝也	奥井 義昭
長田 光司	小野 潔	貝沼 重信	勝地 弘	加藤 真志	北根 安雄	木村 元哉
紅林 章央	後藤 芳顯	小西 拓洋	斉木 功	坂野 昌弘	佐々木 保隆	杉浦 邦征
杉本 一朗	杉山 俊幸	鈴木 森晶	中村 信秀	橘 吉宏	玉越 隆史	中沢 正利
中島 章典	中村 聖三	中村 一史	長山 智則	並川 賢治	西岡 勉	西川 和廣
野澤 伸一郎	平山 博	藤井 堅	藤井 康盛	藤原 博	本間 宏二	前川 幸次
松本 高志	水口 和之	南 邦明	村越 潤	森 猛	山口 栄輝	山口 恒太
山口 隆司	山路 徹	山本 広祐				

幹　事

石井 博典	臼井 恒夫	内田 大介	刑部 清次	黒田 智也	佐々木 栄一	髙木 優任
野阪 克義	原田 拓也	福田 雅人				

顧問：伊藤 學、宇佐美 勉、越後 滋、大田 孝二、小川 篤生、加藤 正晴、倉西 茂、坂井 藤一、
　　　髙木 千太郎、辰巳 正明、長井 正嗣、野上 邦栄、藤野 陽三、依田 照彦

（50 音順・敬称略）

鋼・合成構造標準示方書総括小委員会委員構成

委員長：奥井 義昭

幹事長：判治 剛

委　員

伊藤 裕一	伊原 茂	入部 孝夫	岩崎 英治	上平 悟	運上 茂樹	大垣 賀津雄
緒方 辰男	岡本 隆	小野 潔	勝地 弘	木村 元哉	小室 雅人	坂野 昌弘
紫桃 孝一郎	下里 哲弘	杉浦 邦征	杉本 一朗	橘 肇	玉越 隆史	中島 章典
西岡 勉	野澤 伸一郎	野中 哲也	日野 昭二	日野 伸一	藤原 良憲	松本 高志
山口 栄輝	山路 徹	山本 広祐	横田 弘	若林 大		

幹　事

池田 学	葛 漢彬	後藤 芳顯	舘石 和雄	野阪 克義	古田 富保	村越 潤
山口 隆司						

（50 音順・敬称略）

鋼・合成構造標準示方書耐震設計編小委員会
委員構成

委員長：後藤 芳顯（名古屋工業大学）
幹事長：葛 漢彬（名城大学）
連絡幹事：高木 優任（新日鐵住金）

委　員

○海老澤 健正（名古屋工業大学）　　　　奥村 徹（地震工学研究開発センター）
　小野 潔（早稲田大学）　　　　　　　　葛西 昭（熊本大学）
　金治 英貞（阪神高速道路）　　　　　　佐野 泰如（横河ブリッジ）
　舘石 和雄（名古屋大学）　　　　　　　田中 賢太（長大）
　徳橋 亮治（大日本コンサルタント）　　豊岡 亮洋（鉄道総合技術研究所）
　野中 哲也（名古屋工業大学）　　　　　平山 博（大日本コンサルタント）
　深谷 茂広（長大）　　　　　　　　　　山口 栄輝（九州工業大学）

（50音順・敬称略）
○：委員兼幹事

鋼・合成構造標準示方書耐震設計編小委員会
担当者一覧

章	担当者
1．総則	後藤*，葛，奥村，小野
2．耐震性能設計の基本	小野*，後藤，葛，奥村，田中，野中，深谷
3．作用	野中*，奥村，金治，田中， 豊岡，深谷
4．耐震性能照査	＜耐震性能照査全般（低サイクル疲労を除く）＞ 後藤*，葛，奥村，小野，田中，野中，深谷，海老澤 ＜低サイクル疲労＞ 葛*，舘石
5．耐震解析法	後藤*，奥村，田中，野中，深谷，山口
6．鋼橋の各構成要素の構造細目	佐野*，奥村，小野，金治，田中，豊岡， 野中，深谷，後藤
7．鋼橋のモデル化	奥村*，後藤，金治，佐野，田中，豊岡，野中，深谷
8．制震設計	金治*，後藤，奥村， 小野，佐野，田中，豊岡，野中，深谷，海老澤
9．水平力分散設計・免震設計	豊岡*，後藤，奥村， 小野，金治，佐野，田中，野中，深谷，海老澤
付録1．耐震性能照査例	田中*，深谷*， 後藤，奥村，小野，徳橋，野中，平山
付録2．部材およびセグメントの安全限界評価式	海老澤*，後藤，葛，小野，奥村
付録3．ひずみ照査法をめぐる問題	奥村*，後藤，小野，佐野，深谷，葛西，葛

* : 主査

委員以外の以下の方々に原稿作成に協力いただいた.
　永田和寿　　（名古屋工業大学）補遺 4-1
　川西直樹　　（豊田工業高等専門学校）補遺 4-4(2)，(3)，補遺 7-2
　水野剛規　　（岐阜工業高等専門学校）補遺 7-4
　中村真貴　　（地震工学研究開発センター）補遺 3-1
　坂本佳子　　（地震工学研究開発センター）付録 1-2
　沈赤　　　　（長大）付録 1-3

2018 年制定 鋼・合成構造標準示方書
耐震設計編

目　　　次

第1章　総　　　則 1

  1.1　適用範囲 1

  1.2　用語 2

    1.2.1　示方書共通の用語 2

    1.2.2　本編で用いる用語 4

  1.3　記号の定義 8

  1.4　字句の意味 12

第2章　耐震性能設計の基本 13

  2.1　耐震性能設計の基本 13

  2.2　耐震設計の一般 13

  2.3　構造物の耐震性能 16

    2.3.1　要求性能と限界状態 16

    2.3.2　構造物の耐震性能水準 16

  2.4　構造計画 19

第3章　作　　　用 23

  3.1　一般 23

  3.2　照査に用いる地震動 24

  3.3　地震動の作用方法 29

  補遺 3-1　地盤応答解析の実施例 33

第4章　耐震性能照査 40

  4.1　性能照査の方法 40

    4.1.1　一般 40

    4.1.2　部分係数 41

  4.2　耐震性能照査の一般 44

  4.3　レベル2地震動に対する耐震性能Iの照査法 52

  4.4　レベル2地震動に対する耐震性能II, IIIの照査法 55

  4.5　想定を超える地震動作用に対する配慮 64

  補遺 4-1　耐震関係の各種実験に関する文献のまとめ 69

  補遺 4-2　鋼製橋脚の限界相関式を用いた照査法 76

  補遺 4-3　地震時最大応答変位に基づく橋脚の残留変位の推定式とその評価 77

  補遺 4-4　コンクリート充填鋼製橋脚の照査法 78

  補遺 4-5　低サイクル疲労照査での局部的な塑性ひずみ履歴の算定法と照査法 82

第5章　耐震解析法 86

  5.1　一般 86

  5.2　数値解析法 87

  補遺 5-1　鋼橋の耐震解析の実態調査とこれに基づく信頼性向上法の提案 96

第6章　鋼橋の各構成要素の構造細目 102

  6.1　一般 102

  6.2　上部構造の構造細目 102

  6.3　支承の構造細目 103

    6.3.1　一般 103

    6.3.2　構造細目 104

  6.4　鋼製橋脚の構造細目 105

  6.5　橋脚アンカー部の構造細目 109

  6.6　ボルト接合部の構造細目 110

  6.7　落橋防止システムの構造細目 111

第7章　鋼橋のモデル化 113

  7.1　一般 113

  7.2　耐震解析に用いる有限要素 118

  7.3　材料構成則 118

    7.3.1　一般 118

    7.3.2　鋼材 118

    7.3.3　コンクリート 120

  7.4　質量 122

  7.5　減衰 124

  7.6　地震作用の静的な荷重への換算 126

  7.7　初期不整 126

  7.8　部材のモデル化 129

    7.8.1　一般 129

    7.8.2　桁・床版 129

    7.8.3　対傾構・横構 131

    7.8.4　支承 133

    7.8.5　鋼製橋脚 138

    7.8.6　橋脚アンカー部 142

    7.8.7　基礎と地盤 149

    7.8.8　制震デバイス・免震装置 153

  7.9　橋梁全体のモデル化 153

  補遺 7-1　コンクリート充填橋脚の FE モデルと数値解析例 157

  補遺 7-2　コンクリート充填構造の終局挙動解析に用いる 3 次元セグメントモデル 162

  補遺 7-3　二次部材のモデル 166

補遺 7-4　橋脚アンカー部の数値解析例 170

補遺 7-5　橋梁全体のモデル化の例 173

第 8 章　制 震 設 計 191

8.1　適用範囲 191

8.2　対象範囲 191

8.3　設計の基本 194

8.4　制震デバイスの品質 199

8.5　制震設計 200

　　8.5.1　一般 200

　　8.5.2　制震デバイスのモデル化 202

　　8.5.3　レベル 2 地震動以外の作用に対する制震デバイスの照査 203

　　8.5.4　レベル 2 地震動に対する制震デバイスの照査 204

8.6　構造細目 205

第 9 章　水平力分散設計・免震設計 208

9.1　適用範囲 208

9.2　対象範囲 208

9.3　設計の基本 209

9.4　水平力分散装置および免震装置の品質 211

9.5　水平力分散設計および免震設計 212

　　9.5.1　一般 212

　　9.5.2　水平力分散装置および免震装置のモデル化 214

　　9.5.3　レベル 2 地震動以外の作用に対する水平力分散装置および免震装置の照査 220

　　9.5.4　レベル 2 地震動に対する水平力分散装置および免震装置の照査 220

9.6　構造細目 221

補遺 9-1　ゴム支承取付ボルトの破断機構と設計上の留意点 223

付録 1　耐震性能照査例 225

　1.　連続高架橋 225

　2.　トラス橋 237

　3.　アーチ橋 254

付録 2　部材およびセグメントの安全限界評価式 276

　1.　概要 276

　2.　無充填鋼製橋脚での安全限界の各種推定式 277

　3.　各種安全限界評価式の精度 292

付録 3　ひずみ照査法をめぐる問題 297

　1.　はじめに 297

　2.　ひずみ照査法の問題点 297

　3.　ひずみ照査法の問題点を指摘した各論文に対する討議と回答 309

第1章 総 則

1.1 適用範囲

鋼・合成構造標準示方書［耐震設計編］（以下，本示方書）は，主に鋼部材より構成される新設ならびに既設の構造物を対象として，過去から将来にわたって発生する可能性のある最大級の地震動に対する耐震性能照査の手法を示したものである．

【解　説】

本示方書は，発生する可能性のある最大級の地震動（レベル2地震動）に対して，鋼構造物あるいは鋼部材の内部にコンクリートを充填した合成構造物を含む鋼構造物が，橋脚アンカー部を含め，構造安全性と地震後の使用性・修復性からなる構造物に要求される耐震性能を満たすかどうかを照査する汎用的でかつ比較的精緻な手法について記述したものである．対象とする構造物は，鋼製橋脚やコンクリート充填橋脚で支持された連続高架橋，アーチ橋，トラス橋などの鋼橋が中心であるが，構造物に要求される耐震性能が適切に規定されれば本示方書の照査法は他の鋼構造物にも適用できる．なお，設計供用期間内に発生する可能性の高い地震動（レベル1地震動）に対する照査は「設計編」による．

土木分野の鋼・合成構造物の耐震設計については，すでに道路橋示方書・同解説Ⅴ耐震設計編［日本道路協会，2017］，鉄道構造物等設計標準・同解説（耐震設計）［鉄道総合技術研究所，2012］をはじめ，他各道路会社，地方自治体の設計基準に規定されている．したがって，上記各機関の設計基準で容易に照査できる構造物などの設計にはあえて本示方書を用いる必要はない．

汎用的で比較的精緻な本耐震照査法は，すでに実施された耐震設計の妥当性を別の手法でより詳細に検証する場合，耐震補強などで各機関の設計基準で照査できない場合，さらに，想定された地域固有の3方向成分を持つシナリオ型地震動に対して照査する場合など，耐震性能を実情に即してより正確に照査する必要のある場合などへの使用が適している．なお，本示方書での耐震性能の内容と各機関で規定されている耐震性能の内容とが一致しない場合がある．このような場合に本示方書の照査法を適用する際には，内容の差を吟味して，必要に応じて照査法に適切な修正を加える必要がある．

なお，津波，斜面崩壊に対する設計については十分な知見が得られていないため，本示方書では対象外とした．

1.2 用語

1.2.1 示方書共通の用語

(1) 構造計画，設計，施工，および維持管理に関する一般用語

1) 性能照査型設計法：設計された構造物が要求性能さえ満足していれば，どのような構造形式や構造材料，設計手法，工法を用いてもよいとする設計方法．より具体的には，構造物の目的とそれに適合する機能を明示し，機能を備えるために必要とされる性能を規定し，規定された性能を構造物の構造計画，設計，施工，維持管理に至る各段階で確保することにより機能を満足させる設計方法．

2) 仕様規定に基づく設計：具体的な構造材料の種類や寸法，解析手法などが指定されており，それに基づいて設計する方法．多くの現行設計基準はこれにあたる．

3) 適合みなし規定：要求性能を満足しているとみなされる「解」を例示したもので，性能照査方法を明確に表示できない場合に規定される構造材料や寸法，および従来の実績から妥当と見なされる現行設計基準類に指定された解析法，強度予測式などを用いた照査方法を表す．

4) 信頼性設計法：構造物が限界状態に達する可能性を確率論的に照査する設計法．

5) 限界状態設計法：照査すべき限界状態を明確にした設計法．照査フォーマットとして信頼性理論のレベル I にあたる部分係数法（Partial Factor Design）を採用することが現時点ではほとんどであるため，部分係数法が限界状態設計法と同義で使われることもあるが，厳密には両者は異なるものである．

6) 部分係数法：構造物に作用する各種の作用，地盤パラメータ，構造物寸法，設計計算モデルの精度，限界状態を設計計算で照査するための基準値などの不確実性に対して，構造物が所定の限界状態を適当な確率で満足するための余裕を，部分係数により考慮する設計法．

7) ライフサイクルコスト：構造物の構造計画，設計，施工，供用・維持管理，解体までを含めたライフサイクル期間において必要とされるコストの総量．

8) 設計供用期間：当初の維持管理計画の範囲内で，特別な補修をすることなしに構造物が当初の目的のために使用されると設計時に想定される期間．

9) 耐用期間：工学的な手法に基づき，疲労，腐食および材料劣化などの影響により構造物の性能が低下し，限界状態に至ると予測される期間．

10) 目的：構造物を建設する理由を一般的な言葉で表現したものであり，事業者または利用者（供用者）を主語として記述することが望ましい．

11) 基本要件：構造物の用途・機能，環境保全，作業の安全性に関して遵守すべき事項．基本的諸元，あるいは設計施工などの行為に関して法令などで定められた条件．

12) 機能：使用する目的に応じて構造物が果たすべき役割．

13) 審査：目的の設定から照査までの一連の設計が適切に実施されているかどうかを精査する，認定を受けた第三者機関が行う行為．

14) 認定：審査を実施し得る諸機関を定めること．

15) 認証：認定機関が目的の設定から照査までの一連の設計が適切に実施されていることを審査し，証明書を出す行為．

16) FCM（Fracture Critical Member）：引張力を受ける部材で，破断することにより構造物全体の崩壊や構造物の機能喪失を引き起こすような部材．

17) 崩壊危険部材：その部材の破壊が構造物全体の崩壊や構造物の機能喪失を引き起こすような部材で，FCM を含む．

(2) 性能に関する用語

1) 性能：使用する目的あるいは要求に応じて構造物が発揮すべき能力．

2) 要求性能：構造物がその目的を達成するために保有すべき性能．

3) 性能項目：要求性能を細分化したもので，性能項目ごとに照査指標が設定される．照査指標には，一般に，限界状態が規定される．

4) 性能レベル：構造物に要求される性能のレベルで，各要求性能に対し必要に応じて設定される．

5) 安全性：構造物が利用者，および第三者の生命・財産を脅かさないために必要な性能．

6) 使用性：構造物の利用者が許容限度以上の不快感，不安感を覚えず，快適に構造物を利用するために必要な性能．

7) 耐久性：荷重作用あるいは環境作用による構造物あるいは部材の性能の低下に対する抵抗性．鋼・合成構造物では，一般に環境作用による鋼材腐食，荷重作用による疲労現象，およびコンクリート部材の材料劣化や耐荷力の低下を考慮する．

8) 修復性：構造物が想定される作用により損傷を受けて性能が低下した場合の性能回復のしやすさ．

9) 社会・環境適合性：構造物が健全な社会，経済，文化などの活動に貢献し，周辺の社会・環境，自然環境に及ぼす悪影響を最小限にする性能．

10) 施工性：構造物の製作，施工中における施工の安全性および確実性．

11) 初期健全性：構造物の完成時の性能が，設計時に設定した構造物の性能を下回らない性能．

12) 維持管理性：構造物の維持管理の容易さ．

(3) 限界状態に関する用語

1) 限界状態：荷重などの作用に対して，構造物の全体あるいは一部が所要の要求性能を確保できず，その機能を果たさなくなると設計上定めた状態．

(4) 照査に関する用語

1) 性能照査：構造物が性能規定を満足しているかの判定を行う行為．限界状態設計法の場合には，応答値 S と対応する限界値 R の間での判定を行う行為．

2) 照査指標：性能の照査に用いるもので，性能項目を定量評価が可能な物理量に置き換えたもの．

3) 応答値 S：作用によって構造物に発生する物理量．

4) 限界値 R：応答に対して許容される限界の値で，要求性能に応じて定められる物理量．

5) 統計的特性値：対象とする確率変数に関するデータからその確率分布形とパラメータ値を決定したとき，その値を下回る確率がある一定の値となるように定められた値．確率分布形の特性を表示する期待値や最頻値も統計的特性値の 1 つとみなせる．

6) 最適化：構造物の要求性能あるいは性能項目を目的関数として，考え得る種々の要因を変数

として，制約条件のもとで目的関数が最小あるいは最大となるような最適な解を求める行為.

7) 部分係数：設計の不確実性を考慮して，各設計変数に割り当てられた係数であり，荷重係数，材料係数，構造解析係数，部材係数，および構造物係数の5つの係数.

8) 作用：構造物または部材に応力，変形の増減，材料特性に経時変化をもたらすすべての働き.

9) 荷重：構造物に働く作用を，作用モデルを介して，断面力，応力または変位などの算定という設計を意図した計算の入力に用いるために，直接構造物に載荷する力学的な力の集合体に変換したもの.

1.2.2 本編で用いる用語

(1) 設計に関する用語

1) 耐震設計：地震動に対して要求される性能を構造物が満たすようにする設計. 狭義には，エネルギー吸収・逸散装置を付加せずに構造体のエネルギー吸収能のみで要求性能を満たす設計.

2) 制震設計：ダンパーなどのエネルギー吸収・逸散装置を構造物に付与することで，構造物の地震応答を低減させ，要求性能を満たす設計.

3) 免震設計：鉛プラグ入り積層ゴム支承，高減衰ゴム支承，すべり支承などにより構造物を長周期化し，かつ減衰を付与することにより構造物の地震応答を低減させ，要求性能を満たす設計.

4) 水平力分散設計：多径間連続橋などを対象として，支承部に水平方向に柔性をもった積層ゴム支承を用いることにより，長周期化するとともに桁の慣性力を各橋脚・基礎へ分散させ，要求性能を満たす設計.

5) キャパシティーデザイン：地震時に塑性変形をさせる箇所（橋脚や免震装置）を特定し，そこと弾性域にとどまらせる箇所（例えば接合部，基礎，アンカー部）に明確な強度の差を付ける設計法.

6) 防災：地震時に被害を出さないとする考え方.

7) 減災：極大地震に対して，地震時の被害の発生を想定した上で，その被害を最小限にする考え方.

8) 損傷制御設計：地震作用により構造物に生じる損傷を地震後の使用性と修復性の観点から設定される限界値以内に収める設計.

9) 崩壊制御設計：地震作用により構造物の応答が安全限界を超えた場合を対象とし，安全限界を超えた領域での構造物の挙動を制御することで，大規模崩壊や望ましくない崩壊形態を避けるための減災の観点からの設計.

(2) 性能に関する用語

1) 耐震性能：地震動レベルと重要度に応じて構造物に要求される耐震設計上の性能. 構造安全性と地震後の使用性・修復性からなる. 耐震性能の水準はレベル1地震動に対する耐震性能I_0とレベル2地震動に対する耐震性能I〜耐震性能IIIがある.

2) 構造安全性：地震により，構造物が破壊・崩壊などの安全限界状態に達し，人命を損なうこ

とがないように要求される性能.

3) 地震後の使用性・修復性：地震後，構造物が機能を保持できる損傷の限界および補修・補強ができる損傷の限界を超え，利用者が地震後も引き続き構造物を使用できなくなることがないように要求される性能.

4) 損傷度：構造物の地震後の使用性・修復性を示す損傷の程度. 弾性状態, 無損傷, 小損傷, 中損傷の4段階がある. これらは要求される地震後の使用性・修復性によって決められる.

5) 変形性能：構造材料, 構造部材, 構造物が外力を受け, 安全限界状態に至るまでに変形できる性能で, 変形能ともいう.

6) エネルギー吸収能：構造物や部材の応答が限界状態に到達するまでに構造物や部材の塑性変形で消費されるエネルギーの程度.

7) 耐崩壊性：想定を超える地震により構造物に大規模崩壊など致命的な崩壊が生じない性能.

8) ロバスト性：想定外の地震作用で構造物の応答が安全限界を超えた場合にも, 構造物の受ける損傷が容易に大損傷に広がらず, 引き続き作用に耐えうる能力.

9) リダンダンシー：想定外の地震作用で1部材が破壊しても構造物が引き続き作用に耐えうる能力.

10) 耐荷性能：構造物が荷重を支える性能. 降伏点や最大荷重を指標として評価される.

11) 安定性能：外乱に対して, 静的には座屈などの極限点挙動, 動的にはフラッターやダイバージェンスなどの挙動が生じ, 応答が発散しない構造物の性能. 前者は静的安定基準により, 後者は動的安定基準により, それぞれ安定性が照査できる.

(3) 限界状態に関する用語

1) 安全限界状態：構造物あるいは部材が大変形, 大変位などを起こすことによる構造物の安全性の限界状態. 本照査法では限界値は, 荷重, 断面力あるいは変位で表す.

2) 損傷限界状態：地震後の使用性と復旧および機能の回復に要する期間などにより定められる地震による構造物の損傷の限界状態. 耐震性能IIの照査で考慮する地震後の使用性・修復性に基づいて定められる. 本照査法では限界値は残留変位や残留変形（ひずみ）で表す.

3) 致命的な被害：橋脚の倒壊や落橋など, それにより直接人命を損なう可能性がある構造物の被害.

4) 崩壊：構造物の復元力が負になったときに生じる現象で, 構造物の変位に対して復元力が負の仕事をするため運動エネルギーが増加し, 運動し続ける現象.

(4) 照査に関する用語

1) 耐震性能照査：構造物が要求される耐震性能を満足するか否かの確認.

2) 部材：耐震性能照査を実施する場合に考える構造単位. 橋梁構造物では, 上部構造, 下部構造, 支承部, 橋脚アンカー部, 基礎, 落橋防止システム, 伸縮装置, 制震ダンパーなど. さらに本示方書では, これらの要素単位で構成される部分構造も含む.

3) エネルギー吸収部材：構造パラメータの制限や座屈拘束をすることで, 塑性領域での繰り返しに対して安定的なエネルギー吸収が可能となる部材. 損傷を許容する橋脚やダンパーなど.

4) 非エネルギー吸収部材：エネルギー吸収を期待しない部材. 基本的には損傷は許容しない.

5) 残留変位：地震後, 構造物に残留する永久変位.

6) 耐力：ある作用パターンに対して部材あるいは構造が支えうる力. この耐力の最大値を最大

耐力と呼ぶ. 耐荷力ともいう. 最大耐力を超える作用に対しては部材, 構造は崩壊する可能性がある.

(5) 作用に関する用語

1) 設計作用：各々の作用の特性値にそれぞれの作用係数を乗じた値.

2) 作用係数：作用の特性値からの望ましくない方向への変動, 作用の算定方法の不確実性, 設計供用期間中の作用の変化, 作用の特性が限界状態に及ぼす影響, 環境作用の変動などを考慮するための係数.

3) 地震作用：地震動によって当該構造物に影響を及ぼす作用. レベル 1 地震動とレベル 2 地震動の 2 段階に分けられる.

4) レベル 1 地震動：構造物の供用期間中に発生する確率が高い地震動.

5) レベル 2 地震動：当該地点で考えられる最大級の強さをもつ地震動.

6) シナリオ型地震動：当該地点におけるシナリオ地震を設定して, 適切な強震動予測手法によって作成したレベル 2 地震動. シナリオ地震は危険度の高い活断層や沈み込み帯に起因して発生する地震動でその発生メカニズムを想定できる地震のこと.

7) 工学的基盤面：支持力が十分にあり, V_s (せん断弾性波速度) が少なくとも300m/s 程度以上で非線形化する可能性がない地層境界面.

(6) 材料に関する用語

1) 材料強度の特性値：定められた材料強度試験法による試験値のばらつきを想定した上で, 試験値がそれを下回る確率がある一定の小さな値以下となることが保証された材料強度の値, またはこれと同等の値.

2) 材料強度の規格値：材料強度の特性値とは別に, 本示方書以外の構造物に関する設計基準またはその他の規定により定められた材料強度の値.

3) 材料係数：材料強度の特性値からの望ましくない方向への変動, 供試体と構造物中との材料特性の差異, 材料特性の限界状態に及ぼす影響, 材料特性の経時変化などを考慮するための係数.

4) 設計材料強度：材料強度の特性値を材料係数で除した値.

5) じん性：材料が荷重を受けて破壊するまでの間に示すエネルギーの吸収能. じん性の大きい材料は高応力に耐えるかあるいは大きな変形能を持っており, 材料の衝撃強さと密接な関係を持つ.

6) 低サイクル疲労：数百回程度以内の繰り返しにより生じる疲労破壊. 耐震上, 問題となるのは数回〜数十回程度の繰り返しであり, この回数で生じる疲労破壊を極低サイクル疲労とも称する.

(7) 応答値および限界値の算定に関する用語

1) 構造解析係数：断面力などを算定するのに用いる構造解析手法の不確実性, 構造物のモデル化の確からしさなどを考慮するための係数.

2) 部材係数：部材や構造の耐力を算定するのに用いる強度解析手法の不確実性, 部材・構造寸法のばらつきの影響, 部材・構造の重要度などを考慮するための係数.

3) 設計限界値：構造物の限界値を部材係数で除した値.

4) 設計応答値：設計作用により生じる構造物の応答値に構造解析係数を乗じた値.

5) 時刻歴応答解析：地震動を入力したときの構造物の時刻歴に応じた応答を求める動的解析.

6) 静的繰り返し解析：荷重あるいは変位を正負交番させて繰り返し作用させる静的解析.

7) 微小変位解析：変位が微小であると仮定し，変形前の形状で釣り合い状態を考える解析.

8) 有限変位解析：変形による構造物の幾何学形状の変化を釣り合い式やひずみ－変位関係において考慮した解析. 幾何学的非線形解析とも言う.

9) 弾塑性解析：材料の応力とひずみの関係における非線形性を考慮した解析. 一般には材料の降伏後の挙動を考慮した解析のこと. 材料非線形解析とも言う.

10) 弾塑性有限変位解析：幾何学的非線形性と材料非線形性をともに考慮した解析. 複合非線形解析とも言う.

11) Pushover 解析：死荷重を一定に保ち，慣性力に相当する水平荷重を終局点まで増大させて行う構造物の弾塑性解析. 鋼構造物の場合は，通常では弾塑性有限変位解析を用いる.

12) FE 解析：有限要素法による解析. 解析に用いるモデルを FE モデルという.

13) ファイバーモデル：はり要素をファイバーの束としてとらえ，各ファイバーに対して 1 軸の応力－ひずみ関係を与えるモデル. 軸方向応力と軸方向ひずみの関係にのみ材料非線形性を考慮し，せん断変形に関しては弾性と仮定していることが多い.

14) $M-\phi$ モデル：軸力一定の条件で応力－ひずみ関係を積分してモーメント－曲率関係をあらかじめ求めておき，断面力の構成則としてはり要素に与えるモデル.

15) 復元力：地震慣性力と減衰力の作用に対して釣り合う構造物からの反作用としての力. 地震慣性力と減衰力の作用に対して変位した構造物を元に戻す力ということで復元力と呼ばれる.

16) スケルトンカーブ：荷重と変位または変形の関係で，復元力特性などを表す際の骨格となる曲線. 骨格曲線ともいう. 振幅漸増型の静的繰り返し実験・解析によって得られた履歴曲線の包絡線に相当する.

17) 履歴ループ：載荷と除荷を繰り返した場合の応力（荷重）とひずみ（変位）を示す曲線が描くループ.

18) 構成則：連続体である物質の力学的性質を数学的に記述したもので，連続体の基礎式の 1 つ. 一般には応力とひずみの関係式で表される.

19) 硬化則：繰り返しを受ける材料の応力－ひずみ関係における降伏後の負荷時の挙動を規定する法則. 降伏曲面の移動・拡大を規定.

20) 軟化：材料の応力－ひずみ関係や構造物の荷重－変位関係のピーク点以降において接線剛性が負になる現象.

21) 減衰：構造要素や構造物の動的な応答が運動エネルギーの逸散で応答が低減する現象またはそれを生じさせる原因. 主な減衰の種類は履歴減衰，粘性減衰である.

22) Bernoulli-Euler はり：細長い棒状の部材の曲げ挙動を表すモデルで，断面の形状不変，平面保持，直角保持を仮定し，せん断変形の影響を無視したもの.

23) Timoshenko はり：比較的細長い棒状の部材の曲げせん断挙動を表すモデルで，断面の形状不変，平面保持を仮定し，せん断変形の影響を近似的に考慮したもの.

(8) その他

1) 主要部材：主要な構造部分を構成する部材.

2) 二次部材：主要部材以外の二次的な機能を持つ部材．本示方書では，これらの二次部材のうち細長比パラメータが大きく軸圧縮力が支配的な部材をいう．

3) 主荷重：構造物に常に作用する荷重．死荷重，活荷重，衝撃など．ただし，耐震性の照査に関連する場合は活荷重と衝撃は除く（永続作用）．

4) 構造細目：構造設計で照査されない経験や慣例などに基づく取り決め．構造物の要求性能の確保，設計計算における前提条件の確保，施工上の要請などにより取り決められたもの．

5) CFT（Concrete-Filled-Tubular）構造：中空の鋼部材の内部にコンクリートを充填した構造．

6) エネルギー吸収効果：地震による構造物の運動エネルギーの一部を材料の塑性変形や摩擦により熱エネルギーに変換することで減衰をもたらす効果．見かけ上は運動エネルギーが吸収されているようにみえるが，熱エネルギーとなり逸散している．

7) 制震デバイス：構造物内あるいは隣接する構造物の間に設置し，運動エネルギーを吸収・逸散させる装置で，一般に履歴型ダンパーと粘性型ダンパーと分かれる．

8) 免震装置：主に上部構造と下部構造の間に設置し，長周期化による慣性力の低減および運動エネルギーを吸収・逸散させる装置．

9) 履歴型ダンパー：制震デバイスの一種で，金属の塑性変形あるいは接触面間の摩擦により運動エネルギーを吸収・逸散させる装置．

10) 粘性型ダンパー：制震デバイスの一種で，粘性体の内部摩擦により運動エネルギーを吸収・逸散させる装置．

11) 座屈拘束ブレース（BRB）：圧縮力作用時に座屈しないように拘束材でブレースを覆い，ブレースの引張・圧縮の塑性変形により地震エネルギーを吸収・逸散する履歴型ダンパー．

12) せん断パネルダンパー（SPD）:補剛あるいは無補剛のせん断パネルの塑性変形によって地震エネルギーを吸収・逸散する履歴型ダンパー．

13) キラーパルス：1〜2秒周期の波が卓越した地震動のこと．一般に，内陸直下型の地震において発生することが多い．

14) Self-centering 機構：損傷後の構造物が自動的に原位置に復帰できるようにするための仕組．PC鋼棒や形状記憶合金などの弾性復元機能を用いた例がある．

15) 形状記憶合金：超弾性と形状記憶の機能を持つ合金．この合金を金属ダンパーや鉄筋に適用することで，エネルギー吸収とともに超弾性機能により残留変位低減を目指した例がある．

1.3 記号の定義

本示方書で使用する主な記号を以下に定義する．ただし，一般的な使われ方をされている記号のみを示す．

(1) 添字

添字は必要に応じて使用している．ただし，添字のうち以下のものは原則として次の意味をもつ．

a	：許容，平均	（例）（σ_a, ε_a）
c	：コンクリート，圧縮	（ℓ_c）

d	：設計値	(S_d, R_d)
e	：弾性	(U_e^{jkP})
ef	：有効	(A_{ef})
h	：水平	(k_h)
M	：最大耐力での量	(H_M)
m	：応答の最大値	(H_m)
P	：Pushover 解析	(H^P)
R	：残留	(δ_R)
u	：安全限界状態での量	(H_u)
y，0	：降伏	(δ_y)，(δ_0)

(2) 行列およびベクトルの表示

$[\mathbf{C}]$	：構造全体系の減衰マトリックス
$[\mathbf{K}]$	：構造全体系の剛性マトリックス
$[\mathbf{M}]$	：構造全体系の質量マトリックス
$\{\mathbf{F}_d\}$	：構造全体系に作用する死荷重ベクトル
$\{\mathbf{F}_m\}$	：構造全体系が最も安全限界状態に近づいた時刻での地震作用力ベクトル
$\{\hat{\mathbf{F}}_m\}$	：$\{\mathbf{F}_m\}$ の単位ベクトル（地震作用力モードベクトル）
$\{\mathbf{f}_d^i\}$	：部材 i の部材境界部に作用する死荷重による内力ベクトル
$\{\mathbf{f}_m^i\}$	：部材が最も安全限界に近づいた時刻での部材境界部における地震作用による内力ベクトル
$\{\hat{\mathbf{f}}_m^i\}$	：$\{\mathbf{f}_m^i\}$ の単位ベクトル（地震作用による内力モードベクトル）
$\{\mathbf{R}\}$	：構造全体系の復元力ベクトル
$\{\mathbf{U}\}$	：構造全体系の変位ベクトル
$\{\dot{\mathbf{U}}\}$	：構造全体系の速度ベクトル
$\{\ddot{\mathbf{U}}\}$	：構造全体系の加速度ベクトル

(3) 力，荷重，モーメント

F，f	：作用荷重倍率
F_m	：地震作用力ベクトル $\{\mathbf{F}_m\}$ の大きさ
F_u	：一定の $\{\mathbf{F}_d\}$ が作用する構造全体系に $\{\hat{\mathbf{F}}_m\}$ を比例載荷した時の最大耐力点での荷重倍率
f_m^i	：地震作用による内力ベクトル $\{\mathbf{f}_m^i\}$ の大きさ
f_u^i	：一定の $\{\mathbf{f}_d^i\}$ が作用する部材 i に $\{\hat{\mathbf{f}}_m^i\}$ を比例載荷した時の最大耐力点での荷重倍率
H	：水平力
H_M	：最大水平耐力
H_y	：降伏水平力
M	：曲げモーメント
M_y	：降伏曲げモーメント

N	：軸力
N_y, P_y	：降伏軸力
P	：軸方向荷重
S	：せん断力
f_k	：個々の材料強度の特性値
F_k	：個々の荷重強度の特性値

(4) 応力とひずみ

γ	：せん断ひずみ
ε	：軸方向ひずみ
ε_c	：コンクリートの圧縮ひずみ度
ε_0, ε_{ck}	：コンクリートの圧縮強度到達時のひずみ
ε_p	：塑性ひずみ
$\Delta\varepsilon_p$	：塑性ひずみ範囲
ε_{st}	：ひずみ硬化開始時のひずみ
ε_y	：降伏ひずみ
σ	：軸方向応力
σ_c	：コンクリートの圧縮応力度
σ_{ck}	：コンクリートの設計基準強度
σ_y	：降伏応力
$\overline{\sigma}$	：相当応力
τ	：せん断応力

(5) たわみと変位

CID	：累積塑性変形
U, u	：変位，水平変位
δ	：変位，水平変位
δ_M	：最大耐力での変位
δ_m	：最大応答変位
δ_R, U_R	：残留変位
δ_u	：終局変位
δ_y, δ_0	：降伏変位
δ_{90}	：90%荷重時での（水平）変位
μ	：変位塑性率
θ	：部材角，アンカー部の相対回転角

(6) 動的挙動を表現する諸量（質量，減衰，速度，加速度）

f	：固有振動数
h	：減衰定数
k_h	：設計水平震度
M, m	：質量

第1章　総　　　則　　　11

V_S : せん断波速度

α , β : Rayleigh 減衰の係数

(7) 幾何学的諸量

A : 断面積

A_e : 有効せん断断面積

a / b : 補剛板の縦横寸法比

h : 橋脚高さ

h_c : コンクリート充填高さ

I : 断面2次モーメント

K : 有効座屈長係数

L : 部材長

ℓ : 要素長

R : 幅厚比パラメータ

r : 断面2次半径

R_R , R_f : フランジの縦リブ間の幅厚比パラメータ，あるいはフランジの幅厚比パラメータ($\gamma / \gamma^* \geq 1.0$ のとき)

R_F : フランジの幅厚比パラメータ（$\gamma / \gamma^* \leq 1.0$ のとき）

R_S : 縦補剛材の幅厚比パラメータ

R_t : 鋼管の径厚比パラメータ

t : 板厚

γ : 縦方向補剛材剛比

γ^* : 補剛板の縦方向補剛材の最適剛比

(8) 材料定数

E : 弾性係数

E_{st} : ひずみ硬化係数

E_c : コンクリートのヤング係数

E_2 : バイリニア型材料構成則での2次勾配

G : せん断弾性係数

(9) その他

K : 剛性

K_1 : 1次剛性

K_2 : 2次剛性

ΔK : 剛性低下率

D : 累積疲労損傷度

N_f : 疲労寿命

R : 限界値

R_d : 設計限界値

S : 応答値

S_d	：設計応答値
γ_a	：構造解析係数
γ_b	：部材係数
γ_f	：作用係数
γ_i	：構造物係数
γ_m	：材料係数

1.4 字句の意味

本示方書では，末尾に置く字句の意味を表 1.4.1 のように区分している．

表 1.4.1 末尾に置く字句の意味

字句の区別	末尾に置く字句の標準的な例
【要求（Requirement）】 本示方書が規定する満足すべき事項を表す場合	～しなければならない． ～するものとする． ～によるものとする．
【推奨（Recommendation）】 幾つかの代替的な方法の中で，最も推奨される事項を表す場合	～することを原則とする． ～を標準とする． ～するのがよい． ～することが望ましい．
【可能（Possibility）】 幾つかの可能な代替的な方法や事項の１つを表す場合	～してもよい． ～することができる．

【解　説】

本示方書の条文のもつ意味を明確に表現するため，末尾に置く字句によって主として３つに区分することとした．それぞれの意味と末尾に置く字句の標準的な例を表 1.4.1 のように定めた．

第 1 章の参考文献

鉄道総合技術研究所（2012）：鉄道構造物等設計標準・同解説（耐震設計），丸善．

日本道路協会（2017）：道路橋示方書（Ⅴ 耐震設計編）・同解説，丸善．

第2章 耐震性能設計の基本

2.1 耐震性能設計の基本

耐震性能設計（以後，耐震設計と呼ぶ）においては，設計供用期間内に発生が想定される地震動に対して，構造物の重要度に基づいて定められる耐震性能を確保するものとする．また，想定を超える地震動が作用した場合にも，構造物の大規模崩壊などにより致命的な被害が生じないように，減災の観点から設計に配慮することを原則とする．

【解　説】

耐震性能は構造安全性と地震後の使用性・修復性からなる．構造安全性は想定地震動に対して人命にかかわるような大きな損傷や破壊を生じないように構造物に要求される性能のことである．一方，地震後の使用性・修復性は想定地震動に対して，構造物の損傷を制御し，地震後においても構造物を使用する上での機能低下や補修・補強工事を限定された範囲内に留めるために必要な性能のことである．耐震設計では構造安全性を確保することを前提に，構造物の重要度に応じて要求されるレベルの地震後の使用性・修復性も確保するものとする．耐震性能の内容については，「2.3 構造物の耐震性能」に規定している．

本示方書では想定した設計地震動に対して要求されるレベルの耐震性能を確保するだけでなく，近年の想定を超える極大地震による被害の経験を踏まえ，想定外の地震動に対しても構造物に大規模崩壊などが発生して致命的な被害が生じないように減災の観点から構造設計に配慮する旨の記述を今回新に追加した．この考え方については「4.5 想定を超える地震動作用に対する配慮」に述べている．

2.2 耐震設計の一般

(1) 耐震設計では「2.4 構造計画」により建設地点の地形および地盤条件などを考慮して必要な耐震性能を有する構造物を計画するものとする．

(2) 耐震設計に用いる想定地震動（設計地震動）は，「3.2 照査に用いる地震動」により次の2つのレベルの地震動とする．

レベル1地震動：構造物の設計供用期間内に発生する確率が高い中程度の強さの地震動．

レベル2地震動：当該地点で考えられる最大級の強さをもつ地震動．

(3) 構造物に要求される耐震性能は構造物の重要度に応じて「2.3 構造物の耐震性能」により設定するものとする．

(4) 要求される耐震性能が確保されていることの検証は，設計地震動による構造物の応答を表す指標をその限界値に対して照査する方法を用いる．「第4章 耐震性能照査」によるのを原則とする．

(5) 想定を超える地震動が作用した場合にも大規模崩壊などによる致命的な被害が構造物に生じないように減災の観点から配慮することを原則とする．

【解　説】

(2) 耐震設計に用いる想定地震動（設計地震動）は，構造物の設計供用期間内に発生する確率が高い中程度の強さの地震動（レベル1地震動）と当該地点で考えられる最大級の強さをもつ地震動（レベル2地震動）という2つのレベルの地震動とする.

表-解2.2.1は，各種基準・指針で使用される設計地震動を比較したものである．我が国におけるいずれの基準においても，基本的には，本示方書のレベル1地震動とレベル2地震動の2つのレベルに分けられている．土木構造物共通示方書［土木学会，2016］においては，使用性照査用地震動と安全性照査用地震動の2段階の地震動で分けているが，それぞれレベル1地震動とレベル2地震動にほぼ対応している.

レベル2地震動については，プレート境界型の大規模な地震による地震動と内陸直下型地震による地震動の2種類に分けている．また，土木構造物共通示方書［土木学会，2016］や鉄道構造物等設計標準［鉄道総合技術研究所，2012］においては，シナリオ地震を設定して建設地点の地震動を作成することを基本としている.

本示方書のレベル2地震動の設定については，近年，南海トラフ地震や首都直下地震などの工学的基盤面上の地震動が提供されることが多いため，建設地点の工学的基盤面上において適切なレベル2地震動の波形が得られる場合にはその波形を用いるものとする．しかし，適切な波形が得られない場合には，シナリオ地震を設定してその地点のレベル2地震動（シナリオ型地震動）を作成しなければならない．構造物に作用させる地表面の地震動は，この工学的基盤面の波形から作成することになる．これらについては，本示方書「第3章　作用」で詳しく述べる.

AASHTO［AASHTO, 2014］，Caltrans［Caltrans, 2013, 2016］においては，当該地点で考えられる最大級の強さをもつ地震動のみを照査に用いることが規定されている．その地震動は，確率論的ハザード解析などから設定した設計地震動と橋梁近傍の断層を設定して作成するサイト地震動の2種類に分けられている．なお，ここでのサイト地震動は，対象地点の表層地盤だけを考慮して作成した地震動以外に，震源断層，伝播経路特性およびサイト特性等を考慮して作成するシナリオ型地震動も含めている.

(5) 耐震設計での想定を超える地震動が作用した場合には部材や構造物の応答が耐震設計で対象とした安全限界状態を超える可能性もでてくる．このような場合においても大規模崩壊などの致命的な破壊に進展しないように，減災の観点から，耐震設計での安全限界状態を超えた後における部材の変形性能や部材間の荷重再配分性能を高めて構造物の耐荷性能やエネルギー吸収能を確保することで致命的な大規模崩壊を防止する必要がある．また，必要な場合には崩壊モードを予測し，避けるべきモードの崩壊が生じないように落橋防止装置などの崩壊防止構造の設置についても検討しなければならない.

第2章　耐震性能設計の基本

表-解 2.2.1　設計地震動の比較

基準・指針	設計地震動	内容
土木構造物 共通示方書 ［土木学会, 2016］	使用性照査用 地震動	設計供用期間内に発生する可能性が高い地震動 確率論的ハザード解析による評価
	安全性照査用 地震動	当該地点で考えられる最大級の強さをもつ地震動 シナリオ型地震動による評価
道路橋示方書・同解説 V 耐震設計編 ［日本道路協会, 2012］	レベル1 地震動	橋の供用期間中に発生する確率が高い地震動で中程度の強度の地震動
	レベル2 地震動	橋の供用期間中に発生する確率は低いが大きな強度を持つ地震動 1) タイプI 地震動：プレート境界型の大規模な地震を想定（加速度応答スペクトルで最高1,400gal（I 種地盤）） 2) タイプII 地震動：内陸直下型地震と想定（加速度応答スペクトルで最高2,000gal（II 種地盤））
鉄道構造物等 設計標準（耐震設計） ［鉄道総合技術 研究所, 2012］	L1 地震動	構造物の建設地点で設計耐用期間内に数回程度発生する確率を有する地震動
	L2 地震動	構造物の建設地点で考えられる最大級の地震動 震源特性・伝播経路特性・地点特性を考慮した強震動予測手法に基づき，地点依存の地震動として算出
コンクリート 標準示方書（設計編） ［土木学会, 2012］	レベル1 地震動	設計供用期間中に生じる可能性が比較的高い地震動
	レベル2 地震動	設計供用期間中に生じる確率は小さいが非常に強い地震動 1) 直下もしくは近傍における内陸の活断層による地震動 2) 陸地近傍で発生する大規模なプレート境界地震による地震動
AASHTO ［AASHTO, 2014］	設計地震動	確率論的ハザード解析による評価 75 年以内に発生する確率が7%の地震動
	サイト地震動	シナリオ型地震動による評価 橋梁から6 マイル以内の断層群（大きさ，距離，指向性などの考慮）から選定された断層に対するスペクトル評価
CALTRANS ［Caltrans, 2013, 2016］	設計地震動	確率論的ハザード解析による評価 50 年以内に発生する確率が5%の地震動
	サイト地震動	橋梁近傍の断層破壊から生ずる最大の地震動 下限値を橋梁から12km 離れた地点でM6.5 横ずれ断層が破壊した場合と設定

2.3 構造物の耐震性能

2.3.1 要求性能と限界状態

(1) 構造物の耐震性に関わる要求性能の性能項目は「構造安全性」および「地震後の使用性・修復性」である.

(2) 「構造安全性」は地震の作用に対して,人命が損なわれることがないように要求される性能である.

(3) 「地震後の使用性・修復性」は,地震後,構造物が機能を保持できる損傷の限界および補修・補強ができる損傷の限界を超え,利用者が地震後も引き続き構造物を使用できなくなることがないように要求される性能である.

2.3.2 構造物の耐震性能水準

設計地震動に対する構造全体系の耐震性能水準は,安全限界状態および損傷限界状態に応じて定められた表 2.3.1 に示す耐震性能 I_0 ～耐震性能 III の 4 種類とする.各構造物の耐震性能水準は社会的な要請と構造物固有の事情を考慮して決定しなければならない.

表 2.3.1 設計地震動に対する構造系の耐震性能水準

地震動		レベル 1	レベル 2		
耐震性能水準		耐震性能 I_0	耐震性能 I	耐震性能 II	耐震性能 III
構造安全性		構造全体の安全性と部材の安全性を確保			
地震後の使用性・修復性	損傷度	弾性状態	無損傷	小損傷	中損傷
	使用性	機能を保持	機能を保持	機能を保持（点検後,直ちに使用可能）	機能を喪失（使用までに時間がかかる）
	修復性	補修・補強不要	補修・補強不要	軽微な補修・補強にとどまる	補修・補強が必要（撤去・再構築もありうる）

【解　説】

構造物の耐震性に関わる要求性能の項目は「構造安全性」と「地震後の使用性・修復性」である.それぞれに対応する限界状態が「安全限界」と「損傷限界」である.安全限界は構造安全性を確保するための限界である.一方,損傷限界は,表 2.3.1 に示すように,レベル 1 地震動に対して構造物は弾性状態にとどまることが規定される一方,レベル 2 地震動に対しては 3 段階の損傷度を設定している.

レベル 1 地震動の損傷度は「弾性状態」のみで構造物が弾性状態にとどまり損傷は全く生じないことを意味している.このような耐震性能を I_0 としている.

レベル 2 地震動に対する 3 段階の損傷度は地震後の使用性・修復性に関する 3 段階の要求性能水準に対応している.なお,ここで言う損傷とは,鋼材の塑性化に起因して構造系・部材に生じる残留変位,鋼板に生じる局部座屈変形,接合部の変形などのことである.レベル 2 地震動に対するこの 3 段階の損傷度を「無損傷」,「小損傷」,「中損傷」と呼ぶ.ここで,「無損傷」とは局部的な鋼材の塑性化はあるが実質的な損

傷が生じていない状態を意味する．したがって，構造物は機能を保持しており，補修・補強はほとんど必要ない．「小損傷」では構造物の機能を保持できる範囲に損傷がとどまっていることを意味している．点検後，直ちに使用可能なレベルの損傷度であり，補修・補強も軽微なものにとどまる．「中損傷」は構造物の機能が喪失するレベルの損傷度で，復旧に必要な補修・補強工事は長期間を要する．以上のように，耐震性能水準 I，II，III は，レベル 2 地震動に対して，構造安全性が確保されることを前提として，地震後の使用性・修復性の観点から規定された 3 段階の損傷度である「無損傷」，「小損傷」，「中損傷」に応じて設定されている．

1) レベル 2 地震動に対する安全限界

レベル 2 地震動の作用を受ける構造物の構造安全性を確保するための安全限界は構造全体系，部材に設定することを原則とする．ここで，構造全体系とは設計で慣用的に独立した振動単位として見なされるものである．部材とは，構造物を構成する要素単位のことで，たとえば，高架橋では，桁・床版，支承部，橋脚，橋脚アンカー部，基礎，制震ダンパーなどである．さらに本示方書では，これらの要素単位で構成される部分構造も部材と呼ぶ．構造物の安全限界が構造全体系の挙動に支配されるのは構造物がスレンダーで主要部材に軸圧縮力が作用する場合である．このような場合には構造全体系に座屈が生じるまでは，各部材の応答が弾性限界以内で安定していても，いったん構造全体系の座屈が生じると全体系の耐力が大きく低下する．したがって，構造全体系の安全限界は座屈による最大耐力点に設定することを基本とする．

制震部材を除くエネルギー吸収を期待する橋脚などの鋼構造部材の安全限界も最大耐力点に設定することを基本とする．鋼構造部材では薄板要素で構成されたものが多い．このような部材に繰り返し圧縮力が作用する場合，最大耐力点(H_M, δ_M)を超えると構成板要素の局部座屈変形が大きくなる傾向にある．その結果，図-解 2.3.1 のように，最大耐力点を超えた領域で部材は軟化挙動（接線剛性が負になること）を示す．これにより，地震動下における部材への作用力の最大値H_mが最大耐力H_Mを若干超えるだけで，図-解 2.3.2 に示すように構造部材の最大応答変位δ_mが急増する不安定な挙動を示す［後藤ら，2009］．したがって，このような不安定な挙動が生じないように，応答値が最大耐力点(H_M, δ_M)を超えないようにする必要がある．ただし，コンクリート充填部材（構造）や変形能が確保された鋼製橋脚［宇佐美，1997］などのように，最大耐点到達後の軟化域での耐力低下が小さい場合（図-解 2.3.1）には，低サイクル疲労によるき裂が進展しない範囲においては，最大耐力点以降も安定したエネルギー吸収能が期待できる．最大耐力点以降においても部材が安定したエネルギー吸収能を保持することが確認されるとともに軟化域での構造物の応答を正確に予測できる場合にはピーク点以降に安全限界を設定することができる［土木学会，2014］．

なお，道路橋示方書 V 耐震設計編［日本道路協会，2012］などでは，エネルギー吸収を期待する部材（エネルギー吸収部材）については，繰り返し載荷を受ける構造部材の荷重－変位関係の除荷点を結んだ「包絡線」の最大荷重点を安全限界としているが，本示方書の最大耐力点とはほぼ同等（図-解 2.3.3）と考えられる．

さらに，本示方書でエネルギー吸収部材の安全限界として規定した最大耐力点が載荷履歴によりどのような影響を受けるかについて，鋼製橋脚を例に図-解 2.3.3 に示す．単調載荷に基づく Pushover 解析で算定される鋼製橋脚の最大耐力H_M^Pは，図-解 2.3.3 のように繰り返しを受ける場合の最大耐力H_Mと比較すると，ほぼ等価かあるいは若干下回るので，H_M^PはH_Mに対して安全側で妥当な近似値になる．一方，Pushover 解析による最大耐力点H_M^Pにおける変位δ_M^Pを繰り返し載荷による最大耐力点H_Mにおける変位δ_Mと比較すると，δ_M^Pはδ_Mを上回る．とくに，降伏変位δ_yとδ_Mの差が大きい場合，すなわち，最大耐力点に至るまでの塑性化が大きい場合にはδ_M^Pとδ_Mの差も大きくなり，変形性能を表す塑性率δ_M / δ_yをδ_M^P / δ_yで評価すると変形

性能が過大評価されることになるので注意が必要である．さらに，最大耐力点を超えた軟化域に安全限界（たとば90%耐力低下点）を設け，Pushover解析でこの安全限界での変位や曲率，ひずみなどの幾何学量を限界値として評価すると一層過大評価されるので注意が必要である（図-解2.3.3）．これは，繰り返しの影響を無視したPushover解析では最大耐力点以降の軟化域での耐力低下も過小評価されるからである．

エネルギー吸収を期待しない部材（非エネルギー吸収部材）については，地震作用による損傷を想定していないので，本来の安全限界は降伏点や弾性座屈点にほぼ対応する．非エネルギー吸収部材には，一般には，エネルギー吸収部材のように厳しい構造パラメータ制限が課されていないので，部材に損傷が生じるとすぐに最大耐力に到達し，その後，大きく耐力低下が生じる恐れがある．したがって，耐震補強などでやむを得ず非エネルギー吸収部材である主要部材に損傷を許容する場合には，各部材の力学特性を吟味して，安全性が十分確保されるように安全限界を最大耐力点のかなり手前に設定するなどの配慮が必要である．

以上の考え方を基に設定された安全限界を (H_u, δ_u) と表す．

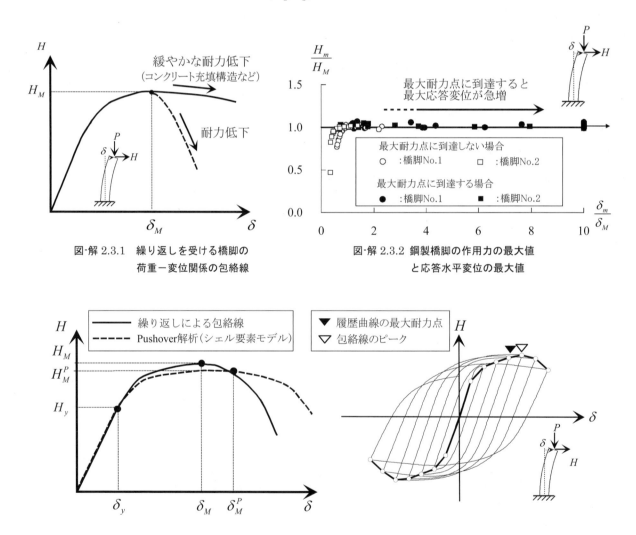

図-解 2.3.1　繰り返しを受ける橋脚の荷重－変位関係の包絡線

図-解 2.3.2　鋼製橋脚の作用力の最大値と応答水平変位の最大値

図-解 2.3.3　繰り返しを受ける鋼製橋脚の荷重－変位曲線の包絡線とPushover解析による荷重－変位曲線の比較

2) レベル2地震動に対する損傷限界

地震後の使用性は地震後に構造物に必要とされる機能を保持していることに対応している．一方，地震後の修復性は機能を回復させるために必要な補修・補強の程度に対応している．構造安全性が確保されている

ことを前提に，地震後の使用性と修復性の程度の組合せで定義される耐震性能 I, II, III は 3 段階の損傷度と対応づけられている．損傷度は設計地震動によって構造物が受けた損傷の程度であり，損傷の程度で「無損傷」，「小損傷」，「中損傷」の 3 段階に区分される．本示方書では，これらの損傷度区分において，「小損傷」の上限が損傷限界で，これを表す指標としては，地震後の構造全体系や構造部材の残留変位，残留変形（残留ひずみを含む）などの幾何学量が用いられる．「無損傷」の状態は耐震性能 I の構造安全性の照査において部材の座屈・降伏の照査を行うことで自動的に満足される．また，「中損傷」には損傷限界は存在しないが，損傷を許容されるのは基本的にはエネルギー吸収部材のみであり，かつ，部材が安全限界を超えた場合の荷重の再配分は許容されない．したがって，スレンダーな構造以外では構造全体系の地震時最大応答が構造全体系の最大耐力点に到達することはまれであり［奥村ら，2018］，構造全体系の残留変位が安全性に抵触する程度に極端に大きくなることはほとんどないと考えられる．なお，残留変位を検討する必要がある場合には，本示方書「4.4　レベル 2 地震動に対する耐震性能 II, III の照査法」で簡易算定法を示しているので利用することができる．

重要な構造物には耐震性能 I を採用するのが望ましいが，耐震性能 II を採用する場合には，損傷限界は対象とする各構造物に関する以下に示すような社会的な要請と当該構造物固有の特性とを考慮して決定しなければならない．

(a) 地域防災計画上での重要性：構造物が地震後の緊急の救援，復旧活動などを確保するために必要とされる度合い．

(b) 代替性：構造物が機能を失った時，他の手段で直ちに機能を維持できる代替性の有無．

(c) 2 次災害の可能性：複断面，跨線橋や跨道橋など，構造物が被害を受けた時，それが他の構造物に影響を及ぼす度合い．

(d) 機能回復の困難さ：構造物が被害を受けた時，その機能を回復するための修復に要する時間，費用の大きさ．

一般的には，構造物が損傷した場合に(a)～(d)の項目に与える影響がより大きいほど残留変位や残留変形などであらわす損傷限界はより厳しく設定する必要がある．

2.4　構造計画

　構造種別・形式の選定にあたっては，地形・地質・地盤条件，立地条件などを考慮し，設計地震動に対して要求される耐震性能（地震時の構造安全性と地震後の使用性・修復性）を満足するものを選定するものとする．また，想定を超える地震動が作用し構造物の応答が安全限界を超えた場合においても，直ちに耐荷性能や安定性能を喪失して大規模崩壊などによる致命的な被害が生じないように配慮しなければならない．

【解　説】

1) 構造安全性の向上

地震作用に対して構造安全性の向上策は①耐力（降伏耐力）の向上，②エネルギー吸収能の向上，③避共振化などが考えられる．①は構造物を損傷させない場合に用いる方法であり，構造物の降伏耐力を上昇させる必要がある．これに伴い，構造系に作用する地震慣性力も上昇するので，応力集中部での破壊に対しては

十分な対策をとる必要がある．②は構造物のエネルギー吸収能の向上を図ることで減衰効果を高め，構造物に作用する地震慣性力を低減させる方法である．その手法としては構造物の塑性化による履歴吸収エネルギーに期待する場合と構造物に制震デバイス（ダンパー）を設置する場合がある．構造物に塑性化を許容する場合には構造部材や接合部の構造細目に配慮して安定したエネルギー吸収能が得られるようにする必要がある．構造物の塑性化を許容する場合や履歴型ダンパーを用いる場合においては，塑性変形で構造物に残留変位が生じることに注意しなければならない．③は構造物の振動特性を変化させて，構造物に入力する地震動を抑制させ，構造物に作用する地震慣性力を低減させる方法である．一般には，免震装置や水平力分散装置などにより構造物の長周期化を図ることで共振を回避する方法が用いられる．この場合，装置には柔性材料が用いられるので応答変位が増加することや長周期地震動に対する共振に注意する必要がある．①～③の耐震安全性向上策にはそれぞれ短所もあるので，互いを組み合わせることで短所を補い，より合理的な耐震設計や耐震補強を行う必要がある．

2) 地震後の使用性・修復性の向上

地震後の使用性・修復性と構造安全性とは独立な性能であるが，構造物を設計する場合において，これらの要求性能は独立ではなくなる．設計地震動に対する構造物の損傷を許容する場合においては，図-解 2.4.1 の①の荷重－変位の履歴曲線の包絡線のように変形性能 $\delta_u^{①}$ が大きいほど安全限界までに構造物が吸収できる地震エネルギーが大きく，構造安全性の観点からはより合理的な耐震構造であると言える．しかし，構造物に生じる塑性変形が大きいと残留変位 $\delta_R^{①}$ が大きくなる可能性があるので，地震後の使用性・修復性から損傷限界が設定されている場合（耐震性能 II）においては必ずしも望ましい構造ではない．このような構造で残留変位が損傷限界に収まらない場合は，②のように当該構造物の最大耐力 $H_u^{②}$ を高め，残留変位 $\delta_R^{②}$ を低減する対策がとられること（前回示方書）があるが，このような方法では安全限界に対して余裕を持たせることになり，耐震安全性の観点からは過剰な構造となる．残留変位を低減するには，構造安全性が確保される範囲で③のように最大耐力点 $H_u^{③}$ での変形性能 $\delta_u^{③}$ の小さな構造を設計して，地震動下で生じる塑性変形を抑えることで残留変位を低減することも考えられる．以上に述べた構造特性を総合的に勘案して，よりバランスの取れた耐震構造になるように設計するのが望ましい．

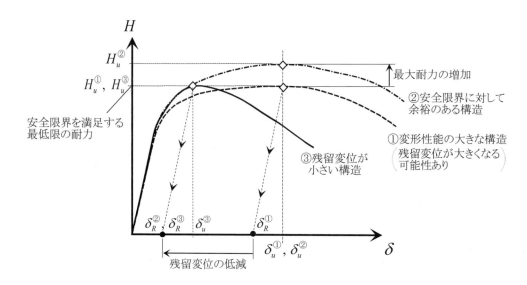

図-解 2.4.1　繰り返し荷重を受ける鋼製橋脚の水平荷重－水平変位履歴曲線の包絡線と残留変位

3) 耐震性の高い構造形式

耐震設計にあたっては，構造物の建設地点の地震動に及ぼす地盤の影響，構造物の形式による地震応答の差異などを総合的に考慮して構造物の位置，形式などを定めるものとする.

例えば，橋梁構造物では，耐震性の高い構造形式を選定するために，以下のような事項に留意しなければならない（［設計編］および［土木学会，2012］参照）.

① 隣接する構造物との連成作用（衝突など）を考慮に入れる必要がある.

② 上部構造の落下を確実に防止するためには，できるだけ連続構造とするのが望ましい.

③ 幾何学的非線形性の影響が大きい構造や，死荷重により大きな偏心モーメントを受ける構造では大きな地震動を受けると不安定になりやすいので，このような構造はできるだけ避けるのが望ましい. やむを得ず採用する場合には，幾何学的非線形性，および偏心荷重によって生ずるモーメントに対して十分配慮する必要がある.

④ 塑性変形による損傷を許容する部材には十分な変形性能を持たせる必要がある. このとき，部材に所定の変形性能が確保されるように部材の接合部には十分な強度を持たせなければならない.

⑤ ラーメン構造の隅角部，橋脚基部などは，できるだけひずみが集中しないような構造にするのが望ましい.

⑥ 橋脚が安全限界に到達する以前に取付部を含めた支承部に損傷が生じることのないような支承部構造にしなければならない.

⑦ 制震構造については，制震デバイスの性能が十分に発揮されるような接合部構造となるように留意しなければならない.

⑧ 免震構造については，構造条件，基礎周辺の地盤条件などによって，免震構造が適している場合とそうでない場合があるため，その効果を十分に検討した上で採用しなければならない.

⑨ 軟質粘性土層のすべりや砂質地盤の液状化，液状化に伴う側方流動など，地盤の変状が生じる可能性のある埋立地盤や沖積地盤上では，水平剛性の高い基礎とともに，多点固定方式やラーメン形式など，上部構造と下部構造の接点ができるだけ多い構造系を選定するのが望ましい.

⑩ 傾斜地盤では，過去の地震で多くの被害例があるので，構造物を建設する場合には十分注意する必要がある.

⑪ 活断層の位置が明確であり，やむを得ずそれを横切って構造物を建設する場合には，断層変位を吸収できる構造形式を検討する必要がある.

⑫ 想定外の大きな地震作用で部材や構造系が安全限界である最大耐力点を超えても，直ちに，構造物に致命的な大規模崩壊が生じないように［Starossek, 2009］，部材の変形性能や部材間の荷重再配分性能（リダンダンシー）を高め崩壊に対する抵抗性（ロバスト性）を確保する. さらに，崩壊する場合の方向やモードを制御することで被害をできるだけ小さくすることも考慮する必要がある.

第2章の参考文献

宇佐美勉（1997）：ハイダクティリティ鋼製橋脚，橋梁と基礎，Vol.31，No.6，pp.30-36.

後藤芳顯，村木正幸，海老澤健正（2009）：2方向地震動を受ける円形断面鋼製橋脚の限界値と動的耐震照査法に関する考察，構造工学論文集，Vol.55A，pp.629-642.

鉄道総合技術研究所（2012）：鉄道構造物等設計標準・同解説（耐震設計），丸善.

土木学会（2012）：コンクリート標準示方書（設計編），丸善.

日本道路協会（2012）：道路橋示方書（Ⅴ耐震設計編）・同解説，丸善.

土木学会（2014）：複合構造標準示方書（設計編），丸善.

土木学会（2016）：土木構造物共通示方書（性能・作用編），丸善.

奥村徹，後藤芳顯（2018）：鋼製橋脚で支持された連続高架橋の多方向地震動下の耐震安全照査法に関する検討，構造工学論文集，Vol.64A，pp.208-221.

Starossek, U. (2009)：Progressive collapse of structures, Thomas Telford Limited.

Caltrans (2013)：CALTRANS Seismic design criteria, Version1.7, California Department of Transportation.

AASHTO (2014)：AASHTO LRFD Bridge design specifications, 7th Edition.

Caltrans (2016)：CALTRANS Seismic design specifications for steel bridges, 2nd Edition, California Department of Transportation.

第3章 作 用

3.1 一 般

地震の影響としては，地震動および地震動によって生じる作用の全てを考慮しなければならない.

【解 説】

地震の影響として考慮すべき作用を挙げると次のようになり，構造物の種類や構造条件，構造物が建設される周辺環境などに応じて，①～⑥の中から必要なものを選択する必要がある.

①構造物の慣性力

地震時の振動により慣性力を生じる質量としては，永続作用である死荷重に相当する構造物の質量が代表的なものである．構造物の種類によっては，設計作用の組合せとして活荷重（自動車荷重，列車荷重，群集荷重）も考慮する場合がある．震度法（静的解析）で用いられる地震作用は，死荷重に震度を乗じた一定荷重であり，死荷重以外に土圧，静水圧などを考慮する場合がある.

②構造物と地盤との動的相互作用

構造物と地盤との動的相互作用は，両者の動的応答特性の相対的な差異によって生じる［土木学会, 1989］．この作用を考慮しなければならない構造物としては，橋台，擁壁，地中構造物，杭やケーソンなどの基礎構造物などがある.

③地震時動水圧

タンクなどのように液体が入っている構造物では，地震時に負載質量に起因する動水圧および液体の揺動に伴う動水圧が発生するので，これを考慮する必要がある.

④地盤の液状化および液状化による地盤流動

地盤の液状化に対しては，これが生じないように処置することが耐震設計の基本であるが，この処置が技術的に困難な場合あるいは著しく不経済となる場合には，構造物の耐震性能に及ぼす地盤の液状化による影響を十分に考慮して設計しなければならない.

⑤地震動による地すべりなどの地盤変動

地盤の変動に関しては，地表面が傾斜している場合，あるいは，常時，偏土圧が作用している場合に，液状化によって地盤が側方流動するおそれがある．また，地震動によって斜面上で地すべりが発生して地盤流動することもある．よって，このように地盤が変動する場合には，その影響を十分に考慮して設計する必要がある.

⑥断層変位による地盤変動

内陸直下型地震の断層近傍では断層変位が生じて地盤が水平および鉛直方向に移動することもある.

なお，地震発生後に津波が襲来して，波力として構造物に作用することがあるが，本示方書においては，作用としてこの津波による波力は対象外とする.

3.2 照査に用いる地震動

(1) レベル1地震動は構造物の設計供用期間内に発生する確率が高い中程度の強さの地震動とする.

(2) レベル2地震動は当該地点で考えられる最大級の強さをもつ地震動であり,次の2つの地震動を照査に用いるものとする.

    1) 陸地近傍で発生する大規模なプレート境界型地震による地震動（タイプI）

    2) 直下もしくは近傍における内陸直下型地震による地震動（タイプII）

(3) レベル2地震動については,個別の建設地点における地震や地下構造などの情報をもとに設定された工学的基盤面上の多方向成分のレベル2地震動を基本とし,地震動の設定位置を工学的基盤面とする.

(4) 工学的基盤面上において適切なレベル2地震動の波形が存在しない場合には,震源特性,伝播経路特性およびサイト特性を考慮してシナリオ型地震動を作成する必要がある.

(5) 内陸活断層近傍の構造物に用いるレベル2地震動はシナリオ型地震動とする.

(6) 照査に用いる建設地点の工学的基盤面上のレベル2地震動は,適切な方法で得ることとし,時刻歴加速度波形で表現するものとする.

【解　説】

(1), (2) 兵庫県南部地震（1995）以降の土木構造物の耐震設計法として,「土木学会構造物の耐震基準に関する「第二次提言」」においてレベル1とレベル2の強さの異なる設計地震動を想定する2段階設計法が提唱され［土木学会, 1996］,多くの土木構造物の設計基準に取り入れられてきた.「第二次提言」では,レベル1地震動とは設計供用期間内に発生する確率が高い地震動,レベル2地震動とは陸地近傍で発生する大規模なプレート境界型地震による地震動（タイプI）および内陸直下型地震による地震動のように供用期間中に発生する確率は低いが大きな強度を持つ地震動（タイプII）としている.

地震の発生確率に関しては,海洋型地震と内陸型地震で桁違いに異なることや,供用期間中の地震発生確率が高くかつ強い地震動となるような地震も想定されることなどから,地震の発生確率と地震動強さの両方を含んだものとしてレベル1地震動とレベル2地震動を位置づけている点が問題であると指摘されている［土木学会, 2000a］.これを改善して,「第三次提言」では,レベル2地震動の尺度として地震動強さが採用され,レベル2地震動に対しては,現在から将来にわたって当該地点で考えられる最大級の強さを持つ地震動であると提案されている［土木学会, 2000b］.

よって,本示方書においては,この「第三次提言」通りに地震動強さだけを考慮して,当該地点で考えられる最大級の強さをもつ地震動をレベル2地震動とする.なお,レベル2地震動のタイプとしては,「第二次提言」通りプレート境界型地震による地震動（タイプI）と内陸直下型地震による地震動（タイプII）の2つとする.一方,レベル1地震動に対しては,従来通り地震の発生確率を考慮して,構造物の設計供用期間内に発生する確率が高い中程度の強さの地震動とし,各種基準・指針で規定されている設計地震動の加速度応答スペクトルに基づいて設定することができる.

土木学会のこれまでの提言では,レベル1地震動を供用期間内に1～2度発生する確率をもつ地震動と表現するとともに,その設定に関しては従来の耐震設計で使用されてきた地震荷重や設計法の体系とノウハウを尊重するのが適当であるとも述べている.しかし,従来の地震荷重は地震の発生確率を根拠に設定されたわけで

はなく，濃尾地震（1891）以降における地震被害の教訓を生かすために直観的あるいは試行錯誤的に定められてきた側面が強いとされている．そのため，レベル1地震動については，用語としてレベル2地震動と対比する形で簡明に定義することには無理があり，しかも当面は不都合もほとんど生じないと考えられることから，このように従来通りとした．なお，「第三次提言」でも，レベル1地震動について，レベル2地震動と対比する形で明確に定義することが困難であり，今後の課題としている．

　また，土木構造物共通示方書［性能・作用編］［土木学会，2016］においては，次の2段階の地震動を規定している．

　　・使用性照査用地震動：設計供用期間内に発生する可能性が高い地震動

　　・安全性照査用地震動：当該地点で考えられる最大級の強さをもつ地震動

　使用性照査用地震動は，確率論的地震ハザード解析により作成されるが，設定する再現期間から中程度の強さの地震動になることが多い．これに対して，安全性照査用地震動は，地震動強さだけを考慮したもので，当該地点で考えられる最大級の強さとなっている．このことから，土木構造物共通示方書［性能・作用編］における使用性照査用地震動と安全性照査用地震動は，本示方書のレベル1地震動とレベル2地震動にそれぞれ概ね対応しているといえる．レベル1地震動，レベル2地震動という表現は，道路橋示方書・同解説V耐震設計編［日本道路協会，2012］においても使われていることから，本示方書では従来通り，照査に用いる地震動をレベル1地震動，レベル2地震動という表現にした．

　(3) 本示方書では，照査に用いるレベル2地震動は，個別の建設地点における地震情報（強震記録や活断層情報など）および地下構造の情報などをもとに設定された工学的基盤面上の地震動とすることを基本とする．近年，内閣府中央防災会議から南海トラフ地震や首都直下地震などの地震動が，また，他の機関からも国内の主要活断層による地震動が公開され，信頼できる任意地点の工学的基盤面での地震動が入手できるようになってきた．入手した建設地点での地震動には，その地点の情報が含まれているため，公開された地震を対象構造物において想定すべき地震（シナリオ地震）とみなすことができれば，入手した地震動をそのまま用いることができる．通常，入手できる地震動は，水平2方向（NS成分とEW成分）および鉛直方向（UD成分）の3成分の地震動であるため，対象構造物には1方向ではなく多方向成分の地震動として同時に作用させる必要がある．

　従来の耐震設計基準の多くは，地表面を基準として表層地盤の振動特性を含んだ形として設計地震動が定義されてきたが，近年の重要構造物の設計では工学的基盤面で定義することが多くなり，実務設計でもその必要性が認識されてきたことから，このように工学的基盤面を地震動の設定位置とすることにした．ただし，建設地点での地表面上で適切な波形が得られる場合には，地震動の設定位置を地表面としてもよいことにする．例えば，道路橋示方書・同解説V耐震設計編［日本道路協会，2012］で規定されている波形がそれに相当する．なお，この波形は1方向成分の波形であり，水平1方向入力に対する構造物の照査に用いることができる．

　工学的基盤面とは，支持力が十分にあり，V_S（せん断弾性波速度）が少なくとも300m/s程度以上で非線形化する可能性がなく，かつ，その上の層とのV_Sの差が十分に大きく，その下の層とのV_Sの差が小さい地層境界面とされている［土木学会，2000b］．

　(4) 個別の建設地点における工学的基盤面上において，適切なレベル2地震動の波形が得られない場合には，シナリオ地震を設定してその地点のレベル2地震動（シナリオ型地震動）を作成するものとする．シナリオ地震の震源断層が破壊して発生する地震波は，図-解3.2.1に示すように地震基盤（地殻）内を伝播して地表に達するが，主に①震源特性，②伝播経路特性，③建設地点周辺の地盤（サイト）特性の影響を受ける．

　個別の建設地点におけるレベル2地震動を設定するためには，建設地点周辺における過去の地震情報，活断

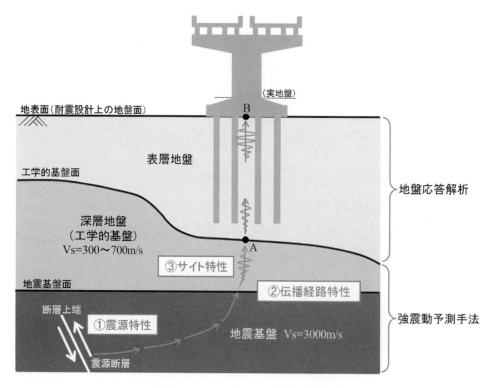

図-解 3.2.1 シナリオ型地震動の支配要因

層情報，プレート境界で発生する地震の情報，地下構造に関する情報，建設地点の地盤条件に関する情報，既往の強震記録などを考慮する必要がある［文部科学省，2002］としている．

「第三次提言」では，レベル2地震動（シナリオ型地震動）の設定において，以下のように提案されている［土木学会，2000b］．

1) レベル2地震動は，現在から将来にわたって当該地点で考えられる最大級の強さを持つ地震動である．
2) レベル2地震動の評価に関しては，震源断層の破壊伝播や地盤条件などの多くの不確定性が残されていることを認識し，適切な地震動予測手法を用いる．
3) 伏在断層に起因するM6.5程度の直下地震が起こる可能性を配慮し，この地震動をレベル2地震動の下限とする．
4) レベル2地震動で対象とする地震は単一に限定せず，複数を選定しても良い．また同一地点でも，構造物の動力学的特性の相違によって対象地震が異なることもありえる．

本示方書では，これらの提案に従って，建設地点におけるシナリオ型地震動を設定するものとする．

シナリオ型地震動を作成するには，まず，シナリオ地震を選定しなければならない．シナリオ型地震動においても，プレート境界地震と内陸直下型地震による2つの地震動を考慮する必要がある．前述した「第三次提言」の通り地震動強さが重要であり，この考えに従って，シナリオ地震の震源断層を決定することになる．具体的には，地震調査研究推進本部で公表している主要活断層帯，主要活断層帯以外の活断層および中央防災会議で検討対象としている活断層などの中から，地震の発生確率を考慮せずに，例えば建設対象地点から50km以内でM6.5以上の活断層，200km以内のプレート境界型地震を選定する方法などがある．

シナリオ型地震動を作成する強震動予測手法としては，これまで半経験的手法［例えば，入倉ら，1997］がよく用いられてきたが，これ以外にも各種の強震動予測手法があるため，それぞれの特徴を理解して適切な手法を選定しなければならない．強震動予測手法によっては，3方向成分ではなく水平1方向成分の地震動しか算

出できないもの，短周期成分あるいは長周期成分の地震動が十分に評価できないもの，断層永久変位が算出できないものがあるため，強震動予測手法の選定には注意が必要である．近年，3方向成分の地震動が作成できる手法として，理論的手法である差分法［例えば，Aoi et al., 1999］，有限要素法［例えば，Bielak et al., 1998］，波数積分法［Bouchon, 1981；原田ら，1999, 2005］が使用され，これ以外にも半経験的手法に分類され上下動を考慮できる経験的グリーン関数法や統計的グリーン関数法［例えば，大西ら，2000；佐藤，2008］が使用され始めている．また，長周期帯域に理論的手法を，短周期帯域に半経験的手法を用いてそれらの波形を合成するハイブリッド法［例えば，入倉ら，1999］も使用されている．このように各種の強震動予測手法が研究されて使用実績が上がってきているが，選定した手法によって作成した地震動に対しては，他の手法（例えば，簡易的な距離減衰式など）を併用するなど，非現実的な地震動になっていないかなど十分な検証を行うことが重要である．また，対象構造物の固有周期が事前にわかっている場合には，その固有周期帯で予測精度が高い手法をまず選定することを考えるとよい．

さらに，工学的基盤面上の地震動の作成においては，多くの不確定性が残されていることから，選定されたシナリオ地震における代表的な不確定要素の断層パラメータを変更することにより数多くの波形を生成し，その生成した波形を統計処理，例えば，平均値＋標準偏差の波形を選定して，ひとつの波形でもってレベル2地震動の照査を行うこともできる．

2011年に発生したプレート境界型の東北地方太平洋沖地震は，各震源域の連動により極めて大きなマグニチュードの地震となった．その地震の特徴としては，これまで経験したことがないような地震の継続時間が長く長周期成分を含んだ地震動が観測されたことである．継続時間が長いと繰り返し回数が多くなって液状化が起きやすくなり，制震デバイス・免震装置などに対してその影響が出てくることもある．長周期地震動に対しては，長大橋や免震橋のような長周期構造物において注意が必要である．このような観点から，建設地点周辺における過去の地震情報（過去の観測波形など）をもとに建設地点の地震動を推定するには限界があるため，建設地点の適切なシナリオ型地震動を作成し，使用することができる．これまで，限られた長大橋においては，シナリオ型地震動を作成して耐震検討した事例［例えば，小森ら，2005；西川ら，2006；遠藤ら，2009］があったが，今後は，強震動予測手法の研究がさらに進み，過去の活断層情報，プレート境界で発生する地震情報，地下構造に関する情報などが整備されていくことから，シナリオ型地震動が実橋梁の動的解析に使用されていく機会が増加すると予想される．

なお，土木構造物共通示方書（性能・作用編）［土木学会，2016］においては，このシナリオ型地震動を，レベル2地震動に対応する安全性照査用地震動として用いることを原則としているが，本示方書では，前述したように対象地点の工学的基盤面上において適切なレベル2地震動の波形が存在しない場合に，シナリオ型地震動を作成するものとした．

(5) 2016年に発生した内陸直下型の熊本地震においては，断層近傍で震度7が2回発生（前震と本震）したことが大きな特徴である．これまでの耐震設計では想定する震源はひとつとしていたが，建設地点に断層群が存在する場合には構造物に対して影響の大きい複数の震源断層を考慮することも今後は必要であると考えられる．また，鉛直地震動においては，短周期成分だけでなく約1秒付近も卓越した地震動が観測され，過去の岩手・宮城内陸地震（2008）のように短周期成分だけが卓越する場合と異なっている．これはサイト特性の違いによるものであり，岩手・宮城内陸地震の深層地盤が固い地盤であるのに対して，熊本地震の深層地盤が比較的軟らかい地盤であることが原因していると考えられる．さらに，地震動の加速度だけでなく，これまでの耐震設計では考慮していない断層変位を伴う地震動によって，断層近傍の橋梁が被災したとの報告もある［本橋ら，2017］．その他，余震の回数が多いこと，やや長周期成分（長周期パルス）が含まれていたこともこの地震の

特徴である．最大荷重までの土木構造物の耐震設計においては本震の地震動による耐震照査で十分であることが多いが，本震で最大荷重に到達した場合には，繰り返しの影響を受けるため，余震についても注意が必要である．以上のことから，過去の周辺地震での観測波形などをもとに断層近傍の地震動を正確に推定することは困難であり，特に断層変位を含む地震動の推定は不可能といえる．そのため，各研究機関において，熊本地震の断層近傍で被害を受けた橋梁位置でのシナリオ型地震動の作成が新たに行われた．その推定の実施例として，各観測地点において観測波形が再現できるように断層パラメータを決定した上で理論的評価法によって対象橋梁地点における地震動を推定した検討事例［本橋ら，2016，2017］などがある．

このような観点から，内陸活断層近傍の構造物に作用させるレベル2地震動については，シナリオ地震を設定した上で，震源特性やサイト特性などを考慮してシナリオ型地震動を作成することとした．

路線計画段階において，活断層を跨ぐ位置に橋梁を建設しないのが望ましいが，実際には，広域の路線全体を考えた場合に設計上の制約や建設地点の地形などにより活断層との交差が避けられないことがある．その場合には，対象の活断層の調査を十分に行い，その活断層が建設する橋梁に対してどのような影響を与えるのか，過去に起きた内陸直下型地震の断層近傍の地震動に関する最新の研究成果などを活用しながら検討することが重要である．

(6) 対象構造物の照査に用いるレベル2地震動は，建設地点の工学基盤面上の地震動であり，前述した(3)～(5)に従って，図-解3.2.2に示すように適切な方法によって構造物に作用させる地震動を作成または用意しなければならない．本示方書では，近年，内閣府中央防災会議から南海トラフ地震や首都直下地震などの信頼性の高い地震動（工学基盤面の3方向成分の地震波）が入手できるようになってきたため，その地震動をシナリオ地震とみなして構造物に作用させる地震動とすることを推奨している．

また，設計地震動の表現法としては，時刻歴加速度波形や加速度応答スペクトルなどがあるが，レベル2地震動に対する照査では時刻歴応答解析法を用いるため，レベル2地震動は時刻歴加速度波形で表現するものとする．

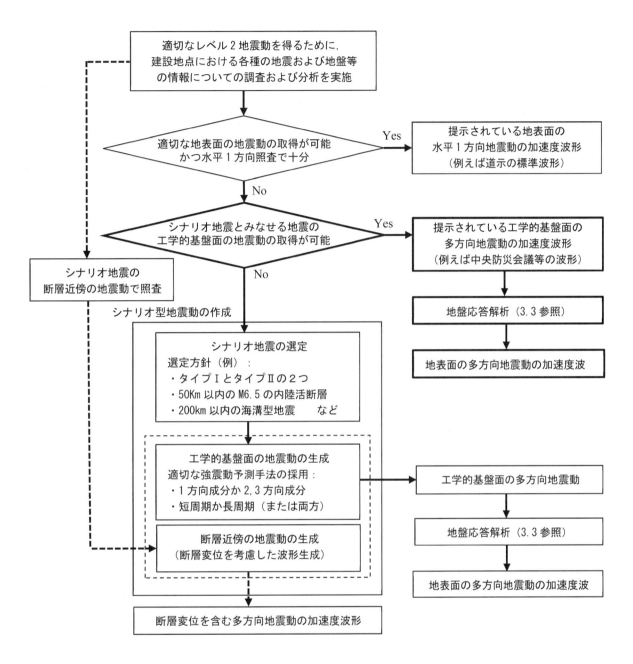

図-解 3.2.2 構造物の耐震性能照査に用いるレベル 2 地震動の作成方法

3.3 地震動の作用方法

(1) 建設地点で得られた工学的基盤面の NS 成分と EW 成分の水平方向地震動を，構造物に対して同時に作用させる多方向入力を基本とする．なお，構造物および地震動の特性によっては，水平方向に加え鉛直方向の UD 成分も考慮する必要がある．
(2) 構造物に作用させる地表面の地震動は，照査に用いる工学的基盤面の地震動を入力とする地盤応答解析により求めるものとする．
(3) 断層近傍の構造物に対しては，断層変位を考慮した地震動により構造物の動的解析を行うことができる．

30   2018年制定　鋼・合成構造標準示方書［耐震設計編］

【解　説】

(1) 建設地点の構造物に作用する地震力は，一般に，水平方向の地震動が支配的である場合が多い．したがって，耐震性能の照査においては，建設地点で得られた工学的基盤面の NS 成分と EW 成分の水平方向地震動を，構造物に対して同時に作用させる多方向入力を基本とする．なお，構造物の地震時の上下方向の動的挙動が無視できない場合や内陸直下型（正断層，逆断層）のシナリオ地震においては，鉛直成分を加えた同時 3 方向で入力する必要がある．

ただし，地震時の動的挙動が比較的単純な構造物に対して水平 1 方向照査で十分な場合には，水平 1 方向入力としてもよい．例えば，道路橋において，道路橋示方書・同解説 V 耐震設計編［日本道路協会，2012］が規定している標準波形を，直線橋に対して橋軸方向，橋軸直角方向にそれぞれ独立に 1 方向に作用させて照査する場合がそれに対応する．また，曲線橋については，地震動が水平 1 方向であっても 3 次元応答を示すことがあり，その場合には構造安全性，地震後の使用性・修復性の観点から最も不利な方向に作用させる必要がある．なお，1 方向入力としては，このように道路橋示方書などで規定されている標準波形を使用する場合に限り，公表されている地震動あるいはシナリオ型地震動の多方向成分の水平 1 成分だけを取り出して 1 方向入力としてはならない．例えば，公表されている南海トラフ地震の NS 成分と EW 成分のうち，大きい方の 1 成分だけを対象橋梁に作用させることも考えらえるが，これでは過小評価となるため，必ず NS 成分と EW 成分の 2 方向入力とする．

(2) 工学的基盤面で定義された地震動を用いて耐震設計を行うには，構造物が工学的基盤面上に直接構築されるケース，あるいは地盤－基礎－上部構造一体の解析モデルを用いて工学的基盤面の入力地震動のもとで動的解析を行うケースを除いて，工学的基盤面（図-解 3.2.1 内 A 点）の地震動を入力とする地盤応答解析の実施により地表面（図-解 3.2.1 内 B 点）の位置での地震動を算出し，それを入力地震動として構造物の動的解析を実施する．

地表面の地震動は，不整形性を含む表層地盤の特性により大きく増幅する可能性があり，その影響が顕著であるとされている［土木学会，1989，2005］．さらに地盤と基礎，上部構造の振動が互いに影響を及ぼす動的相互作用の存在が知られており，例えば地盤が軟弱で基礎の寸法や根入れが大きい場合にはその影響が大きい［土木学会，1989］．このような場合に合理的な設計を行うには，地盤，基礎および上部構造の条件を適切に評価した上で入力地震動を設定するなど，動的相互作用の影響を取り込むことが必要である（「7.8.7　基礎と地盤」参照）．

地盤応答解析の解析法としては，等価線形解析法や非線形動的解析法などがある．これまで実務の道路橋の耐震設計においては，等価線形解析がよく使用されてきたが，非線形動的解析の実務への適用が進んでいること，大規模地震では地盤ひずみが大きくなり等価線形解析の計算精度が落ちることなどから，本示方書では非線形動的解析を基本とする．ただし，地盤が良好で，中小規模地震による地盤ひずみが小さく等価線形解析の適用範囲内である場合に限り，等価線形解析も使用してよいものとする．非線形動的解析としては，通常は全応力解析のことを意味するが，非線形動的解析の中には液状化まで評価できる有効応力解析がある．ただし，この有効応力解析は，パラメータの設定などで困難な場合が多いこと，解析手法自体が研究段階であること，実務では液状化する地盤に対して液状化対策が実施されていることが多いことなどから，非線形動的解析としては全応力解析を用いることとした．

また，表層地盤の地盤モデルについては，比較的容易にモデル化できる 1 次元モデルとし，構造物に対して水平 2 方向に地震を作用させる場合には，それぞれ独立に 1 次元モデルで計算してもよい．ただし，この 1 次元モデルは，対象地盤を水平成層地盤と仮定しているため，表層地盤が不整形でその影響が無視できない場合

には，鉛直方向を含む2次元平面モデルあるいは3次元モデルのFEモデルを用いることになる．工学的基盤面上の鉛直成分の地震動を地表面へ上げるときも，これらのFEモデルが用いられる．工学的基盤面上の鉛直成分が存在しない場合には，強震観測記録を使って統計的に鉛直成分を推定する方法［中村ら，2012］もある．なお，1次元モデルによる地盤応答解析の具体的な実施例については，補遺3-1を参照されたい．

(3) 活断層周辺においては高架橋などから構成される路線が断層を跨ぐ（あるいは断層直近になる）ことが十分に考えられる．特に，地表面に現れる断層を跨ぐ場合には，ひとつの高架橋内で各橋脚下端の断層変位量がそれぞれ異なってくる．通常の耐震設計においては，一様加振による構造物の動的解析が行われているが，この方法ではその断層変位による影響を考慮することができない．よって，その影響を考慮するには，橋脚毎にそれぞれ異なる地震動を橋脚下端から作用させる多点入力による動的解析を行わなければならない．なお，その場合の地震動は，断層変位が含まれたものでなければならない．熊本地震では，実際に断層変位による橋梁被害が報告され，その再現解析にこのような方法で動的解析を行った事例［本橋ら，2017］などがある．

また，断層近傍で地表面に断層が現れないケース（伏在断層）もある．その場合には，断層変位の影響を考慮する必要はないが，断層近傍においては地震動の加速度分布も複雑で時々刻々と作用方向も変化するため，3方向の多点入力による動的解析を行うのがよい．

第3章の参考文献

土木学会（1989）：動的解析と耐震設計［第2巻］動的解析の方法，技報堂出版．

土木学会（1996）：土木学会構造物の耐震基準に関する「第二次提言」．

入倉孝次郎，香川敬生，関口春子（1997）：経験的グリーン関数を用いた強震動予測方法の改良，日本地震学会講演予稿集，No.2，B25．

原田隆典，大角恒雄，奥倉英世（1999）：3次元直交座標系における波動場の解析解とその地震動波形作成への応用，土木学会論文集，No.612/I-46，pp.99-108．

入倉孝次郎，釜江克宏（1999）：1948年福井地震の強震動－ハイブリッド法による広周期帯域強震動の再現－，地震，第2輯，第52巻，pp.129-150．

土木学会（2000a）：地震工学委員会レベル2地震動研究小委員会報告書．

土木学会（2000b）：土木学会構造物の耐震基準に関する「第三次提言」．

大西良広，堀家正則（2000）：統計的グリーン関数を用いた3成分地震動合成法の兵庫県南部地震への適用，構造工学論文集，Vol.46B，pp.389-398．

文部科学省　防災科学技術研究所（2002）：地震動予測地図ワークショップ－地震調査研究と地震防災工学・社会科学との連携－予稿集．

原田隆典，王宏沢（2005）：剛性マトリックスによる水平成層地盤の波動解析，地震，第2輯，第57巻，pp.387-392．

土木学会（2005）：地震動のローカルサイト・エフェクト－実例と理論そして応用－，丸善．

小森和男，吉川博，小田桐直幸，木下琢雄，溝口孝夫，藤野陽三，矢部正明（2005）：首都高速道路における長大橋耐震補強の基本方針と入力地震動，土木学会論文集，No.794/I-72，pp.1-19．

西川孝一，吉塚守，坂手道明，野中哲也，岩村真樹（2006）：長大吊橋の大地震時非線形挙動に関する研究，構造工学論文集，Vol.52A，pp.413-424．

佐藤智美（2008）：水平・上下動の広帯域統計的グリーン関数生成手法に関する研究，日本建築学会構造系論文集，第73巻，第629号，pp.1087-1094．

遠藤和男，福永勧，家村浩和，八田政仁，野中哲也（2009）：大規模地震時における長大吊橋の終局限界状態に関する解析的研究，構造工学論文集，Vol.55A，pp.550-563．

中村真貴，原田隆典，金井則之，野中哲也，児玉喜秀，本橋英樹（2012）：震源断層近傍の地震動上下成分・位相波特性の解析とそれに基づく上下成分波形の作成方法，土木学会論文集A1（構造・地震工学），Vol.68，No.4，I_1-12．

日本道路協会（2012）：道路橋示方書（V耐震設計編）・同解説，丸善．

土木学会（2016）：土木構造物共通示方書（性能・作用編），丸善．

本橋英樹，野中哲也，馬越一也，原田隆典（2016）：熊本地震の断層近傍の橋梁に対する地震力と崩壊メカニズムの一考察，第19回性能に基づく橋梁等の耐震設計に関するシンポジウム講演論文集，pp.191-198．

本橋英樹，野中哲也，馬越一也，中村真貴，原田隆典（2017）：熊本地震の断層近傍における地震動と橋梁被害の再現解析，構造工学論文集，Vol.63A，pp.339-352.

Bouchon, M. (1981) : A simple method to calculate Green's functions for elastic layered media, Bulletin of the Seismological Society of America, Vol.71, pp.959-971.

Bielak, J., Ghattas, O. and Bao, H. (1998) : Ground motion modelling using 3D finite element methods, Proceedings of the second international symposium on the effects of surface geology on seismic motion, Vol.1, pp.121-133.

Aoi, S. and Fujiwara, H. (1999) : 3-D finite difference method using discontinuous grids, Bulletin of the Seismological Society of America, Vol.89, pp.918-930.

補遺 3-1 地盤応答解析の実施例

3.3 (2)で規定した地盤応答解析について，ひとつの具体的な実施例をここで示す．対象地盤を水平成層地盤と仮定して1次元モデルでモデル化し，非線形動的解析法による地盤応答解析を実施する．工学的基盤面の地震動を入力として地盤応答解析を実施すれば，地表面での地震動が得られる．ここで得られた地表面の地震動が，構造物に対する入力地震動となる．

地盤応答解析の入力する地震動は，中央防災会議の「南海トラフの巨大地震モデル検討会」で公表されている工学的基盤面の地震動とする．また，参考として，解析法の違いが解析結果に与える影響を検討するために，同じ条件にて簡易解析法である等価線形解析法による地盤応答解析も実施する．使用する解析プログラムとして，非線形動的解析法にはyusayusa［吉田ら，1991］を，等価線形解析法にはSHAKE［Schnabel et al., 1972; 吉田ら，1996］を用いる．

(1) 対象地盤および地盤応答解析の条件

1) 対象地盤

検討対象とした地盤は，コンビナート地区の埋立地（軟弱地盤）であり，その地盤のボーリングデータなどの諸元を表-補3.1.1に示す．なお，この地盤は，道路橋示方書・同解説V耐震設計編［日本道路協会，2012］で規定されている液状化判定式によれば液状化しないと判定される．

各地層のデータは，標準貫入試験や繰り返し3軸試験結果などから決定されるのが望ましいが，ここでは，S波速度は道路橋示方書・同解説V耐震設計編［日本道路協会，2012］のN値からの換算式により算出し，動的変形特性については表-補3.1.1のように設定した．

表-補 3.1.1　対象地盤の諸元

番号	土質分類	上端深度 (m)	層厚 (m)	密度 (tf/m3)	平均N値	S波速度*1 (m/s)	動的変形 特性曲線*2
1	砂質土	0.00	0.65	1.79	5	136.8	AS
2	砂質土	0.65	1.70	1.84	5	136.8	AS
3	砂質土	2.35	1.60	1.63	5	136.8	AS
4	粘性土	3.95	3.70	1.58	6	181.7	AC
5	砂質土	7.65	2.90	1.63	6	145.4	AS
6	粘性土	10.55	2.10	1.58	9	208	AC
7	粘性土	12.65	1.00	1.58	23	286.3	DC
8	砂質土	13.65	2.35	1.63	37	263.4	DS
9	粘性土	16.00	2.65	1.58	50	368.4	DC
10	弾性地盤	18.65	1.00	1.90	-	300	弾性地盤
11	工学的基盤	19.65	-	2.00	-	500	工学的基盤

*1) S波速度（Vs）は道路橋示方書の N 値からの以下の式より算出

　　　　　　粘性土　$Vs = 100N^{1/3}$ $(1 \leq N \leq 25)$,　砂質土　$Vs = 80N^{1/3}$ $(1 \leq N \leq 50)$

*2) AS：沖積砂質土，AC：沖積粘性土，DS：洪積砂質土，DC：洪積粘性土

2) 入力地震動

入力地震動として，中央防災会議「南海トラフの巨大地震モデル検討会」で公表されている工学的基盤面の加速度波形 NS 成分（図-補 3.1.1）を用いる．また，等価線形解析法における地盤ひずみ適用範囲内での比較検討のために，入力加速度波形の振幅倍率を 0.5 倍したケースについても実施する．

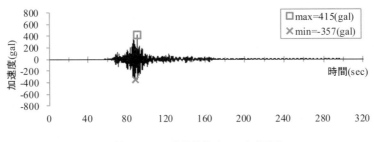

図-補 3.1.1 工学的基盤面の入力地震動

3) 地盤モデル

表-補 3.1.1 で示した地盤に対して，水平成層地盤と仮定して 1 次元モデルでモデル化する．各地層の分割については，分割長が最大振動数に対応する波長の 1/5～1/8 程度（約 1m 程度）になるようにした．定義する質量は，この分割長と密度から算出できる．地盤モデルの下端には，逸散減衰を考慮するため粘性境界（ダッシュポット）を設定する．このようにモデル化した地盤モデルに対して，下端から入力地震動（図-補 3.1.1）を入力する．重複反射理論に基づく等価線形解析法では，入力する加速度波形を表層地盤の条件によらない解放基盤面での地震動 2E として与えることが多く，ここでも公表された加速度波形を 2E としてそのまま与えることにした．

地盤の動的変形特性としては，図-補 3.1.2 に示すような非線形性（せん断剛性 G/G_0～せん断ひずみ γ 関係，減衰定数 h～せん断ひずみ γ 関係）を考慮する［岩崎ら，1980a，1980b；建設省土木研究所，1982］．応力－ひずみ関係としては Ramberg-Osgood モデル（R-O モデル）を採用する．R-O モデルのパラメータの決定については，いくつかの方法があるが，地盤材料の実験値によくフィッティング（図-補 3.1.2）するパラメータ

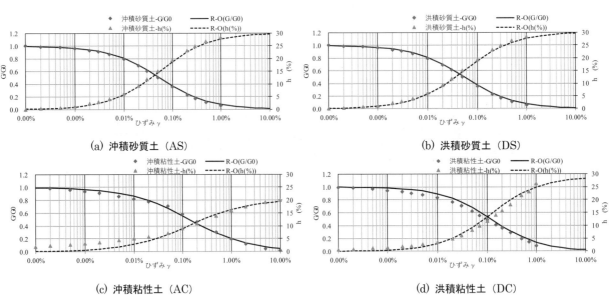

(a) 沖積砂質土（AS）　　　　　　　　　　(b) 洪積砂質土（DS）

(c) 沖積粘性土（AC）　　　　　　　　　　(d) 洪積粘性土（DC）

図-補 3.1.2 非線形動的解析（R-O モデル），等価線形解析で用いる G/G_0-γ，h-γ 関係

を選ぶ必要がある（パラメータ決定方法の詳細は文献［吉田ら，1991］を参照）．非線形動的解析法における数値積分法としてはNewmarkのβ法を採用する．

比較検討のための等価線形解析法では，図-補3.1.2に示した地盤材料のG/G0-γおよびh-γ関係をテーブルデータ形式で直接与える．

（2）地盤応答解析の結果

1）工学的基盤面の入力地震動（振幅倍率：1.0）

図-補3.1.1の地震動を入力とした非線形動的解析による地盤応答解析を実施して，得られた解析結果の最大応答値（変位，加速度，せん断ひずみ）の深度分布を，等価線形解析の結果と合わせて，図-補3.1.3に示す．図-補3.1.4には，せん断ひずみが大きい位置（A点とB点）でのせん断応力とせん断ひずみ関係を示す．地盤応答解析結果の地表面加速度波形とその加速度応答スペクトル（減衰定数5%）を，それぞれ図-補3.1.5，補3.1.6に示す．

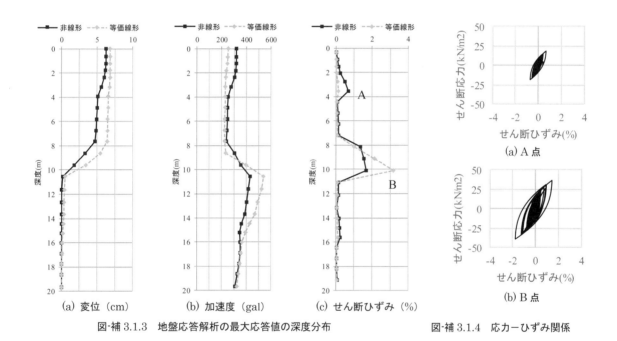

図-補3.1.3　地盤応答解析の最大応答値の深度分布　　　　図-補3.1.4　応力-ひずみ関係

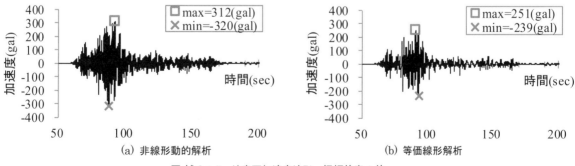

図-補3.1.5　地表面加速度波形：振幅倍率1倍

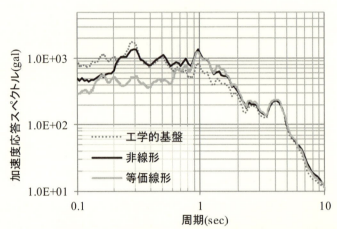

図-補 3.1.6　加速度応答スペクトル（減衰定数 5%）：振幅倍率 1 倍

2）工学的基盤面の入力地震動（振幅倍率：0.5）

　入力地震動の加速度波形を 0.5 倍して同様な解析をした結果を，非線形動的解析と等価線形解析を比較して図-補 3.1.7 に示す．図-補 3.1.8 には，せん断ひずみが大きい位置（A 点と B 点）でのせん断応力とせん断ひずみ関係を示す．地盤応答解析結果の地表面加速度波形とその加速度応答スペクトル（減衰定数 5%）を，それぞれ図-補 3.1.9，補 3.1.10 に示す．

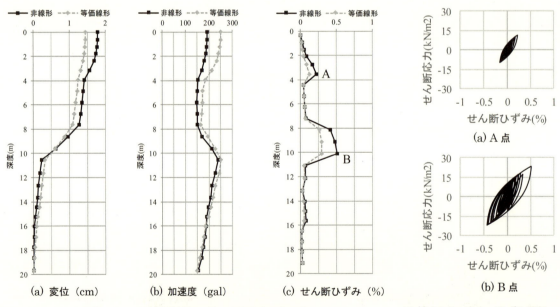

図-補 3.1.7　地盤応答解析の最大応答値の深度分布　　　　図-補 3.1.8　応力－ひずみ関係

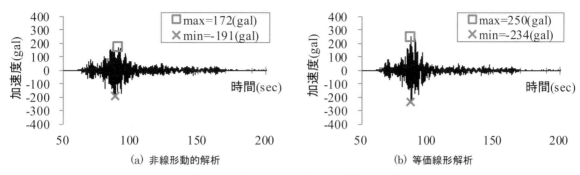

図-補 3.1.9　地表面加速度波形：振幅倍率 0.5 倍

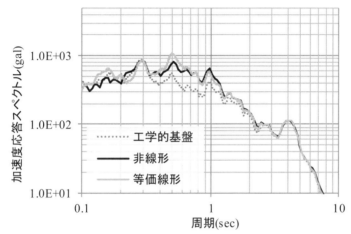

図-補 3.1.10　加速度応答スペクトル（減衰定数 5%）：振幅倍率 0.5 倍

(3) 解析結果のまとめ

地盤応答解析した結果をまとめると，次のようになる．

(a) 工学基盤面で最大 415gal の地震動を入力として，非線形動的解析法による地盤応答解析を実施した結果，地表面で最大 320gal の地震動を得た．このように地表面の最大加速度が，工学基盤面より多少減少したのは，地盤が悪い層（7〜11m）が原因している．

(b) 非線形動的解析の結果から地盤の悪い層のせん断ひずみが約 2%にもなり，その層だけで加速度が減少し，その影響で地表面の加速度が大きくならなかった．

(c) 等価線形解析においては，地盤の悪い層のせん断ひずみが 4.5%と大きく，等価線形解析の一般的な適用範囲 1%より大きくなった．このように等価線形解析のひずみが大きいため，地表面の加速度が非線形動的解析より小さくなって過少評価することになった．また，加速度応答スペクトルにおいても，等価線形解析の結果が比較的短周期（1 秒以下）において，過少評価される（結果が不自然である）ことがわかった．これらから，本解析で用いた南海トラフ地震の地震動に対しては，等価線形解析では対応できないことになる．

(d) 工学基盤面の地震動を 0.5 倍した結果では，等価線形解析の最大せん断ひずみが 0.3%となり，適用範囲内となった．非線形動的解析の最大せん断ひずみが 0.5%であるため，等価線形解析の最大ひずみの結果が非線形動的解析の結果に近づいてきた．さらに，今回の SHAKE の代わりに同じ等価線形解析プログラム DYNEQ［吉田ら，1996］を用いれば，もっと近づく可能性はある．応答加速度スペクトルにおいては，非線形動的解析と等価線形解析の結果が概ね一致している（特に，周期が 0.7 秒以上でほとんど一致している）ことから，0.5 倍した地震動程度であれば，等価線形解析も適用できそうである．

(4) 構造物に対する地震動の多方向入力

前述した地盤応答解析の結果は，南海トラフ地震のNS成分の地震動であった．EW成分（図-補3.1.11 (a)）についても，同様にR-Oモデルによる非線形動的解析を実施した．その解析結果の地表面の地震動を同図(b)に，地表面の加速度応答スペクトルを同図(c)に示す．

構造物に対して，ここで求めたEW成分（図-補3.1.11(b)参照）と前述したNS成分（図-補3.1.5(a)参照）の2成分の地震動を同時に作用させる多方向入力とする．NS成分とEW成分を合成して，水平面上に変位と加速度の履歴を描くと，図-補3.1.12のようになる．同図(a)から変位はNS方向に大きく変形する傾向を示し，同図(b)から加速度はあらゆる方向に作用していることがわかる．

橋梁の場合，橋軸方向を全体座標系のX軸，橋軸直角方向をY軸とする場合が多く，作用させる地震動もこの全体座標系で定義するのが一般的である．そのため，NS方向，EW方向の地震動をこの全体座標系へ変換して，2成分の地震動を構造物に作用させることになる．

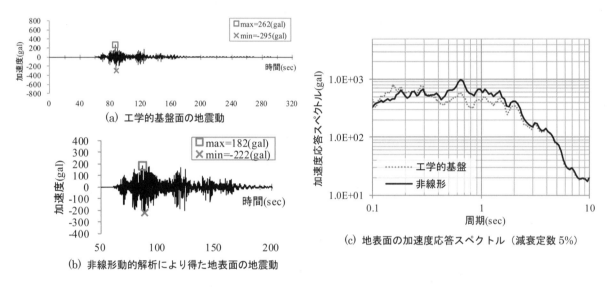

図-補3.1.11 南海トラフ地震のEW成分の地震動

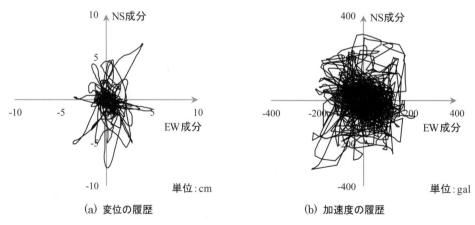

図-補3.1.12 地表面地震動の水平面上の履歴

第 3 章補遺の参考文献

岩崎敏夫, 常田賢一, 吉田清一（1980a）：沖積粘性土の動的変形特性・強度特性について, 第 15 回土質工学研究発表会, pp.625-628.

岩崎敏夫, 龍岡文夫, 高木義和（1980b）：地盤の動的変形特性に関する実験的研究（II）, 土木研究所報告, 153 号の 2.

建設省土木研究所（1982）：地盤の地震時応答特性の数値解析法－SHAKE：DESRA－, 土研資料, 第 1778 号.

吉田望, 東畑郁生（1991）：YUSAYUSA-2 理論と使用法.

吉田望, 末富岩雄（1996）：DYNEQ：等価線形法に基づく水平成層基盤の地震応答解析プログラム, 佐藤工業（株）技術研究所報, pp.61-70.

日本道路協会（2012）：道路橋示方書（V 耐震設計編）・同解説, 丸善.

Schnabel, P. B., Lysmer, J. and Seed, H. B. (1972)：SHAKE A computer program for earthquake response analysis of horizontally layered sites, University of California, Berkeley, Report No. EERC72-12.

第4章　耐震性能照査

4.1　性能照査の方法

4.1.1 一般

(1) 照査の方法は，信頼性設計の考え方を基礎とした部分係数法によるものとし，限界状態設計法によることを標準とする．

(2) 照査の方法は，原則として，設計作用による設計応答値と設計材料強度に基づく設計限界値，ならびに各部分係数を用いて行うものとする．この際，式(4.1.1)～(4.1.3)の照査様式を用いることを原則とする．

$$\gamma_i \frac{S_d}{R_d} \leq 1.0 \tag{4.1.1}$$

$$S_d = \gamma_a \cdot S(\gamma_{f,1}F_1, \quad \gamma_{f,2}F_2, \quad \gamma_{f,3}F_3, \cdot \cdot \cdot) \tag{4.1.2}$$

$$R_d = \frac{1}{\gamma_b} R(\frac{f_k}{\gamma_m}) \tag{4.1.3}$$

ここで，

S_d：設計応答値

R_d：設計限界値

$S(\cdot)$：設計作用による応答値を算出するための関数

$R(\cdot)$：材料強度から構造物の限界値を算出するための関数

f_k：個々の材料強度の特性値

F_k：個々の荷重の特性値

γ_i：構造物係数

γ_a：構造解析係数

γ_b：部材係数

γ_m：材料係数

γ_f：作用係数

(3) 設計においては，考えられるすべての限界状態について照査を行うものとする．

(4) 部分係数は，「4.1.2　部分係数」による．

【解　説】

(1) 照査方法として，部分係数を用いた照査式（本示方書共通の照査式）を用いることを原則とする（［設計編］参照）．

(2) 照査方法としては，構造物の重要度や限界状態に達した際の社会的・経済的影響によって定める部分係数（構造物係数 γ_i）を用いた基本照査式(4.1.1)によって行うことを基本としている．式(4.1.1)～(4.1.3)を耐

震設計に適用する場合の注意点を述べる.

1) 材料が2種類以上（例えば，鋼とコンクリート），あるいは材料が1種類でも複数の材料特性値を考えなければならない場合（例えば，降伏応力とひずみ硬化係数など）には，式(4.1.3)の $R(\cdot)$ は $R(f_{k,1}/\gamma_{m,1}, f_{k,2}/\gamma_{m,2}, \cdots)$ とおく．ここで，$f_{k,j}$，$\gamma_{m,j}$ $(j = 1, 2 \cdots)$ は一つの材料特性値，材料係数である．

2) 本示方書で扱う作用する可能性のある最大級の地震動に対する耐震安全性の照査では，応答値の算定には材料非線形性や幾何学的非線形性を考慮した非線形解析が通常必要である．この場合，各荷重（$\gamma_{f,k} \cdot F_k$）$(k = 1, 2 \cdots)$ に対する応答値の重ね合わせが必ずしも成立しないので連成効果が想定される荷重については載荷履歴や同時性を考慮して式(4.1.2)のように応答値を算定しなければならない．すなわち，死荷重と地震の影響（地震動）は同時に考慮する必要がある．また，多方向地震動を考慮する場合には各成分を同時に作用させる必要がある．

　　レベル1地震動に対する照査で幾何学的非線形の影響が小さく構造系の応答値の算定に線形解析（弾性微小変位解析）が適用できる場合には，重ね合わせができ，設計応答値 S_d は［設計編］で示されているように個々の荷重の応答値の和で以下のように表される．

$$S_d = \gamma_a \sum_k \gamma_{f,k} S(F_k) \tag{解4.1.1}$$

(3) 耐震設計における限界状態としては，構造安全性に対する安全限界状態，地震後の使用性・修復性に対する損傷限界状態を考えるものとする．耐震性能照査は，設計地震動による構造全体，ならびに設計対象となるすべての構成部材の設計応答値と，対応する設計限界値を用いて行うものとする．

(4) 式(4.1.1)～(4.1.3)のフォーマットには5個の部分係数（$\gamma_i, \gamma_a, \gamma_b, \gamma_m, \gamma_f$）がある．それらは，信頼性理論に基づき，特性値からの望ましくない方向への変動，計算における値の算出方法の不確実性，荷重や実構造物・実材料などのばらつき等を考慮して定めるのがよい．これらの係数決定における考え方は「4.1.2　部分係数」に示されている．

4.1.2 部分係数

(1) 構造物係数 γ_i は，構造物の重要度や限界状態に達したときの社会的・経済的影響を考慮して定めるものとする．

(2) 材料係数 γ_m，部材係数 γ_b，構造解析係数 γ_a および作用係数 γ_f は，特性値からの望ましくない方向への変動，計算における応答値や限界値の算出方法の不確実性，作用や実構造物・実材料などのばらつき等を考慮して定めるものとする．

【解　説】

(1) 構造物係数 γ_i は構造物の重要度を考慮するための係数である．この係数の中には，対象とする構造物が限界状態に至った際の社会的影響や防災上の重要性，復旧あるいは補修に要する費用等の経済的要因も含まれる．構造物係数は，信頼性に基づいて理論的に定められるものではないので，構造物の所有者（発注者）の判断により決定され，数値の設定にあたっては，社会的適合性に配慮する必要がある．本示方書では，構造物の重要度に応じて「2.3　構造物の耐震性能」にもとづき耐震性能水準を設定するので，レベル2地震動に対する構造物係数 γ_i は1.0としてよい．一方，レベル1地震動に対する耐震性能 I_0 はレベル2地震動に対する耐震性能Iの照査と同様の方法を用いて，構造物の応答を弾性領域に留める必要がある．耐震性能 I_0 における構造物係数 γ_i の考え方としては，鋼部材の安全性照査を行う場合には，例えば，道路橋示方書・同解説

II 鋼橋編［日本道路協会，2012a］の安全率の考え方に従うとすれば$\gamma_i = 1.7/1.5 = 1.13$とすることができる.

(2) 材料係数γ_m，部材係数γ_b，構造解析係数γ_aおよび作用係数γ_fに関する設定法を以下に説明する.

1) 材料係数γ_m

［設計編］では鋼材の降伏強度の特性値に規格値を用いる場合には材料係数$\gamma_m = 1.0$，引張強度に規格値を用いる場合は$\gamma_m = 1.25$とすることの妥当性が示されている.

2) 部材係数γ_b

γ_bは，部材と構造全体に対して，①寸法のばらつき，②限界値算定上の不確実性，③破壊性状の特性を考慮するための係数である. さらに，部材についてはその④重要度を考慮するためにも用いる. なお，構造の④重要度についてはすでに構造物係数γ_iで考慮されているのでγ_bには含めない. ［設計編］と前回示方書［耐震設計編］では部材単位の照査が行われているため，γ_bを部材係数と呼び，部材のみを対象としていた. 本示方書では部材のみならず構造全体の安全性照査を行うが，［設計編］と同様，部材係数と呼ぶ. γ_bは①～④に関する係数$\gamma_b^{①} \sim \gamma_b^{④}$（すべて1以上）の積であらわすものとする($\gamma_b = \gamma_b^{①} \cdot \gamma_b^{②} \cdot \gamma_b^{③} \cdot \gamma_b^{④}$). ①～④について以下に具体的に説明する. なお，「［設計編］ 第5章」の部材耐力の式を用いて照査を行う場合には，これらに対応した部材係数$\gamma_b^{①}$が［設計編］の表-解5.2.2に示されているのでこれらを用いるとよい.

① は製作，施工精度のばらつきを意味する. 通常，ばらつきが大きいほどγ_bを大きくとる必要があるが，現状では値を決定するだけの十分な資料はない. 前回示方書では鋼構造ではばらつきが小さいということで$\gamma_b^{①} = 1.0$を採用している.

② は構造物，部材の耐震性能を照査する指標（例えば，構造物の強度や変形性能）の限界値算定に用いる解析手法の精度を意味する. 本示方書では限界値の予測式も用いるので，予測式の精度も意味する. 精度が悪いほど$\gamma_b^{②}$を大きくとる必要がある. $\gamma_b^{②}$の値は，解析手法や予測式の精度を実験結果などと比較することで定量的に評価した上で，決定する必要がある. このような比較に用いる実験としては，単柱の無充填鋼製橋脚，コンクリート充填鋼製橋脚を対象とした各種静的繰り返し載荷実験（水平1方向繰り返し載荷，水平2方向繰り返し載荷），振動台実験（水平1方向加振，水平2方向加振，3方向加振），さらに，無充填ならびにコンクリート充填鋼製橋脚で支持された連続高架橋を対象とした振動台実験（水平2方向加振）などがすでに実施されている. 関連する文献をまとめて補遺4-1に示している. 本示方書では限界値算定において，損傷部分を繰り返し挙動を考慮した高精度の繰り返し構成則を導入したシェルやソリッド要素により表した部材や構造全体系のモデルを用いる場合には$\gamma_b^{②} = 1.0$を用いる. 付録2に示す推定式を用いて限界値を算定する場合は少なくとも$\gamma_b^{②} > 1.0$である. 付録2の 2.1に示す多方向地震動下での限界相関式に部材係数γ_bを用いる場合，補遺4-2のよう設定するが，文献［後藤ら，2009a，2009b］では$\gamma_b^{②}$の値として1.02～1.03が示されている.

③ は部材が安全限界状態に達した後の構造物の崩壊の形式が急激か否かで安全度の余裕に差をつける係数である. 崩壊が急激なほど$\gamma_b^{③}$は大きくとられている. 本示方書では部材のみならず構造全体の安全性の照査を行うので$\gamma_b^{③} = 1.0$としてよい.

④ はCapacity Designで特定の重要な部材の破壊を防ぐためにその部材のγ_bを大きくして安全性を高める場合に用いる. 例えば，橋脚と免震支承，支承取付部（取付ボルト等）の設計について考えると，各要素の最大耐力で表した安全限界は，橋脚＜免震支承＜支承取付部の順になるように設計するべきである（条文9.5.1【解説】(4)，補遺9-1参照）. これは橋脚が安全限界に到達するまでは免震支承が破断することなく所要の免震機能を発揮する必要があり，さらに免震支承が安定した免震機能

を発揮するためにはその取付部が損傷してはならないためである．このようなCapacity Designの重要性は東北地方太平洋沖地震（2011）での連続高架橋におけるゴム支承の破断や，熊本地震（2016）でのゴム支承の取付ボルトの破断の事例［後藤ら，2017b］から学ぶことができる．

3）構造解析係数 γ_a

γ_a は，設計地震動を構造系に入力した場合の応答値を数値解析により算出する際の不確かさを考慮するためのものである．具体的には，動的応答解析によって算出される応答値が，①構造物のモデル化，②構成則モデル，③解析手法や使用ソフト等により，どの程度異なるかばらつきを調査し，そのばらつき具合を考慮して γ_a を算出する．

文献［日本鋼構造協会，2003］では，鋼上路式アーチ橋，鋼上路式トラス橋，および，単柱式橋脚を対象とし，はり要素を主体的に用いたモデルの構造解析における γ_a の評価が試みられている．それによると，複数の機関で解析された結果は，かなりばらつきが大きいという結果が得られた．このような状況を踏まえ，文献［日本鋼構造協会，2009，2011］では，複数の設計技術者および専門の解析技術者により，ベンチマーク問題（はり要素を主体的に用いたモデル）に対する異なる耐震解析ソフトウェアを用いたブラインド解析が新たに実施されるとともに，解析結果のばらつきの大きさとその要因の分析調査が行われた（補遺 5-1 参照）．調査の結果，上路式アーチ橋や上路式トラス橋など複雑な構造においてはばらつきがかなり大きく，その差異は最大で220%になった．そして，このようなばらつきが生じた主たる要因はモデル化の方法が明確に指定されていない部分，すなわち解析技術者の判断に任せられている部分のモデル化の差とデータ入力などの人的過誤であることが判明した．その一方で，各種はり要素を用いた各耐震解析ソフトウェア間の差異は小さいという結果を得た．さらに，ばらつきを抑える方法としては，各構造に対して標準的なモデル化手法（標準モデル）を明示したうえで，2 機関以上によるブラインド解析を実施し，結果にばらつきが生じた場合にはその原因分析を行うという手続きをとることが有効であった．このような方法により，最終的にはばらつきを 10%以内におさえることができたことが報告されている．

γ_a の具体的な値は前回示方書［耐震設計編］では静的解析で1.0,比較的簡単な構造系の動的解析で1.05,複雑な構造系の動的解析で 1.10 の値を推奨している．また，［設計編］では線形解析で 1.0～1.1 の値を示している．しかし，このような構造解析係数の値を採用するためには，少なくとも，上記の調査［日本鋼構造協会，2009，2011］で述べられているようなばらつきを抑えるための十分な対策をとることが前提である．このような係数の設定にあたっては十分に注意する必要がある．かかる観点から本示方書では「第 7 章鋼橋のモデル化」には代表的な橋梁形式について，不適切なモデル化を防ぐために標準モデルを示している．

4）作用係数 γ_f

設計地震動は作用係数を含んだ形で設定されることを前提にしているので $\gamma_f = 1.0$ を用いる．このような考え方は多くの示方書で用いられている．また，死荷重（質量）は「［設計編］　第 2 章」の標準的な単位体積重量を用いることを前提として，$\gamma_f = 1.0$ とする．ただし，道路橋示方書・同解説 I 共通編［日本道路協会，2017］では $\gamma_f = 1.05$ を採用している．

4.2 耐震性能照査の一般

(1) 対象とする構造物が目標とする耐震性能水準はその重要度を考慮して設定する. 構造物が目標とする耐震性能水準を満足することを照査するには, まず, 構造物の安全性を確保するための安全限界状態と目標とする地震後の使用性・修復性を確保するために必要な損傷限界状態を明確にする. そして, 設計地震動下における構造物の応答が構造安全性と地震後の使用性・修復性に関するそれぞれの限界状態を超えないことを確認する.

(2) 構造安全性と地震後の使用性・修復性に関するそれぞれの限界状態は適切な指標による限界値として規定するとともに, これらの指標の設計地震下での応答値を適切な方法で算定しなければならない.

(3) 想定外の地震動で構造物の応答が安全限界を超えた場合にも直ちに大規模な崩壊などの致命的な被害が構造系に生じないように構造工学的な配慮をしなければならない.

【解 説】

(1) 構造物の耐震設計では表2.3.1に示すように, レベル1地震動に対する耐震性能 I_0 ならびに, 構造物の重要度に応じて設定されたレベル2地震動に対する耐震性能 (I, II, III) を満足することを照査する必要がある. レベル2地震動に対する耐震性能は, 構造全体と各部材の安全性が確保されることを前提に, 対象とする構造物が目標とする地震後の使用性・修復性のレベル (耐震性能 I, II, III に対応) に応じて決定される. ここに, 構造全体とは設計で慣用的に独立した振動単位として見なされるものである. 部材とは, 構造を構成する要素単位のことで, たとえば, 高架橋では, 桁・床版, 支承部, 橋脚, 橋脚アンカー部, 基礎, 制震ダンパーなどである. さらに本示方書では, これらの要素単位で構成される部分構造も部材と呼ぶ. すべての部材の安全性が確保されても構造全体の安全性は確保されているとは限らないことに注意しなければならない. 構造全体系の幾何学的非線形性による座屈の影響がとくに大きな構造物では, 各部材の安全性が確保されても構造全体系の座屈安定性の喪失で安全限界を超える場合がある. このような場合に対応するために構造全体の安全性照査が必要になる. 一方, 連続高架橋では, 橋脚の安全限界として設定されている最大耐力点に到達するまでの幾何学的非線形性の影響は小さく, 構造全体の安全性は通常確保されている. したがって, 連続高架橋においては前回示方書や道路橋示方書・同解説 V 耐震設計編 [日本道路協会, 2012b] で行われているように, 安全照査は部材についてのみ行えばよく, 構造全体の安全性照査は一般には省くことができる.

(2) レベル1とレベル2の設計地震動それぞれに対する構造安全性と地震後の使用性・修復性の照査において限界状態を表す限界値の設定法と設計地震動下での応答値の算定法について説明する.

1) レベル1地震動に対する照査

レベル1地震動に対して要求される耐震性能水準はすべて I_0 である. すなわち, 構造物はすべて弾性領域に留まることが要求される.

(a) 構造安全性の照査

部材の安全性は, 設計地震動下の断面力や応力の応答値を [設計編] に規定されている降伏限界, 座屈限界を表す部材強度相関式を用いて照査することで, 基本的には確保される.

構造全体の安全性は部材の安全性照査に用いる部材強度相関式において有効座屈長を用いることで近似的に考慮できる. ただし, 構造全体系の幾何学的非線形性による座屈の影響がとくに大きな構造物で,

主荷重に対する設計でも構造全体系の座屈安定性を配慮する必要がある場合には，地震の作用に対しても全体系の座屈安定性の照査を行う必要がある．すなわち，支配的な地震作用力モードに対してPushover 解析により算定した最大耐力を限界値として地震作用力の最大値がこれ以下であることをチェックすることで座屈安定性を直接照査する．この照査法はレベル 2 地震動に対する耐震性能 I の照査のところで詳しく説明する．

(b) 地震後の使用性・修復性の照査

鋼部材の安全性照査で用いる降伏限界や座屈限界などを表す部材強度相関式ではレベル 1 の設計地震動に対して，構造物係数 γ_i=1.13（レベル 2 の設計地震動では γ_i=1.0）が用いられているので，部材の安全性の照査を満足すれば部材は弾性状態にとどまると考えられる．したがって，この照査を満足する構造物に対して，改めて地震後の使用性・修復性の照査を行う必要はない．

(c) 応答値の算定

照査に用いる断面力，応力，変位，地震作用力などの各指標の応答値の算定について，レベル 1 地震動下の構造系の応答は弾性範囲であるので，はり要素を主体としたモデルの弾性微小変位動的解析を用いればよい．ただし，主荷重に対する設計において応答値の算定に幾何学的非線形性の影響を考慮する構造の場合（例えば，支間長の大きいアーチ橋，吊橋，斜張橋など）には地震の作用に対する応答値の算定にも弾性有限変位解析を用いる必要がある．なお，基本振動モードが卓越し，加速度応答スペクトルの変動が小さい周期帯では，応答値の算定に静的解析（いわゆる震度法［日本道路協会，2012b］）を適用することもできる．

2) レベル 2 地震動に対する照査

レベル 2 地震動に対する耐震性能 I, II, III に対する構造安全性と地震後の使用性・修復性の照査法の概要を表-解 4.2.1 にまとめる．さらに，既設橋の耐震補強の場合における耐震性能 II, III の照査の特例を表-解 4.2.2 にまとめる．ここに，耐震性能 I の構造物は基本的には塑性化によるエネルギー吸収を期待しない部材（非エネルギー吸収部材）からなる．一方，耐震性能 II, III の構造物は，部材の塑性化によるエネルギー吸収を考慮する場合で，損傷を許容しない非エネルギー吸収部材のほかに，橋脚，制震デバイスなどの損傷を許容するエネルギー吸収部材を含む．なお，耐震補強の場合においては，耐震性能 II, III の構造物では，やむを得ない場合の特例として，主荷重を受け持たない二次部材を含む非エネルギー吸収部材の損傷を許容する構造も含まれる．耐震設計でのエネルギー吸収部材と非エネルギー吸収部材の具体的な定義を表-解 4.2.3 にまとめる．

以下に，表-解 4.2.1，解 4.2.2 を参照して，耐震性能 I と耐震性能 II, III の照査の考え方を説明する．

＜耐震性能 I の照査＞

耐震性能 I では構造安全性とともに，地震直後でも構造物の機能が保持されるように損傷が生じないことが要求される．この場合の照査法は構造物係数を γ_i=1.0 とする以外はレベル 1 地震動に対する耐震性能 I_0 の照査法と同様である．

(a) 構造安全性の照査

部材の安全性は設計地震動下の断面力や応力の応答値を［設計編］に規定されている降伏限界，座屈限界などを表す部材強度相関式で照査することで基本的には確保される．構造全体の安全性も部材の安全性照査に用いる部材強度相関式において部材長に有効座屈長を用いることで構造全体系の座屈も近似的，間接的に考慮できると考えられている．しかし，構造全体系の幾何学的非線形性による座屈の影響が大きくなる場合には，地震の作用に対して，別に構造全体系の座屈安定性の照査を行う必要がある．構造全

体系の座屈安定性の照査では，入力地震動に対する時刻歴応答解析により得られる構造全体系への支配的な最大地震作用力を応答値として，これを限界値である構造全体系の最大耐力に対して照査する．構造全体系の最大耐力は弾塑性はり要素を用いた構造全体系のモデルに対して支配的な地震作用力モードを漸増載荷する弾塑性有限変位静的解析にもとづく Pushover 解析で求める．このような座屈安定性の影響を考慮した構造全体系の最大耐力に対する地震慣性力の照査は幾何学的非線形性が強い場合の照査法として前回示方書でも提示されているが，例外的な扱いとされているため，用いられることはほとんどなかったものと考えられる．本示方書では構造全体系の安全性の照査は次のような方針で行う．耐震性能 I の照査で構造全体系の座屈安定性の照査が必要な場合としては，構造全体系における座屈の影響が大きく，主荷重に対する設計で構造全体系の座屈安定性の照査を行う必要性がある場合とする．損傷が許容される耐震性能 II，III の照査では，安全性の高い照査法を提示するという観点から，構造全体系の座屈安定性の照査を行うことを標準としている．ただし，高架橋の橋脚では曲げモーメントが卓越し，かつ幾何学的非線形性の影響が小さいため，構造全体系の安全性照査を省略できる．

(b) 地震後の使用性・修復性の照査

耐震性能 I では構造系に損傷が生じないことを要求される．部材の安全性照査では，レベル 1 地震動に対する耐震性能 I_0 と同様の方法を用いるが，構造物係数 γ_i の値を $\gamma_i = 1.0$ に低減しているので，応答値が降伏限界を表す部材強度相関式を満足する場合においても，初期不整の影響で断面の一部に若干塑性化が生じる場合も有ると考えられる．しかし，大部分の部材は弾性状態にあるので構造物が元の状態に復元する機能は十分保持していると考えられる．したがって，残留変位は無視できると考えて地震後の使用性・修復性の照査は行わなくてよいものとする．

(c) 応答値の算定

照査に用いる断面力，応力，変位，地震作用力などの各指標の算定について，耐震性能 I では構造物には損傷は許容されず，ほぼ弾性状態に保持されるので，はり要素を主体としたモデルによる弾性微小変位動的解析を用いればよい．ただし，主荷重に対する設計において応答値の算定に幾何学的非線形性の影響を考慮する構造の場合（例えば，支間長の大きいアーチ橋，吊橋，斜張橋など）には弾性有限変位動的解析を用いる必要がある．

具体的なレベル 2 地震動に対する耐震性能 I の照査法は「4.3　レベル 2 地震動に対する耐震性能 I の照査法」に示す．

<耐震性能 II，III の照査>

耐震性能 II，III は，構造系にエネルギー吸収部材を配置し，この部材に損傷を許容することで地震時の構造物の運動エネルギーを吸収させ，目標とする耐震性能を確保する場合が対象である．

エネルギー吸収を期待しない非エネルギー吸収部材は原則として損傷を許容しないが，耐震補強でやむを得ない場合には例外措置として，損傷を許容してもよい．ただし，主荷重を受け持つ二次部材については損傷を許容しない．また，主要部材において損傷を許容する場合には，許容する損傷レベルから部材の最大耐力まで余裕があることを確認する必要がある．

非エネルギー吸収部材の損傷を許容する場合には，損傷が構造全体系の剛性低下に影響を与えないことも確認する必要である．上記の例外措置を適用する場合の照査法を表-解 4.2.2 にまとめている．

(a) 構造安全性の照査

構造全体の安全照査法は基本的には耐震性能 I の照査と同様である．ただし，耐震性能 I より大きな損傷が許容される耐震性能 II，III では，安全性の高い照査法を提示するという観点から，構造全体の安全性

第4章　耐震性能照査　　　47

表-解 4.2.1　レベル 2 地震動に対する照査方法

耐震性能	照査項目		限界状態	応答値と評価法※2)	限界値と評価法※1) ※2)
耐震性能 I	構造全体の安全性（主荷重に対する照査でも構造全体系の座屈安定性をとくに配慮する必要がある構造の場合のみ）		構造全体系の座屈	◆地震作用力 ・全体系はりモデルによる弾性有限変位動的解析	◆構造全体系の最大耐力 ・全体系はりモデルを用いた Pushover 解析（弾塑性有限変位静的解析）
	部材の安全性		部材の降伏，座屈	◆内力 ・全体系はりモデルによる弾性微小変位動的解析 　ただし，主荷重に対する設計において応答値の算定に幾何学的非線形性の影響を考慮する構造の場合は弾性有限変位動的解析	◆部材強度相関式［設計編］
	地震後の使用性・修復性		構造の残留変位・残留変形	各部材強度相関式［設計編］を満足するため，各部材は損傷せず，大部分の部材はほぼ弾性状態にあるので，構造物が元の状態に復元する機能は十分保持している．したがって，残留変位や残留変形はほとんど生じないので改めて照査を行う必要はない．	
耐震性能 II，III	構造全体の安全性（連続高架橋では構造全体系の座屈耐力が支配的とならないので照査を行わない）		構造全体系の座屈	◆地震作用力 ・全体系はりモデルによる弾塑性有限変位動的解析	◆構造全体系の最大耐力 ・損傷部をシェル要素などの高精度の要素，他をはり要素で表した全体系詳細モデルによる Pushover 解析（弾塑性有限変位静的解析）
	部材の安全性	非エネルギー吸収部材	部材の降伏，座屈	◆内力 ・全体系はりモデルによる弾塑性有限変位動的解析	◆部材強度相関式［設計編］
		エネルギー吸収部材	繰り返しによる耐力・変形能	◆内力または，曲率または，ひずみ ・全体系はりモデルによる弾塑性有限変位動的解析	◆部材の最大耐力・変形能 ・最大耐力は損傷部をシェル要素などの高精度の要素，他をはり要素で表した部材詳細モデルの Pushover 解析（弾塑性有限変位静的解析）で算定．エネルギー吸収能や変形性能を求める場合は同じモデルを用いた静的繰り返し解析． ・無充填鋼製橋脚については限界値を最大耐力，限界変位，限界ひずみ，限界曲率などで表した推定式（付録2）の利用が可能
			低サイクル疲労	◆繰り返しひずみの大きさとその頻度 ・全体系はりモデル（簡易法）または全体系詳細モデルによる弾塑性有限変位動的解析	◆部材の低サイクル疲労強度
	地震後の使用性・修復性（耐震性能 II のみ）		構造の残留変位・残留変形	◆残留変位，残留変形 ・損傷部をシェル要素などの高精度の要素，他をはり要素で表した全体系詳細モデルによる Pushover 解析（弾塑性有限変位静的解析）．より正確には弾塑性有限変位動的解析．	◆耐震性能 II に応じた地震後の使用性・修復性を確保するために必要な残留変位・残留変形の制限値という観点から限界値設定（各構造について個別に設定）

※1) 限界値の評価に用いる各モデルにおいて，はり要素でモデル化する部材は部材強度相関式を満足することが前提．

※2) 全体系はりモデル，全体系詳細モデル，部材詳細モデルの具体的な説明は第 7 章を参照のこと．

表-解 4.2.2　既設橋の耐震補強において非エネルギー吸収部材である主要部材や主荷重を受け持たない二次部材の損傷を許容する場合の照査方法（この表は表-解 4.2.1 と異なる部分のみをまとめた[※2]）

耐震性能	照査項目	限界状態	応答値と評価法[※3]	限界値と評価法[※1] [※3]
構造全体の安全性（連続高架橋では構造全体系の座屈耐力が支配的とならないので照査を行わない）	構造全体系の安全性（連続高架橋では構造全体系の座屈耐力が支配的とならないので照査を行わない）	構造全体系の座屈	◆地震作用力 ・全体系はりモデルによる弾塑性有限変位動的解析. ただし, 主荷重を受け持たない二次部材の損傷を許容する場合は当該部材の座屈後挙動や破断挙動を考慮できる要素の解析モデルへの組み込み必要（修正全体系はりモデル）. このような要素が利用できない場合には, 二次部材は損傷後に直ちに機能が停止する要素を利用.	◆構造全体系の最大耐力 ・損傷部をシェル要素などの高精度の要素, 他をはり要素で表した全体系詳細モデルを用いた Pushover 解析（弾塑性有限変位静的解析）で評価. 主荷重を受け持たない二次部材の損傷を許容する場合は当該部材をモデルから除去.
		地震時の剛性低下	◆剛性低下率 ・損傷部をシェル要素などの高精度の要素, 他をはり要素で表したモデル（全体系はりモデル, 全体系詳細モデル）によるレベル 2 地震動での最大応答値までの Pushover 解析（弾塑性有限変位静的解析）で評価. 主荷重を受け持たない二次部材の損傷を許容する場合は当該部材をモデルから除去[※4].	◆非エネルギー吸収部材の損傷を許容することによる構造物の剛性低下率が構造全体系の安全性を損なわないという観点から限界値設定.
耐震性能 II, III	部材の安全性[※2]（損傷を許容する非エネルギー吸収部材）	繰り返しによる耐力	【主要部材】 ◆内力 ・応答値の評価法は構造全体の安全性照査での構造全体系の座屈に対する応答値の評価法と同じ. 【主荷重を受け持たない二次部材】 ・応答が部材耐力を超える場合も許容. 部材の照査は不要.	【主要部材】 ◆繰り返しを考慮した部材の最大耐力と最大耐力到達後の耐力低下 ・損傷部をシェル要素などの高精度の要素, 他をはり要素で表した部材詳細モデルの静的繰り返し解析（弾塑性有限変位静的解析）. 【主荷重を受け持たない二次部材】 ・なし.
	地震後の使用性・修復性（耐震性能 II のみ）	構造の残留変位・残留変形	◆残留変位, 残留変形 ・損傷部をシェル要素などの高精度の要素, 他をはり要素で表した全体系詳細モデルによる Pushover 解析（弾塑性有限変位静的解析）. より正確には弾塑性有限変位動的解析. ただし, 主荷重を受け持たない二次部材の損傷を許容する場合は, Pushover 解析では当該部材をモデルから除去, 弾塑性有限変位動的解析では当該部材の座屈後挙動や破断挙動を考慮できる要素の解析モデルへの組み込み必要. このような要素が利用できない場合には, 二次部材は損傷後に直ちに機能が停止する要素を利用.	◆耐震性能 II に応じた地震後の使用性・修復性を確保するために必要な残留変位・残留変形の制限値という観点から限界値設定（各構造について個別に設定）.
		地震後の剛性低下	◆剛性低下率 ・損傷が生ずる二次部材を除去した全体系はりモデルの Pushover 解析（レベル 1 地震動作用に対する震度法で評価）[※4].	◆主荷重を受け持たない二次部材の損傷を許容することによる構造物の剛性低下率が地震後の使用性を損なわないという観点から限界値設定（各構造について個別に設定）.

※1) 限界値の評価に用いる各モデルにおいて, はり要素でモデル化する部材は部材強度相関式を満足することが前提.

※2) エネルギー吸収部材と損傷を許容しない非エネルギー吸収部材の照査法は表-解 4.2.1 による.

※3) 全体系はりモデル, 修正全体系はりモデル, 全体系詳細モデル, 部材詳細モデルの具体的な説明は第 7 章を参照のこと.

※4) 比較のために, 損傷する主要部材, 二次部材を弾性体と仮定した全体系はりモデルによる Pushover 解析を実施する.

表-解 4.2.3　部材区分

部材区分		定義と耐震設計での考え方	例
非エネルギー吸収部材	主要部材	二次部材以外の主荷重を受け持つ主要な部材．エネルギー吸収を期待せず，原則として損傷させないが，耐震補強でやむをえない場合のみ軽微な損傷を許容．	主桁，横桁，トラス主構の部材，アーチリブ，橋脚アンカー部
	主荷重を受け持つ二次部材	細長比パラメータが大きく軸圧縮力が支配的で，設計上，主荷重を受け持つ部材．最大耐力点到達後に急激な耐力低下が生ずるので，主荷重作用下で部材の崩壊の可能性がある．損傷を許容しない．	支点上対傾構など
	主荷重を受け持たない二次部材	細長比パラメータが大きく地震時の軸圧縮力が支配的であるが，設計上，主荷重は受け持たない部材，最大耐力点到達後に急激な耐力低下が生ずる部材．エネルギー吸収を期待せず，原則として損傷を許容しないが，耐震補強でやむを得ない場合のみ損傷を許容．	横構，対傾構（支点上対傾構は除く）
エネルギー吸収部材		部材パラメータの制限や座屈拘束をすることで，塑性領域での繰り返しに対して，安定的なエネルギー吸収を実現できる部材．損傷を許容．	橋脚，金属ダンパー

注) 支点上の対傾構は主荷重の作用の有無にかかわらず，損傷を許容しない．表中の定義に該当しない部材は主要部材に準じて扱う．

照査を行うことを標準とする（条文 4.4【解説】(3) 1)参照）．例外として，構造全体系の座屈耐力が支配的とならない連続高架橋などについては省くことができる．

　限界値である構造全体系の最大耐力を求めるための Pushover 解析に用いる構造モデルにおいて，損傷を許容するエネルギー吸収部材ではその塑性域での変形挙動が正確に表せるようにシェル要素などの高精度の要素を用いてモデル化を行う．このような高精度の要素を用いる理由は最大耐力点以降の軟化挙動を含めて最大耐力点近傍の挙動を把握し，限界点にとる最大耐力点の妥当性を検討する必要があるからである．最大耐力点直後の軟化域での荷重低下が大きい場合には限界点を最大耐力点到達以前に設定するか補剛・補強することで荷重低下を緩和することも必要である．限界値として最大耐力という力学量を指標として用いるのはこの指標が変位やひずみに較べ荷重履歴の影響を受けにくいからである．なお，先に述べたように，連続高架橋では構造全体系の座屈耐力が支配的とならないので構造全体の安全性照査を行わなくてよい．

　耐震補強でやむを得ず非エネルギー吸収部材である主要部材や主荷重を受け持たない二次部材の損傷を許容する場合，これらの非エネルギー吸収部材は損傷すると直ちに最大耐力に到達するとともに到達後の耐力低下が大きく，部材の変形性能が非常に小さい可能性がある．とくに，損傷後の二次部材では耐力や変形能はほとんど期待できない場合が多いと考えられる．したがって，構造全体系の限界値である最大耐力を Pushover 解析で評価する場合においては，損傷を許容する非エネルギー吸収部材は損傷後の挙動を適切に反映できる構造モデルを用い，限界値が過大評価されないようにする必要がある［佐野ら，2007；深谷，2018］．すなわち，損傷する非エネルギー吸収部材のうち主要部材はエネルギー吸収部材と同様にシェル要素で表し，二次部材は除去したモデルを用いる．この Pushover 解析は，レベル 2 地震動に対する最大応答レベルでの非エネルギー吸収部材（主要部材，二次部材）の損傷が構造全体系の剛性低下に与える影響が小さいことを照査するためにも用いる．剛性低下に与える影響の照査においては，上記の二次部材を除去した構造モデルに加え，すべての非エネルギー吸収部材（主要部材，二次部材）が無損傷な場合を想定して，これらを線形弾性体と仮定した構造モデルの Pushover 解析を行い，両者の剛性を比較することで評価する（条文 4.4【解説】(3) 5)参照）．

エネルギー吸収部材や非エネルギー吸収部材で損傷を許容する主要部材の安全性を照査する指標としては，地震動により部材に作用する内力を用いる．内力の限界値としては応答解析で得られる支配的な内力モードを振幅漸増型の両振りの繰り返し荷重として当該部材に載荷することで得られる最大耐力を用いる（条文 4.4【解説】(3) 2)参照）．限界値として最大耐力という力学量を指標として用いるのは先にも述べたように，この指標が変位やひずみに較べ荷重履歴の影響を受けにくいからである［後藤ら，2009a，2009b］．この部材耐力を算定するための解析モデルでは損傷後の繰り返し挙動が正確に表せるように損傷部分には鋼材の塑性域での繰り返し挙動を正確に反映した材料構成則を導入したシェル要素を用いる．「6.4　鋼製橋脚の構造細目」に規定するエネルギー吸収部材としてのパラメータ制限を満足し，その性能が確かな場合は，エネルギー吸収部材の限界値として用いる最大耐力は Pushover 解析で求めることができる．さらに，このようなパラメータ制限を満足する鋼製橋脚については，3 次元の一般的な地震作用を受ける場合の最大耐力を規定する限界相関式が付録 2 に示されているので適用性を吟味したうえで利用できる．付録 2 における「2.1　多方向地震動下での照査に用いる限界相関式」を用いて限界値を評価し，部分係数を考慮した照査式である式(4.1.1)で照査する場合の手続きを補遺 4-2 に示す．

エネルギー吸収部材としての性能が不確かな部材の場合は，繰り返し解析で得られる部材の履歴挙動から，最大耐力とともにエネルギー吸収部材として必要な変形性能と安定した履歴エネルギー吸収能を保持していることを確認しなければならない（条文 4.4【解説】(3) 2)参照）．非エネルギー吸収部材（主要部材）においてレベル 2 地震動により生じる損傷状態から最大耐力点到達までに十分な余裕がない場合には最大耐力到達後の繰り返し載荷で耐力が急激に低下して変形性能が小さくならないことを確認する必要がある（条文 4.4【解説】(3) 3)参照）．

損傷を許容しない非エネルギー吸収部材の安全性照査は耐震性能 I と同様に断面力や応力など応答値を部材強度相関式に代入して行う．部材強度相関式に用いる有効座屈長は厳密には損傷を許容する部材の影響を考慮して，座屈固有値解析などで定める必要がある．現行の設計では構造系が弾性である場合の有効座屈長が近似的に用いられている．このような近似を用いる場合には妥当性を吟味する必要がある．

エネルギー吸収部材である橋脚の安全限界の指標として用いる最大耐力を表す推定式や最大耐力到達時の橋脚の変位，ひずみ，曲率を指標としてこれらの限界値を推定する式が付録 2 に提示されているので，適用性を十分検討したうえで利用できる場合はこれらの推定式を用いて照査を行って良い．

なお，前回示方書における構造安全性の照査では構造物の種類に制限を設けずにひずみ照査法が用いられていた．すなわち，はりモデルを用いた構造全体系の複合非線形動的解析により求められる平均応答ひずみを，あらかじめ Pushover 解析で算定した部材セグメントの終局限界でのひずみ（限界ひずみ）に対してチェックする方法である．この方法では「幾何学的非線形性を考慮することにより，部材座屈（はり－柱としての曲げ座屈）の影響は適切なモデル化により解析の中で自動的に考慮されるので，照査は改めて行う必要はない．」という根拠から，レベル 1 地震動に対する照査を満足する構造物では，種類によらず部材の座屈安定性の照査は行われていない．しかし，軸力が卓越するスレンダーな部材では危険側の照査になることが実験や数値計算で指摘されてきた［小野ら，2007；佐野ら，2007；日本道路協会，2008；葛西ら，2014；深谷，2018］．さらに，最近の理論的検討で，応答値の算定で幾何学的非線形性を考慮してもひずみ照査法では部材座屈の影響は考慮できないことが明らかにされた［奥村ら，2017，2018］．具体的に述べると，部材座屈の影響で部材および構造系の限界状態は常にセグメントが限界状態に到達する以前に生じること，とくに，軸力が卓越するスレンダーな部材では危険側の照査に

なることが理論的に示された．したがって，本示方書では従来のひずみ照査法の適用は，妥当性が検証されている部材座屈の影響が小さい橋脚が水平 1 方向地震動を受ける範囲に限定した．上記のひずみ照査法に関する問題点の詳細は，問題点を指摘した文献に対する討議［宇佐美，2008a，2008b，2018］と回答を含めて付録 3 にまとめている．

また，前回示方書では構造系の Pushover 解析による限界ひずみ到達時の変位を限界値とする変位照査法がひずみ照査法とともに提示されていたが，単調載荷により評価した変位の限界値は載荷履歴の影響により危険側となる［奥村ら，2017］ため，本示方書では用いないものとする．

(b) 地震後の使用性・修復性の照査

耐震性能 II において地震後の使用性と修復性の照査を行うための指標は設計地震動により構造物に生じる残留変位・残留変形である．

残留変位・残留変形を求める最も直接的な方法は，損傷が生じる部材については損傷後の挙動が再現されるように塑性域での繰り返し挙動を正確に表現できる材料構成則を導入したシェル要素などでモデル化し，設計地震動下の構造全体系の複合非線形動的解析による方法である（条文 4.4【解説】(2) 1)参照）．

安全側の残留変位の値を簡易的に求める方法としては，構造全体系の耐力を求めるための Pushover 解析（上記「(a)構造安全性の照査」に記述）において，注目点の最大応答変位まで荷重倍率を漸増後，荷重倍率を 0 にして近似的に算定する方法がある（条文 4.4【解説】(2) 1)参照）．ただし，この方法では残留変位が大きめに算定される傾向にある．Pushover 解析で求めた残留変位・残留変形が地震後の使用性・修復性の観点から設定された限界値を超える場合には，損傷する部材の挙動を正確に表すことができる精度の良い構造モデルを用いた時刻歴応答解析で正確な残留変位・残留変形の値を求めて，改めて限界値を超えるか否か照査する必要がある．やむを得ず，主荷重を受け持たない二次部材の損傷を許容する場合は，当該部材の座屈後挙動や破断挙動を考慮できる要素を解析モデルに組み込む必要がある．なお，橋脚については地震動の水平 1 方向成分が入力する場合の最大応答変位に基づく残留変位の推定式が補遺 4-3 に提示されているので適用性を吟味した上で，利用可能な場合にはこれらを用いても良い．

エネルギー吸収部材の場合，部材が塑性変形しても周辺部材が健全であれば復元力により構造系の残留変位が小さくとどまる場合もある［丸山ら，2015］．しかし，一般的にはエネルギー吸収部材の塑性変形により構造系に残留変位・残留変形が生じることは避けられない．このような場合の残留変位を低減させるために，近年，構造としての Self-centering 機構［後藤ら，2007；Chiristopulus et al., 2008 など］や残留変形が生じにくい形状記憶合金などを用いたダンパー［伊津野，1994；足立ら，1998；後藤ら，2013a など］が開発されており，海外では実務にも適用されている［日経コンストラクション，2015］ので，必要であれば適用性について検討するとよい（条文 8.3【解説】(2) 1)参照）．

残留変位・残留変形の限界値は耐震性能 II を確保するために許容される最大限の値として設定されるが，各構造物に固有の特性と取り巻く社会事情によるので，一律に規定するのは適当でない．したがって，各構造物について十分に吟味したうえで，関係する示方書や基準類をもとに，適切な値を個別に設定する必要がある．

耐震補強でやむを得ず非エネルギー吸収部材である主荷重を受け持たない二次部材の損傷を許容する場合，損傷後の二次部材の機能はほとんど期待できないため構造系の剛性が低下し，地震後の使用性に支障をきたす可能性も考えられる．したがって，「(a) 構造安全性の照査」で述べた構造安全性の観点に加え，地震後の使用性の観点からも，当該部材の機能喪失による構造系の剛性低下が小さいことを確認

する必要がある．剛性低下に与える影響の照査においては，上記の二次部材を除去した構造モデルに加え，すべての非エネルギー吸収部材（主要部材，二次部材）を線形弾性体と仮定した構造モデルに対してレベル1地震動レベルまでのPushover解析（いわゆる震度法）を行い，両者の剛性を比較することで評価する（条文4.4【解説】(2) 2)参照）．これは余震などを想定したものである．

耐震性能IIIでは安全性の照査のみで地震後の使用性・修復性に対する照査は行わない．

(c) 応答値の算定

レベル2地震動に対する耐震性能II，IIIの照査における構造物の応答値の算定法としては，はり要素を主体とした弾塑性有限変位動的解析を用いる．ただし，耐震補強でやむを得ず主荷重を受け持たない二次部材の損傷を許容する場合には，応答値の算定では二次部材の損傷後の座屈挙動や破断挙動などを正確に考慮できる要素を組み込む必要がある．これは，損傷後の二次部材では耐力や変形能はほとんど期待できない場合が多く，その挙動を考慮しなければ構造物の正確な応答値が算定できない可能性があるからである．損傷後の二次部材の挙動を正確に考慮できない場合や挙動が不明確である場合には，二次部材には損傷後に直ちにその機能が休止する要素（要素の除去）を用いる必要がある．

具体的なレベル2地震動に対する耐震性能II，IIIの照査法は「4.4　レベル2地震動に対する耐震性能II，IIIの照査法」に示す．

(3) 構造物は想定した設計地震動に対して目標とする耐震性能を満足するように設計がなされる．しかし，想定外の地震動が作用し，構造物の応答が安全限界を超えた場合には，大きな被害が生じる可能性があることは過去の地震被害の経験から明らかである．このような場合にも構造物の崩壊などの致命的な被害が生じないように構造的な対策を減災の観点から取り入れる必要性がある．すなわち，安全限界以降の構造物の挙動を制御することで致命的な被害形態が生じるのを可能な限り回避するための設計も行う必要がある．ここでは，この設計のことを崩壊制御設計と呼ぶ．具体的な内容は「4.5　想定を超える地震動作用に対する配慮」に示す．

4.3　レベル2地震動に対する耐震性能Iの照査法

(1) 設計地震動に対する構造物の応答値は，はり要素を用いた弾性動的解析により算定することを標準とする．

(2) 地震動に対する構造安全性は以下の項目について照査する．

    1) 構造全体系の座屈安定性が確保されること．

    2) 部材に座屈や降伏が生じないこと．

(3) 地震後の使用性・修復性の照査は行わない．

【解　説】

(1) 設計地震動に対する構造系の応答値は構造物全体をはり要素に基づく弾性要素でモデル化し，地盤との連成を考慮した動的解析で求めることを標準とする．幾何学的非線形性の取り扱いについては，耐震性能Iでは構造物に損傷が許容されず，ほぼ弾性状態に保持されるので，微小変位解析を用いてもよい．ただし，主荷重に対する設計において応答値の算定に幾何学的非線形性の影響を考慮する必要のある構造の場合（例えば，支間長の大きいアーチ橋，吊橋，斜張橋など）には，設計地震動に対する応答値も有限変位動的解析で求

第4章　耐震性能照査　　　　53

めなければならない．解析方法とモデル化の詳細については「第5章　耐震解析法」と「第7章　鋼橋のモデル化」に示している．

(2) 構造物の安全性の照査は1)構造全体系の座屈安定性の照査と2)各構成部材の降伏，座屈の照査からなる．

　1) 構造全体系の座屈安定性の照査

　構造全体系の地震作用に対する安全性照査は主荷重に対する安全性照査で幾何学的非線形性による構造全体系の座屈安定性をとくに配慮する必要がある構造に対して行い，それ以外の構造においては通常行う必要はない．この照査では，上記(1)の動的解析により評価される構造全体系への地震作用力を応答値，構造全体系のPushover解析（弾塑性有限変位静的解析）で評価される最大耐力を限界値とし，応答値が限界値以内となることで構造全体の安全性を確保する（図-解4.3.1）．耐震性能Iでは，すべての部材が設計地震動下でほぼ弾性範囲におさまっていると考えられるので，このような場合のPushover解析に用いる全体系モデルは，はり要素でモデル化してよい．ただし，はり要素を用いた全体系モデルのPushover解析が適用できるのは，構造全体系を構成するすべての部材が限界状態に達していない，すなわち後述する部材強度相関式を満足する範囲までである．したがって，Pushover解析において構造全体系が最大耐力点に到達する以前に，構成部材の一つでも部材の降伏限界，座屈限界を表す部材強度相関式を満足しなくなった場合には，その点の荷重を構造全体系の最大耐力とみなす．構造全体系が最大耐力に到達する以前に支承などの部材が限界点に到達した場合もその荷重点を構造全体系の安全限界とする．なお，厳密には初期不整による剛性の低下が構造全体系の最大耐力に影響するので，これらの影響を考慮することが望ましいが，弾性座屈が支配的な場合では初期不整の影響は小さいと考えられるので無視してよい．

　構造全体系のPushover解析で漸増させる地震作用力モードは入力地震動に対する時刻歴応答解析において構造全体系が最も安全限界に近づいた状態を考慮して設定する．この地震作用力モードは工学的判断に基づき設計者が設定しなければならない．地震作用力モードの設定方法の一例を以下に示す．まず，構造全体系が最も安全限界状態に近づいたと考えられる時刻（以降，着目時刻と呼ぶ）において構造物に作用する全体座標系での地震作用力$\{\mathbf{F}_m\}$をはり要素を用いた時刻歴応答解析の結果をもとに次式で算定する．

$$\{\mathbf{F}_m\} = -[\mathbf{M}]\{\{\ddot{\mathbf{U}}_m\} + \{\ddot{\mathbf{U}}_{g,m}\}\} - [\mathbf{C}]\{\dot{\mathbf{U}}_m\} \qquad (解4.3.1)$$

ここに，$[\mathbf{M}]$，$[\mathbf{C}]$：構造全体の質量マトリクス，減衰マトリクス，$\{\ddot{\mathbf{U}}_m\}$，$\{\dot{\mathbf{U}}_m\}$，$\{\ddot{\mathbf{U}}_{g,m}\}$：着目時刻の構造物の全体座標系での応答加速度，速度，および地震加速度．

　また，式(解4.3.1)の右辺は着目時刻での構造全体の運動方程式(解4.3.2)において，死荷重$\{\mathbf{F}_d\}$を除いた復元力$\{\mathbf{R}_m\} - \{\mathbf{F}_d\}$と釣り合う力である．

$$[\mathbf{M}]\{\ddot{\mathbf{U}}_m\} + [\mathbf{C}]\{\dot{\mathbf{U}}_m\} + \{\mathbf{R}_m\} = -[\mathbf{M}]\{\ddot{\mathbf{U}}_{g,m}\} + \{\mathbf{F}_d\} \qquad (解4.3.2)$$

　構造物への地震作用力$\{\mathbf{F}_m\}$は式(解4.3.1)に示すように慣性力と減衰力の和であるが，構造物中に粘性ダンパー等が存在せず，減衰力を無視できる場合には近似的に以下の式(解4.3.3)の地震慣性力を地震作用力として用いてもよい．

$$\{\mathbf{F}_m\} = -[\mathbf{M}]\{\{\ddot{\mathbf{U}}_m\} + \{\ddot{\mathbf{U}}_{g,m}\}\} \qquad (解4.3.3)$$

　式(解4.3.1)（または(解4.3.3)）で算定される$\{\mathbf{F}_m\}$をもとに，構造全体系が最も安全限界状態に近づい

たと考えられる時刻に構造物に作用する地震作用力モードベクトル $\{\hat{\mathbf{F}}_m\} = \{\mathbf{F}_m\} / \sqrt{(^t\{\mathbf{F}_m\}\{\mathbf{F}_m\})}$（単位ベクトル）を算定する．また，作用荷重倍率を $F_m = \sqrt{(^t\{\mathbf{F}_m\}\{\mathbf{F}_m\})}$ とする．そして Pushover 解析で死荷重下の構造物に作用させる地震作用力ベクトルを $F\{\hat{\mathbf{F}}_m\}$ と定める．ここに，F は荷重倍率で，Pushover 解析では F の制御を行う．Pushover 解析での荷重倍率 F は F_m を超えてもさらに増加させ，荷重倍率のピーク点を最大耐力点とする．この最大耐力点での荷重倍率を限界値 F_u とする．ただし，先に述べたように，構造全体系が最大耐力点に到達する前に支承などの部材が安全限界状態に到達した場合にはその点の荷重倍率を限界値 F_u とする．そして，応答値を $S = F_m$，構造全体系の安全限界を示す限界値を $R = F_u$ として「4.1 性能照査の方法」に従い照査する．

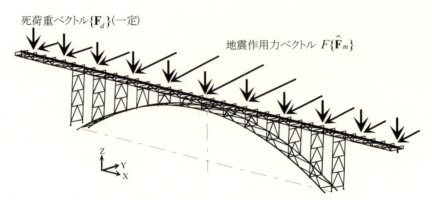

図-解 4.3.1　全体系の安全照査のための Pushover 解析の概念図

2) 部材の降伏，座屈の照査

耐震性能Ⅰでは各部材はほぼ無損傷の状態にあることが要求されるので，その安全性については，構造物係数 γ_i を $\gamma_i = 1.0$ として，照査の手続きはレベル1地震動の場合の部材の安全性の照査と同様に［設計編］に規定されている方法で照査することができる．すなわち，限界状態は降伏限界と座屈限界とし，設計地震動に対する応答解析により算定される応力または断面力を指標として部材強度相関式に代入することで照査する．もちろん，対象とする部材の載荷実験や高精度の数値解析モデルで求めた限界値を求めて照査してもよい．耐震性能Ⅰの照査では構造系・部材の損傷はなく，ほぼ弾性状態にあると考えられるので，部材強度相関式に用いる有効座屈長は構造系が弾性である場合の有効座屈長を用いる．

(3) 耐震性能Ⅰでは上記(2)で述べたように［設計編］に規定されている部材強度相関式により部材の安全性の照査を行うので，構造物はほぼ弾性状態で無損傷である．したがって，残留変位は十分小さいものと考えて地震後の使用性・修復性の照査は行う必要はない．

第 4 章 耐震性能照査 55

4.4 レベル 2 地震動に対する耐震性能 II，III の照査法

(1) 設計地震動に対する構造物の応答値は，はり要素を用いた弾塑性有限変位動的解析により算定することを標準とする．

(2) 地震後の使用性・修復性を照査するための指標である構造物の残留変位・残留変形は損傷が生じた構造部材の変形挙動を適切に反映して算定する．耐震補強などで，やむを得ず非エネルギー吸収部材である二次部材に損傷を許容する場合に構造全体系の剛性低下率を評価する際には，当該部材の損傷が構造全体系の剛性低下に与える影響を適切に反映して算定する．

(3) 地震動に対する構造安全性は以下の項目について照査する．

　1) 構造全体系の座屈安定性が確保されること．

　2) エネルギー吸収部材は塑性域での繰り返し載荷に対して必要な耐力を持つとともに十分な変形性能，安定したエネルギー吸収能を持つこと．

　3) 非エネルギー吸収部材に座屈・降伏が生じないこと．耐震補強などで，やむを得ず非エネルギー吸収部材である主要部材に損傷を許容する場合には，当該部材は塑性域での繰り返し載荷に対して必要な耐力と十分な変形性能を持つこと．

　4) エネルギー吸収部材や耐震補強などでやむを得ず損傷を許容する非エネルギー吸収部材である主要部材において低サイクル疲労破壊が生じないこと．

　5) 耐震補強などで，やむを得ず非エネルギー吸収部材に損傷を許容する場合，レベル 2 地震動に対する最大応答時に，当該部材の損傷による構造全体系の剛性低下は十分小さい範囲に留まること．

(4) 地震後の使用性・修復性は，地震作用により構造物に生じた残留変位・残留変形が地震後の構造物の機能保持や修復に必要な条件として規定された限界値以内に留まることを照査する．耐震補強などでやむを得ず主荷重を受け持たない二次部材の損傷を許容する場合には，さらに，このような二次部材の損傷による構造全体系の剛性低下がレベル 1 地震動作用下で十分小さい範囲に留まらなければならない．

【解　説】

(1) 設計地震動に対する構造系の応答値は構造物全体をはり要素に基づいてモデル化し，地盤を考慮した弾塑性有限変位動的解析で求めることを標準とする．解析方法とモデル化の詳細については「第 5 章　耐震解析法」と「第 7 章　鋼橋のモデル化」に示している．ただし，コンクリート充填構造などにおいて，構造物の応答を最大耐力点以降の軟化域まで評価する必要がある場合（図-解 2.3.1）には軟化域の挙動を解析できることが検証された妥当なモデルを用いる必要がある．また，耐震補強などで，やむを得ず，主荷重を受け持たない二次部材の損傷を許容する場合には，応答値を算定するための構造モデルには二次部材の損傷後の座屈挙動や破断挙動などを正確に考慮できる要素を組み込む必要がある．これは，損傷後の二次部材では耐力や変形能はほとんど期待できない場合が多く，この挙動が動的応答に影響を与える可能性があるからである．損傷後の二次部材の挙動を正確に考慮できない場合や挙動が不明確である場合には，二次部材の損傷後に直ちにその機能が休止する要素（要素の除去）を用いる必要がある．

(2) 地震後の使用性・修復性を規定する損傷限界を表す指標として設計地震動により生じる残留変位・残留

変形を用いる．耐震補強等で二次部材に損傷を許容する場合には地震後の使用性を規定する損傷限界を表す指標として当該部材の機能喪失による構造系の剛性低下率も用いる．

1) 残留変位・残留変形の評価方法として最も直接的なのは a)時刻歴応答解析から直接的に残留変位・残留変形を求める方法である．近似的な方法の一つとして b)Pushover 解析により残留変位・残留ひずみを求める方法がある．その他，単柱式橋脚と一層ラーメン橋脚を対象として c)最大応答変位に基づく残留変位の評価式が提案されている．以下に各手法を説明する．

a) 時刻歴応答解析から直接的に残留変位・残留変形を求める方法

残留変位・残留変形は設計地震動下の構造物の時刻歴応答解析から求めるのが最も直接的な方法である．この場合，図-解 4.4.1 のように，設計地震動下の時刻歴応答解析での応答が減衰し，弾性振動となった領域で死荷重のみを作用させた静的解析に切り替えることで，静的な釣り合い状態の変位を求め，それを残留変位として評価することができる．しかし，残留変位・残留変形は繰り返しによる塑性変形の累積により生じるので，解析で残留変位を精度よく予測するには材料の挙動や構造系を正確にモデル化する必要がある．すなわち，少なくとも設計地震動下で損傷する鋼部材に対しては必要に応じて初期不整の影響を考慮するとともに鋼材の繰り返し挙動を正確に表現できる材料構成則や局部座屈挙動が表現できるシェル要素で表したモデルを用いる必要がある．既設の構造の耐震補強で，やむを得ず主荷重を受け持たない二次部材の損傷を許容する場合は当該部材の座屈・破断を考慮できる要素を組み込んだ全体系モデルを使用する必要がある．このようなモデルが利用できない場合には，二次部材は損傷後に直ちに機能が停止するモデルを使用しなければならない．

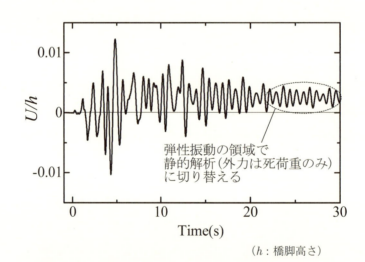

(h：橋脚高さ)

図-解 4.4.1　時刻歴応答解析により残留変位を直接評価する方法

b) 静的解析により近似的に残留変位・残留変形を求める方法

ここでは，設計地震動に対応して多自由度系の構造物の残留変位を Pushover 解析（有限変位静的弾塑性解析）で求める方法として次のような方法を提示する．残留変位として注目する構造物の節点 j における成分 k の変位成分 U^{jk} の応答が最大値 U_m^{jk} となる時刻における地震作用力 $\{\mathbf{F}_{Um}^{jk}\}$ （式(解 4.3.1)，(解 4.3.3)）をもとに，地震作用力モードベクトル $\{\hat{\mathbf{F}}_{Um}^{jk}\} = \{\mathbf{F}_{Um}^{jk}\} / \sqrt{(^t\{\mathbf{F}_{Um}^{jk}\}\{\mathbf{F}_{Um}^{jk}\})}$ （単位ベクトル）を定める．解析で用いる構造物の全体系モデルにおける損傷する部材については必要に応じて初期不整の影響を考慮するとともに単調載荷条件下の正確な材料挙動を考慮したシェル要素でモデル化する．Pushover

解析では全体系モデルに対して死荷重とともに地震作用力ベクトル $F\{\hat{\mathbf{F}}_{Um}^{jk}\}$ を作用させる．そして，地震荷重倍率 F を 0 から注目する変位成分の最大応答値 U_m^{jk} に到達するまで単調に増加させる．その後，F を再度 0 にして，注目する節点 j における成分 k の残留変位 U_R^{jk} を求める（図-解 4.4.2）．本方法は地震作用力を水平 1 方向のみに載荷し，逆方向への載荷は無視しているので，残留変位については実際より大きく評価される傾向がある．評価された残留変位が限界値以内におさまる場合は安全側の照査となるので問題はないが，限界値を超える場合には，はじめに述べたように上記 a)の方法で時刻歴応答解析でより正確な残留変位を用いて照査する必要がある．なお，主荷重を受け持たない二次部材の損傷を許容する場合は，当該部材を除去したモデルにより Pushover 解析を行う．これは損傷した二次部材を地震後に撤去した状態の残留変位を想定したものである．

CALTRANS の基準［Caltrans, 2016］では，Pushover 解析で求めた構造全体系の安全限界状態におけるひずみと部材の曲率，変位に関する応答塑性率を指標として，これらに限界値を設定することで地震後の使用性・修復性を規定する方法がとられている．すなわち，設計地震動とは無関係に構造全体系の安全限界状態での損傷の程度により構造物の地震後の使用性・修復性が規定されている．この手法により算定される残留変位は地震動によるものではなく，安全限界状態まで単調載荷したときの値で，載荷履歴の影響は含まれない．したがって，算定される残留変位は安全側ではあるものの過大に評価された値となる可能性がある．このような方法で残留変位を評価する場合には設計地震動に対して残留変位を評価する場合に比べて限界値を緩めることも必要である．

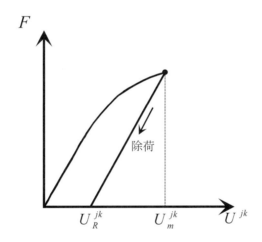

図-解 4.4.2　全体系詳細モデルの静的解析による残留変位の評価方法

c) 最大応答変位に基づく橋脚に関する残留変位の評価式

前回示方書や道路橋示方書・同解説 V 耐震設計編［日本道路協会，2012b］では橋脚が水平 1 方向地震動作用を受ける時の最大応答変位に基づく残留変位の評価式が提示されているので適用性を十分吟味した上で用いることができる．この評価式の詳細については補遺 4-3 にまとめている．

2) 耐震補強等で二次部材に損傷を許容する場合には，これらの部材の損傷を許容することによる地震後の構造系の剛性低下が小さいことを照査する必要がある．二次部材の損傷による構造系の剛性低下率を定量的に評価する手法としては，後述の本条文【解説】(3) 5)と同様の手法を用いる．ただし，評価する構造系の剛性低下率は地震後におけるものを対象とするので，全体系モデルへの作用力モードとしてはレベル 1 地震動に対する震度法による照査で用いる水平地震力によればよい．

(3) 地震動に対する構造安全性の照査として必要な項目 1)～5)について以下に説明する．なお，制震デバイスとゴム系支承の照査についてはそれぞれ「第 8 章　制震設計」と「第 9 章　水平力分散設計・免震設計」に述べている．ここに述べられていない項目の照査については関連の示方書や基準を参照されたい．

　1) 構造全体系の座屈安定性の照査

　構造全体の安全性を確保するための座屈安定性の照査の手続きは「4.3　レベル 2 地震動に対する耐震性能 I の照査法」に示した通りである．すなわち，構造全体系の動的解析により評価される地震作用力を応答値，構造全体系の Pushover 解析で評価される最大耐力を限界値とし，応答値が限界値以内となることを照査する．限界値の評価に用いる全体系モデルは，耐震性能 I の照査の場合と異なり，構造全体系の最大耐力を精度良く評価するために，Pushover 解析の最大耐力点までに損傷を許容する部分には必要に応じて初期不整の影響を考慮するとともに，単調載荷条件下の正確な材料構成則を導入したシェル要素等を用いてモデル化する必要がある．損傷を許容しない部位には，はり要素を適用してよいが，「4.3　レベル 2 地震動に対する耐震性能 I の照査法」と同様に Pushover 解析における最大耐力点までは部材強度相関式を満足することが前提である．Pushover 解析において全体系が最大耐力点に到達する以前に，構成部材の一つでも部材強度相関式を満足しなくなった場合や支承などの部材が限界点に到達した場合は，その点の荷重を構造全体系の安全限界とみなす．耐震補強で主荷重を受け持たない二次部材の損傷をやむを得ず許容する場合の Pushover 解析に用いる構造モデルでは当該部材を解析のはじめから除去する．これは，損傷後の二次部材では耐力や変形性能をほとんど期待できないからである．以上の構造全体系の Pushover 解析で用いるモデル（二次部材の損傷を許容しない場合のモデル）は本条文【解説】(2) 1) b)で示した静的解析で残留変位・残留変形を求めるときの構造モデルとして示したものと同一になる．構造全体の 2 カ所以上に損傷を許容する場合には構造系の挙動が複雑になる可能性があるので Pushover 解析の妥当性には十分留意する必要がある．とくに，想定した材料の降伏強度と実際の降伏強度とに差異があると損傷モードが異なり，解析で評価された耐震性能と実際の性能とに差が生じる恐れがある．このような恐れのある場合には損傷が 1 カ所に留まる範囲の荷重を安全限界とするべきである．構造全体系の Pushover 解析で漸増させる地震作用力は「4.3　レベル 2 地震動に対する耐震性能 I の照査法」で解説したように，入力地震動に対する時刻歴応答解析において構造全体系が最も安全限界に近づいた状態の地震作用力モードを設定する．この荷重モードは工学的判断に基づき設計者が設定する．例えば，全体系はりモデルの時刻歴応答解析において，構造全体の動的挙動を代表する点における変位が最大となった瞬間や，構造全体系の座屈モードに最も近い状態となった瞬間の地震作用力モードを選ぶことなどが考えられる．

　なお，「4.2　耐震性能照査の一般」でも述べたように，一般的な連続高架橋については，最大耐力点までの幾何学的非線形性の影響は小さく，橋脚が安全限界に到達するまでの構造全体の安全性はほぼ常に確保されていると考えられるので構造全体の安全性照査を省略してもよい．

　2) エネルギー吸収部材の塑性域での繰り返しに対する耐力とエネルギー吸収能の照査

　エネルギー吸収部材の安全限界状態を規定する限界値の求め方を示す．このような解析では部材の塑性域での変形挙動を正確に評価する必要があるので損傷する部分は必要に応じて初期不整の影響を考慮し，正確な材料構成則を用いたシェル要素などでモデル化する必要がある．

　入力地震動に対する時刻歴応答解析において，エネルギー吸収部材 i が最も安全限界に近づいた状態において部材 i に作用する内力から死荷重による内力 $\{\mathbf{f}_d^i\}$ を除いた地震作用による内力を $\{\mathbf{f}_m^i\}$ とする．この時の地震作用による内力モードベクトルを $\{\hat{\mathbf{f}}_m^i\} = \{\mathbf{f}_m^i\} / \sqrt{({}^t\{\mathbf{f}_m^i\}\{\mathbf{f}_m^i\})}$ （単位ベクトル），作用荷重倍率を $f_m^i = \sqrt{({}^t\{\mathbf{f}_m^i\}\{\mathbf{f}_m^i\})}$ とする．

まず，部材 i に死荷重による一定の内力 $\{\mathbf{f}_d^i\}$ を作用させた状態から，地震作用による内力モードベクトル $\{\hat{\mathbf{f}}_m^i\}$ に荷重倍率 f^i を乗じた内力 $f^i\{\hat{\mathbf{f}}_m^i\}$ を用いて（図-解 4.4.3），荷重倍率 f^i の制御による部材 i の Pushover 解析を実施する．この部材の初期降伏時の荷重倍率を f_y^i，Pushover 解析のピークでの荷重倍率を f_u^{iP} とする．なお，初期降伏時の荷重倍率 f_y^i は，はりモデルを用いた Pushover 解析により算定すればよい．「6.4　鋼製橋脚の構造細目」に規定するエネルギー吸収部材としてのパラメータ制限を満足し，その性能が確かな場合は，エネルギー吸収部材の限界値として繰り返し載荷を行った場合の最大耐力に対応する荷重倍率 f_u^i の代わりに Pushover 解析で求めた f_u^{iP} を安全側の近似値として用いることができる．

当該部材のエネルギー吸収部材としての性能が不確かな場合は，繰り返し解析で得られる部材の履歴挙動から，照査に用いる限界値である最大耐力 f_u^i を算定するとともに変形能や安定した履歴エネルギー吸収能を保持していることを確認しなければならない．

繰り返し載荷による部材の最大耐力の算定方法の一例を示す．まず，上に述べたように，死荷重による一定の内力 $\{\mathbf{f}_d^i\}$ を作用させた状態から，荷重倍率 f^i の制御で $f^i\{\hat{\mathbf{f}}_m^i\}$ を載荷した Pushover 解析で初期降伏時の荷重倍率 f_y^i とピーク点での荷重倍率 f_u^{iP} が算定されたとする．つぎに，これらの 2 つの荷重倍率 f_y^i と f_u^{iP} 間を n 分割して，$f^i = \{f_y^i + (f_u^{iP} - f_y^i)k / n\}$ を漸増振幅（$k = 1 \sim n$）とする荷重制御による両振りの 1 回繰り返し解析を行う（図-解 4.4.4）．この繰り返し載荷で得られる荷重倍率 f^i と部材の主要な変位成分 u^i の関係を図-解 4.4.5 に示す．図中には Pushover 解析による結果も記入している．繰り返し載荷での荷重倍率 f^i のピーク点での値である最大耐力 f_u^i と Pushover 解析のピーク点での荷重倍率 f_u^{iP} を比較し，小さい方の値を安全限界値とする．すなわち，部材 i の照査では限界値を $R_i = \min(f_u^i, f_u^{iP})$，応答値を $S_i = f_m^i$ とする．この時，繰り返し載荷で履歴挙動が設計限界値以下で安定したエネルギー吸収を持つことや，最大耐力点以降においても耐力やエネルギー吸収能が急激に低下しないことを確認する必要がある．必要な場合には，繰り返し載荷での最大耐力 f_u^i のときの主要な変位成分の値 u_u^i を変形性能として確認する．変形性能については Pushover 解析での値 u_u^{iP} を用いると過大評価になることには注意しなければならない．以上の方法は汎用的であり，あらゆるエネルギー吸収部材の照査に対して適用可能である．部材の 2 箇所以上に損傷を許容する場合には，構造全体系の照査のところで述べたように部材の挙動が複雑になる可能性があるので，限界値を求めるための解析の妥当性には十分留意する必要がある．とくに，想定した材料の降伏強度と実際の降伏強度とに差異があると損傷モードが異なり，解析で評価された耐震性能と実際の性能とに差が生じる恐れがある．このような恐れがある場合には損傷が 1 箇所に留まる範囲の荷重を安全限界とするべきである．

なお，付録 2 にエネルギー吸収部材である鋼製橋脚に関しては，一般的な 3 次元地震作用や水平 2 方向地震作用を受ける場合の安全性を照査するための最大耐力を規定する限界相関式のほか，水平 1 方向地震作用を受ける場合に適用する各種終局ひずみも示されているので，荷重条件，鋼種，構造パラメータの範囲などの適用性を十分吟味した上で利用することができる．これらの公式を用いた照査では部材の損傷が 1 箇所に留まることを想定している．限界相関式を用いて照査法する場合については，部分係数の適用法を含めて照査法を補遺 4-2 に示す．また，連続高架橋への適用例が付録 1 に示されている．付録 1 には，複数個所の損傷を許容して，FE 解析で算定したラーメン橋脚橋脚の限界値も示されているが，限界相関式を用いると安全側の照査になることがわかる．

コンクリート充填部材については，一般には軟化域での耐力低下が小さく，安定したエネルギー吸収能が期待できるので，低サイクル疲労による亀裂進展が顕著でない場合には，最大耐力点以降の軟化域に限界点を設定することもできると考えられる．コンクリート充填鋼製橋脚について，道路橋示方書・同解説 V

耐震設計編［日本道路協会，2012b］や名古屋高速道路公社の照査要領（コンクリート部分充填）［名古屋高速道路公社，2002］では最大耐力点以降の軟化域でのエネルギー吸収能はほとんど考慮されていないが，複合構造標準示方書［土木学会，2014］や同じ考え方に基づいた鉄道構造物等設計標準（鋼とコンクリートの複合構造物）［鉄道総合技術研究所，2016］では軟化域において最大耐力の90%低下点に安全限界が設定されている．このとき，軟化域では時刻歴応答解析で算定される荷重低下が負荷による荷重低下か，除荷による荷重低下かの判断が難しく，照査指標として耐力を用いるのは容易でない．そこで，精度は良くないが間接的に水平変位や曲率などの幾何学的な成分で表した安全限界に対して照査されることが多い．ただし，複合構造標準示方書や鉄道構造物等設計標準では限界値ならびに応答値算定のための $M-\phi$ モデルは片持ち柱の静的な水平1方向繰り返し載荷実験をもとに設定されているので照査法の適用は少なくとも水平1方向地震動を受ける柱に限られる．より一般的な照査を行うためには部材の軟化域での挙動を精度よく表すことができる3次元有限要素モデル［後藤ら，2009c, 2010, 2013b；Goto et al., 2010, 2012, 2014］による解析手法を用いて直接的な照査を行う必要がある．これらの有限要素モデルによる計算は汎用的ではあるが，現在の計算機環境では長い計算時間が必要で，かならずしも全て場合の耐震解析に適しているとはいえない．近年，このような有限要素モデルと同程度の精度を持つ簡便でかつ汎用的なはり要素に基づく3次元セグメントモデルを用いた実用的な解析法が提案された［川西ら，2018］ので，この解析法を用いた軟化域の挙動を考慮した多方向地震動に対する汎用的な照査法［川西ら，2018］を補遺4-4に示す．また，補遺4-4には，いずれも水平1方向地震動に対する照査法であるが，道路橋示方書・同解説以外の名古屋高速道路公社のコンクリート充填鋼製橋脚の照査要領ならびに鉄道構造物等設計標準のコンクリート充填柱の照査法の概要について説明している．

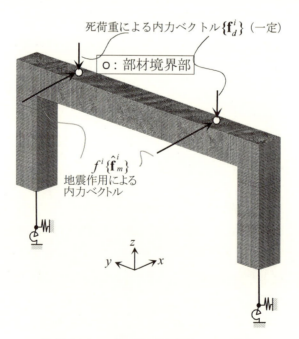

図-解 4.4.3 エネルギー吸収部材 i の作用荷重

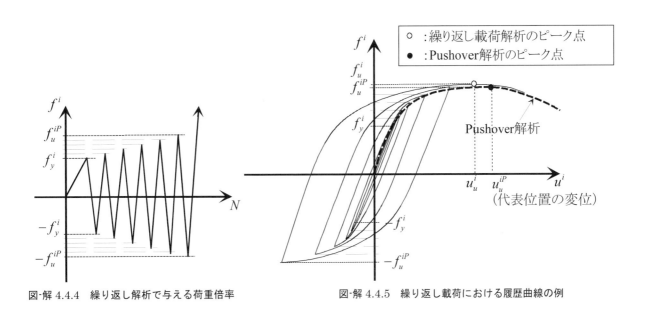

図-解 4.4.4　繰り返し解析で与える荷重倍率　　　　図-解 4.4.5　繰り返し載荷における履歴曲線の例

3) 非エネルギー吸収部材の座屈・降伏に対する照査と非エネルギー吸収部材である主要部材に損傷を許容する場合の繰り返し載荷に対する耐力と変形性能の照査

損傷を許容しない非エネルギー吸収部材の安全性については,「4.3　レベル2地震動に対する耐震性能Ⅰの照査法」と同様に,構造物係数 γ_i は $\gamma_i = 1.0$ として,［設計編］に規定されている方法で照査する.すなわち,耐震性能Ⅰの照査と同様に,限界状態は降伏限界と座屈限界とし,設計地震動に対する応答解析により算定される応力または断面力を指標として部材強度相関式に代入することで照査する.相関式に用いる有効座屈長は厳密には損傷を許容する部材の影響を考慮して,座屈固有値解析などで定める必要がある.現行の設計では構造系が弾性である場合の有効座屈長が近似的に用いられている.このような近似を用いる場合には妥当性を吟味する必要がある.

既設構造物の耐震補強で非エネルギー吸収部材である主要部材に損傷を許容する場合（表-解 4.2.2）には,2)で説明したエネルギー吸収部材の塑性域での繰り返しに対する照査と同様にして部材の耐震性の照査を行う必要がある.ただし,非エネルギー吸収部材ではエネルギー吸収を期待するわけではないので,繰り返し解析で得られる部材の履歴挙動としては,レベル2地震動により生じる部材の作用荷重の最大応答 f_m^i から部材の最大耐力 f_u^i 点到達までに余裕があることを確認するだけで良い.最大耐力まで余裕がない場合には最大耐力到達後の繰り返し載荷で耐力が急激に低下して変形性能が小さくならないことを確認する必要がある.

4) エネルギー吸収部材の低サイクル疲労の照査

低サイクル疲労の照査は,原則として鋼材に生じる局所的な弾塑性ひずみの応答値を求め,それにより累積疲労損傷度を算定し,鋼材の低サイクル疲労強度と比較することで行う.ただし,局所的な弾塑性ひずみの応答値を求めることが困難な場合には,適切な指標を応答値として用い,それにより累積疲労損傷度を算定してよい.

地震時の弾塑性ひずみ履歴は,一般に変動ひずみ振幅波形となるが,それから低サイクル疲労損傷度を評価するための最も簡単なモデルとして Miner 則がある.Miner 則によれば,1回のひずみの繰り返しによる疲労損傷度は $1/N_{fi}$（N_{fi} は i サイクルでのひずみ振幅に対する疲労寿命）となり,多数の異なる振幅の塑性ひずみ振幅による疲労損傷度は,ひずみ範囲に対応する各振幅の塑性ひずみによる損傷の線形和と

なる．したがって，累積疲労損傷度は次式で与えられる．

$$D = \sum_{i=1}^{n} \frac{1}{N_{fi}} \tag{解 4.4.1}$$

疲労寿命はき裂の発生あるいは破断までの繰り返し数である．き裂発生位置の塑性ひずみ範囲（振幅）（変動範囲の最大値と最小値の差）を $\Delta\varepsilon_p$ とすると，塑性ひずみ範囲と疲労寿命の間には次の関係がある．

$$\Delta\varepsilon_p^m \cdot N_f = C^{-1} \tag{解 4.4.2}$$

多数の異なる振幅の塑性ひずみ範囲を $\Delta\varepsilon_{pi}(i = 1 \cdots n)$ とすると，式(解 4.4.1)と(解 4.4.2)より，次式が得られる．

$$D = C \sum_{i=1}^{n} (\Delta\varepsilon_{pi})^m \tag{解 4.4.3}$$

式(解 4.4.3)の累積疲労損傷度 D が 1.0 に達したときに疲労破壊が生ずると考えてよい．ここで，C，m は実験から求められる定数であり，表-解 4.4.1 にはこれらの値をまとめている．

累積疲労損傷度 D を求めるためには，低サイクル疲労の発生が予想される位置の局部的な塑性ひずみ履歴を動的解析より算定し，レインフロー法［日本材料学会，1987］などによって塑性ひずみ範囲を求め，上式を適用する必要がある．しかし一般に，与えられた地震動に対して，構造物のき裂発生が想定される位置での局部的な応答塑性ひずみの時刻歴を算定するには，少なくとも応力集中部を十分な数のソリッド要素で離散化するとともに，周辺部をシェル要素でモデル化し，正確な繰り返し構成則を導入した弾塑性有限変位動的解析を実施せねばならず，その解析はきわめて難しい．そこで，これに代わる照査手法がいくつか提案されている（補遺 4-5 参照）．

表-解 4.4.1　累積疲労損傷度評価式の定数

対象		m	C	備考
構造用鋼材（400〜800MPa 級）[西村ら，1978]		1.55〜1.85	0.49〜1.48	
構造用鋼材（400〜800MPa 級）[舘石ら，2005]	鋼素材	1.70	1.51	熱影響部の低サイクル寿命は鋼素材の30%に低下
	溶着金属部		3.02	
	熱影響部		4.64	
単柱式鋼製橋脚（無補剛箱形断面）[Kang et al., 2015]	SS400	1.82	8.23	
	SM490	1.86	9.69	
	SM570	1.77	9.34	
座屈拘束ブレース［前田ら，1998]		2.04	25.4	ブレースの平均ひずみの全ひずみ範囲を使用
座屈拘束ブレース［宇佐美ら，2010]		1.95	18.5	ブレースの平均ひずみの全ひずみ範囲を使用

5) 非エネルギー吸収部材の損傷による構造全体系の剛性低下の照査

非エネルギー吸収部材の損傷を許容する場合には，これらの部材の損傷を許容することによる構造系の剛性低下が小さいことを照査することが必要である．ここでは，構造系の損傷による剛性低下を定量的に評価する手法として，照査に用いる地震動入力下の動的応答解析で構造全体系が最も限界状態に近づいた時の地震作用力モード $\{\hat{\mathbf{F}}_m\}$（単位ベクトル）に基づき定められた作用力ベクトル $F\{\hat{\mathbf{F}}_m\}$（F：荷重倍率）を用いた Pushover 解析（条文 4.3【解説】(2) 1)）による方法を説明する．この Pushover 解析で評価するのは動的応答解析で構造全体系が最も限界状態に近づいた時の荷重倍率 $F = F_m$ での非エネルギー吸収部材の損傷による剛性の低下である．この Pushover 解析で用いるモデルは本条文【解説】(3) 1)の構造全体系の座屈安定性の照査で用いたものと同じである．すなわち，損傷部をシェル要素などの高精度の要素，他をはり要素で表す．さらに，主荷重を受け持たない二次部材の損傷を許容する場合は当該部材をモデルから除去する．

非エネルギー吸収部材の損傷による剛性の低下を表す指標としては損傷の有無による相対的剛性変化を表す式(解 4.4.4)で定義した ΔK^{jk} による．

$$\begin{aligned}\Delta K^{jk} &= (K_e^{jkP} - K^{jkP})/K_e^{jkP} = (F_m/U_e^{jkP} - F_m/U^{jkP})/(F_m/U_e^{jkP}) \\ &= (U^{jkP} - U_e^{jkP})/U_e^{jkP}\end{aligned}$$ (解 4.4.4)

ここで，K^{jkP} は荷重倍率 F_m での構造物の注目する節点（位置）j の k 方向の変位成分 U^{jkP} で定義される剛性 $K^{jkP} = F_m/U^{jkP}$ である．K_e^{jkP} は非エネルギー吸収部材が損傷しないと仮定した構造全体のモデル（非エネルギー吸収部材のみを弾性と仮定）に対して同様に実施した Pushover 解析による荷重倍率 F_m での注目する節点の変位成分 U_e^{jkP} で定義される剛性 $K_e^{jkP} = F_m/U_e^{jkP}$ である．ΔK^{jk} は部材の損傷による弾性系からの構造系の剛性低下率を変位成分 U^{jk} 方向について表したものである．各諸量の概念は 図-解 4.4.6 に示している．

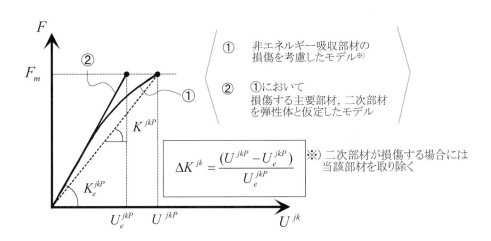

図-解 4.4.6 剛性低下率の概念図

(4) 設計地震動に対する損傷を表す指標として残留変位・残留変形を用い，本条文【解説】(2) 1)で算定した値を耐震性能 II に応じた地震後の使用性・修復性を確保するために必要な制限値という観点から設定された限界値に対して照査する．このとき限界値は各構造物の固有の特性と取り巻く社会的事情により異なるため，一律に規定できない．したがって，各構造物について十分に吟味した上で，関係する示方書や基準類をも

とに，適切な値を個別に設定する必要がある．耐震性能 III では地震後の使用性・修復性に関する照査は行わない．

　主荷重を受け持たない二次部材の損傷を許容する場合の地震後の使用性を照査する指標としては，残留変位・残留変形に加えてレベル 1 地震動作用下において本条文【解説】(3) 5)の式(解 4.4.4)で定義される剛性低下率も用いる．評価する構造系の剛性低下率は地震後におけるものを対象とするので，K^{jkP} と K_e^{jkP} の評価のための Pushover 解析における作用力ベクトルは，レベル 1 地震動に対する照査に用いる震度法の水平地震力によればよい．このとき，K^{jkP} の算定に用いる構造モデルでは損傷が生じる二次部材を除去する．このように算定した剛性低下率を耐震性能 II に応じた地震後の使用性を確保するために必要な制限値という観点から設定された限界値に対して照査する．耐震性能 III では二次部材の損傷による地震後の使用性に関する照査は行わない．

4.5　想定を超える地震動作用に対する配慮

　設計想定地震を超える地震動作用に対して構造物の応答が安全限界状態を超える場合にも，ただちに崩壊などで構造系に致命的な被害が生じないように構造的な配慮をしなければならない．

【解　説】

　1) 構造物の応答が安全限界を超えた場合への配慮の必要性

　今までの耐震設計では，あらかじめ想定された設計地震動に対する構造物の応答を設定された構造全体系ならびに部材の安全限界以内に留める方法が用いられてきた．しかし，想定を超える地震動が作用し安全限界を超えた時の構造の挙動はほとんど照査されておらず，最悪の場合は致命的な崩壊に至る可能性も否定できない．兵庫県南部地震（1995）では設計地震動を大きく上回る地震動作用により生じた橋脚の崩壊を引き金とした進行性の大規模崩壊が連続高架橋に生じた．

　2013 年に公表された南海トラフ地震では現在の設計地震動を遥かに超えるキラーパルスの発生も指摘されている．一方，東北地方太平洋沖地震（2011）以降，社会基盤施設の「想定外」の被災は社会的に許容されにくい状況にある．しかし，設計地震動を大きくして今までの「耐震設計」の枠組みで対応する考え方には限界がある．したがって，図-解 4.5.1 のように，設計での想定を超える地震動が作用した場合には構造物の応答が安全限界を超えることも想定して，従来，考慮されることがなかった安全限界以降の構造物の挙動を制御することで，致命的な被害を可能な限り回避する減災の考え方を取り入れる必要がある．このように，安全限界を超える領域での構造物の挙動を制御することで，大規模崩壊や望ましくない崩壊形態を避けるための設計をここでは「崩壊制御設計」と呼ぶ．崩壊制御設計は安全限界を超えた領域が対象となるので，安全限界に到達するまでを対象とする耐震設計とは基本的には独立である（図-解 4.5.2）．既設構造に対しても崩壊制御設計を実施することを可能にするためには，設計の複雑化を避けるために，できる限り崩壊制御設計が耐震設計に影響を与えないように配慮しなければならない．

　一定の死荷重（質点）をその頂部で支持する単一の橋脚柱が水平方向の地震作用を受ける場合を例に図-解 4.5.2 をもとに崩壊現象と耐震設計，崩壊制御設計の考え方について説明する［後藤ら，2017a］．簡単のために橋脚頂部の水平変位 δ を単調に増加させた場合を考える．δ を静的に増加させるとはじめは復元力 H も単調に増加する．この領域では構造系は安定である．さらに δ が増加すると復元力 H は最大耐力点 H_u に到達

し，その後，H は減少に転じる．本示方書では基本的には最大耐力点 H_u を安全限界としており，この場合の耐震設計が対象とする範囲は最大耐力点までである．最大耐力点を超えた剛性が負の領域（軟化域）では構造系は不安定になる．しかし，柱の復元力 H は正であるので構造系は死荷重（自重）では崩壊しない．この領域が崩壊制御設計の対象とする範囲である．水平変位 δ がさらに増加し，復元力 H が負になると橋脚は死荷重の $P-\delta$ 効果で崩壊する．復元力 H が 0 となる点が水平変位 δ を静的に増加させたときの崩壊点になるので静的崩壊点と呼ぶ．地震時には質点が運動エネルギーを持つので静的崩壊点より前の復元力 H が正の軟化領域でも崩壊しうる．

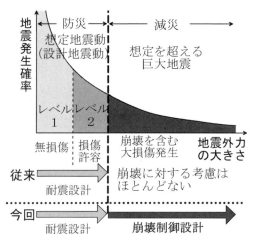

図-解 4.5.1 崩壊制御設計と耐震設計

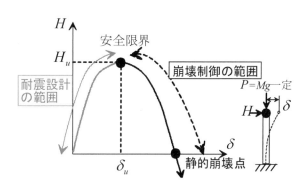

図-解 4.5.2 崩壊制御の領域 ［Nguyen ら，2015］

2) 崩壊制御設計の方法

崩壊制御設計での方法としては，図-解 4.5.2 のように構造物の応答が安全限界を超えた場合に，構造物の耐崩壊性能（崩壊しにくい性質）の向上と崩壊しても致命的な被害発生を最小化するための崩壊モード・崩壊方向の制御から成り立つと考えられる．ここでは耐崩壊性能の向上の手法を(a-1)構造としての耐崩壊性能の向上と (a-2)崩壊防止機能の付加による耐崩壊性能の向上に分類して説明するとともに，(b)崩壊モード・崩壊方向の制御に分けて説明する（表-解 4.5.1）．

(a-1) 構造としての耐崩壊性能の向上

耐崩壊性能の向上は構造自体のロバスト性の向上やリダンダンシーの向上による．ロバスト性やリダンダンシーの定義および関係は必ずしも明確化されていないが，本示方書ではロバスト性とは構造物の応答が安全限界を超え構造物に損傷が生じた場合にも大損傷に広がらず，引き続き作用に耐えうる性質とする．一方，リダンダンシーとは構造物内の 1 部材が破壊後も構造物が引き続き作用に耐えうる性質とする．すなわち，リダンダンシー向上はロバスト性向上のためのひとつの手法である．リダンダンシーの向上手法としては，部材間の荷重再配分性能を向上させることである．荷重再配分性能の向上は部材接合部に十分な強度を持たせるような Capacity design を行ったうえで，FCM (Fracture Critical Member) の排除，各部材の変形性能の向上で可能となると考えられる．リダンダンシーの向上手法以外のロバスト性向上手法は構造物の安全限界以降のエネルギー吸収能を向上させる［後藤ら，2017a］ことである．安全限界以降のエネルギー吸収能を向上させる方法としては中空鋼部材へのコンクリート充填（CFT 化）を行うことが有効であることが実験でも確認されている［後藤ら，2013b；Goto et al., 2014, 2017］．

(a-2) 崩壊防止機能の付加による耐崩壊性能の向上

崩壊防止機能の付加は，耐震設計された構造物に落橋防止装置などの崩壊防止装置や自重補償構造を構造物の耐震性能に影響を与えることなく付加することでなされる．自重補償構造としては高架橋の既設橋脚間に新たに自重を受け持たない橋脚（対震橋脚と呼んでいる）を設けた例がある［金治ら，2015］．対震橋脚は水平地震力には抵抗するが，既設橋脚の応答が安全限界状態を超えるまでは自重は支持しない．既設橋脚の応答が安全限界を超え自重の支持機能が低下したときにはじめて対震橋脚は自重を支持する機能を発揮する．崩壊防止装置としてはすでに落橋防止装置が実用化されているが，ケーブルによる橋脚やトラス構造を対象とした崩壊防止装置も提案されている［Nguyenら，2015；水野ら，2016］．これらの崩壊防止装置はケーブルの弛みを調整することで構造物の地震時応答が安全限界状態を超えた場合にのみ機能するように設定できるので，崩壊防止装置の機能は構造物の耐震機能とは独立させることが可能である．

(b) 崩壊モード・崩壊方向の制御

上記(a-1)，(a-2)は構造物の応答が安全限界を超えた場合に，構造物の耐崩壊性能を向上させることで大規模崩壊に発展し被害が拡大することを抑制する方法であり，構造物が崩壊することは前提としていない．崩壊モード・崩壊方向を制御する方法では，崩壊することを前提としている．そして，構造的な配慮や装置の付加［豊岡ら，2017］を構造物に施すことで，被害を最小化するように崩壊モード・崩壊方向を制御する．

表-解 4.5.1　崩壊制御設計の手法

崩壊制御設計の手法の区分		具体的な手法
A．耐崩壊性能の向上（崩壊させない）	A1．構造としての耐崩壊性能の向上	構造物の応答が安全限界を超えた場合にも，損傷が急激に広がらず，引き続き作用に耐えうるようにロバスト性の向上を図る．＜リダンダンシー向上（荷重再配分性能の向上）＞・接合部を破壊させない Capacity design・FCM の排除・部材の変形性能の向上＜構造全体の安全限界以降のエネルギー吸収能の向上＞・各部材のエネルギー吸収能向上
	A2．崩壊防止機能の付加	＜崩壊防止装置＞・落橋防止装置・ケーブルによるトラス，柱の倒壊防止装置＜自重補償構造＞・対震橋脚（地震により橋脚の支持力低下時に機能）
B．崩壊モード・崩壊方向の制御（崩壊した場合）		構造的工夫や装置で崩壊の方向や崩壊モードを制御することで被害を最小化

3) 崩壊挙動の予測解析の現状

崩壊制御設計を実施するには構造物の崩壊挙動を精度よく定量的に予測できる崩壊解析法が少なくとも必要である．しかし，構造物は崩壊時には材料ならびに幾何学的な強非線形挙動のみならず構成部材の破壊による分離・接触などの不連続体としての挙動を示すので，崩壊挙動を精度よく予測するには，これらを考慮した非常に高度な非線形動的解析を実施しなければならない．このような解析が可能なソフトウェアはいくつか公表されているが，信頼性のある解析を行うためには動的崩壊実験などによるキャリブレーションが必須である．しかし，動的崩壊実験は容易でなく現状では明らかにデータが不足しているが，鋼製橋脚については，振動台による単一橋脚や 2 径間連続高架橋の崩壊実験が行われているので，その結果は崩壊解析のキャリブレーションに使用可能である．また，これらの実験を基に鋼製橋脚の崩壊解析法や崩壊判定法も提示さ

れているので，これらの結果とも比較することも可能である［海老澤ら，2015；後藤ら，2017a；Goto et al.，2017］．今後，構造物の崩壊挙動に関して参照できるデータが蓄積され予測解析の実用化が広い範囲でなされることが期待される．

第4章の参考文献

西村俊夫，三木千壽（1978）：構造用鋼材のひずみ制御低サイクル疲れ特性，土木学会論文報告集，第279号，pp.29-44.

日本材料学会（1987）：実用性信頼性工学，養賢社.

伊津野和行（1994）：超弾性合金の免震ダンパーへの適用可能性に関する数値解析的検討，土木学会論文集，No.501/I-29, pp.217-220.

足立幸郎，運上茂樹，近藤益央（1998）：形状記憶合金の橋梁ダンパーへの適用性に関する研究，土木技術資料，Vol.40, No.10, pp.54-49.

前田泰史，中田安洋，岩田衛，和田章（1998）：軸降伏型履歴ダンパーの疲労特性に関する研究，日本建築学会構造系論文集，第503号，pp.109-115.

名古屋高速道路公社（2002）：コンクリートを部分的に充填した鋼製橋脚の耐震性能要領（案）．

日本鋼構造協会（2003）：土木鋼構造物の動的耐震性能照査法と耐震性向上策，日本鋼構造協会鋼橋の性能照査型耐震設計法検討委員会.

舘石和雄，判治剛，鬼頭和也，南邦明（2005）：溶接部を対象とした極低サイクル疲労強度予測モデル，構造工学論文集，Vol.52A, pp.1275-1281.

小野潔，橋本亮，西村宣男，山口栄輝（2007）：ファイバーモデルを用いた補剛矩形断面鋼部材の耐震性能照査法に関する一提案，橋梁と基礎，Vol.41, No.6, pp.26-33.

後藤芳顯，Helwani, A. A.，奥村徹（2007）：無損傷で自己復元特性を有する鋼製門型ラーメン橋脚を目標とした免震・制震機構の提案，土木学会論文集A，Vol.63, No.4, pp.811-827.

佐野泰如，小池洋平，大森邦夫（2007）：複弦アーチリブの橋軸直角方向地震時耐荷力に関する検討，土木学会論文集A，Vol.63, No.2, pp.297-311.

宇佐美勉（2008a）：「複弦アーチリブの橋軸直角方向地震時耐荷力に関する検討」への討議・回答，土木学会論文集A，Vol.64, No.2, pp.458-459.

宇佐美勉（2008b）：「ファイバーモデルを用いた補剛矩形断面鋼部材の耐震性能照査法に関する一提案」への討議，橋梁と基礎，Vol.42, No.3, pp.32-35.

日本道路協会（2008）：道路橋示方書・同解説 V耐震設計編に関する参考資料，丸善.

後藤芳顯，村木正幸，海老澤健正（2009a）：2方向地震動を受ける円形断面鋼製橋脚の限界値と動的照査法に関する考察，構造工学論文集，Vol.55A, pp.629-642.

後藤芳顯，小山亮介，藤井雄介，小畑誠（2009b）：2方向地震動を受ける矩形断面鋼製橋脚の動特性と耐震照査法における限界値，土木学会論文集A，Vol.65, No.1, pp.61-80.

後藤芳顯，Kumar, G. P.，川西直樹（2009c）：充填コンクリートとの相互作用を考慮した円形断面鋼製橋脚の繰り返し挙動のFEM解析，土木学会論文集A，Vol.65, No.2, pp.487-504.

日本鋼構造協会（2009）：鋼橋の耐震設計の信頼性と耐震性能の向上，JSSCテクニカルレポート No.85.

宇佐美勉，佐藤崇（2010）：座屈高速ブレースの低サイクル疲労実験と照査法，構造工学論文集，Vol.56A, pp.486-498.

後藤芳顯，水野貢介，Kumar, G. P.，藤井雄介（2010）：充填コンクリートとの相互作用を考慮した矩形断面鋼製橋脚のFEM解析，土木学会論文集A，Vol.66, No.4, pp.816-835.

日本鋼構造協会（2011）：ファイバーモデルを用いた鋼橋の動的耐震解析の現状と信頼性向上，JSSCテクニカルレポート No.93.

日本道路協会（2012a）：道路橋示方書（I共通編・II鋼橋編）・同解説，丸善.

日本道路協会（2012b）：道路橋示方書（V耐震設計編）・同解説，丸善.

後藤芳顯，海老澤健正，和田廣人，松澤陽（2013a）：超弾性合金と超塑性合金からなる自己修復型複合構造ダンパー，構造工学論文集，Vol.59A, pp.540-551.

後藤芳顯，関一優，海老澤健正，呂西林（2013b）：地震動下のコンクリート充填円形断面鋼製橋脚における局部座屈変形の進展抑制機構と耐震性向上，土木学会論文集A1（構造・地震工学），Vol.69, No.1, pp.101-120.

葛西昭，宮本勇紀，河岡英明，Susanti Lilya（2014）：鋼圧縮部材の終局ひずみに関する解析的検討，土木学会論文集A2（応用力学），Vol. 70, No. 2, pp.I_575- 586.

土木学会（2014）：複合構造標準示方書［設計編］.

海老澤健正，後藤芳顯，小畑誠，Li, J., Xu, Y.（2015）：円形断面鋼製橋脚を持つ連続高架橋の2方向加振実験のFE解析と終局挙動特性，第18回性能に基づく高架橋の耐震設計に関するシンポジウム講演論文集，pp.57-64.

金治英貞，小坂崇，篠原聖二（2015）：鋼管集成橋脚の開発と実橋への適用，建設機械施工，Vol.67, No.7, pp.1-6.

日経コンストラクション（2015）：形状記憶合金で「壊れない橋」，pp.50-54.

丸山陸也，葛漢彬，宇佐美勉（2015）：3種類の履歴型制震ダンパーを導入した鋼構造物の地震後の使用性に関する解析的研究，構造工学論文集，Vol.61A, pp.198-210.

Nguyen, V. B., 後藤芳顯，海老澤健正（2015）：本震で損傷した鋼製橋脚の余震による倒壊特性とケーブルによる倒壊防止の基礎的検討，第18回性能に基づく高架橋の耐震設計に関するシンポジウム講演論文集，pp.65-72.

鉄道総合技術研究所（2016）：鉄道構造物等設計基準・同解説（鋼とコンクリートの複合構造物）.

水野剛規，後藤芳顯，山田忠信（2016）：鋼トラス橋のケーブルを用いた崩壊防止構造に関する基礎的検討，土木学会第71回年次学術講演会講演概要集，pp.17-18.

奥村徹，海老澤健正，後藤芳顯（2017）：セグメントのひずみにもとづく鋼製橋脚を含む鋼部材の耐震安全照査法の妥当性，構造工学論文集，Vol.63A, pp.301-314.

後藤芳顯，海老澤健正，Nguyen, V. B.（2017a）：地震動が作用する鋼製橋脚の3次元倒壊挙動と予測，土木学会論文集A1（構造・地震工学），Vol.73, No.3, pp.512-531.

後藤芳顯，奥村徹，海老澤健正（2017b）：連続高架橋の多方向地震動下でのゴム支承と支承取付部の曲げせん断挙動，土木学会論文集A1（構造・地震工学），Vol.73, No.3, pp.532-551.

豊岡亮洋，室野剛隆，齋藤正人（2017）：危機耐性を向上させる倒壊方向制御構造の振動台実験，第20回性能に基づく橋梁等の耐震設計に関するシンポジウム講演論文集，pp.49-56.

日本道路協会（2017）：道路橋示方書（I共通編）・同解説，丸善.

宇佐美勉（2018）：構造工学論文集Vol.63A「セグメントのひずみにもとづく鋼製橋脚を含む鋼部材の耐震安全照査法の妥当性」への討議.

奥村徹，海老澤健正，後藤芳顯（2018）：構造工学論文集Vol.63A「セグメントのひずみにもとづく鋼製橋脚を含む鋼部材の耐震安全照査法の妥当性」への討議に対する回答.

川西直樹，後藤芳顯（2018）：コンクリート充填構造を対象とした3次元セグメントモデルの開発と耐震照査法，構造工学論文集，Vol.64A, pp.73-85.

深谷茂広（2018）：構造工学論文集Vol.63A「セグメントのひずみにもとづく鋼製橋脚を含む鋼部材の耐震安全照査法の妥当性」への討議.

Christopoulos, C., Tremblay, R., Kim, H. and Lacerte, M. (2008) : Self-centering energy dissipative bracing system for seismic resistance of structures: development and validation, Journal Structural Engineering , ASCE, Vol.134, No.1, pp.96-107.

Goto, Y., Kumar, G. P. and Kawanishi, N. (2010) : Nonlinear finite element analysis for hysteretic behavior of thin-walled circular steel columns with in-filled concrete, Journal of Structural Engineering, ASCE, Vol.136, No.11, pp.1413-1422.

Goto, Y., Mizuno, K. and Kumar, G. P. (2012) : Nonlinear finite element analysis for cyclic behavior of thin-walled stiffened rectangular steel columns with in-filled concrete, Journal of Structural Engineering, ASCE, Vol.138, No.5, pp.571-584.

Goto, Y., Ebisawa, T. , Lu, X. and Lu, W. (2014) : Ultimate state of thin-walled circular steel columns subjected to biaxial horizontal forces and biaxial bending moments caused by bidirectional seismic accelerations, Journal of Structural Engineering, ASCE, Vol.141, No.4, 04014122-1-12.

Kang, L. and Ge, H.B. (2015) : Predicting ductile crack initiation in steel bridge piers with unstiffened box section under specific cyclic loadings using detailed and simplified evaluation methods, International Journal of Advances in Structural Engineering, Vol.18, No.9, pp.1427-1442.

Caltrans (2016) : CALTRANS Seismic design specifications for steel bridges, 2- Edition, California Department of Transportation.

Goto, Y., Ebisawa, T., Obata, M., Li, J. and Xu, Y. (2017) : Ultimate behavior of steel and CFT piers in two-span continuous elevated-girder bridge models tested by shake-table excitations, Journal of Bridge Engineering, ASCE, Vol.22, No.5, 04017001-1-14.

補遺 4-1　耐震関係の各種実験に関する文献のまとめ

　耐震関係の実験に関する文献を表-補 4.1.1 にまとめる．各文献の実験で用いた橋脚の種類と載荷方法に関して以下のように表記する．

（橋脚）

□：コンクリート無充填矩形

○：コンクリート無充填円形

■：コンクリート充填矩形断面

●：コンクリート充填矩形断面

（-B：高架橋，-F：ラーメン橋脚，-L：逆 L 型，-A：アーチ）

（載荷方法）

SM：静的単調載荷，SC：静的 1 方向繰り返し，SC2：静的 2 方向繰り返し

PD：1 方向擬似動的実験，PD2：2 方向擬似動的実験

D：振動台実験

表-補 4.1.1　耐震関係の実験に関する文献一覧（その 1）

番号	文献	橋脚	載荷方法
1	中井博, 吉川紀 (1984)：コンクリートを充てんした鋼製橋脚の耐荷性に関する実験的研究, 土木学会論文集, No.344/I-1, pp.195-204.	□,○ ■,●	SM
2	宇佐美勉, 今井康幸, 青木徹彦, 伊藤義人 (1991)：繰り返し荷重を受ける鋼圧縮部材の強度と変形能に関する実験的研究, 構造工学論文集, Vol.37A, pp.93-106.	□	SM,SC
3	伊藤義人, 小深田祥法, 宇佐美勉, 浅野哲男 (1991)：Y 型橋脚の力学的性状と耐荷力特性に関する実験的・理論的研究, 構造工学論文集, Vol.37A, pp.107-119.	□ (Y 形)	SM
4	酒造敏廣, 事口寿男 (1991)：鋼製ラーメン隅角部の崩壊性状と変形性能に関する実験的研究, 構造工学論文集, Vol.37A, pp.121-134.	□-F	SM,SC
5	宇佐美勉, 水谷慎吾, 青木徹彦, 伊藤義人, 安波博道 (1992)：補剛箱形断面鋼圧縮部材の繰り返し弾塑性挙動に関する実験的研究, 構造工学論文集, Vol.38A, pp.105-117.	□,■	SC
6	渡邊英一, 杉浦邦征, 播本章一, 長谷川敏之 (1992)：ダクティリティに基づく鋼製橋脚の有効な断面形状に関する実験的研究, 構造工学論文集, Vol.38A, pp.133-142.	□,○	SC
7	渡邊英一, 杉浦邦征, 森忠彦, 鈴木巌 (1992)：補剛 R 付き箱型断面短はり－柱の強度と変形性能, 構造工学論文集, Vol.38A, pp.143-154.	□	SC
8	宇佐美勉, 葛漢彬, 水谷慎吾 (1993)：コンクリートを部分的に充填した無補剛箱形鋼柱の繰り返し弾塑性挙動, 構造工学論文集, Vol.39A, pp.249-262.	■	SC
9	宇佐美勉, 坂野茂, 是津文章, 青木徹彦 (1993)：鋼製橋脚モデルの繰り返し弾塑性挙動に及ぼす荷重履歴の影響, 構造工学論文集, Vol.39A, pp.235-247.	□	SM,SC
10	酒造敏廣, 事口壽男, 西幸二 (1993)：鋼変断面片持ち柱の弾塑性履歴性状に関する基礎的実験, 構造工学論文集, Vol.39A, pp.271-284.	□	SM,SC
11	中井博, 北田俊行, 吉川紀, 中西克佳, 尾山達巳 (1993)：コンクリートを充填した長方形箱形断面柱の耐荷力と変形性能に関する実験的研究, 構造工学論文集, Vol.39A, pp.1347-1360.	□,■	SM,SC, PD
12	葛漢彬, 宇佐美勉, 戸谷和彦 (1994)：繰り返し荷重を受けるコンクリート充填鋼柱の強度と変形能に関する研究, 構造工学論文集, Vol.40A, pp.163-176.	■	SC
13	冨永知徳, 安波博道 (1994)：厚肉少補剛断面を有する鋼製橋脚の変形能に関する実験的研究, 構造工学論文集, Vol.40A, pp.189-200.	□	SC

表-補 4.1.1　耐震関係の実験に関する文献一覧（その2）

番号	文献	橋脚	載荷方法
14	黄元燮，西村宣男，高津秀俊（1994）：鋼製ラーメン橋脚角部の強度と変形能に関する実験的研究，構造工学論文集，Vol.40A，pp.201-214.	□-F	SM,SC
15	中井博，北田俊行，中西克佳，杉山功，河野康史（1994）：地震荷重を受けた後の合成柱（充填形式）の耐荷力，および変形性能に関する実験的研究，構造工学論文集，Vol.40A，pp. 1401-1412.	□，■	SC,PD
16	Usami, T. and Ge, H.B. (1994)：Ductility of concrete-filled steel box columns under cyclic loading, Journal of Structural Engineering, ASCE, Vol.120, No.7, pp.2021-2040.	■	SC
17	鈴木森晶，宇佐美勉，竹本潔史（1995）：鋼製橋脚モデルの静的および準静的挙動に関する実験的研究，土木学会論文集，No.507/I-30，pp.99-108.	□	SM,SC
18	才塚邦宏，伊藤義人，木曽英滋，宇佐美勉（1995）：相似則を考慮したハイブリッド地震応答実験手法に関する考察，土木学会論文集，No.507/I-30，pp.179-190.	□	PD
19	中井博，北田俊行，中西克佳（1995）：漸増繰返し荷重を受ける鋼製・合成橋脚柱の耐荷性状に関する実験的研究，土木学会論文集，No.513/I-31，pp.89-100.	□，■	SM,SC
20	才塚邦宏，宇佐美勉，木曽英滋，伊藤義人（1995）：コンクリートを部分的に充填した鋼製橋脚のハイブリッド地震応答実験，構造工学論文集，Vol.41A，pp.277-288.	■	PD
21	宇佐美勉，戸谷和彦，鈴木森晶，是津文章（1995）：繰り返し荷重を受ける鋼製門形ラーメンの強度と変形能に関するパイロット実験，構造工学論文集，Vol.41A，pp.289-300.	□-F	SC
22	宇佐美勉，才塚邦宏，木曽英滋，伊藤義人（1995）：ハイブリッド地震応答実験による鋼製橋脚の強震時挙動，土木学会論文集，No.519/I-32，pp.101-113.	□	PD
23	鈴木森晶，宇佐美勉（1995）：繰り返し荷重下における鋼製橋脚モデルの強度と変形能の推定式に関する研究，土木学会論文集，No.519/I-32，pp.115-125.	□	SC
24	宇佐美勉，鈴木俊光，伊藤義人（1995）：実橋脚をモデル化した基部を有するコンクリート充填鋼柱のハイブリッド地震応答実験，土木学会論文集，No.525/I-33，pp.55-67.	■	PD
25	水谷慎吾，宇佐美勉，青木徹彦，伊藤義人，岡本隆（1996）：パイプ断面圧縮部材の繰り返し弾塑性挙動に関する実験的研究，構造工学論文集，Vol.42A，pp.105-114.	○	SC
26	山田尚之，青木徹彦（1996）：鋼製八角形断面柱を有するラーメン隅角部の静的および繰り返し強度特性に関する実験的研究，構造工学論文集，Vol.42A，pp.197-205.	□ （8角形）	SM,SC
27	西川和廣，山本悟司，名取暢，寺尾圭史，安波博道，寺田昌弘（1996）：既設鋼製橋脚の耐震性能改善方法に関する実験的研究，構造工学論文集，Vol.42A，pp.975-986.	□，○	SC
28	鈴木俊光，宇佐美勉，伊藤義人，豊島径（1996）：細長比パラメータの大きなコンクリート部分充填鋼柱の強震時挙動，土木学会論文集，No.537/I-35，pp.77-88.	□，■	PD
29	Kumar, S. and Usami, T. (1996)：Damage evaluation in steel box columns by cyclic loading tests, Journal of Structural Engineering, ASCE, Vol.122, No.6, pp.626-634.	□	SM,SC
30	Usami, T. and Kumar, S. (1996)：Damage evaluation in steel box columns by pseudo-dynamic tests, Journal of Structural Engineering, ASCE, Vol.122, No.6, pp.635-642.	□	PD
31	Ge, H.B. and Usami, T. (1996)：Cyclic tests of concrete-filled steel box columns, Journal of Structural Engineering, ASCE, Vol.122, No.10, pp.1169-1177.	■	SM,SC
32	桜井孝昌，忠和男，都築修治，後藤芳顯（1997）：角形断面鋼製橋脚のダクテイリテイ性能，鋼製橋脚の非線形解析と耐震設計に関する論文集，pp.129-134.	□	SM,SC
33	井浦雅司，熊谷洋司，小牧理（1997）：横力と一定軸力を受ける円筒シェルの終局状態に関する研究，土木学会論文集，No.556/I-38，pp.107-118.	○	SC
34	才塚邦宏，宇佐美勉，芳崎一也，鈴木森晶（1997）：兵庫県南部地震観測地震波を用いたハイブリッド地震応答実験による鋼製橋脚の激震時挙動，土木学会論文集，No.556/I-38，pp.119-129.	□，■	PD
35	坂野昌弘，三上市藏，鷹羽新二（1997）：鋼製橋脚隅角部の低サイクル疲労挙動，土木学会論文集，No.563/I-39，pp.49-60.	□-F	SC
36	後藤芳顯，宮下敏，藤原英之，上條崇（1997）：繰り返し荷重を受ける鋼製橋脚アンカー部の挙動とモデル化，土木学会論文集，No.563/I-39，pp.105-123.	□，○	SC

表-補 4.1.1　耐震関係の実験に関する文献一覧（その 3）

番号	文献	橋脚	載荷方法
37	Usami, T., Ge, H.B. and Saizuka, K. (1997) : Behavior of partially concrete-filled steel bridge piers under cyclic and dynamic loading, Journal of Constructional Steel Research, Vol.41, No.2/3, pp.121-136.	□,■	SM,SC, PD
38	才塚邦宏，宇佐美勉（1997）：コンクリート部分充填鋼製橋脚の終局耐震設計法と耐震実験による検証，土木学会論文集，No.570/I-40, pp.287-296.	□,■	SC,PD
39	建設省土木研究所，首都高速道路公団，阪神高速道路公団，名古屋高速道路公社，鋼材倶楽部,日本橋梁建設協会（1997）：道路橋橋脚の地震時限界状態設計法に関する共同研究報告書 I~VIII.	□,○ ■,●	SC
40	青木徹彦，長谷川桂，山田将樹（1997）：鋼製ラーメン橋脚角部モデルの曲げおよび繰り返し強度特性に関する実験的研究，構造工学論文集，Vol.43A, pp.177-186.	□-F	SM,SC
41	北田俊行，中井博，中西克佳，竹野晃司（1997）：中空合成箱形断面を有する橋脚柱の耐震性に関する実験的研究，構造工学論文集，Vol.43A, pp.225-236.	□,■	SC,PD
42	中井博，北田俊行，中西克佳，渡邊浩延（1997）：薄肉補剛箱形断面を有する鋼製・合成橋脚柱の耐荷力と変形性能とに関する実験的研究，構造工学論文集，Vol.43A, pp.1355-1366.	□,■	SC
43	天野麻衣，葛西昭，宇佐美勉，葛漢彬，岡本真悟，前野裕文（1998）：コンクリート部分充填鋼製橋脚の弾塑性挙動に関する実験的及び解析的研究，構造工学論文集，Vol.44A, pp.179-188.	■	SC
44	前野裕文，宇佐美勉，葛漢彬，岡本隆，水谷慎吾，魚井啓次（1998）：コンクリート部分充填鋼製八角形断面橋脚の強度と変形能に関する実験的研究，構造工学論文集，Vol.44A, pp.189-199.	□ (8 角形)	SC,PD
45	南荘淳，西岡敬治，堀江佳平，陵城成樹（1998）：鋼製橋脚の耐震補強法に関する研究，構造工学論文集，Vol.44A, pp.1047-1058.	□,■	SC
46	田嶋仁志，半野久光，池田茂，輿守（1998）：矩形鋼製橋脚の変形性能に関する載荷実験，構造工学論文集，Vol.44A, pp.1251-1258.	□	SC
47	安波博道，寺田昌弘，名取暢，村越潤（1998）：変断面鋼管柱およびその補強構造の変形性能に関する実験的研究，構造工学論文集，Vol.44A, pp.1259-1270.	○	SC
48	後藤芳顯，上條崇，藤原英之，小畑誠（1998）：縁端距離の短い杭方式による鋼製橋脚アンカー部の繰り返し載荷実験，構造工学論文集，Vol.44A, pp.1271-1280.	―	SM,SC
49	坂野昌弘，岸上信彦，小野剛史，森川友記，三上市藏（1998）：三角リブ付き鋼製橋脚基部の超低サイクル疲労挙動，構造工学論文集，Vol.44A, pp.1281-1288.	□	SC
50	村田清満，安原真人，渡邊忠朋，木下雅敬（1998）：コンクリート充填円形鋼管柱の耐荷力と変形性能の評価，構造工学論文集，Vol.44A, pp.1555-1564.	●	SC
51	宇佐美勉，渡辺孝一，金田一智章，岡本隆，池田茂（1998）：ハイダクティリティー鋼製橋脚の耐震性能に関する実験的研究，土木学会論文集，No.591/I-43, pp.207-218.	□	SM,SC, PD
52	北田俊行，中井博，中西克佳（1998）：鋼製箱形断面を有する橋脚柱の耐震性向上法に関する実験的研究，土木学会論文集，No.591/I-43, pp.219-232.	□,■	SC,PD
53	安波博道，寺田昌弘，青木徹彦，山田将樹（1998）：高張力鋼（SM570Q）鋼管柱の繰り返し弾塑性挙動に関する実験的研究，土木学会論文集，No.591/I-43, pp.233-242.	○	SC
54	三木千寿，四十沢利康，穴見健吾（1998）：鋼製橋脚ラーメン隅角部の地震時脆性破壊，土木学会論文集，No.591/I-43, pp.273-281.	□-F	SC
55	井浦雅司，熊谷洋司，小牧理（1998）：繰り返し横力を受ける円形鋼製橋脚の強度と変形能に関する研究，土木学会論文集，No.598/I-44, pp.125-135.	○	SC
56	三木千寿，Muller, J.，佐々木哲也（1998）：断面変化部を有する円形断面鋼製橋脚の耐震性能の検討，土木学会論文集，No.605/I-45, pp.117-127.	○	SC,PD
57	建設省土木研究所（1999）：鋼製橋脚のハイブリッド地震応答実験，土木研究所資料第 3583 号.	□,○ ■	PD
58	北田俊行，中井博，加賀山泰一，松村政秀（1999）：既設鋼製橋脚における補鋼板の耐震補強に関する研究，構造工学論文集，Vol.45A, pp.215-226.	□	SC

表-補 4.1.1　耐震関係の実験に関する文献一覧（その 4）

番号	文献	橋脚	載荷方法
59	西川和廣，村越潤，高橋実，岡本降，池田茂，森下泰光（1999）：鋼製ラーメン橋脚の耐力と変形性能に関する実験的研究，構造工学論文集，Vol.45A，pp.235-244.	□-F	SC
60	芳崎一也，宇佐美勉，本間大介（1999）：大地震後の残留変位を抑制した鋼製橋脚の開発—ハイブリッド地震応答実験による検証—，構造工学論文集，Vol.45A，pp.1017-1026.	□，■	SC,PD
61	陵城成樹，木代穣，小林寛，渡邊英一（1999）：箱形断面を有する鋼製橋脚の弾塑性挙動と耐震設計法に関する研究，構造工学論文集，Vol.45A，pp.1027-1035.	□，■	SC
62	田嶋仁志，半野久光，藤原英之，後藤芳顯（1999）：単調載荷条件下での矩形断面鋼製橋脚アンカー部の終局挙動とモデル化，土木学会論文集，No.612/I-46，pp.297-311.	−	SM
63	田嶋仁志，半野久光，藤原英之，後藤芳顯（1999）：繰り返し荷重下の矩形断面鋼製橋脚アンカー部の終局挙動，土木学会論文集，No.612/I-46，pp.313-324.	−	SC
64	宇佐美勉，本間大介，芳崎一也（1999）：鉛直荷重が偏心して作用する鋼製橋脚のハイブリッド地震応答実験，土木学会論文集，No.626/I-48，pp.197-206.	□，■，□-L，■-L	SC,PD
65	村田清満，山田正人，池田学，瀧口将志，渡邊忠朋，木下雅敬（2000）：コンクリート充填円形鋼管柱の変形性能の再評価，土木学会論文集，No.640/I-50，pp.149-163.	●	SC
66	森下益臣，青木徹彦，鈴木森晶（2000）：コンクリート充填円形鋼管柱の耐震性能に関する実験的研究，構造工学論文集，Vol.46A，pp.73-83.	○，●	SC
67	岡本隆，水谷慎吾，長山秀昭，原茂樹，半野久光，田嶋仁志（2000）：縦リブ補強した円形断面鋼製橋脚の耐震性評価，構造工学論文集，Vol.46A，pp.97-108.	○	SC,PD
68	北田俊行，中井博，松村政秀，加賀山泰一（2000）：繰返し漸増水平変位載荷による既設鋼製橋脚補剛板の耐震補強法に関する実験的研究，構造工学論文集，Vol.46A，pp.127-134.	□	SC
69	鈴木森晶，青木徹彦，野村和弘（2000）：簡易補修後鋼製ラーメン橋脚の耐震性能に関する実験的研究，構造工学論文集，Vol.46A，pp.135-142.	□-F	SC
70	陵城成樹，堀江佳平，加賀山泰一，新名勉，内田諭，渡邊英一（2000）：円形断面を有する鋼製橋脚の弾塑性挙動と耐震設計法に関する研究，構造工学論文集，Vol.46A，pp.815-820.	○	SC
71	森下泰光，高久達将，青木徹彦，福本唀士，岡本隆，松井鋭一（2000）：中間はりを有する鋼製ラーメン橋脚の耐荷力と変形性能，構造工学論文集，Vol.46A，pp.831-840.	□-F	SC
72	中島大輔，宇佐美勉，葛西昭，金田一智章（2000）：免震鋼製橋脚のハイブリッド地震応答実験手法の妥当性に関する検討，構造工学論文集，Vol.46A，pp.869-878.	□	PD
73	Watanabe, E., Sugiura, K. and Oyawa, W. O. (2000) : Effects of multi-directional displacement paths on the cyclic behaviour of rectangular hollow steel columns, Journal of Structural Mechanics and Earthquake Engineering, JSCE, No.647/I-51, pp.79-95.	□	SC, SC2
74	金田一智章，宇佐美勉，中島大輔（2000）：免震支承を有する鋼製橋脚のハイブリッド地震応答実験，土木学会論文集，No.654/I-52，pp.245-257.	□，■	PD
75	佐々木栄一，高橋和也，市川篤司，三木千壽，名取暢（2001）：鋼製ラーメン橋脚隅角部の補剛構造がその弾塑性挙動に及ぼす影響，土木学会論文集，No.689/I-57，pp.201-214.	□-F	SC
76	松村政秀，北田俊行，澤登善誠，中原嘉郎（2001）：無充填区間を有するコンクリート充填工法による既設鋼製橋脚の耐震補強法に関する実験的研究，構造工学論文集，Vol.47A，pp.35-44.	□	SC
77	成瀬孝之，青木徹彦，鈴木森晶（2001）：繰り返し等荷重を受ける逆 L 形鋼管橋脚の強度と変形性能に関する研究，構造工学論文集，Vol.47A，pp.45-55.	○，○-L	SC
78	前野裕文，森下宜明，青木徹彦，鈴木森晶，梅田聡，三輪恭久（2001）：コンクリートを柱基部に部分的に充填した鋼製ラーメン橋脚の耐荷力実験，構造工学論文集，Vol.47A，pp.801-808.	□，■-F	SC
79	松村新也，原岡雅史，岩坪要，山尾敏孝（2001）：十字型補剛壁を有する鋼製橋脚の耐震性能に関する研究，構造工学論文集，Vol.47A，pp.809-818.	□	SC
80	井浦雅司，折野明宏，石澤俊希（2002）：コンクリートを部分充填した円形鋼製橋脚の弾塑性挙動に関する研究，土木学会論文集，No.696/I-58，pp.285-298.	○，●	SM,SC

第4章　耐震性能照査　　　　　　　　　　　　　　　73

表-補 4.1.1　耐震関係の実験に関する文献一覧（その5）

番号	文献	橋脚	載荷方法
81	堀地紀行，保坂鐵矢，依田照彦，勝尾伸一（2002）：コンクリート充填円形鋼管を用いたラーメン隅角部の静的耐荷力特性，土木学会論文集，No.703/I-59，pp.13-27.	●-F	SC
82	松村政秀，北田俊行，乙黒幸年，中原嘉郎（2002）：復旧可能な箇所にエネルギー吸収断面を有する既設鋼製橋脚の耐震補強法に関する実験的研究，構造工学論文集，Vol.48A，pp.129-140.	■	SC
83	陵城成樹，足立幸郎，猪瀬幸太郎，杉浦邦征，渡邊英一（2002）：鋼製橋脚基部の地震時低サイクル疲労挙動に関する実験的研究，構造工学論文集，Vol.48A，pp.649-655.	□	SC
84	佐藤徹也，青木徹彦，鶴田栄一，堀正雄，崎元達郎（2002）：面内繰り返し荷重を受ける鋼箱型断面アーチの載荷実験，構造工学論文集，Vol.48A，pp.693-703.	□-A	SC
85	前野裕文，森下宜明，葛漢彬，青木徹彦，高野光史，吉光友雄（2002）：コンクリートを柱基部に部分充填した長方形断面鋼製橋脚の耐震照査法，構造工学論文集，Vol.48A，pp.667-674.	■	SC
86	崎元達郎，中山雅文，川畑智亮，渡辺浩，江山栄一（2002）：面外繰り返し力を受ける逆L形鋼製橋脚の履歴挙動，土木学会論文集，No.696/I-58，pp.215-224.	□-L	SC
87	青木徹彦，鈴木真一，渡辺俊輔，鈴木森晶，宇佐美勉，葛漢彬（2003）：面外繰り返し水平力を受ける逆L形鋼製箱形断面橋脚の強度と変形能に関する実験的研究，土木学会論文集，No.724/I-62，pp.213-223.	□, □-L	SC
88	崎元達郎，高田孝史朗，松本英明，廣田武聖，渡辺浩（2003）：基部にコンクリートを充填した逆L形鋼製橋脚の復元力特性，土木学会論文集，No.738/I-64，pp.55-66.	■-L	SC
89	山口隆司，永田和寿，岸本吉弘（2003）：ネットワーク技術を用いた異種橋脚を持つ単径間高架橋の崩壊過程シミュレーション，構造工学論文集，Vol.49A，pp.47-56.	□-B	PD（並列）
90	上野谷実，中村雅樹，佐屋裕之，福本唀士，山本定弘（2003）：板厚テーパー補剛板を用いた箱形断面柱の繰り返し性能に関する実験的研究，構造工学論文集，Vol.49A，pp.115-125.	□	SC
91	忠和男，櫻井孝昌（2003）：既設円筒鋼製橋脚の鋼板貼り付けによる耐震補強法，構造工学論文集，Vol.49A，pp.139-144.	○	SC
92	保高篤司，Susantha, K. A. S.，青木徹彦，野村和弘，高久達将，熊野拓志（2003）：長方形断面鋼製橋脚の耐震性能に関する実験的研究，構造工学論文集，Vol.49A，pp.381-391.	□	SC
93	Sugiura, K., Watanabe, E. and Oyawa, W. O. (2003) : Assessment on non-concrete filled steel bridge piers subjected to cyclic loading, Journal of Structural Enginnering, JSCE, Vol.49A, pp.393-402.	□,■ （非コンクリート材充填）	SC
94	安原真人，藤橋秀雄，伊藤昭一郎，市川篤司（2003）：既設鉄道鋼製ヒンジラーメン橋脚隅角部の弾塑性挙動に関する実物交番載荷実験および解析，構造工学論文集，Vol.49A，pp.415-425.	□-F	SC
95	永田和寿，渡邊英一，杉浦邦征，足立幸郎，陵城成樹（2003）：面内水平力を受ける鋼製ラーメン橋脚の崩壊過程の解明，構造工学論文集，Vol.49A，pp.427-434.	□-F	SM,SC
96	安原真人，藤橋秀雄，市川篤司，三木千寿（2004）：既設鉄道鋼製ヒンジラーメン橋脚の耐震性能に関する実物載荷実験，土木学会論文集，No.752/I-66，pp.203-216.	□-F	SC
97	松村政秀，北田俊行，徳林宗孝、池田啓士、岡田崇（2004）：炭素繊維シートを円周方向に貼付する橋脚鋼管柱の耐震補強法に関する実験的研究，土木学会論文集，No.766/I-68，pp.17-31.	○	SC
98	永田和寿，渡邊英一，杉浦邦征（2004）：水平2方向に地震力を受ける角形鋼製橋脚の弾塑性応答性状に関する研究，構造工学論文集，Vol.50A，pp.1427-1436.	□	SC,PD,PD2
99	杉浦裕幸，森下宜明，前野裕文，葛西昭，岡本隆，長山秀昭（2004）：ボルト止め補剛材を用いたラーメン橋脚の梁腹板補強に関する検討，構造工学論文集，Vol.50A，pp.1447-1454.	□-F	SC
100	後藤芳顯，江坤生，小畑誠（2005）：2方向繰り返し荷重を受ける薄肉円形断面鋼製橋脚柱の履歴特性，土木学会論文集，No.780/I-70，pp.181-198.	○	SC2

表-補 4.1.1　耐震関係の実験に関する文献一覧（その 6）

番号	文献	橋脚	載荷方法
101	熊野拓志，青木徹彦，塚本芳正，Susantha, K. A. S.（2005）：テーパー鋼板（LP 鋼板）を有する鋼製橋脚の強度と変形性能に関する実験的研究，土木学会論文集，No.794/I-72，pp.267-280.	□	SC
102	高嶋豊，増子康之，春日井俊博，佐々木保隆，鹿浦純一（2005）：急速施工への適用を目指した鋼製橋脚と杭基礎との接合構造に関する実験的研究，構造工学論文集，Vol.51A，pp.1759-1770.	○	SC
103	尾松大道，鈴木森晶，青木徹彦（2006）：損傷した矩形断面鋼製橋脚の補修後の耐震性能に関する研究，構造工学論文集，Vol.52A，pp.445-453.	□	SC
104	廣江昭博，青木徹彦，鈴木森晶，海老澤健正（2006）：水平 2 方向地震力を受ける鋼製橋脚アンカー部の終局挙動に関する研究，構造工学論文集，Vol.52A，pp.455-464.	－	SM,SC,SC2
105	服部宗秋，青木徹彦，鈴木森晶（2006）：圧縮芯をもつ鋼管橋脚の耐震性能実験，構造工学論文集，Vol.52A，pp.465-476.	○（圧縮芯）	SC
106	永田和寿，尾関孝人，渡邊英一，杉浦邦征，山口隆司（2006）：水平 2 方向に地震力を受ける免震橋脚の応答性状に関する研究，構造工学論文集，Vol.52A，pp.583-592.	○	PD,PD2
107	安藤裕之，鈴木森晶（2006）：連結部材を有する鋼製橋脚の実験的検討，構造工学論文集，Vol.52A，pp.1337-1345.	□（連結）	SC
108	佐野泰如，小池洋平，大森邦雄（2007）：複弦アーチリブの橋軸直角方向地震時耐荷力に関する検討，土木学会論文集 A，Nol.63，No.2，pp.297-311.	□-A	SC
109	青木徹彦，大西哲広，鈴木森晶（2007）：水平 2 方向荷重を受ける正方形断面鋼製橋脚の耐震性能に関する実験的研究，土木学会論文集 A，Vol.63，No.4，pp.716-726.	□	SC,SC2
110	後藤芳顯，江坤生，小畑誠（2007）：2 方向繰り返し荷重を受ける矩形断面鋼製橋脚柱の履歴特性，土木学会論文集 A，Vol.63，No.1，pp.122-141.	□	SC2
111	葛漢彬，大橋正稔，田島僚（2007）：鋼製厚肉断面橋脚における延性き裂の発生とその進展に関する実験的研究，構造工学論文集，Vol.53A，pp.493-502.	□	SM,SC
112	金裕哲，廣畑幹人，森本拓世，小野潔（2008）：局部座屈損傷部を加熱/プレス矯正した鋼製橋脚の力学挙動，構造工学論文集，Vol.54A，pp.504-511.	□	SC
113	後藤芳顯，小山亮介，藤井雄介，小畑誠（2009）：2 方向地震動を受ける矩形断面鋼製橋脚の動特性と耐震照査法における限界値，土木学会論文集 A，Vol.65，No.1，pp.61-80.	□	PD2
114	田原潤，小野潔，西村宣男，宮田亮，田中耕太郎，美島雄士（2009）：鋼製ラーメン橋脚隅角部の弾塑性挙動に関する実験的研究，土木学会論文集 A，Vol.65，No.1，pp.98-116.	□-F	SC
115	Goto, Y., Muraki, M. and Obata, M.（2009）：Ultimate state of thin-walled circular steel columns under bidirectional seismic accelerations, Journal of Structural Engineering, ASCE, Vol.135, No.12, pp.1481-1490.	○	PD
116	葛漢彬，津村康裕（2009）：鋼製厚肉断面橋脚における延性き裂発生の評価に関する実験的および解析的研究，構造工学論文集，Vol.55A，pp.605-616.	□	SC
117	後藤芳顯，村木正幸，海老澤健正（2009）：2 方向地震動を受ける円形断面鋼製橋脚の限界値と動的耐震照査法に関する考察，構造工学論文集，Vol.55A，pp.629-642.	○	SC2
118	秋山充良，内藤英樹，小野潔，山口恭平，鈴木基行（2009）：コンクリート充填スパイラル鋼管柱の正負交番載荷実験とその耐震性能評価法に関する基礎的研究，構造工学論文集，Vol.55A，pp.662-669.	○	SC
119	杉浦邦征，林堂靖史，橋本国太郎，大島義信，河野広隆（2009）：コンクリート充填中空式 2 重鋼管構造橋脚の耐震性に関する研究，構造工学論文集，Vol.55A，pp.670-679.	●（2 重鋼管）	SC
120	忠和男，川西直樹，櫻井孝昌（2010）：接触効果を利用した縦リブ補強による既設円形断面鋼製橋脚の耐震性能の向上，土木学会論文集 A，Vol.66，No.2，pp.239-252.	○	SM,SC
121	岡田誠司，小野潔，谷上裕明，徳永宗正，西村宣男（2010）：高圧縮軸力が作用する矩形断面鋼部材の耐震性能評価に関する研究，土木学会論文集 A，Vol.66，No.3，pp.576-595.	□	SC

表-補 4.1.1　耐震関係の実験に関する文献一覧（その 7）

番号	文献	橋脚	載荷方法
122	葛漢彬, 藤江渉, 岩田勝成（2010）：ランダムな繰り返し載荷を受ける鋼製橋脚の延性き裂発生・進展挙動及び照査法の検証, 構造工学論文集, Vol.56A, pp.342-355.	□	SC（ランダム）
123	党紀, 中村太郎, 青木徹彦, 鈴木森晶（2010）：正方形断面鋼製橋脚の水平 2 方向載荷ハイブリッド実験, 構造工学論文集, Vol.56A, pp.367-380.	□	SC, PD,PD2
124	嶋口儀之, 鈴木森晶, 太田樹, 青木徹彦（2012）：局部座屈が生じた円形断面鋼製橋脚の修復方法に関する研究, 構造工学論文集, Vol.58A, pp.277-289.	○,●	SC
125	永田和寿, 加藤慶太朗, 杉浦邦征, 橋本国太郎, 北原武嗣（2012）：角部に腐食損傷を有する矩形鋼製橋脚の水平 2 方向挙動に関する研究, 構造工学論文集, Vol.58A, pp.299-309.	□	SC2
126	党紀, 青木徹彦（2012）：鋼製橋脚の曲線近似復元力履歴モデルおよび実験検証, 土木学会論文集 A2（応用力学）, Vol.68, No.2, pp.I_495-504.	□	SC
127	太田樹, 鈴木森晶, 嶋口儀之（2013）：異なる損傷度合の円形断面鋼製橋脚のコンクリート充填修復と耐震性能に関する研究, 土木学会論文集 A2（応用力学）, Vol.69, No.2, pp.I_381-390.	●	SC
128	後藤芳顕, 関一優, 海老澤健正, 呂西林（2013）：地震動下のコンクリート充填円形断面鋼製橋脚における局部座屈変形の進展抑制機構と耐震性向上, 土木学会論文集 A1（構造・地震工学）, Vol.69, No.1, pp.101-120.	○,●	SC,SC2
129	美島雄士, 小野潔, 田川陽一, 西村宣男（2013）：鋼製ラーメン橋脚隅角部におけるフィレット構造の限界状態と性能照査法に関する研究, 土木学会論文集 A1（構造・地震工学）, Vol.69, No.2, pp.206-221.	□-F	SC
130	水野剛規, 後藤芳顕（2013）：水平 2 方向繰り返しを受けるアンカー部の損傷が鋼製橋脚の終局挙動に及ぼす影響, 土木学会論文集 A1（構造・地震工学）, Vol.69, No.2, pp.295-314.	□	SC,SC2
131	嶋口儀之, 鈴木森晶（2014）：異なる径厚比を有する円形鋼製橋脚のコンクリート充填修復と耐震性能に関する実験的研究, 土木学会論文集 A2（応用力学）, Vol.70, No.2, pp.I_565-573.	●	SC
132	Goto, Y., Ebisawa, T., Lu, X. and Lu, W. (2014) : Ultimate state of thin-walled circular steel columns subjected to biaxial horizontal forces and biaxial bending moments caused by bidirectional seismic accelerations, Journal of Structural Engineering, ASCE, Vol.141, No.4, pp.04014122-1-12.	○	D
133	篠原聖二, 杉山裕樹, 金治英貞, 橋本国太郎, 杉浦邦征（2015）：鋼管集成橋脚における実大せん断パネルの損傷過程と終局モードの実験的評価, 土木学会論文集 A1（構造・地震工学）, Vol.71, No.3, pp.402-415.	○（集成橋脚）	SC
134	嶋口儀之, 鈴木森晶（2015）：損傷した円形断面鋼製橋脚にコンクリート充填修復した場合の耐震性能実験, 構造工学論文集, Vol.61A, pp.292-301.	●	SC
135	Goto, Y., Ebisawa, T., Obata, M., Li, J. and Xu, Y. (2017) : Ultimate behavior of steel and CFT piers in two-span continuous elevated-girder bridge models tested by shake-table excitations, Journal of Bridge Engineering, ASCE, Vol.22, No.5, pp.04017001-1-14.	○-B,●-B	D

補遺 4-2 鋼製橋脚の限界相関式を用いた照査法

最も一般的な場合として部材 i（橋脚 i）の柱頂部に力 3 成分とモーメント 3 成分からなる内力である断面力 $(H_x^i, H_y^i, P^i, M_x^i, M_y^i, M_z^i)$ が作用する場合を対象とする．

動的応答解析で部材 i が最も安全限界に近づいた状態において，部材 i に作用する内力を死荷重によるもの $\{\mathbf{f}_d^i\}$ と地震作用によるもの $\mathbf{f}_m^i$ とに分けて，それぞれの成分を次式で表す．

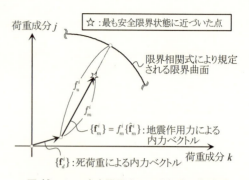

図-補 4.2.1 安全限界までの余裕度の概念図

$$^t\{\mathbf{f}_d^i\} = (H_{dx}^i, H_{dy}^i, P_d^i, M_{dx}^i, M_{dy}^i, M_{dz}^i),$$
$$^t\{\mathbf{f}_m^i\} = (H_{mx}^i, H_{my}^i, P_m^i, M_{mx}^i, M_{my}^i, M_{mz}^i) \quad \text{(補 4.2.1a,b)}$$

部材 i の地震作用による内力 $\{\mathbf{f}_m^i\}$ のモードベクトル $\{\hat{\mathbf{f}}_m^i\}$ は次のようになる．

$$^t\{\hat{\mathbf{f}}_m^i\} = {}^t\{\mathbf{f}_m^i\} / \sqrt{({}^t\{\mathbf{f}_m^i\}\{\mathbf{f}_m^i\})} = (H_{mx}^i, H_{my}^i, P_m^i, M_{mx}^i, M_{my}^i, M_{mz}^i) / \left|\mathbf{f}_m^i\right| \quad \text{(補 4.2.2)}$$

$$\left|\mathbf{f}_m^i\right| = \sqrt{(H_{mx}^i)^2 + (H_{my}^i)^2 + (P_m^i)^2 + (M_{mx}^i)^2 + (M_{my}^i)^2 + (M_{mz}^i)^2} = f_m^i \quad \text{(補 4.2.3)}$$

部材 i が最も安全限界に近づいた状態から安全限界までの余裕度は，地震作用による内力 $\{\mathbf{f}_m^i\}$ がそのモード $\{\hat{\mathbf{f}}_m^i\}$ のままで増加した場合にどこまで増加できるかによって判定する．これによると，安全限界に到達した時の柱頂部に作用する内力は荷重倍率 f_u^i を用いて次のように表される

$$^t\{\mathbf{f}_d^i\} + f_u^i {}^t\{\hat{\mathbf{f}}_m^i\}$$
$$= (H_{dx}^i + f_u^i \frac{H_{mx}^i}{\left|\mathbf{f}_m^i\right|}, H_{dy}^i + f_u^i \frac{H_{my}^i}{\left|\mathbf{f}_m^i\right|}, P_d^i + f_u^i \frac{P_m^i}{\left|\mathbf{f}_m^i\right|}, M_{dx}^i + f_u^i \frac{M_{mx}^i}{\left|\mathbf{f}_m^i\right|}, M_{dy}^i + f_u^i \frac{M_{my}^i}{\left|\mathbf{f}_m^i\right|}, M_{dz}^i + f_u^i \frac{M_{mz}^i}{\left|\mathbf{f}_m^i\right|}) \quad \text{(補 4.2.4)}$$

式(補 4.2.4)を柱の安全限界状態を表す限界相関式である式(付 2.2.1)の左辺に代入すると

$$\left(\left|\frac{H_{dx}^i}{H_{xu}^{P0}} + \frac{M_{dy}^i}{h_x^{eq} H_{xu}^{P0}} + \frac{f_u^i}{f_m^i}\left(\frac{H_{mx}^i}{H_{xu}^{P0}} + \frac{M_{my}^i}{h_x^{eq} H_{xu}^{P0}}\right)\right|^\gamma + \left|\frac{H_{dy}^i}{H_{yu}^{P0}} - \frac{M_{dx}^i}{h_y^{eq} H_{yu}^{P0}} + \frac{f_u^i}{f_m^i}\left(\frac{H_{my}^i}{H_{yu}^{P0}} - \frac{M_{mx}^i}{h_y^{eq} H_{yu}^{P0}}\right)\right|^\gamma\right)^{\frac{\alpha}{\gamma}}$$
$$+ \left|\frac{M_{dz}^i}{M_{zu}} + \frac{f_u^i}{f_m^i}\frac{M_{mz}^i}{M_{zu}}\right|^\beta + \left|\frac{P_d^i}{P_u} + \frac{f_u^i}{f_m^i}\frac{P_m^i}{P_u}\right|^\eta = 1 \quad \text{(補 4.2.5)}$$

ここで，式(補 4.2.5)で f_u^i 以外は既知であるので，式(補 4.2.5)を満足する値として f_u^i を数値的に求めることができる．$R_i = f_u^i$，$S_i = f_m^i$ と置くことで，設計限界値 R_{di}，設計応答値 S_{di} を

$$R_{di} = R_i / \gamma_b = f_u^i / \gamma_b \quad \text{(補 4.2.6)}$$
$$S_{di} = \gamma_a S_i = \gamma_a f_m^i \quad \text{(補 4.2.7)}$$

で算定し，式(4.1.1)で照査できる．

補遺 4-3 地震時最大応答変位に基づく橋脚の残留変位の推定式とその評価

前回示方書では，鋼材の繰り返し材料構成則に修正二曲面モデルを用いたはり要素による単柱式と一層門形ラーメン橋脚の時刻歴応答解析にもとづく数値的検討から，水平1方向地震動入力により生じる橋脚の水平方向の残留変位 δ_R と最大応答変位 δ_m の近似的な関係を求め，構造安全性の照査で応答値として計算される最大応答変位から残留変位を算定する方法［宇佐美ら，2005］が示されている．ここで，h は橋脚高さ，δ_y は降伏変位である．

コンクリート無充填橋脚： $\dfrac{\delta_R}{h} = \dfrac{1}{200}\left(\dfrac{\delta_m}{\delta_y}\right)^{0.75} - \dfrac{3}{400}$ （標準偏差 S=0.00339） (補 4.3.1)

コンクリート部分充填橋脚： $\dfrac{\delta_R}{h} = \dfrac{1}{400}\left(\dfrac{\delta_m}{\delta_y}\right)^{0.7} - \dfrac{1}{500}$ （標準偏差 S=0.00303） (補 4.3.2)

また，道路橋示方書・同解説 V 耐震設計編［日本道路協会，2012］でも鋼製橋脚，コンクリート充填橋脚について残留変位を最大応答変位から求めるための式が示されている．図-補 4.3.1 は前回示方書と道路橋示方書・同解説の残留変位算定式を比較している．

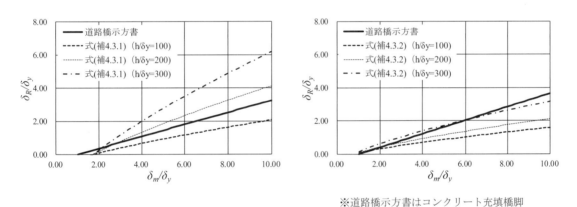

(a) コンクリート無充填橋脚　　　　　(b) コンクリート部分充填橋脚

図-補 4.3.1　残留変位推定式の比較

橋脚の残留変位の推定式の妥当性を検討するために，精緻な有限要素モデルによる時刻歴応答解析を忠実に実施して求めた円形断面の無充填橋脚とコンクリート充填橋脚の頂部の水平方向の最大応答変位と残留変位の関係［後藤ら，2013；Goto et al., 2013］を図-補 4.3.2 に示す．これによると，無充填橋脚では推定式(補 4.3.1)および道路橋示方書・同解説の推定式とほぼ整合した結果が得られているが，コンクリート充填橋脚ではいずれの推定式よりも残留変位は小さく，とくに，道路橋示方書・同解説の推定式よりかなり小さい残留変位になっている．充填コンクリート橋脚の場合，鋼管に局部座屈が生じても座屈変形の進展を抑制する機能を有していることと，エネルギー吸収能が大きいことから残留変位がかなり小さく抑えられることが示されている［後藤ら，2013；Goto et al., 2013］．

前回示方書では橋脚以外の構造についても残留変位の予測式(補 4.3.1)，(補 4.3.2)を準用することを推奨しているが，根拠が明らかでないため，本示方書では橋脚以外への適用は推奨しない．

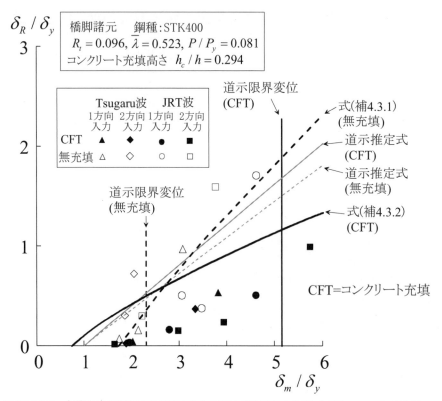

図-補 4.3.2　有限要素解析により算定された橋脚の残留変位と推定式 ［Goto et al., 2013］

補遺 4-4　コンクリート充填鋼製橋脚の照査法

(1) 水平1方向地震動に対するコンクリート部分充填鋼製橋脚の安全照査法の例

　名古屋高速道路公社のコンクリート部分充填矩形断面鋼製橋脚の耐震性能照査要領（案）［名古屋高速道路公社，2002］によると，コンクリート部分充填鋼製橋脚を「7.8.5　鋼製橋脚」で示したように合成断面の弾塑性はり要素でモデル化を行い，材料非線形性と幾何学的非線形性が考慮された Pushover 解析を行うことによって鋼製橋脚の安全限界状態を求めている．材料構成則の応力－ひずみ関係としては，鋼材には図-解7.3.1(b)に示す「降伏棚を考慮したより正確な構成則」を，充填コンクリートには図-解 7.3.2 を用いている．

　コンクリート部分充填鋼製橋脚の終局限界状態は，コンクリート充填部の有効破壊長領域（図-補 4.4.1 参照）におけるコンクリート最縁端の平均圧縮ひずみが限界ひずみ［葛ら，2000］に達したときとしている．具体的には，式(補 4.4.1)より算定されるコンクリート充填部の損傷度 D_c が 1.0 に達したときである．このときに，式(補 4.4.2)より算定される中空鋼断面部の損傷度 D_s が 0.8 程度になるようにコンクリート充填高さ等を調整しなければならない．

$$D_c = \frac{\varepsilon_{a,c}}{\varepsilon_{u,c}} \tag{補 4.4.1}$$

$$D_s = \frac{\varepsilon_{a,s}}{\varepsilon_{u,s}} \tag{補 4.4.2}$$

ここに，

D_c ：コンクリート充填部の損傷度

D_s ：中空断面部の損傷度

$\varepsilon_{a,c}$ ：コンクリート最縁端に生じる圧縮ひずみのコンクリート充填部の有効破壊長

$\ell_e\{0.7b(d/b)^{2/3}$ または h_c の小さい方の長さ$\}$領域（図-補4.4.1参照）での平均

$\varepsilon_{a,s}$ ：中空鋼断面フランジに生じる圧縮ひずみの中空鋼断面部の有効破壊長

$\ell_e^{'}$（$0.7b$ または a の小さい方の長さ）領域（図-補4.4.1参照）での平均

b ：フランジ幅

d ：腹板幅

h_c ：コンクリートの充填高さ

a ：中空鋼断面フランジ補剛板のダイアフラム間隔または横方向補剛材間隔

$\varepsilon_{u,c}$ ：コンクリートの限界ひずみ（$=0.011$）

$\varepsilon_{u,s}$ ：中空鋼断面フランジの限界のひずみで，式(補4.4.3)より求める．

$$\frac{\varepsilon_{u,s}}{\varepsilon_y}=\frac{0.8(1-N/N_y)^{0.94}}{(R_R\cdot\overline{\lambda_s}^{-0.18}-0.168)^{1.25}}+2.78(1-N/N_y)^{0.68}\leqq20.0 \qquad (補4.4.3)$$

$$\overline{\lambda_s}=\frac{1}{\sqrt{Q}}\frac{a}{r_s}\frac{1}{\pi}\sqrt{\frac{\sigma_y}{E}} \qquad (補4.4.4)$$

$$Q=\frac{1}{2R}\left(\beta-\sqrt{\beta^2-4R}\right)\leq1.0 \qquad (補4.4.5)$$

$$\beta=1.33R+0.868 \qquad (補4.4.6)$$

R_R ：フランジ補剛板の縦リブ間パネルの幅厚比パラメータ

r_s ：1本の縦方向補剛材と隣接板パネルよりなるT形断面

（フランジ総幅$=b/n$）の板パネルに平行な主軸回りの断面2次半径

n ：フランジ補剛板のサブパネル数

R ：フランジ補剛板の幅厚比パラメータ

σ_y ：フランジ補剛板の降伏応力

E ：ヤング係数

ε_y ：フランジ補剛板の降伏ひずみ（$=\sigma_y/E$）

N/N_y ：軸力比（$N_y=$全断面降伏軸力）

　名古屋高速道路公社では，従来から「コンクリートを基部に部分的に充填した鋼製橋脚の耐震照査法」を採用しており，コンクリート充填高さを動的照査法により決定することは繁雑な作業となるため，地震時保有水平耐力法によりコンクリート充填高さを決定することにしている．なお，地震時保有水平耐力法においては，終局限界状態（終局点）以外に降伏点が必要であるが，この降伏点はある鋼断面でフランジが降伏に達したときとしている．また，コンクリート充填高さの決定だけでなく，橋脚の構造安全性の照査にも，この地震時保有水平耐力法が使用されている．

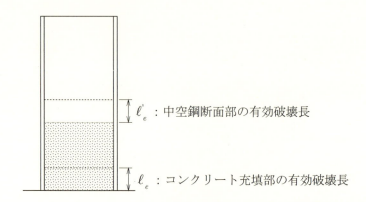

図-補4.4.1 損傷度を算出する有効破壊長領域

(2) 円形断面コンクリート充填橋脚の曲げ耐力および変形性能の算定法の例

　鉄道構造物等設計標準・同解説（鋼とコンクリートの複合構造物）[鉄道総合技術研究所，2016]では，橋脚のように曲げモーメント分布が直線的に変化する部材については，部材の非線形性を部材端部の曲げモーメントと部材角の関係により集約して表した，いわゆる，非線形回転ばねによる復元力モデルが用いられる．図-補4.4.2にはこの非線形回転ばねの構成関係となる部材端部の曲げモーメントMと部材角θの関係における骨格曲線を示す．このテトラリニア型の$M-\theta$関係における各諸量は，一連の円形断面コンクリート充填橋脚の一定死荷重下の水平1方向繰り返し載荷試験の結果より定められた算定法により与えられる．履歴モデルは修正拡張武田モデル[村田ら，2000]を用いている．

　上記の復元力モデルを用いた応答計算の結果に対する地震後の復旧性の照査としては，損傷レベル1～4について設計限界値が図-補4.4.2に対応して表-補4.4.1のように定められている．なお，θ_{yd}，θ_{md}，θ_{nd}は図-補4.4.2のθ_y，θ_m，θ_nを損傷レベルに応じた部材係数（$\gamma_b = 1.0 \sim 1.1$）で除した値である．また，θ_{ud}は軸方向変形を顕著に増大させないための部材角の設計限界値であり，荷重が急激に低下せず，鋼管の低サイクル疲労による亀裂が生じないことについて実験等で検討して定めることとなっている．

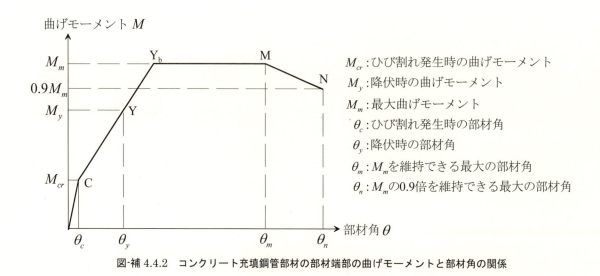

図-補 4.4.2　コンクリート充填鋼管部材の部材端部の曲げモーメントと部材角の関係

表-補 4.4.1 コンクリート充填鋼管部材の損傷レベルの設計限界値（部材角の場合）

損傷レベル	部材の状態	設計限界値
損傷レベル 1	無損傷	θ_{yd}
損傷レベル 2	場合によっては補修が必要な損傷	θ_{md}
損傷レベル 3	補修が必要な損傷	θ_{nd}
損傷レベル 4	補修が必要な損傷で，場合によっては部材の取り換えが必要な損傷	θ_{ud}

（3）ポストピークのエネルギー吸収能を考慮できる汎用性のある照査法

コンクリート充填鋼製橋脚（CFT 橋脚）は，無充填の鋼製橋脚よりもエネルギー吸収能が高く，変形性能も大きいが，図-補 4.4.3 に示すように，載荷履歴の違いに対して，最大荷重時の変位 δ_u やポストピークの 90% 荷重時の変位 δ_{u90} は変化する．とくに，ポストピーク領域 δ_{u90} は大きく変化する可能性がある．このため，図-補 4.4.3 のような場合においては，δ_u や δ_{u90} を限界値として最大応答変位 δ_m に対して照査するいわゆる変位照査（もしくは，これに対応した曲率照査）では，荷重履歴によっては危険側となり好ましくない．また，補遺 4-4 (2)の方法は水平 1 方向繰り返し載荷による CFT 橋脚柱模型の実験に基づいた設計法であるため，適用できる構造が限定されるとともに設計パラメータの範囲にも制限があり，CFT 構造のピーク荷重以降のエネルギー吸収能を考慮できる一般的な耐震照査法としては十分でないのが現状である．

補遺 4-4 (2)の耐震照査法の考え方によると，地震時に復元力がピーク点を超えた場合においても，損傷レベル 3，4 を想定する場合には，地震後の CFT 構造の残存耐荷力が地震前の初期耐荷力の 90% 以下に低下しないことが要求される．本照査法［川西ら，2018］では直接的にこの要求性能を照査する．

まず，地震前の CFT 構造の初期最大耐力を求める．このために，死荷重下の CFT 構造に対して 1 方向振幅漸増型両振り繰り返し載荷を水平 2 方向 (x, y) に対して独立に実施する．そして，それぞれの方向の荷重－変位履歴曲線の最大水平耐力成分を H_{xu}，H_{yu}（図-補 4.4.4）とし，これらの 90% である $0.9H_{xu}$，$0.9H_{yu}$ をその橋脚が地震後にも保持しなければならない残存耐荷力成分 H_{Rxu}，H_{Ryu} の下限値とする．

CFT 構造の地震後の残存耐荷力成分 H_{xuR}，H_{yuR} については入力地震動に対する時刻歴応答解析後の CFT 構造（死荷重は載荷）に対して，水平 2 方向 (x, y) への Pushover 解析あるいは 1 方向振幅漸増型両振り繰り返し載荷によって評価する（図-補 4.4.4）．そして残存耐荷力成分が以下の式を満足することを照査する．

$$H_{xuR} \geq 0.9H_{xu} \quad かつ \quad H_{yuR} \geq 0.9H_{yu} \tag{補 4.4.7}$$

なお，地震後の CFT 構造の残存耐荷力を確認するためには，CFT 構造の 3 次元地震動下の最大耐力点以降の軟化域までの挙動を解析し地震後の残存耐荷力成分 H_{xuR}，H_{yuR} を精度よく算出する実用的な数値解析法が必要となる．これについては補遺 7-2 に説明する．

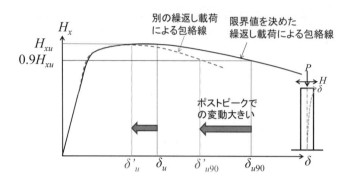
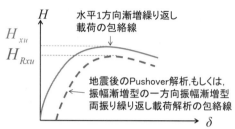

図-補 4.4.3　CFT 橋脚の包絡線と限界変位（模式図）

図-補 4.4.4　CFT 橋脚の初期耐荷力と地震後の残存耐荷力

補遺 4-5　低サイクル疲労照査での局部的な塑性ひずみ履歴の算定法と照査法

　一般に，与えられた地震動に対して，き裂の発生が想定される位置での局部的な応答塑性ひずみの時刻歴を算定するのはきわめて難しい．そこで，これに代わる照査手法がいくつか提案されている．

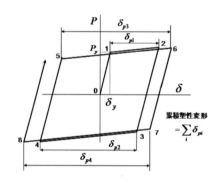
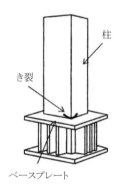

図-補 4.5.1　履歴型制震ダンパーの履歴曲線　　　図-補 4.5.2　鋼製橋脚基部の低サイクル疲労き裂

　金属ダンパー（座屈拘束ブレース，せん断パネルダンパーなど）に対しては，累積塑性変形を用いる手法が提案されている．累積塑性変形（CID）は，図-補 4.5.1 に示すように，履歴曲線における塑性変形成分 δ_{pi} の和である．累積塑性変形として座屈拘束ブレースに対しては変形部分の平均軸ひずみ（変形部分両端の相対変位を変形部分の初期の長さで除した量）の塑性成分，せん断パネルダンパーに対してはせん断パネルの平均せん断ひずみ（せん断パネルの相対変位を初期の高さで除した量）の塑性成分をとり，式(解 4.4.3)において，$m = 1.0$，$\Delta\varepsilon_{pi} = \delta_{pi}$，$D \leq 1.0$ において，

$$CID = \sum_{i=1}^{n} \delta_{pi} \leq \frac{1.0}{C} = CID_{\lim} \qquad (補 4.5.1)$$

によって低サイクル疲労に対する照査を行う方法である．ここで，$CID_{\lim}$ は金属ダンパーの性能実験から得られる限界累積塑性変形量である．金属ダンパーの低サイクル疲労照査はこの手法を用いて行うことができ

る.

　鋼製橋脚の基部に用いられる図-補 4.5.2 に示す溶接継手に対しては，はり要素により求められたひずみ履歴を基にした照査手法が提案されている．この場合の累積疲労損傷度は次式で与えられる．

$$D = C\sum_{i=1}^{n}(\beta \cdot \Delta\varepsilon_{pa})^m \qquad\qquad (補\ 4.5.2)$$

　ここで，$\Delta\varepsilon_{pa}$ は，はり要素を用いた解析で得られた基部の塑性ひずみ範囲，β はひずみ集中を考慮するための係数である．

　無補剛断面を対象にした検討例として，文献［清水ら，2018］は溶接止端の曲率半径ごとに，はり要素で求められるひずみと溶接部の局所的なひずみとの関係式を求めており，β の値は，止端半径を 0.5mm では 10.1 程度，1mm の場合には 7.8 程度となることを示している．ただし，これは細長比パラメータ $\bar{\lambda}$ が 0.20〜0.80，板の幅厚比パラメータ R が 0.16〜0.52 の範囲での検討結果から得られたものである．文献［森ら，2013；Kang et al.，2015］では β として 3.73 を示している．また，幅厚比パラメータ R，細長比パラメータ $\bar{\lambda}$ などの影響を考慮した β の一般式も提案している．

$$\beta = 11.1R + 1.18\left(\frac{t}{9.0}\right) - 1.34\bar{\lambda} - 0.0751 \qquad\qquad (補\ 4.5.3)$$

補剛断面に対しては文献［葛ら，2009c］では β の値として 6.90 が提示されている．

　上記の検討結果は，幅厚比パラメータが比較的小さく，局部座屈が生じない場合のみに適用できるものである点に注意が必要である．

　式(補 4.5.3)と(補 4.5.4)で与えられる疲労強度曲線と，既往の実験結果との比較の例を図-補 4.5.3 に示す．ここで，文献 1［葛ら，2007，2009a，2009b，2009c，2010；Ge et al.，2011，2012，2013，Kang et al.，2013］における β は 3.63，文献 2［Tateishi et al.，2008；Kang et al.，2015］における止端半径は 1mm としている．文献 1 の提案式は実験結果の平均的な値を，文献 2 の提案式は実験結果のほぼ下限を与えている．これは，文献 1 ではき裂を肉眼で発見した時を疲労寿命と定義しているのに対し，文献 2 では鋼材表面上に 0.5mm のき裂が生じたときを疲労寿命と定義していることによるものと考えられる．

　低サイクル疲労の発生が予想される位置での塑性ひずみ履歴から疲労損傷度 D を算定し，疲労照査を行う際には，D の限界値として 1.0 を用いてよい．低サイクル疲労照査を行うための応答値として部材に生じる平均の公称ひずみを用いる場合には，低サイクル疲労が生じないような適切な限界ひずみを定める必要がある．この限界ひずみについては，文献［宇佐美，2006］では，一部の鋼部材に対して $20\varepsilon_y$ が，鋼材系金属ダンパー（座屈拘束ブレース）の軸ひずみに対しては，最大応答ひずみの限界値として 3%，累積塑性変形（ひずみ換算値）として $CID_{\mathrm{lim}}=70\%$ が提案されているが，これらの限界値の根拠となっている実験供試体［渡辺ら，2003］以外のダンパーへの使用にあたっては十分に吟味する必要がある．

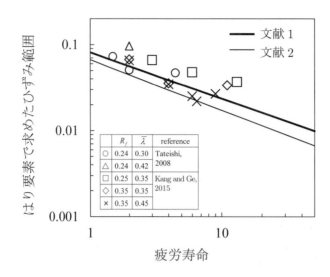

図-補4.5.3　疲労強度曲線と実験値の比較

第4章補遺の参考文献

葛漢彬，宇佐美勉，高聖彬（2000）：コンクリート部分充填橋脚の統一的耐震設計法，第4回地震時保有耐力法に基づく橋梁の耐震設計に関するシンポジウム講演論文集，pp.257-262.

村田清満，山田正人，池田学，瀧口将志，渡邊忠朋，木下雅敬（2000）：コンクリート充填円形鋼管柱の復元力モデル，土木学会論文集，No.661/I-53, pp.43-55.

名古屋高速道路公社（2002）：コンクリートを部分的に充填した鋼製橋脚の耐震性能要領（案）．

渡辺直起，加藤基規，宇佐美勉，葛西昭（2003）：座屈拘束ブレースの繰り返し弾塑性挙動に関する実験的研究，地震工学論文集，Vol.27, pp.133_1-8.

宇佐美勉，今井真理，葛西昭（2005）：レベル2地震動を受ける鋼製橋脚の応答値，地震工学論文集，Vol.28, pp.119_1-10.

宇佐美勉（2006）：鋼橋の耐震・制震設計ガイドライン，日本鋼構造協会，技報堂出版．

葛漢彬，大橋正稔，田島僚（2007）：鋼製厚肉断面橋脚における延性き裂の発生とその進展に関する実験的研究，構造工学論文集，Vol.53A, pp.493-502.

葛漢彬，津村康裕（2009a）：鋼製厚肉断面橋脚における延性き裂発生の評価に関する実験的および解析的研究，構造工学論文集，Vol.55A, pp.605-616.

葛漢彬，藤江渉，田島僚（2009b）：鋼構造物の延性き裂発生の評価法の実験データによる検証，構造工学論文集，Vol.55A, pp.617-628.

葛漢彬，藤江渉，津村康裕（2009c）：鋼製橋脚の延性き裂照査法の開発に関する一検討，地震工学論文集，Vol.30, pp.368-377.

葛漢彬，藤江渉，岩田勝成（2010）：ランダムな繰り返し載荷を受ける鋼製橋脚の延性き裂発生・進展挙動及び照査法の検証，構造工学論文集，Vol.56A, pp.342-355.

日本道路協会（2012）：道路橋示方書（V耐震設計編）・同解説，丸善．

後藤芳顯，関一優，海老澤健正，呂西林（2013）：地震動下のコンクリート充填円形断面鋼製橋脚における局部座屈変形の進展抑制機構と耐震性向上，土木学会論文集A1（構造・地震工学），Vol.69, No.1, pp.101-120.

森翔吾，葛漢彬，萩野勝哉，康瀾（2013）：無補剛断面鋼製橋脚の延性き裂に対する簡易照査法の再検討－構造パラメータがひずみ集中補正係数に及ぼす影響－，土木学会論文集A1（構造・地震工学），Vol.69, No.4, pp.I_517-527.

鉄道総合技術研究所（2016）：鉄道構造物等設計基準・同解説（鋼とコンクリートの複合構造物），丸善．

川西直樹，後藤芳顯（2018）：コンクリート充填構造を対象とした3次元セグメントモデルの開発と耐震照査法，構造工学論文集，Vol.64A, pp.73-85.

清水優，舘石和雄，判治剛，本田直也（2018）：溶接継手部に生じる局部ひずみの簡易推定法，鋼構造論文集，Vol.97, pp.61-66.

Tateishi, K., Chen, T. and Hanji, T. (2008) : Extremely low cycle fatigue assessment method for un-stiffened cantilever steel columns, Structural Engineering and Earthquake Engineering, JSCE, Vol.64, No.2, pp.288-296.

Ge, H. B. and Luo, X. Q. (2011) : A seismic performance evaluation method for steel structures against local buckling and extra-low cycle fatigue, Journal of Earthquake and Tsunami, Vol.5, No.2, pp.83-99.

Ge, H. B. and Kang, L. (2012) : A damage index based evaluation method for predicting the ductile crack initiation in steel structures, Journal of Earthquake Engineering, Vol.16, No.5, pp.623-643.

Ge, H. B., Kang, L. and Hayami, K. (2013) : Recent research developments in ductile fracture of steel bridge structures, Journal of Earthquake and Tsunami, Vol.7, No.3, pp.1350021-1-27.

Goto, Y., Ebisawa, T. and Lu, X. (2013) : Buckling restraining behavior of thin-walled circular CFT columns under seismic loads, Journal of Structural Engineering , ASCE, Vol. 140, No. 5, pp.04013105-1-14.

Kang, L. and Ge, H. B. (2013) : Predicting ductile crack initiation of steel bridge structures due to extremely low cycle fatigue using local and nonlocal models, Journal of Earthquake Engineering, Vol.17, No.3, pp.323-349.

Kang, L. and Ge, H.B. (2015): Predicting ductile crack initiation in steel bridge piers with unstiffened box section under specific cyclic loadings using detailed and simplified evaluation methods, International Journal of Advances in Structural Engineering, Vol.18, No.9, pp.1427-1442.

第5章 耐震解析法

5.1 一般

　設計地震動に対して構造物の耐震性能を照査する場合に用いる耐震解析法は照査に必要な構造物の応答値を求めるための解析法と応答値を照査するための限界値を評価するための解析法からなる．これらの解析法はそれぞれの目的に沿うものを用いなければならない．

【解　説】

　耐震性能照査に用いる構造解析法（耐震解析法）を表-解 5.1.1 にまとめる．ここでは，耐震解析法を静的解析，座屈固有値解析，固有振動解析，動的解析に大きく分類し，それぞれの解析を照査に適用するときの耐震性能のレベルと解析の目的についてまとめた．

　耐震照査する構造物の応答は設計地震動に対するものであるので，応答値を求めるためには動的な時刻歴応答解析によるのが最も合理的である．しかし，レベル 1 地震動に対しては基本モードが卓越し加速度応答スペクトルの変動が小さい周期帯では，応答値を求めるために動的解析に代えて静的解析（いわゆる震度法）を適用してもよい．このような，設計地震動に対する構造物の応答値を求める解析を実施する前に対象構造物の動的特性に関する基本的な情報を得るために固有振動解析を実施する．この固有振動解析の結果は，レベル 1 地震動に対して動的解析に代えて静的解析が適用できるか否かの判断や時刻歴応答解析での減衰モデルを設定するための情報として利用される．

　地震時の応答値を求めるための解析法は基本的にははり要素を用いた弾塑性有限変位動的解析による．しかし，レベル 2 地震動に対する耐震性能 II の照査で，地震後の使用性・修復性の照査に用いる残留変位や残留変形を求めるための解析法においては，損傷する部材の変形形状を正確に評価するために当該部材についてはシェル要素などで表し，弾塑性有限変位静的解析を実施することを原則とする．

　構造物の安全性照査に用いる限界値を評価する解析は安全限界状態における構造物の挙動を正しく評価できるものでなければならない．一般に地震動下では構造物の安全限界に与えるひずみ速度の影響は小さいので，静的解析によっても精度よく評価できる．したがって，損傷する部材についてはシェル要素や必要な場合はソリッド要素を用い，損傷しない部材にははり要素を用いた弾塑性有限変位静的解析（Pushover 解析，静的繰り返し解析）を用い限界値を求める．

第 5 章　耐震解析法　　　　87

表-解 5.1.1　耐震解析法

解析手法		耐震性能	適用する照査法	目的
静的解析	弾性微小変位解析	I_0	静的照査法	・応答値の評価
	弾性有限変位解析 （支間長の大きいアーチ橋，吊橋，斜張橋など）			
	弾塑性有限変位解析※1)	$I^{※2)}$, II，III	動的照査法	・構造全体の安全限界の評価 ・繰り返しを受ける部材の安全限界の評価 ・残留変位・残留変形の評価
座屈固有値解析	線形座屈解析	I_0，I， (II，III) ※3)	静的照査法 動的照査法	・有効座屈長の評価
	弾塑性接線剛性行列による方法	II，III	動的照査法	・有効座屈長の評価
固有振動解析	弾性微小変位解析	I_0，I， II，III	静的照査法※4) 動的照査法※5)	・固有周期，振動モードの評価
	弾性線形化有限変位解析 （支間長の大きいアーチ橋，吊橋，斜張橋など）			
動的解析	弾性微小変位解析	I_0，I	動的照査法	・応答値の評価
	弾性有限変位解析 （支間長の大きいアーチ橋，吊橋，斜張橋など）			
	弾塑性有限変位解析	II，III	動的照査法	・応答値の評価

※1) 部材に対して，損傷部分はシェル要素，また、必要な場合はソリッド要素も併用，高精度の材料構成則を使用
※2) 構造全体の安全限界の評価のみに適用
※3) 塑性化を無視した近似的な算定法
※4) 設計水平震度評価のための卓越固有周期の把握
※5) 比例減衰設定時の卓越固有周期と振動モードの把握

5.2　数値解析法

耐震設計では有限要素法に基づく解析法を標準的な解析手法として用いるものとする.

(1) 耐震解析の目的に応じて，適切な要素を用いてモデル化を行うものとする.

(2) 耐震解析の目的に応じて，材料非線形性，幾何学的非線形性を考慮した解析を行うものとする.

(3) 数値解析では，解の精度特性に留意して，必要な精度を得るための要素分割，断面分割，時間積分間隔を設定しなければならない.

(4) 解析モデルの妥当性や入力データに人的過誤が生じないように十分注意しなければならない.

【解　説】

(1) 耐震解析ではその目的に応じて，はり要素，トラス要素，シェル要素，ソリッド要素，バネ要素，ダッシュポット要素を用いてモデル化を行う. 表-解 5.1.1 に示す耐震解析において，設計地震動に対する構造物の応答値を算定する解析では，はり要素，トラス要素，バネ要素，ダッシュポット要素を用いた橋梁全体

系のモデルを用いるが，構造物の残留変位・残留変形の評価や安全限界の評価を目的とする弾塑性有限変位静的解析では損傷が生ずる部分についてはシェル要素，さらに，コンクリートやひずみ集中部分には，必要な場合は，ソリッド要素で表した解析モデルを用いることを原則とする．

耐震解析に用いる各種の有限要素の特徴を以下にまとめる．

1）はり要素

はり要素は断面形状の不変，断面の平面保持の仮定を導入して1次元の理論として定式化されているので，部材の構成板要素の局部変形がはりのたわみに比べて十分無視できる場合に適用することができる．はり要素は，さらに，変形後の軸線と断面の直角保持を仮定してせん断変形を無視した Bernoulli-Euler はり要素と一様なせん断変形を考慮した Timoshenko はり要素に分類される．部材の細長比パラメータが小さい（太短い）とせん断変形の影響が大きくなり，Bernoulli-Euler はり要素の精度が低下する問題があるので，一般的には Timoshenko はり要素を用いるのがよい．ただし，構造解析ソフトに Timoshenko はり要素が備わっていない場合には，後述する図-解 7.8.11 ［後藤ら，2002］をもとに，対象とする構造においてせん断変形を無視することによる誤差が十分に小さいことを確認した上で，Bernoulli-Euler はり要素を用いてもよい．

立体の Timoshenko はり要素では断面内の直交する2方向のせん断力成分 S_y，S_z が存在する．したがって，y および z 軸方向のせん断力成分に抵抗する断面として，図-解 5.2.1 に示すように各せん断力成分方向に抵抗する部分の板要素の断面積を有効せん断断面積 $A_{ef,y}$，$A_{ef,z}$ と定義する．この有効せん断断面積を用いることで，2方向のせん断力成分とせん断ひずみ成分の弾性域での構成則が以下のように表される．

$$S_y = A_{ef,y}G\gamma_y \tag{解 5.2.1}$$

$$S_z = A_{ef,z}G\gamma_z \tag{解 5.2.2}$$

ここに，S_y，S_z：y および z 方向のせん断力成分，G：せん断弾性係数，γ_y，γ_z：y および z 方向のせん断ひずみ（一様）成分である．

なお，立体の部材ではねじり挙動を考慮する必要がある．ねじりについては純ねじり（St. Venant のねじり）のみ考慮したはり要素と純ねじり＋反りねじりを考慮した薄肉はりの要素がある．パイプ断面や箱形断面などの閉断面部材では反りねじりの影響は小さいので純ねじりのみを考慮したはり要素を用いることができる．しかし，H 形や I 形の開断面部材では反りねじりの影響が大きくなる場合もあるので注意が必要である．反りねじりの影響が大きい場合には薄肉はり理論に基づく要素を用いることが考えられるが，要素端部で適用できる接合条件はそり自由かそり完全拘束しかなく，汎用性がないので，むしろ，部材全体をシェル要素でモデル化するか，部材端部をシェル要素でモデル化するなどの方が適当であると考えられる．

耐震解析において，はり要素は構造の主部材や2次部材の他，非常に大きな剛性を与えることによりオフセット要素および剛域をあらわす剛部材のかわりにも用いる．

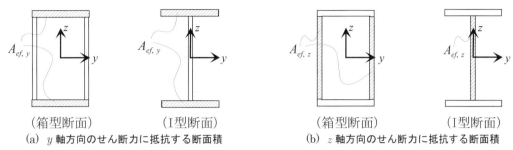

図-解 5.2.1　有効せん断断面積の定義［日本鋼構造協会，2011］

2) トラス要素

要素内でひずみが一定（1 次の変位関数）となる 2 節点のトラス要素を標準とする．トラス要素では軸方向力による軸方向変形が卓越する場合で，曲げ，ねじり，せん断，構成板要素の局部曲げ変形の影響を無視できる横構や対傾構のモデル化に用いる．ただし，トラス要素では曲げ変形を考慮できないので座屈挙動を適切に表すことができない．したがって，一般的なトラス要素の適用範囲は座屈の影響が十分無視できる場合に限られる．トラス要素に初期不整を含めた座屈挙動の影響を考慮する場合には，この挙動をバネ要素の材料構成則に反映する方法が用いられる．ただし，このような方法で算定できるのはトラス要素の両端節点の変位で，いわゆるマクロ的な挙動のみである．

3) バネ要素

バネ要素には並進バネ要素と回転バネ要素がある．バネ要素では作用する力やモーメントに応じて節点間に相対並進変位や相対回転が生じる．バネ要素の一方の節点が基部などの固定点に設けられる場合にはバネ要素の方向も固定されるので微小変位の解析と同様の標準的なバネ要素を用いることができる．しかし，バネ要素の両節点が構造系に設けられる場合（構造系に組み込まれる場合），その方向は構造系の回転変位とともに変化するで（図-解 5.2.2），このような挙動を解析で考慮する必要がある．しかし，構造系の回転とともにバネ要素の方向を変化させる機能が整っている解析ソフトは少なく，最初に定義した方向にバネ要素が固定される場合（標準的なバネ要素）が多い．一般に安全限界までは構造系の回転変位の影響は小さいので，構造系の回転に伴いバネ要素の方向が変化する場合も，回転の影響を無視した標準的なバネ要素を近似的に用いてよいと考えられる．ただ，適用性については十分吟味する必要がある．一方，安全限界を超えた領域での構造系の挙動を対象とした崩壊制御のための解析などを行う場合には，構造系の回転変位が大きくなると考えられるので，構造系に組み込まれたバネ要素では，構造系の回転とともにバネの方向を変化させる解析を行う必要がある．

バネ要素の適用事例を表-解 5.2.1 にまとめている．

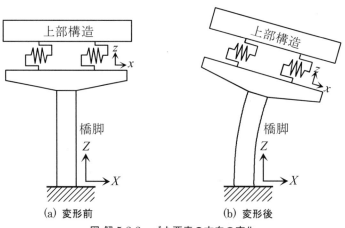

図-解 5.2.2 バネ要素の方向の変化

表-解 5.2.1 バネ要素の適用事例

適用対象	バネ要素の種類	備考（バネ要素の名称など）
構造系の部材接合部の相対変位と相対回転	並進バネ要素 回転バネ要素	
構造系の基部と地盤間の相対変位と相対回転	並進バネ要素 回転バネ要素	S-R モデル 　(Sway-Rocking model)
接触・離間挙動	並進バネ要素	接触バネ要素 （圧縮剛性が大きく，引張剛性を小さくした要素）

4) シェル要素

前述したはり要素は平面保持と断面不変の仮定を導入した1次元要素であるのに対して，シェル要素は板曲げの理論や平面応力理論に基づき定式化された2次元連続体要素であり2次元平面内で要素分割される．この要素は，はり要素で直接的には表現できない板要素の局部曲げ変形や2次元の応力状態の解析が可能であり，この要素を用いた弾塑性有限解析により応答値や限界値を精度よく評価することができる．シェル要素には厚肉シェル要素と薄肉シェル要素がある．前者は Timoshenko はり要素のように板厚方向のせん断変形を一様として考慮したものである．後者は Bernoulli-Euler はり要素のように板厚方向のせん断変形を無視したものである．厚肉シェル要素の方が適用範囲が広いことと，優れた要素が開発されていることからこの要素を用いて解析される場合が多い．

シェル要素を適用した具体例としては，鋼製橋脚における脚柱の局部座屈，はりのせん断パネルのせん断座屈や隅角部の変形挙動を考慮した解析，およびアーチ橋やトラス橋等における曲げ圧縮を受ける鋼部材（必要に応じて部材接合部のガセットや部材端部の板状の構造を含めた詳細な構造）に対して全体座屈と局部座屈の連成座屈挙動を考慮した解析などがあり，近年，広く用いられるようになっている．本照査法においては，部材詳細モデルと全体系詳細モデル（「第7章 鋼橋のモデル化」参照）に対してシェル要素を適用する．

5) ソリッド要素

前述したシェル要素は厚さ方向に平面保持された要素であるため，板の厚さ方向の応力成分が表現できない．シェル要素は薄板からなる鋼構造の解析には適しているが充填されたコンクリートのような3次元

構造物に対しては使用できない．これに対して，ソリッド要素は連続体の力学に基づく最も汎用的な要素であり，はり要素やシェル要素でモデル化できない構造物に適用することができる．

具体的には，コンクリート充填柱の充填コンクリートの非弾性挙動を正確に評価して解析する場合や溶接部などの応力集中部における3次元的な応力やひずみを算定し延性破壊や低サイクル疲労破壊に対する安全性を照査する場合に用いられる．本照査法においては，部材詳細モデルと全体系詳細モデルに対してソリッド要素が用いられる．

(2) レベル2地震動に対して損傷を許容した設計を行う場合は材料非線形性，幾何学的非線形性を考慮した解析を行う必要がある．以下に，はり要素における材料非線形性の考慮方法と幾何学的非線形性の分類について解説し，耐震解析において要求される精度について説明する．

1) 材料非線形性

構造解析を行うには材料の構成則である応力－ひずみの関係が必要である．鋼材の場合，降伏点以下では応力とひずみは比例関係にあり，線形弾性挙動を示す．材料非線形性とはこの応力とひずみの関係が非線形となる場合であり，降伏点を超えるとこのような非線形性を考慮する必要がある．

レベル1地震動下の耐震性能 I_0 の照査では通常，鋼材の損傷を許容しないので降伏点以下の挙動となり，鋼材の構成則は線形弾性でよい．レベル2地震動下で無損傷が要求性能である耐震性能Iの照査も同様である．一方，レベル2地震動下の耐震性能II，IIIの照査では鋼部材に損傷を許容するので，降伏点を超えた塑性域での材料の非弾性挙動を考慮した材料非線形解析が必要である．とくに，損傷を許容する部材の安全限界として繰り返し荷重下の部材の耐力や変形能を評価する必要がある場合には繰り返しの材料挙動が重要になる．コンクリートの場合は降伏点が存在せず，はじめから材料非線形性を示すが，構造解析で材料非線形性を考慮するのは鋼材と同様，レベル2地震動下の耐震性能II，IIIの照査のみである．レベル1地震動下の耐震性能照査やレベル2地震動下の耐震性能Iの照査では割線剛性を用い線形弾性として扱う．耐震解析における材料非線形性を考慮した鋼材の構成則としては繰り返し挙動を扱えることが重要である．本示方書で用いる標準的な材料構成則については「7.3　材料構成則」に示す．

材料非線形性を考慮した解析を行うには要素に材料非線形性を導入する必要がある．シェル要素，ソリッド要素などにおいては，一般に，材料試験で得られる非線形の一軸の応力－ひずみ関係をもとに J2 流れ則で多軸に拡張した増分型の応力－ひずみ関係を要素内の各積分点での関係として材料非線形性を導入する方法が用いられている．一方，はり要素において材料非線形性を考慮する方法としては，断面力と対応する変形量の構成関係に材料非線形挙動を考慮する方法と，はり要素をファイバーの束と捉え，各々のファイバー位置（断面積分点）における応力－ひずみ関係として材料非線形性を考慮する方法がある．前者のうち，特に曲げ変形のみを考慮し，事前に求めておいた一定軸力下での曲げモーメントと曲率の関係により非線形挙動を考慮する方法を $M-\phi$ モデルと呼ぶ．$M-\phi$ モデルは，平面骨組モデルで軸力変動のない単柱式橋脚の耐震解析などによく用いられる．一方，後者の方法において，各々のファイバーに一軸の応力－ひずみ関係を考慮したものをファイバーモデルと呼ぶ．ファイバーモデルでは，軸力変動の影響を容易に考慮することができるため，アーチ橋やトラス橋などの軸力変動が生じる複雑な構造をもつ鋼橋の耐震解析に適用される例が多い．本示方書では，はり要素ではファイバーモデルにより材料非線形性を考慮することを標準とする．

3次元のはり要素では軸方向応力と曲げせん断応力，St. Venant のねじれによるせん断応力が連成するので，正確には軸方向応力とせん断応力は連成を考慮した次式に示す相当応力（Mises 応力）$\bar{\sigma}$ が一軸引張試験による降伏応力 σ_y に到達したときをもって降伏の判定をするのが妥当である．

$$\bar{\sigma} = \sqrt{\sigma^2 + 3\tau^2} \tag{解 5.2.3}$$

また，降伏後の塑性挙動として相当応力と相当塑性ひずみの関係が一軸の応力－塑性ひずみ関係に等しく，J2 流れ則に従うとすると 2 種類の応力増分と 2 種類のひずみ増分関係も連成し，以下のようになる．

$$\begin{Bmatrix} d\sigma \\ d\tau \end{Bmatrix} = \begin{bmatrix} \boldsymbol{D}_{ep} \end{bmatrix} \begin{Bmatrix} d\varepsilon \\ d\gamma \end{Bmatrix} \tag{解 5.2.4}$$

このような塑性挙動における軸方向応力とせん断応力の連成を St. Venant のねじりと曲げせん断を考慮した Timoshenko はり理論に正確に導入して耐震解析を行う［Li et al., 1998；奥村ら，2002］のが望ましいが，標準的な Timoshenko はり要素では以下の範囲でよい．詳細については注意点も含め「第 7 章 鋼橋のモデル化」で解説する．

(1) 軸方向応力とせん断応力の連成は無視．軸方向応力－軸方向ひずみ関係のみに材料非線形性を考慮．せん断応力とせん断ひずみの関係は弾性を仮定．

(2) 軸方向応力とせん断応力の連成は St. Venant のねじりによる閉断面部分の一定せん断流においてのみ考慮．開断面部分では(1)と同様に弾性を仮定．曲げせん断については連成を考慮せず弾性挙動を仮定．

2) 幾何学的非線形性

構造物のひずみや変位が大きくなると，微小変位解析の精度が低下するので，ひずみや変位の影響を釣り合い式やひずみに反映した非線形解析を実施することが必要である．このような非線形性はひずみや変位などの幾何学量に起因するので，幾何学的非線形性と呼ばれる．とくに，座屈現象などを伴う安全限界状態を解析するときには必ず幾何学的非線形性を考慮しなければならない．

幾何学的非線形解析にはその近似のレベルにより表-解 5.2.2 に示すいくつかの手法がある．幾何学的非線形解析は，微小変位解析に対応して有限変位解析とも呼ばれる．さらに，対象とするひずみの大小により有限変位解析は有限ひずみ・有限変位解析と微小ひずみ・有限変位解析とに分けられる［西野ら，1975；後藤ら，1991］．微小ひずみ・有限変位解析はひずみが微小であるという条件により，有限ひずみ・有限変位解析を近似化したものである．微小ひずみ・有限変位解析で回転変位が比較的小さい場合には，2 次解析（2nd order analysis）［Goto et al., 1987］と呼ばれる簡易解析法が用いられる．2 次解析では釣り合い式においては変位の非線形項を最大限 1 次まで考慮しているが，ひずみ・変位関係においては変位の 2 次項まで考慮する場合と線形項のみ考慮した微小変位理論によるものを用いる場合とがある．ひずみ・変位関係で線形項のみを考慮した有限変位解析を線形化有限変位解析と呼ぶ．この場合，死荷重作用下でのはり部材の軸力を微小変位解析で計算し幾何剛性部分の軸力として考慮する方法が最も一般的である．この方法では時刻歴応答解析でも幾何剛性の軸力を一定として扱われる場合が多いので部材の軸力変動が大きい場合には精度が低下する．はりの $M-\phi$ モデルは線形化有限変位解析によることが多い．

地震時の応答値を算定するはり要素を基本とした全体系はりモデル（「第 7 章 鋼橋のモデル化」参照）において，耐震性能 I の照査では構造物の応答はほぼ弾性範囲であるので幾何学的非線形解析は 2 次解析のレベルで十分である．耐震性能 II，III の照査で損傷を許容する場合もひずみは小さいので，微小ひずみ・有限変位解析の精度があればよい．シェル要素を用いる部材詳細モデルおよび全体系詳細モデルにおいては板の局部座屈や応力集中によりひずみが大きく発生する状態を解析対象とするので，有限ひずみ・有限変位解析を行う必要がある．

第 5 章　耐震解析法　93

表-解 5.2.2　幾何学的非線形解析の分類 ［日本鋼構造協会，2009］

解析法		変位	ひずみ
有限ひずみ・有限変位解析		大	大
微小ひずみ・有限変位解析		大	小
2 次解析[※)	(I) ひずみ・変位関係において 2 次項まで考慮	比較的小	小
	(II)ひずみ・変位関係において線形項のみ考慮（線形化有限変位解析）	比較的小	小
微小変位解析		小	小

※) 2 次解析においては，(I)の解析は，はり柱理論で曲げによる軸方変位（Bowing）を考慮した場合に対応する．一方，(II)は，曲げによる軸方向変位が無視された場合に対応する．

(3) 有限要素解析により求まる応答値は近似解であるので，所要の精度を満足するように適切に要素分割を行わなければならない．はり要素については，まず，要素軸方向に対して十分に変形や塑性化の状態が表現できるように要素分割を行う．特に，Timoshenko はり要素ではたわみに 1 次の変位関数を用いる場合が多いため，曲げが支配的な部材に対しては曲げ変形が表現できるように適切に要素分割する必要がある．また，部材断面内についても断面方向の塑性化が十分に表現できる程度に積分点を配置しなければならない．これらの分割については，たとえば，文献［日本鋼構造協会，2011］では，単柱式橋脚を対象とした要素分割と断面分割の検討例が記載されているので参考にするとよい．

シェル要素については，限界状態時の面外変形（特に，局部座屈モード）が十分に表現できるように 2 次元平面内の要素分割を行う．特に，1 次の低減積分シェル要素を用いる場合には，細かく要素分割する必要がある．また，シェル要素においても，はり要素と同様に板厚方向の積分点の数が十分であることを確認しなければならない．ソリッド要素については，3 方向に対して，3 次元の変形や塑性化が十分に表現できるように要素分割する必要がある．特に曲げ変形が支配的な構造に対しては，その挙動が十分に表現できるように細かく要素分割しなければならない．対象部材をシェル要素やソリッド要素で要素分割する場合には，要素形状が悪く（アスペクト比が悪く，いびつな形に）ならないように留意する．

部材詳細モデルと全体系詳細モデルを用いて限界値を算出する場合，通常は初期不整を考慮する必要がある．その場合には，残留応力や初期たわみの分布を考慮して要素分割を行うのがよい．

以上に述べた要素分割が不十分な場合には解析結果が危険側になる場合がある．したがって，さらに要素分割を細かくして解の収束性を示すなど，要素分割が十分であることを検証することが重要である．

なお，モデル空間上での要素分割以外に，時刻歴応答解析においては時間積分間隔も解析精度に影響を与えるので，これについても収束性を確認し精度を確保するよう注意しなければならない．

(4) 構造解析係数 γ_a，部材係数 γ_b はそれぞれ実構造の応答値や限界値に対する数値解析の誤差をカバーする部分係数であるが，人的過誤や不適切なモデル化などによる大幅な誤差を想定していないので，許される誤差は大きくない．このため，人的過誤などにより誤差が大きくなるとこの部分係数で誤差の影響をカバーするのは難しいので，数値解析の信頼性を確保することが非常に重要である．数値解析の誤差は次のように考えることができる［後藤，2012］．

まず，実構造を対象とした数値解析の誤差(E)は以下のように定義される

$$\text{誤差(E)}=\underline{\text{実構造}}-\underline{\text{ソフト使用者が構築したモデル}} \qquad (\text{解 } 5.2.5)$$

これをさらに細かく分けると誤差の構成は次のようになる.

$$誤差(E)=(実構造-数学モデル)+(数学モデル-計算ソフトの理想モデル)$$
$$+(計算ソフトの理想モデル-ソフト使用者が構築したモデル)$$
$$=E1+E2+E3 \qquad\qquad (解\ 5.2.6)$$

ここに,

E1=(実構造-数学モデル)=数理モデル化による誤差

E2=(数学モデル-計算ソフトの理想モデル)=離散化による誤差

E3=(計算ソフトの理想モデル-ソフト使用者が構築したモデル)=使用者に起因した誤差

(解 5.2.7 a~c)

数値解析の信頼性を向上するには上に述べた E1, E2, E3 それぞれの誤差を低減することが重要である. E1, E2 を低減するのは主に研究者やソフトの開発者の役目であり, E3 を低減するのは主に設計計算技術者 (使用者など) の責任である. 誤差の構成を見ると構造実験が必要であるのは基本的には実構造と数学モデル間の誤差 E1 を検証するためであるが, 他の誤差 E2, E3 の評価基準となる数学モデルや計算ソフトの理想モデルのベンチマークが無い場合には, 代替として構造実験は重要である. E1→E2→E3 と下位になるほど誤差の検証がなされるケースが少なくなる傾向にある. 構造実験は誤差の検証だけでなく, 解析モデルのキャリブレーション (較正) にも必要である. とくに, 材料非線形性が支配的な場合には重要である. ソフトが高機能化した現状では構造実験の必要性が減少しているような認識が持たれる傾向にあるが, 逆に, ソフトが高度化するほど, その精度や信頼性確保のために構造実験の重要性は高まる.

日本鋼構造協会の性能・信頼性向上に関する研究委員会耐震部会 [日本鋼構造協会, 2009] と鋼橋の合理化構造・設計法研究委員会耐震設計法研究部会 [日本鋼構造協会, 2011] では, 実務への非線形動的解析の導入による耐震解析の高度化と複雑化に伴い, 最も汎用的で今後も耐震解析に広く用いられる可能性の高いはり要素 (ファイバーモデル) を用いた耐震解析の信頼性を確保する必要があるとの観点から耐震解析の実態調査とともにいくつかの信頼性向上策を提案されている (補遺 5-1 参照). この調査は式(解 5.2.7c)で定義される誤差 E3 を対象としたものであるが, 誤差の生じた主な原因としては表-解 5.2.3 のようになる. この原因はモデル化や解析法で規定されていない項目における選択の差異による原因と間違ったモデル化による原因に大別される.

表-解 5.2.3　はり要素を用いた解析の結果にばらつきが生じた原因

モデル化や解析法で規定されていない項目における選択の差異	間違ったモデル化
・はり要素の差異 (せん断変形の考慮の有無)	・オフセット要素の誤使用 (過剰拘束)
・材料構成則の差異 (例えば, ヤング係数 E=200 or 206GPa など)	
・減衰の差異 (Rayleigh 減衰の着目モードの差異)	
・要素分割, 断面分割, 時間分割の差異	
・収束計算の有無や誤差の指定の差異	
・構造モデルの差異 (桁や支承部のモデル化など)	
・質量のモデルの差異 (分布質量 or 集中質量)	

このように，ばらつきを生む要因の大部分がモデル化や解析の方法が明確に指定されていない部分，すなわち解析技術者の判断に任せられている任意部分の差にあることが明らかになった．したがって，このような任意性を極力排除することが解析結果の精度向上とばらつき防止につながるとの観点から，鋼橋を対象に，はり要素に基づく耐震解析の標準化法が提案されている．本示方書では，この標準化したモデル（標準モデル）をさらに吟味して「第7章　鋼橋のモデル化」のモデル化手法を提示している．しかし，標準モデルを提示しても，人的過誤による間違ったモデル化が行われる可能性は否定できない．文献［日本鋼構造協会，2011］にはこれらを防止するための対策として，2機関以上による解析のブラインドチェック体制の確立が有用であることが示されている［後藤，2012］．耐震解析に関するその他の信頼性向上策は表-補5.1.1にまとめられている．

第5章の参考文献

西野文雄，倉方慶夫，後藤芳顯（1975）：一軸曲げと軸力を受ける棒の有限変位理論，土木学会論文集，No.237，pp.11-26.

後藤芳顯，吉光友雄，小畑誠，西野文雄（1991）：平面骨組の有限ひずみ・有限変位理論の解に収束する2種類の数値解法と精度特性，土木学会論文集，No.428/I-15，pp.67-76.

奥村徹，後藤芳顯（2002）：せん断変形が卓越する鋼製ラーメン橋脚のPushover解析へのTimoshenkoはりの適用性，第4回鋼構造物の非線形解析と耐震設計への応用に関する論文集，pp.135-143.

後藤芳顯，奥村徹，鈴木昌哉（2002）：非線形はりモデルを用いた鋼製橋脚の耐震解析における幾何学的非線形性とせん断変形の影響，土木学会論文集，No.696/I-58，pp.157-172.

日本鋼構造協会（2009）：鋼橋の耐震設計の信頼性と耐震性能の向上，JSSCテクニカルレポートNo.85.

日本鋼構造協会（2011）：ファイバーモデルを用いた鋼橋の動的耐震解析の現状と信頼性向上，JSSCテクニカルレポートNo.93.

後藤芳顯（2012）：構造設計におけるFEM解析の高度化と信頼性の向上，第15回鋼構造と橋に関するシンポジウム論文集，Vol.15，pp.1-13，土木学会　鋼構造委員会.

Goto, Y and Chen, W.F. (1987)：Second order elastic analysis for frame design, Journal of Structural Engineering, ASCE, Vol.113, pp.1501-1519, 1987.

Li, X. S. and Goto, Y. (1998)：A three-dimensional nonlinear seismic analysis of frames considering panel zone deformations, Journal of Structural Mechanics and Earthquake Engineering, JSCE, No.605/I-45, pp.1-13.

補遺 5-1　鋼橋の耐震解析の実態調査とこれに基づく信頼性向上法の提案

　日本鋼構造協会の性能・信頼性向上に関する研究委員会耐震部会（2006〜2009）と鋼橋の合理化構造・設計法研究委員会耐震設計法研究部会（2009〜2010）では，実務への非線形動的解析の導入による耐震解析の高度化と複雑化に伴い，最も汎用的で今後も耐震解析に広く用いられる可能性の高いはり要素（ファイバーモデル）を用いた耐震解析の信頼性を確保する必要があるとの観点から耐震解析の実態調査とともにいくつかの信頼性向上策を提案した．ここでは，部会の報告書［日本鋼構造協会，2009，2011］に基づきその概要を紹介する．

(1) 鋼橋の耐震解析の実態調査

　汎用的で今後も耐震解析に広く用いられる可能性の高いはり要素（ファイバーモデル）による数値解析に絞り，設計技術者および専門の解析技術者5名を対象にベンチマーク問題に対するブラインド解析を実施した．ベンチマーク問題の一つとして採用したのは3径間連続高架橋（図-補5.1.1）のレベル2地震動に対する弾塑性有限変位動的解析である．与えられた解析条件は図-補5.1.1に示しているが，設計に用いる通常の耐震解析の場合に較べて細かく規定した．3種類のソフトを用いた5名の解析結果の例として，P3橋脚の水平変位と基部曲げモーメントを図-補5.1.2に示す．基部モーメントのばらつきは比較的小さかったが，安全性照査に用いる水平変位には大きなばらつきが生じた．このようなばらつきが生じた原因を詳細に検討した．その結果，表-解5.2.3に示したような原因が明らかになった．

　ここで行ったブラインド解析による鋼橋の耐震解析のばらつきの実体と原因の調査，ならびに，解析モデルや耐震解析手法の標準化の提案は初めての試みである．

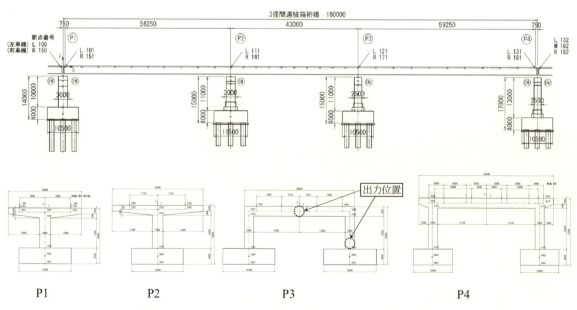

図-補 5.1.1　解析対象の3径間連続高架橋［日本鋼構造協会，2009］

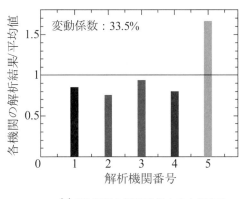 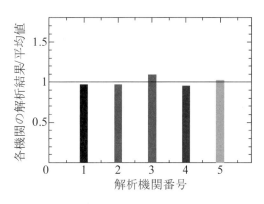

(a) P3 頂部の橋軸直角方向水平変位　　　(b) P3 柱基部の曲げモーメント

図-補 5.1.2　各機関の解析結果　[日本鋼構造協会, 2009]

(2) 解析の標準化

解析の標準化はモデルの標準化と解析手法の標準化からなる [日本鋼構造協会, 2009, 2011]．モデルの標準化（図-補 5.1.3）では構造系全体を直接規定するのではなく，橋梁系をいくつかのブロックに分けて，まず，ブロックごとに標準的なモデルを示した．つぎに，ブロック間の結合方法，構造全体系の支持条件のモデル化を示した．このようにすることで，ブロック単位から全体系へのモデルの構築の流れに沿い，解析モデルのチェックを段階的に行うことができる．また，異なる構造系であっても共通のブロックは多くあるので，これを標準化することで，モデル化のばらつきを低減できる．さらに，代表的な連続高架橋，アーチ橋，トラス橋などについては標準化した構成ブロックにより全体系をどのように構成するかを具体的に示している．

解析手法の標準化では，要素分割，断面分割，質量分布，構成則，座標系，減衰，地震動の入力方法，時間積分間隔，応答値の出力法などについて標準的な方法を示している．また，解析結果の標準的な検証方法も提示した．最後に，連続高架橋を例題として，標準モデルと標準化された解析で応答値を算定する一連の耐震解析の手続きも示している．

以上のような解析モデルと解析手法の標準化では，部会 [日本鋼構造協会, 2011] への参加 18 機関（発注者 4 機関，コンサルタント 4 機関，電算（ソフトウエアの開発・販売，受託計算）5 機関，橋梁メーカー1 機関，大学 4 機関）の技術者の意見を聴取するとともに，実際に標準化手法でブラインド解析を実施する過程で遭遇した問題を考慮することで，標準化手法の改良を行った．標準化したモデルは今までの知見と経験に基づいて妥当と考え得るものを提示したが，実物の挙動に対する精度の検証は今後の課題である．

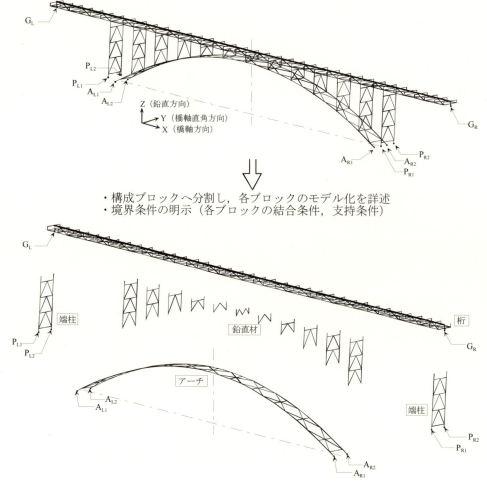

図-補 5.1.3 モデルの標準化（アーチ橋の例）［日本鋼構造協会，2009］

(3) 各ソフトウェア間での耐震解析結果の差異 ［日本鋼構造協会，2011］

　実際に耐震解析に従事している若手の技術者，研究者を中心に検討部会を組織した．さらに，構成メンバー選出にあたっては，使用するソフトウェアが鋼橋の耐震解析に用いられている専用ソフトウェア全体をほぼ網羅するように配慮した．結果として，実務に用いられているほぼ全てのソフトウェア（7 種類）を検討対象とすることができた．解析対象として，図-補 5.1.4 の単柱式橋脚，アーチ橋，トラス橋を選び，解析者による任意性が入らないように標準化した耐震解析を実施した．

　対象とする構造物を標準化手法に従い，各ソフトウェア上で同一の解析モデルを作成し，ブラインドの耐震解析を実施した．単柱式橋脚，上路式アーチ橋，トラス橋に関する各解析者の解析結果の一部を図-補 5.1.5 に示す．なお，図中の解析機関名に用いているアルファベット（A〜G）は使用したソフトウェア（計 7 種類）により区別した表記としている．

　図-補 5.1.5 からわかるように，単柱式橋脚を除き結果は大きくばらついた．同じソフトを用いた場合でもばらついていることから，モデル化や解析において標準化した手法が正しく用いられていないと考えられた．このような人的過誤をブラインド解析で完全に排除することが困難であるため，ここでは，解析担当者間で情報交換を行い，モデル化における個人差やミスを可能な限り除去することで，相互に等価な解析モデル（標

準モデル）を作成することに務めた．相互チェックにより修正された解析モデルを用いた計算結果を図-補5.1.6 に示す．図-補 5.1.5 と補 5.1.6 を比較してわかるように，ばらつきが大幅に低減している．このような比較をあらゆる観点から実施した結果，ソフト間のばらつきはほとんど無いことが判明した．

【解析】
・静的解析（Pushover解析，繰り返し載荷解析）
・固有振動解析
・時刻歴応答解析
（材料非線形性，幾何学的非線形性を考慮）

【解析モデル】

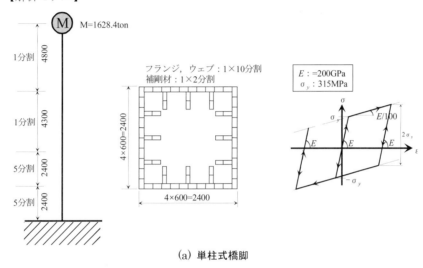

(a) 単柱式橋脚

【解析】
・静的解析（死荷重解析，震度法解析）
・固有振動解析
・時刻歴応答解析（橋軸方向，橋軸直角方向入力）地震波2-1-1
（材料非線形性，幾何学的非線形性（一部のソフトを除く）を考慮）

【解析モデル】

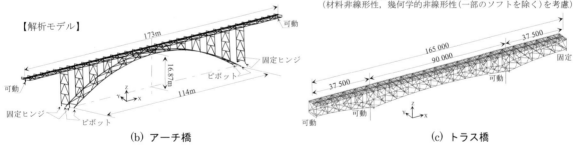

(b) アーチ橋　　　　　　　　　　　　　　(c) トラス橋

図-補 5.1.4　解析対象［日本鋼構造協会，2011］

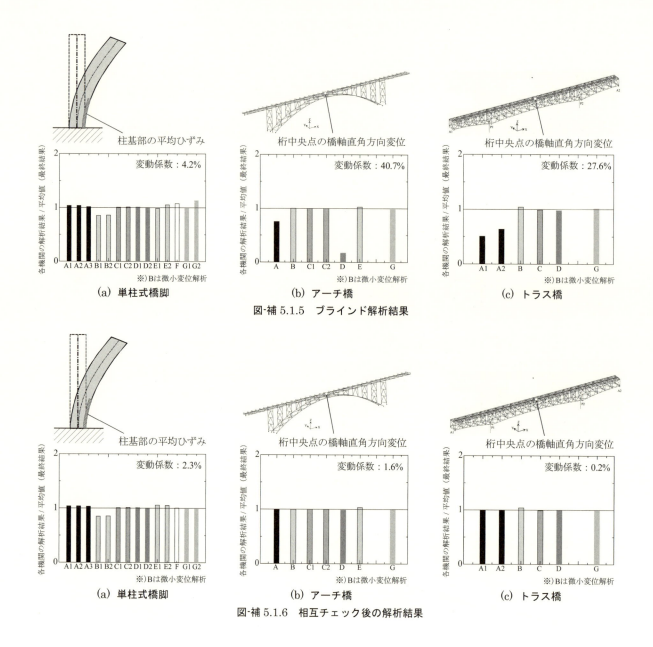

図-補 5.1.5 ブラインド解析結果

図-補 5.1.6 相互チェック後の解析結果

(4) 具体的に提示した信頼性向上策

　標準モデルを用いたブラインド解析から，解析結果のばらつきを防止する上で最も重要であるのは解析モデルや解析法のばらつきおよびそのミスを防止することであることが明らかになった．報告書［日本鋼構造協会，2011］にはこれらを防止するための技術的な対策を具体的に示している．提示した対策をまとめると表-補 5.1.1 のようになる．この表中には制度上の対策として提案したものも示している．対策として確実なものはないが，解析の標準化と今回行ったような解析担当者間の相互チェックがかなり有効であった．制度的には 2 機関以上でのチェック体制を確立することが当面の対策であると言えよう．ただし，正解がわからないので，あらゆる観点から慎重にチェックすることが必要である．このような体制は，技術者のレベル低下により形骸化しやすいので，どのようにして緊張感を保持するか，技術者のレベルを上げるかということも併せて考えなければならない．

表-補 5.1.1　耐震解析の信頼性向上策のまとめ

技術的な対策	制度的な対策
・耐震解析法の解説	・解析ソフトの認定
・モデル化手法の標準化	・解析ソフトの仕様の規定
・解析手法の標準化	・解析者の資格認定（技術者の地位と意識向上）
・ベンチマークデータの整備（解析と実験）	・2機関以上でのチェック体制の確立
・設計計算例	・解析技術者の教育と指導者の養成
・ミスの事例一覧	・解析技術者間の交流
・チェックポイントとチェック法	
・教育用デモソフト	

第 5 章補遺の参考文献

日本鋼構造協会（2009）：鋼橋の耐震設計の信頼性と耐震性能の向上，JSSC テクニカルレポート No.85.

日本鋼構造協会（2011）：ファイバーモデルを用いた鋼橋の動的耐震解析の現状と信頼性向上，JSSC テクニカルレポート No.93.

第6章　鋼橋の各構成要素の構造細目

6.1　一般

構造細目は鋼橋の耐震性能を向上させるとともに，解析モデルとの整合性を確保するように検討されなければならない．

【解　説】

ここでは，一般高架橋の構造要素の耐震設計での構造細目として上部構造，支承，鋼製橋脚，橋脚アンカー部，落橋防止構造を扱う．適切な構造細目を設定しなければ耐震性能が損なわれるだけでなく，構造要素のモデル化が著しく複雑になる場合がある．したがって，構造細目の設定においては耐震性能向上という目的のみならず，各構成要素のモデル化との整合性に配慮する必要がある．

6.2　上部構造の構造細目

上部構造の耐震設計において，下部構造との接合部となる支承部は，上部構造からの鉛直力と水平力を下部構造に伝達するとともに，橋全体の振動特性や各下部構造に伝達される慣性力の分担率を左右する重要な構造部材である．したがって，地震時に支承部に生じる地震力に対して，これらの機能を確保できるように設計しなければならない．

【解　説】

耐震設計においては，地震時に生じる慣性力が上部構造から下部構造にスムーズに伝達されるよう構造細目に留意しなければならない．

上部構造の支点まわりの重要な構造細目として，支点部の補強と支点上横桁の事例を以下に示す．

1) 支点部補強

地震時に橋軸方向および橋軸直角方向の慣性力と支承高に起因する偶力により，上下方向の力が生じ鋼桁の下フランジやウェブに局部座屈を生じることがある．このため，図-解6.2.1に示すように支承端部直上の鋼桁腹板に垂直補剛材を設ける［日本道路協会，2012］．

また，ゴム支承の橋軸直角方向の平面寸法が大きくなった場

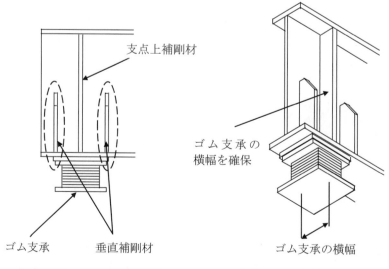

図-解6.2.1　垂直補剛材の追加　　図-解6.2.2　支承幅への配慮

合,支圧応力度の均等化や伝達を確実にするため,図-解 6.2.2 に示すように垂直補剛材の下端をゴム支承の縁端部まで広げる事例があるので参考にするとよい.

2) 支点上横桁

桁端部の防せい,活荷重走行時の振動による騒音の防止,落橋防止装置や横変位拘束構造より作用する地震時の反力に抵抗するため,支点上の横桁にコンクリートを巻き立てる構造を採用する事例がある.図-解 6.2.3 に示すように端横桁の鋼桁にずれ止めを設置し,鉄筋コンクリートを打設し合成断面として機能させる.

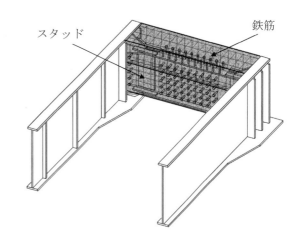

図-解 6.2.3　巻き立てコンクリート(端横桁)

6.3 支承の構造細目

6.3.1 一般

橋梁の支承は,上部構造に作用する荷重を下部構造へ伝達するとともに,上部構造の温度変化などによる伸縮やたわみによる回転変位などに対して追随できる機能が必要である.また,地震動の作用に対しては,地震のエネルギーを吸収する減衰機能や,上部構造を水平方向に柔らかく支持して動的な力の影響を免れるアイソレート機能を必要とする場合がある.設計にあたっては,支承に必要となるこれらの機能を確保しなければならない.

【解　説】

支承に必要な機能とそれを実現するための機構について,図-解 6.3.1 に示す.支承の種類と構造については道路橋支承便覧［日本道路協会,2004］を参照するとよい.

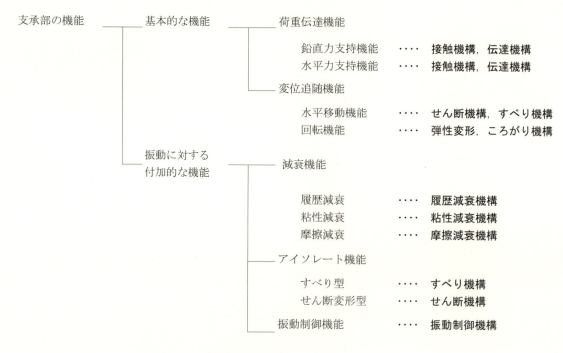

図-解 6.3.1 支承の機能と機構 [日本道路協会, 2004]

6.3.2 構造細目

(1) 支承の構造計画を行うにあたっては，局部的な応力集中が原因となるような破壊が生じないようにしなければならない．

(2) 鋳鋼材料を用いる場合は，製作時に有害な欠陥が生じないよう構造および主要部の厚さを決定する．

(3) 支承を構成する各部品の隙間は，各個撃破が生じないよう管理を行うものとする．

【解 説】

1) ゴム支承

ゴム支承は水平力分散構造や免震構造のために用いられる．ゴム支承は内部鋼板を用いて積層化することで，鉛直剛性を高めながら，水平剛性を目的に合わせて小さく設計することができる [日本道路協会, 2004]．構造細目の詳細は，「第9章 水平力分散設計・免震設計」を参照されたい．

2) 鋼製支承

鋼製支承はゴム支承に比べて鉛直剛性が高く，機械的に大きな回転量，水平移動量に対応できる利点はある．しかし，地震時にねばりのない破壊が生じた例があり，必要なじん性を確保するために材料と構造細目に留意しなければならない．

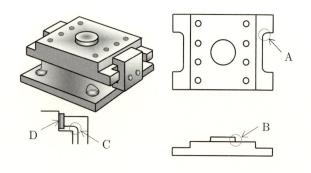

A：上沓ストッパー隅角部の丸み付け
B：上沓せん断キー隅角部の丸み付け
C：サイドブロック隅角部の丸み付け
D：ゴムピースによる遊間仮固定

図-解 6.3.2 支承板支承の構造詳細

図-解 6.3.2 は支承板支承における構造詳細例で，A〜C 点は応力集中を低減するための隅角部の丸み付けを示している．A，C 点は宮城県沖地震（1978）で損傷例があり，丸み付けが基準化された［日本道路協会，1991］．また，兵庫県南部地震（1995）では B 点の上沓せん断キーの隅角部を起点とする破壊があり，以後は丸み付けを徹底することになった．これらの丸み付けの半径 R

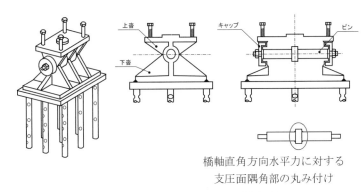

図-解 6.3.3 支圧型ピン支承の構造詳細

は応力集中係数が 3 程度に収まるように $R > T/30$ としている［日本道路協会，2004］．ここで，T は水平力が作用する部材の部材厚である．さらに，兵庫県南部地震では同一支承線上にある支承のストッパーが同時に機能しなかったため，支承が各個撃破されたと思われるケースがあった．このようなケースに対応するために図-解 6.3.2 の D 点は，遊間を揃えるために施工時にゴムピースにより仮固定した事例を示す．

図-解 6.3.3 はピン支承における構造詳細を示している．従来のピンには橋軸直角方向に逸脱を防止するために中央にくびれを付けていたが，兵庫県南部地震ではそこから破損した例があった．道路橋支承便覧［日本道路協会，2004］では，ピンが破損しにくくするために隅角部に丸みを付けるだけでなく，くびれを突起に変える構造詳細も追加された．

6.4 鋼製橋脚の構造細目

エネルギー吸収部材である鋼製橋脚の耐震性能を低減させる要因としては，鋼板の局部座屈，過度の塑性変形による溶接部や鋼板の延性き裂に起因する破壊，ひずみ集中部における低サイクル疲労破壊がある．鋼製橋脚の耐震性能を向上させるにはこれらを抑制することが重要である．

【解 説】
鋼製橋脚の変形性能を向上させる構造細目を整理すると表-解 6.4.1 となる．設計者は，関連する文献などを調査し，変形性能を向上させるために最も適切な構造細目を採用するとともに，設計ではこれらの構造細目に十分留意し検討を行うことが重要である．

鋼製橋脚の耐震性能を向上させるために，以下の構造細目に留意するものとする（図-解 6.4.1）．
 1) コンクリートを部分充填した鋼製橋脚の設計においては，次の事項に留意する．
  ① 耐力と変形性能に優れた基部のコンクリート充填断面で安全限界が決定されるように設計する．
  ② 補修が困難なアンカーや基礎の耐力は，基部の耐力を上回るように設計する．
  ③ 充填コンクリート直上や板厚変化部の無充填鋼断面では，必要な耐力や変形性能に対し余裕を持たせるように設計する．
  ④ 充填コンクリートの上端は，コンクリートの拘束効果を高めるためにダイアフラムを設ける．

表-解 6.4.1 鋼製橋脚の変形性能を向上させる構造細目

現　象	構造細目
鋼板の局部座屈	・コンクリート充填 ・幅厚比制限，径厚比制限，縦補剛材幅厚比制限，縦補剛材剛比の下限規定 ・コーナーR付箱形断面 ・縦補剛材付円形断面，二重鋼管断面 ・マンホール部補強
溶接部や鋼板の脆性的破壊に起因する割れ	・角部の完全溶込み溶接 ・コーナーR付箱形断面
ひずみ集中部の低サイクル疲労	・隅角部のフィレット ・橋脚基部（ベースプレート取付部）付近の溶接線と断面急変部を離す

　鋼製橋脚にコンクリートを充填すると，鋼断面の局部座屈変形の進展を抑制し，圧縮力を充填コンクリートで支えることができるため，変形性能（エネルギー吸収能）を向上させることができ，さらに鋼とコンクリートの合成による曲げ耐力の増加も期待できる．ただし，充填部の鋼断面には引張ひずみの繰り返しが生じるので低サイクル疲労については注意する必要がある［後藤ら，2009，2010，2013］．また，耐震補強のために既設の無充填鋼製橋脚にコンクリートを充填すると，耐力が増加しない基礎やアンカー部が先に損傷する恐れがあるので，これについても注意する必要がある．

　道路橋示方書・同解説 V 耐震設計編［日本道路協会，2012］では，充填コンクリートは低強度のもの（基準強度 $18\,\mathrm{N/mm^2}$ 程度）を使用し，充填高さは直上の無充填鋼断面の降伏または局部

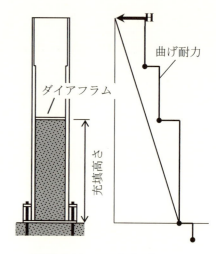

図-解 6.4.1　コンクリート部分充填鋼製橋脚

座屈により決まる水平耐力が基部の水平耐力を上回るように決めるものとしている．また，板厚変化部は局部座屈が発生しやすいことから板厚は一定を基本とし，やむをえず板厚を変化させる場合は発生応力度に余裕を持たせることとしている．

　一方，新技術小委員会報告書［土木学会，1996］では，板厚に関しては一定を基本とする考え方を示しているが，コンクリート充填高に関しては，充填部のみならず無充填部の鋼断面の降伏を許容し最適な充填高さを求める考え方を示している．具体的な方法については，補遺 4-4(1) に示す．ただし，この方法では鋼部材の 2 カ所に塑性化を許容することになり，設計で用いた鋼部材や充填コンクリートの材料特性と実際の材料特性の間に差があると想定外の挙動が生じる可能性がある．したがって，やむを得ない場合以外は無充填部での降伏を許容すべきではない．

　2) 箱形断面では，作用する軸力が $0 \leq N/N_y \leq 0.5$ を前提として補剛板パネルの幅厚比パラメータを $R_f \leq 0.5$，円形断面では，作用する軸力が $0 \leq N/N_y \leq 0.2$ を前提として径厚比パラメータを $R_t \leq 0.08$（コンクリート充填部は，作用する軸力が $0 \leq N/N_y \leq 0.2$ の箱形断面では $R_f \leq 0.7$，円形断面では $R_t \leq 0.12$ に緩めることができる）として制限することが，補剛板および鋼管の塑性変形能力を持たせるた

めの条件となる［日本道路協会，2012］．また，箱形断面の補剛板では，縦補剛材剛比を大きくすることで塑性変形能力を向上させることができる．必要条件としては $\gamma \geq \gamma^*$（γ^* は補剛板の線形座屈理論により定まる最適剛比），望ましい条件は $\gamma \geq 3\gamma^*$ である．ただし，コンクリート充填部は $\gamma \geq \gamma_{req}$（γ_{req}：必要剛比）に緩和される．また，自由突出板である縦補剛材が降伏点に達するまで局部座屈しない条件として，縦補剛材の $R_s \leq 0.7$ も必要である．ダイアフラム間隔は矩形断面橋脚では補剛板縦横比 a/b が 1.0 近傍，円形断面橋脚では $D \sim 2D$ の範囲が用いられる．

上記の幅厚比制限，径厚比制限，補剛材の剛比と幅厚比制限などは，局部座屈を抑制して塑性変形能力を確保するための必要条件であるが，補剛板の塑性変形能力は，幅厚比パラメータと縦補剛材剛比に代えて柱モデルアプローチ［小松ら，1980］に基づく縦補剛材細長比パラメータにより算定する終局ひずみで表される（付録 2 の 2.2(2)参照）．特に縦補剛材細長比を小さくするためには，横リブ間隔を縮めることが有効である．道路橋示方書・同解説 V 耐震設計編［日本道路協会，2012］の許容ひずみ算定式には補剛板の全体座屈に関する幅厚比パラメータ R_F が含まれている．

3) 局部座屈を抑制する断面形状としては，コーナーR 付箱形断面，縦補剛材付円形断面，二重鋼管断面などが考えられる．

図-解 6.4.2 に局部座屈を抑制するための断面形の一例を示す．箱形断面における補剛板の局部座屈はフランジとウェブの角が節となる座屈モードを示すが，角部に R を付けると完全な節とならず回転を拘束するようになる．

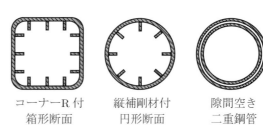

図-解 6.4.2 局部座屈を抑制する断面形状

したがって，コーナーの R は局部座屈変形を抑制し，変形性能の向上に寄与することになる［渡邊ら，1992；北田ら，2000；大賀ら，2004］．また，角溶接が無くなるため溶接の破断による脆性的な破壊を防止する効果もある．

円形断面は箱形断面に比べて断面積の割に局部座屈強度が高いため，通常は無補剛として使用される．しかし，いったん局部座屈が発生すると座屈波長が平板に比べて短く，座屈変形が円周方向に連続することで十分な変形性能を発揮できない傾向がある．そこで，縦補剛材を設置することにより局部座屈強度を上げ，座屈変形の円周方向への連続化を防止し，変形性能を向上させることができる［半野ら，1999］．

鋼製橋脚に使用されるような比較的厚肉の鋼管の座屈モードは，象の足のように外側へ膨らむものである（Elephant foot bulge）．そこで，局部座屈が生じないよう軸方向圧縮力が作用しない鋼管を，隙間を取って外側に置くことで，内側の鋼管の局部座屈変形を拘束し，耐力を増加させることなく変形性能を増加させることができる［上仙ら，1996；日本道路協会，1997］．

4) 橋脚のマンホールは点検の容易さから橋軸方向面に設置することが多い．設置高さは，充填コンクリートの直上に損傷例が多いことから［山口ら，2001］，発生応力に余裕がある高さとすることが望ましい．また，補剛板の幅方向には縦リブが切断されないように配置することが基本であるが，縦リブ間隔がマンホール幅より狭い場合は図-解 6.4.3 に示すような補強が必要となる［中井ら，1998；日本橋梁建設協会，2002；

図-解 6.4.3 マンホール部補強構造例

中村ら，2004].

5) 箱形断面橋脚では角溶接の割れを防ぐ構造詳細を考慮する．

兵庫県南部地震において，箱形断面橋脚の場合，補剛板の局部座屈変形の進展により角溶接部が上下方向に裂け，鉛直荷重に対する支持力が失われる事例があった．また円形断面橋脚では，最初に発生した局部座屈箇所に変形が集中し，円周方向に割れが発生した（図-解 6.4.4 参照）．

このような脆性的な破壊を防ぐために次の対策が必要である．

① 円形断面に対しては，径厚比を小さくして局部座屈を抑制する（$R_t \leq 0.08$ [日本道路協会，2012]）．
② 箱形断面に対しては，図-解 6.4.5 に示すように角溶接を完全溶込み溶接とする．

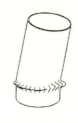

箱形断面角割れ破壊　　円形断面変形に伴う
　　　　　　　　　　　傾斜・割れ

図-解 6.4.4　脆性的破壊モードイメージ

完全溶込み溶接

図-解 6.4.5　角溶接の割れを防ぐ構造詳細

6) 橋脚隅角部の応力集中部に生じる低サイクル疲労や延性破壊を防止する構造詳細を考慮する．

兵庫県南部地震における鋼製橋脚の崩壊形態として，隅角部の応力集中部やひずみ集中部に低サイクル疲労あるいは延性破壊を起点とすると思われる割れ発生の事例があった．したがって，応力集中の低減は鋼製橋脚の耐震性向上のために重要になる．文献［三木ら，1997］では，ラーメン橋脚隅角部の形状として図-解 6.4.6 に示すような形状を採用することにより，応力集中が緩和され変形性能が向上して耐震性向上に寄与する事を示している．文献［美島ら，2014］では，隅角部の疲労耐久性向上を目的として設置されているフィレットについて，レベル 2 地震動に対する設計法を提案しており，従来設計法と比べて 10%程度の鋼重低減効果があるとしている．

7) 鋼製橋脚基部のベースプレート取付部で生じる低サイクル疲労や延性破壊を防止する構造詳細を考慮する．

鋼製橋脚基部のベースプレート取付部では断面急変部があり，地震による繰り返し荷重のため低サイクル疲労により溶接部が破断する可能性がある．これに対して，溶接線と断面急変部を可能な限り離し，溶接部近傍に応力集中が発生しない構造形状を用いるのが良い．

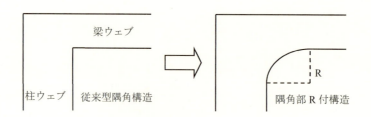

図-解 6.4.6　隅角部応力集中緩和対策

6.5 橋脚アンカー部の構造細目

(1) 本示方書で定める以外のアンカー部の構造細目については関連基準などの規定に従うものとする.

(2) 下ベースプレートとフーチング間に所定の強度を持つ無収縮モルタルを入念に充填するものとする.

(3) アンカーボルトが貫通するリブで囲まれた上下ベースプレート間には所定の強度を持つ無収縮モルタルを入念に充填するものとする.

(4) 鉄筋コンクリート方式においてはアンカーボルトの塑性伸びによるがたつきを防ぐためにアンカーボルトを橋脚のベースプレートとアンカービームに確実に締結するのがよい.

【解 説】

(1) アンカー部の構造(図-解6.5.1)として，杭方式に関しては首都高速道路株式会社の鋼構造物設計基準「首都高速道路公団，1992a]，下部構造設計基準［首都高速道路公団，1992b]，鉄筋コンクリート方式に関しては阪神高速道路株式会社の構造物設計基準(橋梁編)［阪神高速道路公団，1990]の規定がある．また，アンカービームを支圧板に変更した支圧板方式については，橋梁構造物設計施工要領［首都高速道路，2015]の規定があり．スタッドを打設した異形棒鋼をアンカーボルトとして直接フーチングに埋め込む直接定着方式については，名古屋高速道路公社［2003]の規定がある．近年のアンカーフレームは，鉄筋コンクリート方式で設計されるのが標準的である.

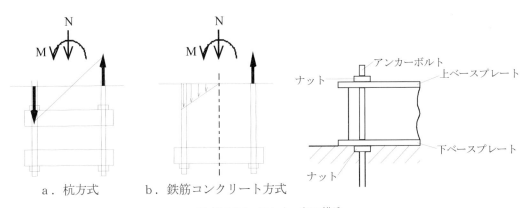

図-解6.5.1 アンカー部の構造

(2) 下ベースプレートから圧縮力が支圧により確実にフーチングに伝達されるように規定した．杭方式では，首都高速道路株式会社の設計基準において下ベースプレートからの支圧による圧縮力の伝達を考慮していないため，下ベースプレートとフーチング間にモルタルを充填する規定はなく，モルタルの充填は任意である．しかしながら，モルタルの充填は杭方式によるアンカー部の強度剛性の向上に大きく寄与する［後藤ら，1996］ので，ここでは本規定を導入した．この場合，アンカー部の力学モデルとして複鉄筋モデルを用いることができる.

(3) 上下ベースプレート間には慣用的に防せいのためにモルタルが充填される．このモルタルは力学的にも，ベース部の剛性保持ならびにアンカーボルトのベース部への固定に重要である［後藤ら，1996］．したが

って，モルタルの充填が確実に施工されるように規定した．

(4) 鉄筋コンクリート方式では通常のアンカーボルトは上ベースプレート上面と下アンカービーム下面でナットを介して固定されている．このような固定方法では，アンカーボルトに伸びが生じたり，下ベースプレート直下のコンクリートが圧壊したりすることで，がたつきを生じ，橋脚アンカー部のフーチングへの固定度が急激に低下する［後藤ら，1996，1997］．がたつきを防止するためには図-解 6.5.2 のように，下ベースプレート下面と下アンカービーム上面にナットを新たに設け，アンカーボルトを確実に固定する［水野ら，2013］ように規定した．

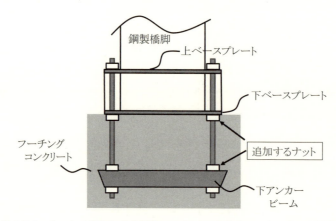

図-解 6.5.2 ナットの追加による鉄筋コンクリート方式アンカー部の耐震性能向上策

6.6 ボルト接合部の構造細目

構造部材のボルト接合部については接合部が弱点とならないように設計するものとする．

【解　説】

部材に引張力が作用する場合，接合部の母材が塑性化すると高力ボルト継手では接合面がすべり，ボルトの支圧で力が伝達されるようになる．このため，母板や連結板にはボルト孔によるひずみ集中が生じ，部材の変形性能が発揮される以前に，接合部の母板や連結板が早期に破断するおそれがある．これを防止するための一つの補強方法は，部材が耐力に到達する以前にその接合部の母材や連結板に塑性化が生じないようにすることである．一例として，図-解 6.6.1 に示すように接合部の母板と連結板の板厚を増厚することである．このような増厚方法はすでに用いられているが，板厚の決定において耐震性の視点は配慮されていない．接合部の母板や連結板の増厚はボルト孔を控除した母板の降伏強度が対応する部材の板要素の降伏強度以上になるようにする．母板や連結板の純断面積を A_n，対応する部材の板要素の断面積を A_g とすると，円孔の場合の応力集中係数を考慮して，$A_n > \alpha A_g$ となるように板厚を設計するのが一つの目安である．ここに $\alpha > 1.0$．なお，母材，連結板はすべて同一の材料であることを仮定している．

また，軸力部材では，設計降伏軸力より小さい設計軸力でボルト接合部を設計する事例が見られるが，ボルト接合部が引張力の作用に対し弱点にならないように，設計降伏軸力以上でボルト接合部を設計するのが望ましい．

第6章 鋼橋の各構成要素の構造細目

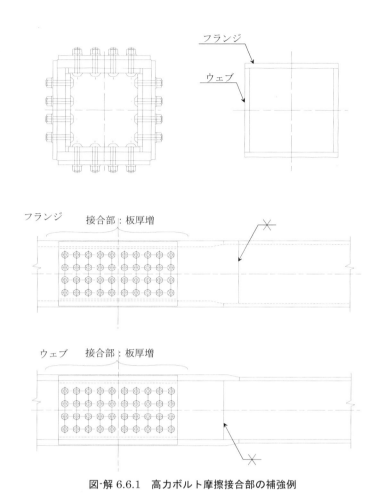

図-解 6.6.1 高力ボルト摩擦接合部の補強例

6.7 落橋防止システムの構造細目

(1) 落橋防止システムは，橋の形式，支承の機能と形式および地盤条件に応じて，落橋を防止するために適切な要素を設置するものとする．
(2) 落橋防止システムは，取付部が弱点とならないように設計するものとする．

【解　説】

(1) 想定を超える地震動が作用した場合に，支承部が破壊して，その破壊によって上部構造と下部構造が構造的に分離し，これらの間に大きな相対変位が生じて落橋する可能性が出てくる．それを防止する目的で，落橋防止システムが設置される．その設置においては，多方向入力の地震動による対象橋梁の地震応答解析などを行って，支承部の破壊後の挙動を予測することが重要であり，その予測を踏まえた上で，上部構造の落下を効果的に防止できるように落橋防止システムを設計する必要がある．落橋防止システムは，道路橋示方書・同解説Ⅴ耐震設計編［日本道路協会，2012］に示されるように，桁かかり長，落橋防止構造および横変位拘束構造からなり，これらの構成要素が補完し合って，落橋を防止するための機能を有する．桁かかり長は，支承部が破壊した時に，上部構造が下部構造の頂部から逸脱することを防止する機能を有する．落橋防止構造は，支承部が破壊した時に，橋軸方向の上下部構造間の相対変位が桁かかり長を超えないようにする機能を有する．横変位拘束構造は，支承部が破壊した時に，橋の構造的要因等によって上部構造が橋軸直

角方向に変位することを拘束する機能を有する．その詳細は，道路橋示方書・同解説 V 耐震設計編［日本道路協会，2012］を参考にするとよい．また，落橋防止構造の設計については，落橋防止構造設計ガイドライン（案）［土木研究センター，2005］を参考にするとよい．

第 6 章の参考文献

小松定夫，北田俊行（1980）：初期不整をもつ補剛された圧縮板の極限強度の実用計算法，土木学会論文報告集，No.302，pp.1-13.

阪神高速道路公団（1990）：設計基準第 2 部，構造物設計基準（橋梁編）．

日本道路協会（1991）：道路橋支承便覧，丸善．

首都高速道路公団（1992a）：鋼構造物設計基準．

首都高速道路公団（1992b）：下部構造設計基準．

渡邊英一，杉浦邦征，播本章一，長谷川敏之（1992）：ダクティリティーに基づく鋼製橋脚の有効な断面形状に関する実験的研究，構造工学論文集，Vol.38A，pp.132-142.

後藤芳顯，上條崇，藤原英之，小畑誠（1996）：鋼製橋脚定着部の終局挙動とそのモデル化に関する考察，構造工学論文集，Vol.42A，pp.987-998.

上仙靖，西川和廣，村越潤，高橋実（1996）：円形断面鋼製橋脚の隙間あけ鋼管巻立て補強に関する実験的検討，土木学会第 51 回年次学術講演会講演概要集，pp.584-585.

土木学会（1996）：鋼橋の耐震設計指針案と耐震設計のための新技術，鋼構造新技術小委員会・耐震設計研究ＷＧ．

後藤芳顯，宮下敏，藤原英之，上條崇（1997）：繰り返し荷重を受ける鋼製橋脚アンカー部の挙動とモデル化，土木学会論文集，No.563/I-39，pp.105-123.

日本道路協会（1997）：既設道路橋の耐震補強に関する参考資料，丸善．

三木千壽，四十沢利康，穴見健吾（1997）：鋼製橋脚ラーメン隅角部の耐震強度，鋼製橋脚の非線形数値解析と耐震設計に関する論文集，pp.307-314.

中井博，北田俊行，祝賢治，堀江佳平（1998）：開口部を有する圧縮補剛板の耐荷力照査法および補強方法の一提案，橋梁と基礎，Vol.32，No.7，pp.25-33.

半野久光，田嶋仁志，池田茂，岡本隆，水谷慎吾（1999）：縦リブを有する円形断面橋脚の変形性能，構造工学論文集，Vol.45A，pp.51-60.

北田俊行，中井博，徳林宗孝，坂口三代治，川副孝行（2000）：コンクリートを充填し，コーナー部に曲率を設けた鋼製橋脚柱の耐荷力と変形性能とに関する実験的研究，構造工学論文集，Vol.46A，pp.207-214.

山口栄輝，幸左賢二，秦健作，劉銘崇（2001）：被災したマンホール部を有する鋼製橋脚の損傷分析，構造工学論文集，Vol.47A，pp.793-800.

日本橋梁建設協会（2002）：鋼橋構造詳細の手引き．

名古屋高速道路公社（2003）：鋼構造物設計基準．

大賀水田生，竹村慎一郎，今村覚，新大輔（2004）：隅角部の曲面の大きさが箱形断面鋼製橋脚の耐震性能に及ぼす影響，構造工学論文集，Vol.50A，pp.95-102.

中村雅樹，藤井堅，曳野誠也，上野谷実（2004）：フランジに開口を有する箱形断面柱の補強方法，構造工学論文集，Vol.50A，pp.495-504.

日本道路協会（2004）：道路橋支承便覧，丸善．

土木研究センター（2005）：落橋防止構造設計ガイドライン（案），土木研究センター．

後藤芳顯，Kumar, G. P.，川西直樹（2009）：充填コンクリートとの相互作用を考慮した円形断面鋼製橋脚の繰り返し挙動の FEM 解析，土木学会論文集 A，Vol.65，No.2，pp.487-504.

後藤芳顯，水野貢介，Kumar, G. P.，藤井雄介（2010）：充填コンクリートとの相互作用を考慮した矩形断面鋼製橋脚の FEM 解析，土木学会論文集 A，Vol.66，No.4，pp.816-835.

日本道路協会（2012）：道路橋示方書（V耐震設計編）・同解説，丸善．

後藤芳顯，関一優，海老澤健正，呂西林（2013）：地震動下のコンクリート充填円形断面鋼製橋脚における局部座屈変形の進展抑制機構と耐震性向上，土木学会論文集 A1（構造・地震工学），Vol.69，No.1，pp.101-120.

水野剛規，後藤芳顯（2013）：水平 2 方向繰り返しを受けるアンカー部の損傷が鋼製橋脚の終局挙動に及ぼす影響，土木学会論文集 A1（構造・地震工学），Vol.69，No.2，pp.295-314.

美島雄士，小野潔，西村宣男（2014）：鋼製ラーメン橋脚隅角部の弾塑性挙動およびフィレットの効果を考慮した設計法の提案，土木学会論文集 A1（構造・地震工学），Vol.70，No.1，pp.31-50.

首都高速道路（2015）：橋梁構造物設計施工要領．

第 7 章 鋼橋のモデル化

7.1 一般

鋼橋の耐震解析においては，解析の目的に応じて所要の精度の解析結果が得られるようにモデル化しなければならない．

【解 説】

鋼橋の耐震解析においては，照査に用いる地震動の作用による構造物の応答値と限界値を適切に評価できるようにモデル化を行う必要がある．前回示方書では，基本的には限界値は各種の評価式により算定し，応答値の評価においてのみ耐震解析が用いられていた．本示方書では，汎用性のある性能照査型の設計を指向した照査法として，応答値のみならず，限界値を有限要素解析により評価する方法を「第 4 章 耐震性能照査」に示している．地震時の構造安全性と地震後の使用性・修復性を照査する場合の応答値および限界値を評価するための解析モデルを表-解 7.1.1 と 7.1.2 に示す．解析モデルは全体系はりモデル ME1，修正全体系はりモデル MME1，部材詳細モデル MS，全体系詳細モデル ME2 に分類した．

1) 全体系はりモデル ME1

全体系はりモデル ME1 は構造全体系を構成する部材をはり要素，トラス要素，バネ要素，ダッシュポット要素を用いてモデル化し，材料非線形性を考慮する部材の構成則にはバイリニアモデル（移動硬化則）等の一般的なものを用いたモデルである．このモデルは弾塑性有限変位動的解析による地震動下の構造全体系の応答値算定に用いられる．ただし，耐震性能 I の照査では，損傷が許容されないので，応答値の算定は，通常，弾性微小変位動的解析で良いが，幾何学的非線形性の影響が無視できない場合には弾性有限変位動的解析による．また，ME1 は耐震性能 I の照査での限界値である構造全体系の最大耐力を弾塑性有限変位静的解析（Pushover 解析）で評価する場合にも用いられる．Pushover 解析では，入力地震動下で構造全体系にとって最も不利と考えられる地震作用力モードベクトル（一定）に荷重倍率を乗じた荷重ベクトルを用い，最大荷重倍率として最大耐力を算定する．ただし，その適用にあたっては最大荷重倍率に到達するまでにはり要素でモデル化した部材が安全限界に到達しないことが前提条件である．さらに，ME1 は既設橋梁の耐震補強において主荷重を受け持たない二次部材の損傷をやむを得ず許容する場合に損傷による地震後の構造全体系の剛性低下を評価する場合に用いる．この場合，損傷が生じる二次部材をはじめから除去したモデル（ME1）に対して弾性有限変位静的解析（レベル 1 地震動に対する震度法）を行う．

2) 修正全体系はりモデル MME1

1) に述べたように，設計地震動に対して部材を含めた構造全体系の応答値を評価する場合には基本的には制震デバイスも含めて全体系はりモデル ME1 を用いる．しかし，耐震補強等で主荷重を受け持たない二次部材の損傷をやむを得ず許容する場合の応答値の評価には，損傷を許容する二次部材については座屈後挙動や破断挙動を考慮できる要素等を用いてモデル化を行った修正全体系はりモデル MME1 を用いなければならない．このような要素が利用できない場合には損傷後にただちに二次部材の機能が停止する要素を用いる必要がある（このモデルも MME1 と呼ぶ）．なお，損傷する二次部材の要素をはじめから全体系はりモデ

ル ME1 から取り除くと，構造系の振動特性に変化が生じ，地震動に対する応答値を適切に評価することができないことに留意しなければならない．

3) 部材詳細モデル MS

部材詳細モデル MS は損傷する部材（制震デバイスを除く）を取り出し，シェル要素やソリッド要素等を用いてモデル化したものである．繰り返し解析が必要な場合には，このモデルの材料構成則として塑性履歴挙動を扱える高精度のものを用いなければならない．本モデルはエネルギー吸収部材の安全限界である最大耐力の評価と既設橋梁の耐震補強等でやむを得ず非エネルギー吸収部材の損傷を許容する場合において，主要部材の繰り返し荷重下の最大耐力や最大耐力到達後の荷重低下の程度の評価に用いられる．

エネルギー吸収部材の最大耐力の評価では，条文 6.4【解説】に規定するエネルギー吸収部材としてのパラメータ制限を満足し，その性能が確かな場合は，条文 4.4【解説】(3)に述べるように，繰り返し解析の代用として Pushover 解析で最大耐力を求めることができる．このような場合には材料構成則としては単調載荷の範囲で正確であればよい．

Pushover 解析や繰り返し解析では，入力地震動下で部材にとって最も不利と考えられる地震作用による内力モードベクトル（一定）に荷重倍率（制御変数）を乗じた内力ベクトルを荷重として用いる（条文 4.4【解説】(3) 2)）．

部材詳細モデル MS の解析では，部材が安全限界状態に至るまでの挙動を精度よく評価する必要があるため，必要に応じて初期不整の影響を考慮する（条文 7.7【解説】）．

4) 全体系詳細モデル ME2

全体系詳細モデル ME2 は全体系はりモデル ME1 の精度向上を図ったモデルである．すなわち，制震デバイス以外のエネルギー吸収部材と耐震補強でやむを得ず損傷を許容する非エネルギー吸収部材である主要部材を部材詳細モデル MS で表し，損傷を許容しない部材については ME1 と同様にはり要素，トラス要素，バネ要素，ダッシュポット要素を用いてモデル化したものである．また，既設橋梁の耐震補強等で主荷重を受け持たない二次部材の損傷をやむを得ず許容する場合（表-解 7.1.2），二次部材には塑性変形能がなく損傷後直ちに破壊する恐れがあるため，座屈後の挙動や破断挙動が考慮できるように何らかの配慮が必要である．

ME2 は弾塑性有限変位静的解析（Pushover 解析）により構造全体系の最大耐力，残留変位・残留変形，二次部材の損傷による地震時の剛性低下率（条文 4.4【解説】(3) 5)）を評価するために用いる．構造全体系の最大耐力や二次部材の損傷による地震時の剛性低下率の評価では，損傷を許容する二次部材は解析のはじめから取り除く．Pushover 解析に用いる荷重としては ME1 と同様に算定する構造全体系の最大耐力，残留変位・残留変形，剛性低下率にとって最も不利になると考えられる地震作用力モードベクトルをそれぞれ用いる．構造全体系の最大耐力の評価において，最大荷重点に到達する前にはり要素でモデル化した部材（損傷を許容しない部材）が部材強度相関式による安全限界に到達する場合はその点の荷重を構造全体系の最大耐力とする．

ME2 を弾塑性有限変位動的解析により構造全体系の残留変位・残留変形を正確に評価するために用いる場合は，損傷する二次部材については損傷後の座屈・破断挙動を表現できる要素を用いる．このような要素が利用できない場合には二次部材の損傷後にただちに二次部材の機能が停止する要素を用いる必要がある．

低サイクル疲労の照査では応答値として用いる局部的な繰り返しひずみの大きさと頻度は全体系はりモデル ME1 で算定された値をもとに換算する方法（補遺 4-5）を基本としているが，この近似的な方法が適用できない場合にはひずみ集中部をソリッド要素でモデル化した全体系詳細モデル ME2 を用いる必要がある．

残留応力や初期たわみなどの初期不整が限界値である最大耐力に与える影響を無視できない場合には，全

体系詳細モデル ME2 では，MS で考慮する部材としての初期不整に加え，構造全体系としての初期不整の影響を適切に考慮しなければならない．

　本章では，耐震性能照査を実施する場合に考える構造単位である部材の標準的なモデル化手法およびこれらの部材から構成される橋梁全体のモデル化手法について示す．ここに示すモデル化手法の例は，現状の知見と構造解析ソフトの機能等を踏まえて示した標準的なものである．ただし，より適切で妥当なモデル化手法があれば，それらを用いることを妨げるものではない．

表-解 7.1.1　レベル 2 地震動に対する耐震照査に用いるモデルと解析方法および照査指標

耐震性能	照査項目		限界状態	応答値と評価法	限界値と評価法※
耐震性能 I	構造全体の安全性（主荷重に対する照査でも構造全体系の座屈安定性をとくに配慮する必要がある構造の場合のみ）		構造全体系の座屈	◆全体系はりモデル（ME1） ・弾性有限変位動的解析 ・地震作用力	◆全体系はりモデル（ME1） ・弾塑性有限変位静的解析（Pushover 解析） ・構造全体系の最大耐力
	部材の安全性		部材の降伏，座屈	◆全体系はりモデル（ME1） ・弾性微小変位動的解析 　ただし，主荷重に対する設計において応答値の算定に幾何学的非線形性の影響を考慮する構造の場合は弾性有限変位動的解析 ・内力	・部材強度相関式［設計編］
	地震後の使用性・修復性		構造の残留変位・残留変形	部材強度相関式［設計編］を満足するため，各部材は損傷せず，大部分の部材はほぼ弾性状態にあるので，構造物が元の状態に復元する機能は十分保持している．したがって，残留変位や残留変形はほとんど生じないので改めて照査を行う必要はない．	
耐震性能 II，III	構造全体の安全性（連続高架橋では構造全体系の座屈耐力が支配的とならないので照査を行わない）		構造全体系の座屈	◆全体系はりモデル（ME1） ・弾塑性有限変位動的解析 ・地震作用力	◆全体系詳細モデル（ME2） ・弾塑性有限変位静的解析（Pushover 解析） ・構造全体系の最大耐力
	部材の安全性	非エネルギー吸収部材	部材の降伏，座屈	◆全体系はりモデル（ME1） ・弾塑性有限変位動的解析 ・内力	・部材強度相関式［設計編］
		エネルギー吸収部材	繰り返しによる耐力・変形能	◆全体系はりモデル（ME1） ・弾塑性有限変位動的解析 ・内力または，曲率または，ひずみ	◆部材詳細モデル（MS） ・弾塑性有限変位静的解析（Pushover 解析） ・部材の最大耐力・変形能（無充塡鋼製橋脚については限界値を最大耐力，限界変位，限界ひずみ，限界曲率などで表した推定式（付録 2）の利用が可能）
			低サイクル疲労	◆全体系はりモデル（ME1）（簡易法） ◆全体系詳細モデル（ME2） ・弾塑性有限変位動的解析 ・繰り返しひずみの大きさとその頻度	・部材の低サイクル疲労強度
	地震後の使用性・修復性（耐震性能 II のみ）		構造の残留変位・残留変形	◆全体系詳細モデル（ME2） ・弾塑性有限変位静的解析（Pushover 解析）．より正確には弾塑性有限変位動的解析． ・残留変位，残留変形	・耐震性能 II に応じた地震後の使用性・修復性を確保するために必要な残留変位，残留変形の制限値という観点から限界値設定（各構造について個別に設定）

※) 限界値の評価に用いる各モデルにおいて，はり要素でモデル化する部材は部材強度相関式を満足することが前提．

第7章　鋼橋のモデル化　　117

表-解 7.1.2 既設橋の耐震補強において非エネルギー吸収部材である主要部材や主荷重を受け持たない二次部材の損傷を許容する場合の耐震照査に用いるモデルと解析方法および照査指標（この表は表-解 7.1.1 と異なる部分のみをまとめた[※2]）

耐震性能	照査項目	限界状態	応答値の評価	限界値の評価[※1]
耐震性能 II, III	構造全体の安全性（連続高架橋では構造全体系の座屈耐力が支配的とならないので照査を行わない）	構造全体系の座屈	◆全体系はりモデル（ME1） ◆修正全体系はりモデル（MME1） （主荷重を受け持たない二次部材の損傷を許容する場合） ・弾塑性有限変位動的解析 ・地震作用力	◆全体系詳細モデル（ME2） （主荷重を受け持たない二次部材の損傷を許容する場合は当該部材をモデルから除去） ・弾塑性有限変位静的解析（Pushover 解析） ・構造全体系の最大耐力
		地震時の剛性低下	◆全体系詳細モデル（ME2） （損傷する主要部材，損傷する二次部材を線形弾性と仮定したモデルを別途設定） ・弾塑性有限変位静的解析（Pushover 解析） ・剛性低下率	・非エネルギー吸収部材の損傷を許容することによる構造物の剛性低下率が構造全体系の安全性を損なわないという観点から限界値設定.
	部材の安全性（損傷を許容する非エネルギー吸収部材）	繰り返しによる耐力	【主要部材】 ◆全体系はりモデル（ME1） ・弾塑性有限変位動的解析 ・内力 【主荷重を受け持たない二次部材】 ・応答が部材耐力を超える場合も許容. 部材の照査は不要.	【主要部材】 ◆部材詳細モデル（MS） ・弾塑性有限変位静的解析（Pushover 解析と繰り返し解析）. ・繰り返しを考慮した部材の最大耐力と最大耐力到達後の耐力低下 【主荷重を受け持たない二次部材】 なし.
	地震後の使用性・修復性（耐震性能 II のみ）	構造の残留変位・残留変形	◆全体系詳細モデル（ME2） ・弾塑性有限変位静的解析（Pushover 解析） ・弾塑性有限変位動的解析 　ただし，主荷重を受け持たない二次部材の損傷を許容する場合は，Pushover 解析では当該部材をモデルから除去，弾塑性有限変位動的解析では当該部材の座屈後挙動や破断挙動を考慮できる要素の解析モデルへの組み込み必要. このような要素が利用できない場合には，二次部材は損傷後に直ちに機能が停止する要素を利用. ・残留変位，残留変形	・耐震性能 II に応じた地震後の使用性・修復性を確保するために必要な残留変位，残留変形の制限値という観点から限界値設定（各構造について個別に設定）.
		地震後の剛性低下	◆全体系はりモデル（ME1） （損傷が生ずる二次部材を除去した全体系はりモデルによる. ） ・弾性有限変位静的解析（Pushover 解析，レベル1地震動作用に対する震度法）[※3] ・剛性低下率	・主荷重を受け持たない二次部材の損傷を許容することによる構造物の剛性低下率が地震後の使用性を損なわないという観点から限界値設定（各構造について個別に設定）.

[※1] 限界値の評価に用いる各モデルにおいて，はり要素でモデル化する部材は部材強度相関式を満足することが前提.

[※2] エネルギー吸収部材と損傷を許容しない非エネルギー吸収部材の解析モデルは表-解 7.1.1 による.

[※3] 比較のために，損傷する主要部材，二次部材を弾性体と仮定した全体系はりモデルによる Pushover 解析を実施する.

7.2 耐震解析に用いる有限要素

(1) 各部材のモデル化に用いる有限要素は解析の目的に応じて適切なものを用いるものとする.

(2) 各部材の要素分割は解析の目的に応じて所要の精度が確保できるように適切に行うものとする.

【解　説】

(1) 全体系はりモデルME1, 修正全体系はりモデルMME1 を構成する各部材は, はり要素, トラス要素, バネ要素, ダッシュポット要素を用いてモデル化を行うことを標準とする（「5.2　数値解析法」参照）. 部材詳細モデルMS, 全体系詳細モデルME2 においては, 安全限界に至るまでの挙動や残留変位, 残留変形などを精度よく表すために, 損傷が生ずる部位にシェル要素, ソリッド要素等を用いてモデル化を行う. 損傷する部材と損傷しない部材はそれぞれ異なる種類の要素でモデル化することになるため, 各要素の変形と応力成分を考慮して力の流れがスムーズになるように両者を接合する必要がある. また, 最大耐力の評価において初期不整の影響を無視できない場合にはこれを考慮するものとする.

(2) 有限要素解析により求まる応答値は近似解であるので, はり要素, シェル要素, ソリッド要素を用いる場合には所要の精度を満足するように要素分割による解の収束性について検証する必要がある（「5.2　数値解析法」参照）. 要素分割は, 少なくとも要素分割数が異なる3 ケース以上の解析を行い, 解が確実に収束することを確認した上で, 決定しなければならない. このほか, 材料非線形解析を行う場合には, はり要素では断面分割, シェル要素では板厚方向の層分割についても同様に検証が必要である. 例えば, 単柱式橋脚に関しては要素分割と断面分割数の検討例［小野ら, 2011；日本鋼構造協会, 2011］があるので参考にすると良い.

7.3 材料構成則

7.3.1 一般

構造物の耐震解析において各要素に用いる鋼材およびコンクリート材料の構成則は妥当性が実験などで検証された適切なものを用いるものとする.

【解　説】

構成則を適用する際に必要な, 鋼材の降伏強度, ヤング係数, ポアソン比, またコンクリートの圧縮強度, ヤング係数, ポアソン比などの材料特性値は,「［設計編］の第3章　材料」に基づき定めてよい.

7.3.2 鋼材

鋼材には, 解析の目的に応じて適切な材料構成則を用いるものとする.

【解　説】

地震動入力に対する応答値の算定に用いる全体系はりモデルME1, 修正全体系はりモデルMME1 の構造用鋼材の応力－ひずみ関係は図-解7.3.1 に示すバイリニア型とし, バウシンガー効果を近似的に考慮する移動硬化則を用いることを標準とする. 一般的な構造用鋼材では2 次勾配は$E_2 = E/100$ としてよい. ただし,

第7章 鋼橋のモデル化

SM570以上の高張力鋼については別途検討が必要である.

限界値算定のための部材詳細モデル MS, 全体系詳細モデル ME2 においてエネルギー吸収部材には大きな塑性履歴が生ずるため,降伏棚とひずみ硬化域の挙動および繰り返し塑性の特性を精度よく表しうる高精度の構成則を用いるものとする.非エネルギー吸収部材に塑性化を許容する場合も同様である.ひずみ硬化域における応力－ひずみ関係（図-解 7.3.1）は基本的には素材の引張試験を行い定めるのが良いが,できない場合には,妥当性を吟味した上で,次式により推定することができる.

$$\frac{\sigma}{\sigma_y} = \frac{1}{\xi}\frac{E_{st}}{E}\left(1 - e^{-\xi(\frac{\varepsilon}{\varepsilon_y} - \frac{\varepsilon_{st}}{\varepsilon_y})}\right) + 1 \quad (\varepsilon \geq \varepsilon_{st}) \qquad (解 7.3.1)$$

ここで,ε_{st}はひずみ硬化開始時のひずみである.また,ひずみ硬化係数E_{st},材料パラメータξなどの材料定数の例を表-解 7.3.1 にまとめて示す.

以上に示した応力－ひずみ関係は公称応力－工学ひずみの関係である.塑性変形が大きい場合には有限ひずみの問題として扱う必要がある.このようなときには真応力－対数ひずみ（あるいは対数塑性ひずみ）関係で与える必要があるので注意しなければならない.なお,鋼材の塑性域（ポアソン比$\nu = 0.5$）における公称応力－工学ひずみから真応力－対数ひずみへの換算は以下の式により行うことができる.

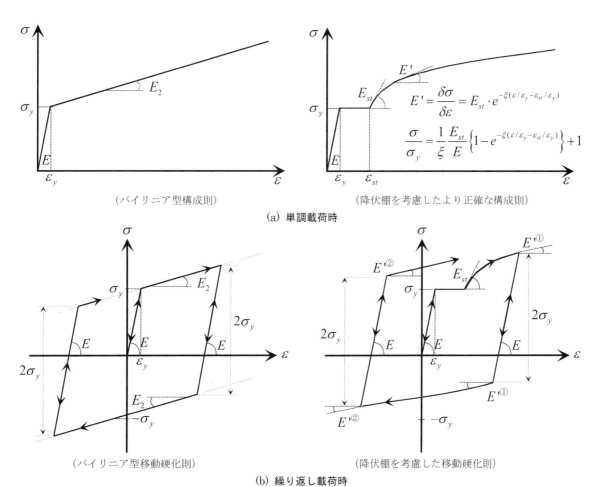

(a) 単調載荷時

(b) 繰り返し載荷時

図-解 7.3.1 構造用鋼材の応力－ひずみ関係のモデル化

$$\sigma_{true} = \sigma_{nom}\left(1 + \varepsilon_{eng}\right) \qquad (\text{解 } 7.3.2)$$

$$\varepsilon_{\ln} = \ln\left(1 + \varepsilon_{eng}\right) \qquad (\text{解 } 7.3.3)$$

ここに，ε_{eng} は工学ひずみ，σ_{nom} は公称応力，$\varepsilon_{\ln}$ は対数ひずみ，σ_{true} は真応力を表す.

表-解 7.3.1　降伏棚のあるひずみ硬化型モデルの材料定数の例

材質	ξ	E / E_{st}	$\varepsilon_{st} / \varepsilon_u$
SS400	0.06	40	10
SM490	0.06	30	7
SM490Y	0.06	35	7
SM570	0.02	100	3
S35CN	0.06	30	9.5
S45CN	0.05	17	4
SBHS500	0.10	40	1.5
SBHS700	0.07	140	5

　SS 材や SM 材に関する鋼材の繰り返し塑性の特性を実験に基づき現象学的に定式化した構成則としては，多曲面モデル［皆川，1988］，修正二曲面モデル［Shen et al., 1993, 1995］，三曲面モデル［後藤ら，1998a, 2005 ; Goto et al., 1998］，BMC モデル［西村ら，1995］などの高精度の構成則が提案されているのでこれらを参考にするとよい．これらの構成則が利用できない場合には妥当性を十分検証した上で図-解 7.3.1 に示す降伏棚を考慮した移動硬化則の応力－ひずみ関係を使うことも考えられる．シェル要素などに導入する場合は 1 軸の関係を相当応力－相当塑性ひずみの関係としてとらえ J2 流れ則で多軸へ拡張される．SM570 の他 SBHS 鋼，降伏点一定鋼，低降伏点鋼等の高性能鋼の塑性化を考慮する場合，これらの鋼材の繰り返し挙動に関する十分なデータがないので，解析で用いる材料構成則の妥当性を実験により検証する必要がある.

　以上の鋼材の材料構成則におけるひずみの適用範囲は正負とも引張試験で得られる引張強度点までのひずみとする.

7.3.3 コンクリート

　コンクリートには解析の目的に応じて適切な材料構成則を用いるものとする.

【解　説】

　入力地震動に対する構造系の応答値の算定に用いる全体系はりモデル ME1，修正全体系はりモデル MME1，限界値算定のための部材詳細モデル MS，および全体系詳細モデル ME2 に用いるコンクリートの材料構成則をそれぞれ以下に説明する.

　1）全体系はりモデル ME1，修正全体系はりモデル MME1

　全体系はりモデルでははり要素を用いることが前提であるため，コンクリートの材料構成則は 1 軸の応力－ひずみ関係として表されている．ここでは，鋼製橋脚の充填コンクリートと床版コンクリートに適用する構成則をそれぞれ以下に示す.

　（a）鋼製橋脚柱の充填コンクリート

　構成則を骨格曲線と履歴曲線に分けて説明する.

　＜骨格曲線＞

　充填コンクリートは鋼管からの側方拘束圧が大きいほど鉛直方向の圧縮強度が増加する．拘束効果は

鋼管の断面形状により異なり，矩形断面に較べて円形断面の側方拘束圧が大きいことが知られている［土木学会，2014；鉄道総合技術研究所，2016］．矩形断面においては角部で充填コンクリートに拘束効果が生じるが，鋼管パネルの中央を含む大部分では拘束効果は小さい［後藤ら，2010；Goto et al., 2012］．このような充填コンクリートの側方拘束効果は柱の耐震性能向上に寄与するので骨格曲線に反映される場合もある．

　道路橋示方書・同解説 V 耐震設計編［日本道路協会，2012d］では側方拘束効果を考慮しない図-解 7.3.2（$k_1 = 0.85$, $\varepsilon_0 = 0.002$）に示す骨格曲線が示されている．充填コンクリートの骨格曲線に側方拘束効果を近似的に考慮したものとして，矩形断面柱に対して $k_1 = 1.0$, $\varepsilon_0 = 0.0023$（図-解 7.3.2）としたものが新技術報告書［土木学会，1996］に示されている．本来，側方拘束効果は側圧の大きさにより異なり，これが大きいほど圧縮強度が上昇するが，図-解 7.3.2 では圧縮強度は側圧の大きさによらず一定としている．側方拘束効果の大きい円形断面柱の充填コンクリートを対象とした骨格曲線はいくつか提示されている［例えば，唐ら，1996；Susantha et al., 2001；土木学会，2014；鉄道総合技術研究所，2016］．これらの骨格曲線は図-解 7.3.3 に示すモデル［Mander et al., 1988］を基本としている．図-解 7.3.3 の鋼管により拘束されたコンクリートの最大圧縮強度 f_{cc} は次式で算定される．

$$f_{cc} = \sigma_{ck}\left(2.254\sqrt{1 + \frac{7.94\sigma_l}{\sigma_{ck}}} - \frac{2\sigma_l}{\sigma_{ck}} - 1.254\right) \tag{解 7.3.4}$$

ここで，σ_l は鋼管による充填コンクリートの拘束応力度で次のようにあらわされる．

$$\sigma_l = \frac{2t\sigma_y}{D - 2t} \tag{解 7.3.5}$$

ここに，D は鋼管の直径，t は鋼管の板厚，σ_y は鋼管の降伏応力である．

＜履歴曲線＞

　矩形断面鋼管の充填コンクリートを対象とした履歴曲線としては，図-解 7.3.2 に示すように，除荷・負荷時の剛性は初期剛性 $E_c = 2k_1\sigma_{ck}/\varepsilon_0$ とし，引張に対しては抵抗しないものが一般的に用いられている．

(b) 床版コンクリート

　床版コンクリートは基本的には損傷を許容しないので弾性の構成則を用いる．この場合の弾性係数は「［設計編］第 3 章　材料」の規定に基づき設定してよい．損傷を許容する場合には，床版コンクリートにはエネルギー吸収を期待しないものとし，道路橋示方書・同解説 III コンクリート橋編［日本道路協会，2012b］の骨格曲線（図-解 7.3.2 において $k_1 = 0.85$, $\varepsilon_0 = 0.002$）を用いた非線形弾性体とするとよい．

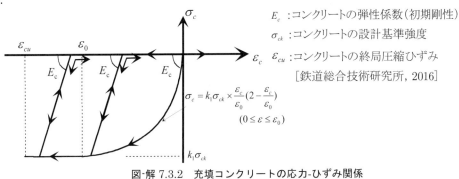

図-解 7.3.2　充填コンクリートの応力-ひずみ関係

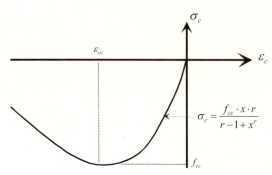

図-解 7.3.3　充填コンクリートの応力-ひずみ関係（円形断面）

2) 部材詳細モデル MS，全体系詳細モデル ME2

(a) 鋼製橋脚柱の充填コンクリート

部材詳細モデル MS と全体系詳細モデル ME2 においては，多軸拘束応力下のコンクリートの挙動を表すためにソリッド要素でモデル化するので多軸応力下の材料構成則を用いる必要がある．このような構成則としては，数値安定性に優れた損傷塑性モデル [Lee et al., 1998] が比較的多く用いられている．

部材詳細モデル MS において，充填コンクリート部分に損傷塑性モデルを導入したソリッド要素，鋼管部分に三曲面モデルを導入したシェル要素を用いるとコンクリート充填鋼製橋脚柱模型の繰り返し載荷実験で得られた終局挙動を良好な精度で解析できることが報告されている [後藤ら, 2009, 2010, 2013；Goto et al., 2010, 2012, 2014]．このモデルを用いた解析法の概要は補遺 7-1 に述べている．損傷塑性モデルの材料パラメータの設定法はこれらの文献を参照すればよい．ただし，本部材詳細モデル MS を用いた解析では橋脚柱単体の解析でも非常に大きな計算容量と計算時間が必要であるので，複数本のコンクリート充填橋脚で支えられた高架橋の全体系詳細モデル ME2 への適用は現在の計算機環境では難しい．そこで，比較的簡易なモデルとして，コンクリート充填橋脚で損傷を受け鋼管に局部座屈変形が生じる部分をモデル化した 3 次元セグメントモデル [川西ら, 2017, 2018]（補遺 7-2 参照）が提案されている．

(b) 床版コンクリート

床版コンクリートはほぼ無損傷にとどめることを原則とするので 1) (b)と同様の構成則を用いてよい．やむを得ず床版コンクリートに損傷を許容せざるを得ない場合には，限界値や残留変位の算定においては非線形挙動を考慮できる損傷塑性モデルなどを用いる．

7.4　質量

地震動に対する動的解析を行う場合には，橋梁の動的特性が所定の精度で表せるように構造系の質量分布を適切にモデル化しなければならない．

【解　説】

地震動に対する動的解析（固有振動解析を含む）に用いる構造系の要素の質量行列の構成法には集中質量行列と整合質量行列による方法がある．整合質量行列の方がより正確ではあるが，橋梁の耐震解析においては，工学的に重要と考えられる振動モードを表現できればよいので，局所的な挙動が重要となる場合を除け

ば，必ずしも整合質量行列を用いる必要は無い．ここでは，設計地震動に対する動的解析により応答値や残留変位・残留変形を算定する場合に用いる全体系はりモデル ME1，修正全体系はりモデル MME1，全体系詳細モデル ME2 を対象として，一般的な集中質量行列の考え方をもとにした質量のモデル化手法の例を示す［日本鋼構造協会，2011］．

橋梁を構成する一般的な鋼部材の質量は図-解 7.4.1 に示すように，対象とする部材をある適切な長さの区間（区間長 l）に分割し，質量を配置する質量節点を区間両端に設定する．質量節点間の区間長 l の範囲の質量を 1/2 ずつ各区間両端の質量節点位置の部材断面に等分布する質量として配分する．そして，各質量節点位置の断面が剛体運動をすると仮定することで，断面に等分布する質量から，並進運動に対応する慣性質量と 3 方向の回転運動に対応する 3 軸まわりの慣性モーメントを計算することができる．なお，質量節点間は必要に応じて要素分割する．

部材軸方向の寸法に対して断面方向の寸法が小さい棒状の部材（はりや柱）ではすべての慣性モーメントを無視することを標準とする．床版のように断面方向の寸法が部材軸方向寸法に比べて大きな部材では橋軸まわりの慣性モーメントを考慮することを標準とする．これは，床版と桁からなる上部構造を 1 本のはりとしてモデル化する場合にも適用する．フーチングのように変形が十分小さく剛体とみなせる場合は図-解 7.4.2(b) に示すように物体の重心位置に慣性質量と慣性モーメントを集約させた集中慣性質量・慣性モーメントモデルにより表わしてよい．

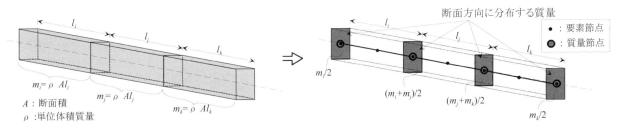

図-解 7.4.1 部材の質量の与え方

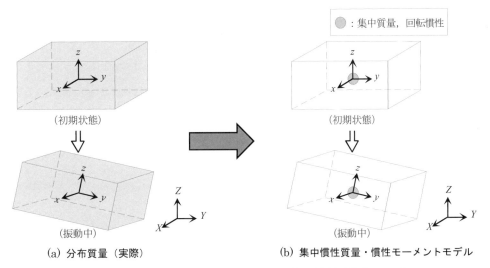

図-解 7.4.2 剛体における分布質量の集中化［日本鋼構造協会，2011］

7.5 減衰

動的解析により橋梁の応答値を算定する場合には，適切な減衰を構造系に考慮することを原則とする．

【解 説】

橋梁構造物には種々の要因による減衰が存在するため，設計地震動に対する動的解析により応答値や残留変位・残留変形を算定する場合に用いる全体系はりモデル ME1，修正全体系はりモデル MME1，全体系詳細モデル ME2 には構造物がもつ減衰の影響を適切に考慮することを原則とする．なお，部材詳細モデル MS は動的解析には用いないので対象外である．

塑性履歴減衰は弾塑性動的解析においては自動的に考慮されるので，ここで対象とするのはそれ以外の減衰である．これらの減衰は減衰力を速度に比例した粘性減衰の形で与える場合が多い．しかしながら，減衰の現象は非常に複雑であるため，実際の問題に適用する場合，粘性減衰の比例係数の設定において明確に定まった方法が提示されていないのが現状である．本示方書では慣用的に用いられている以下の方法を標準とする．

1) モード減衰定数の算定

構造物の各振動モードに対する減衰定数（モード減衰定数）は次のひずみエネルギーに比例させた形で算定する．すなわち，k 次振動モードの減衰定数 h_k は次式で与える［日本道路協会，2012d］．

$$h_k = \frac{\sum_{i=1}^{n} h_i^e \{\phi_{ki}\}^T [\mathbf{k}_i] \{\phi_{ki}\}}{\{\mathbf{\Phi}_k\}^T [\mathbf{K}^*] \{\mathbf{\Phi}_k\}} \tag{解 7.5.1}$$

ここに，$[\mathbf{K}^*]$：モード減衰定数算定のための構造全体の剛性行列，$\{\mathbf{\Phi}_k\}$：構造物の k 次振動モードベクトル，h_i^e：要素 i の減衰定数，$[\mathbf{k}_i]$：要素 i の剛性行列，$\{\phi_{ki}\}$：要素 i の k 次振動モードベクトル

$[\mathbf{K}^*]$ は基本的には初期の接線剛性を用いる．ただし，ダンパー等の部分的な粘性減衰装置が取り付けられた構造物のモード減衰の算定においては式(解 7.5.1)の分子には部分的な粘性減衰装置の項を考慮しない．部分的な粘性減衰装置は次の 2)で述べるようにダッシュポット要素で別途モデル化する．免震支承，機能分離型支承，すべり支承などの履歴減衰装置のように初期剛性と地震時の振動レベルにおける剛性とが大きく異なる構造要素では $[\mathbf{K}^*]$，$[\mathbf{k}_i]$ の算定時に非線形の時刻歴応答解析による最大応答を推定して構造要素の等価剛性を算定する．具体的な等価剛性の算定法は 3)に述べる．構造物と要素の振動モードベクトル $\{\mathbf{\Phi}_k\}$，$\{\phi_{ki}\}$ は初期接線剛性行列 $[\mathbf{K}^*]$ を用いた固有振動解析により算定する．

2) Rayleigh 型減衰の設定

減衰のモデルとしては妥当性に関する議論は多いが，現状で最も多く用いられている Rayleigh 型減衰を用いることとする．Rayleigh 型減衰では式(解 7.5.2)に用いる比例係数 α，β を決める必要がある．

$$[\mathbf{C}] = \alpha [\mathbf{M}] + \beta [\mathbf{K}^{**}] \tag{解 7.5.2}$$

ここに，$[\mathbf{C}]$：減衰行列，$[\mathbf{M}]$：質量行列，$[\mathbf{K}^{**}]$：減衰評価のための構造全体の剛性行列．とくに，$\alpha = 0$ とした場合を剛性比例型減衰，$\beta = 0$ とした場合を質量比例型減衰と呼ぶ．

Rayleigh 型減衰の場合には，k 次振動モード（固有振動数 f_k）の減衰定数 h_k と比例係数 α，β の関係は次式のようになるので

$$h_k = \frac{\alpha}{4\pi f_k} + \pi\beta f_k \qquad\qquad (\text{解}7.5.3)$$

2つの振動次数（2つの振動モード）i，jの減衰定数を設定することによって，係数α，βが次式のように決定される．

$$\alpha = \frac{4\pi f_i f_j (h_i f_j - h_j f_i)}{(f_j^2 - f_i^2)}$$
$$\beta = \frac{(h_j f_j - h_i f_i)}{(\pi f_j^2 - \pi f_i^2)} \qquad\qquad (\text{解}7.5.4\text{a,b})$$

ここに，f_i，f_j とh_i，h_jはそれぞれ対象としている振動次数i，j（$i<j$）の固有振動数と減衰定数である．式(解7.5.3)により係数α，βを求める際には，対象とする構造物の動的挙動に影響を及ぼす2つの振動次数を選ぶ必要がある．なお，質量比例型減衰や剛性比例型減衰では一つの振動次数で良い．

Rayleigh型減衰の設定における2つの振動次数の選定方法については，理論的に明確な基準はなく工学的判断によっているのが実情である．ここでは，水平1方向地震動入力の場合に通常用いられている2つの方法を以下に紹介する．

一つは，地震動の入力方向に関係する振動モードから有効質量の大きな2つのモードを着目振動モードとして選び，式(解7.5.4a,b)によりα，βを決める方法である．いま一つは，地震動の入力方向に関係する振動モードについて有効質量が1〜3番目くらいのものと3〜5次程度の振動次数の中からそれぞれ一つずつ選定し，式(解7.5.4a,b)によりα，βを決める方法である．ただし，このような方法は解析者の判断により選定するモードに違いが生じ，解析結果のばらつきの原因になる恐れがある．また，構造物の動的応答特性は入力地震動の周期特性に影響を受けるので，有効質量の大きさのみから着目する振動モードを判断することは必ずしも適当ではない場合もあるので注意する必要がある．多方向地震動入力の場合はほとんど例がないが，上記の方法の延長として考えると振動が卓越する2方向について有効質量の大きな振動モードを入力地震動の周期特性を考慮してそれぞれ1つ選ぶことが考えられよう．

Rayleigh型減衰（$[\mathbf{C}] = \alpha[\mathbf{M}] + \beta[\mathbf{K}^{**}]$）を構成する剛性比例の項$\beta[\mathbf{K}^{**}]$の剛性行列$[\mathbf{K}^{**}]$には構造の接線剛性$[\mathbf{K}_T]$を用い，動的応答解析では逐次接線剛性を更新するのが適切である．これを，更新しない場合には，剛性行列$[\mathbf{K}^{**}]$には少なくとも死荷重下の初期接線剛性を用いる．解析対象である構造内にオフセット部材や剛域などの剛性の高い要素が存在する場合においては減衰係数が大きくなるのを防ぐため剛性比例の項$[\mathbf{K}^{**}]$の剛性行列にこれらの要素の剛性を含めないようにする．免震支承，機能分離型支承，すべり支承などの履歴減衰装置のように初期剛性と地震時の振動レベルにおける剛性の差が大きい要素が存在する場合には次の3)に示す方法で評価される等価剛性を用いる．

粘性ダンパー等の粘性減衰装置についてはダッシュポットとしてモデル化し，対応する要素の減衰係数を減衰行列$[\mathbf{C}]$の該当位置に直接配置する．このためには要素ごとに減衰を設定できる機能が解析ソフトになければならない．この場合，最終的な減衰行列$[\mathbf{C}]$は非比例減衰行列となる．

3) 初期剛性と地震時の振動レベルの剛性とが大きく異なる免震支承などの構造要素の剛性

免震支承（機能分離型支承，すべり支承についても以下同様）などの初期剛性と地震時の振動レベルにおける剛性とが大きく異なる構造要素では地震時の非線形の時刻歴応答解析による最大応答を推定して構造要素の等価剛性を算定する．具体的な算定手続きを以下に示す．

① 免震支承に生ずる最大応答変位を仮定する．免震支承の非線形の履歴型モデルの骨格曲線において，最大応答変位に対応する点と原点を結ぶ割線剛性として等価剛性を算定する．

② 免震支承の剛性に①の等価剛性を用いた固有振動解析を行い，式(解 7.5.1)によりモード減衰定数を算定する．

③ 免震支承を非線形の履歴型モデルで表した免震橋の弾塑性有限変位動的解析を行い，免震支承に発生する最大応答値を求め，①で仮定した最大応答値と比較する．両者の誤差が 10%以下におさまるまで，①～③を繰り返し行う．なお，弾塑性有限変位動的解析における，Rayleigh 型減衰（$[\mathbf{C}] = \alpha[\mathbf{M}] + \beta[\mathbf{K}^{**}]$）の $[\mathbf{K}^{**}]$ の剛性行列での免震支承の要素の剛性は①で求めた等価剛性を用いる．

7.6　地震作用の静的な荷重への換算

　動的な影響を静的な荷重（地震作用力）に換算する場合には，目的に応じた適切な荷重にモデル化するものとする．

【解　説】

　「4.3　レベル 2 地震動に対する耐震性能 I の照査法」，「4.4　レベル 2 地震動に対する耐震性能 II, III の照査法」において，全体系はりモデル ME1，修正全体系はりモデル MME1，全体系詳細モデル ME2，部材詳細モデル MS を用いた弾塑性有限変位静的解析（Pushover 解析）により構造全体系の最大耐力と残留変位・残留変形および損傷を許容する各部材の最大耐力などを評価する必要がある．このときに用いる静的な地震作用力ベクトルのモードは入力地震動に対して構造全体および部材の安全限界状態，残留変位・残留変形を適切に評価できるものを設定しなければならない．地震作用力ベクトルのモードの具体的な設定法は条文 4.3【解説】および 4.4【解説】に述べている．

7.7　初期不整

　初期不整が構造物の挙動に与える影響を無視できない場合には，目的に応じてこれを適切に考慮しなければならない．

【解　説】

　実際の鋼橋では部材の製作，部材の組立および架設時等の各段階において設計で理想とする状態と実際の状態との間に差異が生じる．完成した実構造と設計で理想とする構造物との間の最終的な差異を初期不整と呼ぶ．初期不整は材料的初期不整と幾何学的初期不整とに大別される．部材製作時の溶接や圧延で生じる残留応力は材料的初期不整である．一方，偏心や無載荷状態で生じている部材や構造系の初期たわみは幾何学的初期不整である．不静定構造においては，部材の組立時や架設時の幾何学的初期不整により，完成した構造系の各部材には初期部材力が内在するとともに反力の不整も生じる．以上のような初期不整は部材や構造の耐荷性能に悪影響を及ぼすことが知られている．このため，道路橋示方書・同解説 II 鋼橋編［日本道路協会，2012a］などでは部材精度や組立精度が規定されている．また，構造安全性の照査で限界値として用いる部材耐力の評価式には初期不整による耐力低下の影響が考慮されている．したがって，部材詳細モデル MS

や全体系はりモデル ME1, 全体系詳細モデル ME2 による解析で部材や構造全体系の安全限界値である最大耐力を評価する場合には必要に応じてこれらのモデルに初期不整の影響を考慮しなければならない. 初期不整を考慮して部材の耐力を評価した事例［土木研究所, 2012］があるので参考にするとよい.

以下にはり要素, シェル要素を用いた有限要素解析における材料的初期不整と幾何学的初期不整の考慮方法について述べる.

1) 材料的初期不整

加熱された溶接部が冷却過程において体積収縮し, 周辺の部位から拘束を受けることにより残留応力が発生する. この結果, 力の釣り合いを満足した状態で, 一般的に溶接部には降伏点に近い引張応力が発生し, 溶接部以外には圧縮応力が残留する. 鋼部材の残留応力の分布は断面形状や製作方法（圧延, 組立溶接, ガス切断）により異なる. 座屈設計ガイドライン［土木学会, 1987, 2005］や文献［土木研究所, 2012］には鋼部材の残留応力の分布モデルが紹介されているので参考にするとよい. これらの残留応力分布のモデルは部材軸方向の直応力のみを対象としており, はり理論の仮定のもとで断面内の釣り合いを満足するようになっている.

残留応力は, 全体系詳細モデル ME2, 部材詳細モデル MS において, シェル要素で表した損傷を生じる部位に導入する. また, 全体系はりモデル ME1, 全体系詳細モデル ME2, 部材詳細モデル MS のはり要素にも必要に応じて導入する. はり要素に残留応力を導入するには断面内で自己釣り合いを満足する部材軸線方向の残留応力成分を初期応力として与えればよい. 一方, シェル要素では, 部材軸線方向以外の軸線に直角な方向の直応力成分とせん断応力成分があるため, 部材軸線方向の残留応力のみを初期応力として与えると, 力の釣り合いを満足しないので注意する必要がある. したがって, 数値解析では, 死荷重も含めた外力の作用しない状態において構造物に残留応力を初期応力として導入した後, 釣り合い計算を実施し, 得られた構造物内の残留応力分布が目標値に対して十分な精度で一致していることを確認する必要がある. もし, 得られた残留応力と目標とする残留応力分布との誤差が無視できない場合には, 初期応力を調整し, 釣り合いを満足した状態で目標とする残留応力分布に十分近づくようにする必要がある. シェル要素でモデル化した構造系に残留応力と初期たわみを導入する場合, 両者を精度よく解析モデルに導入するには, 連成する初期応力と初期たわみを同時に調整して目標値に一致させる必要がある［川西ら, 1999］.

2) 幾何学的初期不整

幾何学的初期不整としては, 部材については製作時に生じる板としての初期たわみと部材としての初期たわみさらに偏心などがある. 構造全体系では部材の組立時と架設時に時に生ずる不整がある.

部材レベルの初期たわみのモードの概要を図-解 7.7.1 に示す. これらの部材レベルの初期たわみの形状や大きさは, 部材の製作精度を参考にして決めればよい［土木学会, 1987, 2005］. なお, 構造全体系の幾何学的初期不整は既設橋において実測値がある場合にはそれらを参考にするとよい.

数値解析において, これらの初期たわみは構造モデルの初期の節点座標値に反映して考慮すればよい. ただし, シェル要素でモデル化した部位に残留応力と初期たわみを同時に考慮する場合には, 1)で述べたように, 初期たわみと連成する初期応力を同時に調整して, 構造モデルにおける初期たわみと残留応力を目標値に一致させる必要がある.

はり要素でモデル化した部位に初期たわみを考慮する場合には部材としての初期たわみを考慮する. シェル要素でモデル化した部分に対しては上記の部材としての初期たわみに加えて, 板としての初期たわみを考慮する. 具体的な初期たわみについては座屈設計ガイドライン［土木学会, 1987, 2005］等に示され

ているので参考にするとよい．なお，上記の部材および板の初期たわみモードは，想定する安全限界に対して必ずしも最も不利な初期たわみにはならないので注意する必要がある．想定する安全限界に対して不利な初期たわみは，座屈固有値解析による座屈モードに基づき設定するとよい．すなわち，全体系詳細モデルや部材詳細モデルの安全限界を評価するときの静的解析に用いる荷重モードの下で座屈固有値解析を実施し，それぞれの最低次の座屈モードを初期たわみモードとして与える方法が考えられる．この時の初期たわみモードの方向は地震慣性力が座屈モードに対して正の仕事をするように与えるとともに，初期たわみの大きさは製作上の許容誤差を参考に設定することが考えられる．

鋼材の繰り返し構成則である三曲面モデルをシェル要素による鋼製橋脚に用いる場合，部材としての初期不整の影響（初期たわみと残留応力の影響）が近似的に構成則の中に考慮されている［後藤ら，1998a，2005；Goto et al., 1998］．これらの文献では初期不整を持つ鋼製橋脚の挙動から逆解析により三曲面モデルの材料パラメータが同定されているので，標準的な部材としての初期不整の影響（初期たわみと残留応力の影響）が近似的に考慮されることになる．その他，ブレース材の初期不整の影響を簡易的に与える方法［宇佐美ら，2010］も提案されているので参考にするとよい．

以上，ここでは主に部材製作時と組立時の初期不整を対象として解説したが，架設時における誤差を初期不整として考慮する必要がある場合には架設ステップを踏まえて部材の応力状態を適切に評価する必要がある．

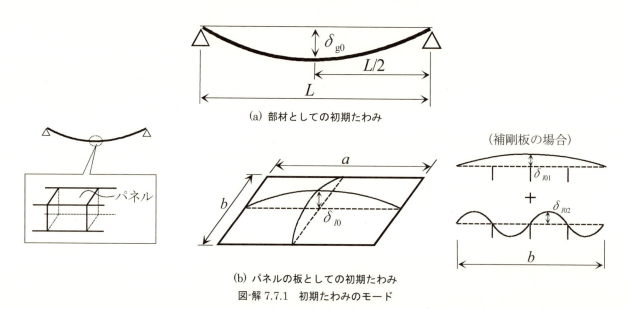

(a) 部材としての初期たわみ

(b) パネルの板としての初期たわみ

図-解 7.7.1　初期たわみのモード

第7章　鋼橋のモデル化　　129

7.8　部材のモデル化

7.8.1　一般

　橋を構成する各部材は，解析の目的に応じて所定の精度が確保できるように適切なモデル化を行わなければならない．

【解　説】

　設計地震動に対する構造系の応答値の算定には，橋梁を構成する各部材をはり要素で表した全体系はりモデル ME1，修正全体系はりモデル MME1 を用いる．全体系はりモデル ME1 は耐震性能 I の Pushover 解析による構造全体系の座屈安定性の照査にも用いる．一方，部材の損傷を許容して部材や構造全体系の安全限界や残留変位を算定する場合には，損傷が生じる部材にはシェル要素やソリッド要素で表した部材詳細モデル MS や全体系詳細モデル ME2 を用いる．部材のモデル化では実験結果等を参考に適切なモデル化を行わなければならない．とくに，耐震設計上重要なエネルギー吸収部材である橋脚に関しては多くの実験が行われるとともに，各種解析モデルによる解析結果との比較も行われているので，モデル化を行う上での参考にするとよい［例えば，土木学会，1996；建設省土木研究所，1997～1999；Usami et al., 2000；保高ら，2003；後藤ら，2005，2007］．補遺 4-1 には耐震関係の各種実験に関する文献をまとめている．

7.8.2　桁・床版

　桁・床版は無損傷であることを前提に，地震時の橋梁の応答値や限界値が適切に評価できるようにはり要素でモデル化することを標準とする．

【解　説】

1)　全体系はりモデル ME1，修正全体系はりモデル MME1

　a)　床版と桁を 1 本の弾性はりでモデル化する場合（対象とする橋梁形式：高架橋など）

　連続高架橋の上部構造は床版および桁の剛性を考慮し，1 本の弾性はり要素を用いてモデル化を行う（図-解 7.8.1）．このとき，はり要素は純ねじりを考慮した Bernoulli-Euler はり要素あるいは Timoshenko はり要素による．これらの要素の詳細は条文 7.8.5【解説】1)に述べている．ただし，上部構造を構成する対傾構や横構などの部材が損傷する可能性がある場合には後述の図-解 7.8.3 などを参考に各部材を個別にモデル化する．コンクリート床版と桁の結合方式として完全合成，不完全合成，非合成があるので，はり要素によるモデル化では，これらの結合条件の差異を橋軸直角軸まわりの曲げ剛性の評価に反映させる必要がある［中島ら，1996］．

　一般に，RC 床版を有する上部構造では，図-解 7.8.2 に示すように，上部構造断面の弾性剛性を算定する図心と重心とは高さが一致しないので，この差異を正確にモデル化することが望ましい．ただし，高架橋の上部構造のように水平慣性力の作用位置が重要で，断面図心における断面剛性を重心での剛性として用いても動的挙動に与える影響は小さい場合には，要素座標系の原点としては重心に選んでもよいものとする（図-解 7.8.2(b)）．

　支承位置での上部構造と下部構造間の結合条件をあらわす点として，図-解 7.8.1 の C 点を設ける．C 点と上部構造の幾何学的な位置関係を表すために上端が上部構造に剛結され，下端が C 点となるオフセット

部材(十分剛な部材)を導入する.C点に与える拘束条件と支承反力の評価方法については「7.8.4 支承」で解説する.

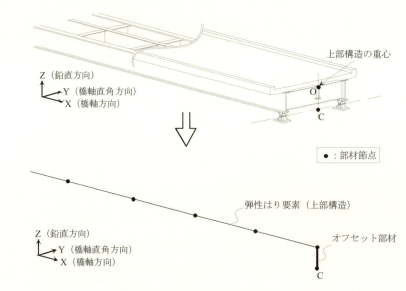

図-解7.8.1 1本の弾性はりでモデル化する場合 [日本鋼構造協会,2011]

(a) 弾性剛性算定に用いる図心(断面定数の算定)　　(b) 重心(要素軸線の位置)

図-解7.8.2 RC床版を有する桁の断面剛性に関する図心と質量に関する重心

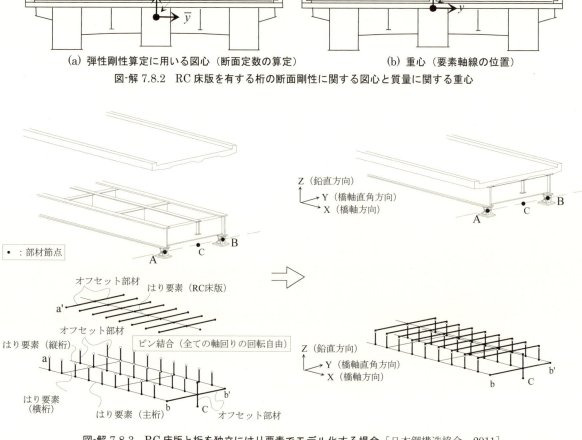

図-解7.8.3 RC床版と桁を独立にはり要素でモデル化する場合 [日本鋼構造協会,2011]

b) RC 床版と桁を独立にはり要素でモデル化する場合（対象とする橋梁形式：アーチ橋，トラス橋など）

RC 床版，桁（主桁，縦桁，横桁），および横構などをそれぞれ独立なはり要素でモデル化する（図-解7.8.3）．RC 床版と桁（主桁，縦桁）間の結合を表現するために，鉛直方向と橋軸直角方向に配置したオフセット部材を用いる．鉛直方向のオフセット部材の下端は桁の要素節点に剛結し，上端は RC 床版の板厚中央面位置の高さにとる（a 点）．橋軸直角方向のオフセット部材は RC 床版の板厚中央面の高さに水平に配置し，一端ははりでモデル化した RC 床版の要素節点に剛結する．他端 a' 点は上記 a 点に位置する．厳密には桁と RC 床版の結合位置は RC 床版のハンチ底面であるが，簡略化して RC 床版の板厚中心を両者の結合位置とする．完全合成の場合には，桁上のずれ止めと RC 床版との相対変位がないものとして a 点と a' 点をピン結合とする．不完全合成，非合成の場合には，a 点と a' 点のずれを考慮し橋軸方向，橋軸直角方向に適切なせん断バネを a 点と a' 点との間に配置するとよい．いずれのモデルでも a 点と a' 点の相対回転はすべての軸まわりにおいて自由とする．直感的には実構造において RC 床版底面と桁の上フランジ面の結合部での相対回転は拘束されているものと考えられるが，桁と RC 床版の結合部近傍で局所的な変形が生じるので，断面全体でみると結合点における回転の拘束は小さく，ピン結合とみなした方が妥当な解析結果が得られる［日本鋼構造協会，2009］．

支承が設置される部分のモデル化では，上部構造と下部構造の結合条件を与える点として C 点を設け，十字形のオフセット部材を用いて支承上の上部構造の断面に拘束を与えるとともに，C 点との幾何学的な位置関係を表現する．支承上の上部構造の断面をオフセット部材により拘束する理由は，C 点を介して伝達される上部構造と下部構造間の力を特定の部材に集中させないためである．なお，有限な剛性を持つ横ばり上に支承が設置される場合には上部構造の支承上の横桁の剛性を考慮する必要がある．これについては，「7.8.4 支承」で解説する．なお，A 点と B 点の間の複数の支承を個別にモデル化する場合には条文7.8.4【解説】1) b)を参照するとよい．このとき，支承の拘束方向に剛な固定条件を与える場合には桁端部と橋脚横梁の剛性が支承反力に影響するので，オフセット部材 b-b' と橋脚横梁の剛性を適切に考慮する必要がある．

なお，ここで述べた全体系はりモデル ME1，修正全体系はりモデル MME1 に対する 2 種類のモデル a)，b)は床版と桁からなる上部構造のマクロ的な挙動を扱うものであるので各部分の応力を正確に算定するには適していない．正確に算定するには，シェル要素やソリッド要素を用いて忠実に上部構造をモデル化し，死荷重のほか ME1，MME1 を用いた地震動下の解析で得られた地震作用力，支承からの反力を静的に作用させて求める必要がある．

2) 全体系詳細モデル ME2

上部構造はほぼ無損傷にとどめることを原則とするので，上部構造については，1)で述べた全体系はりモデル ME1，修正全体系はりモデル MME1 と同様なモデル化が可能である．上部構造に損傷を許容せざるを得ない場合には，上部構造の損傷する部位をシェル要素やソリッド要素を用いて詳細なモデル化を行い，適切な材料構成則を導入しなければならない．

7.8.3 対傾構・横構

対傾構，横構などの二次部材は基本的には損傷を許容しないが，既設構造物の耐震補強などで主荷重を受け持たない対傾構，横構の損傷をやむを得ず許容する場合には耐震照査が危険側にならないように，目的に応じて適切なモデル化を行う必要がある．

【解　説】

1) 全体系はりモデル ME1

対傾構，横構の全体系はりモデル ME1 におけるモデル化は以下の a)，b)のように目的に応じて異なったモデル化を行う必要がある．

　　a) 対傾構，横構を無損傷にとどめることを前提として設計地震動に対する構造系の応答を弾塑性有限変位動的解析で評価する場合は，軸方向変形が支配的であると考えられるので，トラス要素を用いてモデル化してよい．ただし，接合部がレベル 2 地震動下の作用力に対して十分な強度を有していなければならない．

　　b) 主荷重を受け持たない対傾構，横構の損傷をやむを得ず許容する場合の構造系の地震後の剛性低下率を使用性・修復性の観点から弾性有限変位静的解析で評価する際に，損傷する対傾構，横構を除去したモデルとこれを除去せず弾性のトラス要素と仮定したモデルを用い，両者の剛性の差異から剛性低下率を算定する．

2) 修正全体系はりモデル MME1

修正全体系はりモデル MME1 は，とくに主荷重を受け持たない対傾構，横構の損傷をやむを得ず許容する場合において，構造安全性を照査するための設計地震動下の構造系の応答値の算定（条文 4.4【解説】参照）に用いる．この場合，損傷する対傾構，横構のモデルには損傷後の挙動を適切に考慮する必要がある（補遺 7-3 参照）．これは，損傷後の対傾構，横構の挙動が構造全体系の動的応答に影響を及ぼすからである．モデルとしては，損傷後の対傾構，横構の挙動に特徴的な，繰り返し下の部材全体座屈，局部座屈，接合部でのすべり，引張力に対する破断などが正確に表されることが十分に検証されたものでなければならない．実験で検証されたモデルとして，たとえば，修正柴田・若林モデル［竹内ら，2010，2012］がある（補遺 7-3 参照）．このモデルでは対傾構，横構を 1 要素のトラス要素でモデル化して，そのトラス要素の荷重－変位関係として，座屈後の履歴特性および累積変形性能（破断）が考慮されている．このような既存のモデルを用いる場合には，対象とする対傾構，横構がモデルの適用範囲に収まっていることを十分吟味する必要がある．既存のモデルが利用できない場合には，対傾構，横構の損傷後，直ちに機能が停止するモデルを用いるか，応答値が既存のモデルの適用範囲内に収まるように対傾構，横構の補強をしなければならない．

3) 全体系詳細モデル ME2

全体系詳細モデル ME2 における対傾構，横構のモデル化は以下の a)～c)のように目的に応じて異なったモデル化を行う必要がある．

　　a) 対傾構，横構は無損傷にとどめることを前提として，構造全体系の安全限界値である全体系の座屈耐力や地震後の使用性・修復性を照査するための残留変位・残留変形を弾塑性有限変位静的解析による Pushover 解析で評価する場合には 1) a)と同様に対傾構，横構をモデル化する．

　　b) 主荷重を受け持たない対傾構，横構の損傷をやむを得ず許容する場合において，構造全体系の安全限界値である全体系の座屈耐力を弾塑性有限変位静的解析による Pushover 解析で評価するときに用いる全体系詳細モデル ME2 では，1) b)と同様に，損傷する対傾構，横構を除去する．また，設計地震動作用時の対傾構，横構の損傷による構造系の剛性低下率を Pushover 解析で評価する場合に用いる全体系詳細モデル ME2 も同様である．さらに，この場合は，比較対象として，損傷するとして除去した対傾構，横構を弾性のトラス要素とした全体系詳細モデル ME2 も用いる．

　　c) 主荷重を受け持たない対傾構，横構の損傷をやむを得ず許容する場合の構造の残留変位・残留変形の評価において，設計地震動に対する弾塑性有限変位動的解析で直接評価する場合に用いる全体系詳細モデ

第7章　鋼橋のモデル化　　　　133

ル ME2 では 2)MME1 に述べたように損傷する対傾構，横構のモデルには損傷後の挙動を適切に考慮する
必要がある．

7.8.4 支承

　支承部は，反力と上部構造と下部構造間の相対変位の関係ならびに支承の設置状況を適切に考慮して
モデル化をしなければならない．

【解　説】

1) 全体系はりモデル ME1，修正全体系はりモデル MME1

　a) 上部構造を支持する 1 支承線上の複数の支承を 1 点に集約した支承としてモデル化する場合

　上部構造が複数の支承により支持される場合，支承部付近の構造は不静定構造となるため，各支承の反
力は支承が設置される構造の剛性に影響を受ける．はり要素を用いて支承部付近の詳細な構造の剛性を実
構造に即して表現することが困難な場合もあるので，標準的なモデルとしては，上部構造と下部構造との
結合条件が単純に表現されるものが望ましい．ここでは，上部構造と下部構造との結合条件を一点に集約
して与える支承のモデル化の例を示す．ただし，多方向地震動下や構造系の挙動特性によっては，一点に
集約した支承モデルでは 1 支承線上に存在する個別の支承挙動を正確に表せない場合があるので適用には
十分注意する必要がある．このような場合には，b)に示すように支承を個別にモデル化する．

　上部構造を支持する構造に応じて分類した支承部のモデル化の概要と各結合条件を図-解 7.8.4～7.8.6 お
よび表-解 7.8.1～7.8.3 に示す．これらの支承部のモデルはいずれも上部構造と下部構造の結合条件を表す
点として支承の高さ位置に C 点を設定し，この点に支承の種類に応じた結合条件を与える．なお，図-解
7.8.4～7.8.6 は上部構造を 1 本の弾性はりでモデル化した場合の例を示しているが，RC 床版と桁を独立な
はり要素でモデル化する場合においても同様にモデル化を行う．その際は「7.8.2　桁・床版」で解説した
ように支承上の桁と床版からなる断面は十字形のオフセット部材を用いて断面不変，平面保持の拘束を与
える必要がある（図-解 7.8.3）ことに注意されたい．

　上部構造を支持する支承部が剛な下部構造に設置されているとみなせる場合には図-解 7.8.4 に示すよう
に C 点に境界条件として表-解 7.8.1 の条件を与える．また，支承部が橋脚などの有限の剛性を持った下部
構造に設置される場合は図-解 7.8.5 のように，節点座標が同一の節点 C_1，C_2 点を設け，この両節点間に表
-解 7.8.2 に示す結合条件を与えてモデル化を行う．厳密にはこれらの拘束条件の方向は橋脚頂部の節点の
変形後の要素座標の方向で定義するとよいが，一般的な構造解析ソフトウェアで対応できるよう，標準モ
デルとしては，近似的に変形前の要素座標の方向で与えてよいこととする（「5.2　数値解析法」参照）．

　ラーメン橋脚などの不静定構造では橋脚全体の耐荷特性に橋脚横ばりへの支承からの載荷状態が影響す
るため，橋脚横ばり上に複数の支承が設置される場合にはモデル化において構造への支承の設置状況を適
切に表現する必要がある．このような場合には，図-解 7.8.6 に示すように実際の支承位置である A，B 点
と橋脚横ばりの幾何学的な位置関係を鉛直方向のオフセット部材でモデル化し，上部構造と下部構造間の
結合を 1 点 C に集約させるため橋軸直角方向に各支承を一直線上に結ぶ水平方向のオフセット部材 AB を
配置する．鉛直方向と橋軸直角方向に配置したオフセット部材間の結合点 A，B は並進変位成分のみを拘
束したピン結合とする．上部構造との結合は節点座標が同一の二重節点 C_1，C_2 点を設け，この両節点間に
支承の種類に応じた表-解 7.8.3 に示す結合条件を与えてモデル化を行う．ただし，実際の構造における支
承上の横桁ならびに上部構造の剛性は，図-解 7.8.6 のモデルにおいては考慮されていないことに注意しな

けなければならない．より正確に扱うには，それぞれ独立にはり要素を用いてモデル化することで，剛性を表現する必要がある．

図-解 7.8.4〜7.8.6 の上部構造と下部構造間の関係を与える点（C 点，あるいは C₁-C₂ 点）の拘束条件は，道路橋示方書・同解説 V 耐震設計編［日本道路協会，2012d］の固有周期の算出方法における表-解 6.2.2 支承部のモデル化の例（上下部構造の相対変位の拘束）に示されているものを準用した．ただし，表-解 6.2.2 では固定支承において鉛直軸まわりの自由度が「自由」となっているが，実際には一つの支承線上に存在する複数の固定支承を一つの固定支承としてモデル化していることと各固定支承の水平変位は橋軸方向に固定されることを考えると，この位置での上部構造の鉛直軸まわりの回転 θ_z は拘束される．したがって，ここでは「拘束」（表-解 7.8.1〜7.8.3 下線部）と修正したものを用いることとする．なお，道路橋示方書・同解説 V 耐震設計編［日本道路協会，2012d］においても，「ここでは，固定支承の鉛直軸まわりの拘束条件は支承の構造を考えると固定であると考えられるが，計算の簡便さを考慮して一般には自由としてよい．」との記述があり，θ_z を拘束するのが実状に整合している．本モデルでは複数の支承による上部構造と下部構造の結合を 1 点 C に集約して表しているため，ゴム支承のバネ定数や免震支承における各パラメータ（K_1，K_2，Q_y）（「第 9 章　水平力分散設計・免震設計」参照）は複数の支承の特性をまとめたものとして算定する．なお，橋脚横ばりの剛性を考慮するために図-解 7.8.6 のモデル化を行う場合には表-解 7.8.3 の C₁-C₂ 間の結合においてすべての支承タイプで橋軸直角軸まわりの回転 θ_y を拘束としているが，これは橋軸直角方向のオフセット部材 A，B の両端が並進変位成分のみを拘束したピン結合となっているからである．その結果，オフセット部材 AB は橋軸直角軸まわりに自由に回転できるので，θ_y を C₁-C₂ 間で拘束しても実質的には支承の橋軸直角軸まわりの回転は自由となり，矛盾は生じない．

図-解 7.8.4，7.8.5 の支承モデルでは上部構造の 1 支承線上の支承が 1 点に集約された支承モデルを用いるが，実際には支承線上に存在する複数の支承で支持されるので，個別の支承反力の算定法を示す必要がある．複数の支承のうちの支承 i の反力（V_i，H_{xi}，H_{yi}）は結合点である C 点の反力あるいは C₁-C₂ 間の結合バネの内力（H_x，H_y，V，M_x，M_z）から次のように算定される（図-解 7.8.8 参照）．鉛直方向反力 V_i の算定方法は，道路橋示方書・同解説 V 耐震設計編［日本道路協会，2012d］の支承部の照査における式(解 15.4.2)と同様に，V は各支承で等分担し，M_x による各支承の鉛直反力成分は重心から各支承の橋軸直角方向の距離に比例して分担することを仮定したものである．固定支承における H_x と M_z に対する橋軸方向反力 H_{xi} の算定方法も同様の考え方に基づいている．また，橋軸直角方向反力 H_{yi} については，死荷重の分担と同様に，H_y を各支承で等分担することを仮定している．

（鉛直反力）
$$V_i = V / n + M_x y_i / \sum_{i=1}^{n} y_i^2 \qquad (解\ 7.8.1)$$

（橋軸方向水平反力（固定支承の場合））
$$H_{xi} = H_x / n + M_z y_i / \sum_{i=1}^{n} y_i^2 \qquad (解\ 7.8.2)$$

（橋軸直角方向水平反力）
$$H_{yi} = H_y / n \qquad (解\ 7.8.3)$$

ここに，n：支承の数，y_i：節点 C から各支承 i までの橋軸直角方向の距離を表わす．

なお，ゴム支承や免震支承においてせん断ひずみを算定するために各支承の橋軸方向のせん断変位 δu_{xi} を評価する場合には，図-解 7.8.8 の C 点における橋軸方向の相対変位 δu_x と鉛直軸まわりの相対回転角 $\delta\theta_z$ を用いて以下の式により算定すればよい．

$$\delta u_{xi} = \delta u_x + \delta\theta_z y_i \qquad (解\ 7.8.4)$$

第7章 鋼橋のモデル化

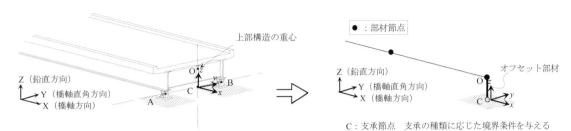

図-解 7.8.4 支承部のモデル化（剛な構造上に支承が設置される場合）[日本鋼構造協会，2011]

表-解 7.8.1 支承部（図-解 7.8.4 の C 点）の結合条件

支承条件	u_x	u_y	u_z	θ_x	θ_y	θ_z
固定支承	拘束	拘束	拘束	拘束	自由	拘束
可動支承	自由	拘束	拘束	拘束	自由	自由
ゴム支承	線形バネ*	線形バネ*	拘束**	拘束**	自由**	自由**
免震支承	非線形履歴バネ* （図-解 7.8.7）	非線形履歴バネ* （図-解 7.8.7）	拘束**	拘束**	自由**	自由**

注1) *の条件は，橋軸方向および橋軸直角方向の両方向にゴム支承あるいは免震支承で支持される場合．橋軸直角方向が固定されている場合は u_y は「拘束」とする．

注2) **の条件は，厳密にはバネ支持となるが，解析結果への影響は一般的に小さいため，このようにしてよいものとした．

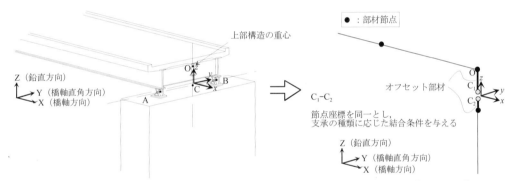

図-解 7.8.5 支承部のモデル化（橋脚上に支承が設置される場合）[日本鋼構造協会，2011]

表-解 7.8.2 支承部（図-解 7.8.5 の C_1-C_2 間）の結合条件

支承条件	u_x	u_y	u_z	θ_x	θ_y	θ_z
固定支承	拘束	拘束	拘束	拘束	自由	拘束
可動支承	自由	拘束	拘束	拘束	自由	自由
ゴム支承	線形バネ*	線形バネ*	拘束**	拘束**	自由**	自由**
免震支承	非線形履歴バネ* （図-解 7.8.7）	非線形履歴バネ* （図-解 7.8.7）	拘束**	拘束**	自由**	自由**

注1) *の条件は，橋軸方向および橋軸直角方向の両方向にゴム支承あるいは免震支承で支持される場合．橋軸直角方向が固定されている場合は u_y は「拘束」とする．

注2) **の条件は，厳密にはバネ支持となるが，解析結果への影響は一般的に小さいため，このようにしてよいものとした．

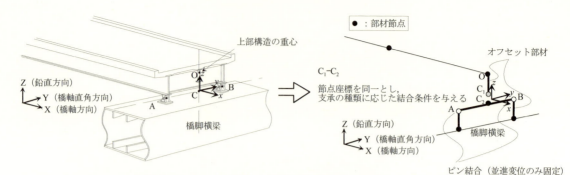

図-解 7.8.6 支承部のモデル化（横ばり上に支承が設置される場合）［日本鋼構造協会，2011］

表-解 7.8.3 支承部（図-解 7.8.6 の C_1-C_2 間）の結合条件

支承条件	u_x	u_y	u_z	θ_x	θ_y***	θ_z
固定支承	拘束	拘束	拘束	拘束	拘束	拘束
可動支承	自由	拘束	拘束	拘束	拘束	自由
ゴム支承	線形バネ*	線形バネ*	拘束**	拘束**	拘束	自由**
免震支承	非線形履歴* （図-解 7.8.7）	非線形履歴* （図-解 7.8.7）	拘束**	拘束**	拘束	自由**

注1）*の条件は，橋軸方向および橋軸直角方向の両方向にゴム支承あるいは免震支承で支持される場合．橋軸直角方向が固定されている場合は u_y は「拘束」とする．

注2）**の条件は，厳密にはバネ支持となるが，解析結果への影響は一般的に小さいため，このようにしてよいものとした．

注3）***の条件は，図-解 7.8.6 のモデルにおいては両端がピン結合で支持されるオフセット部材 AB が部材軸まわりに自由に回転できるので C 点に与える条件としては θ_y を拘束とする．このようにしても，実質的には支承の橋軸直角軸まわりの回転は自由となり矛盾は生じない．

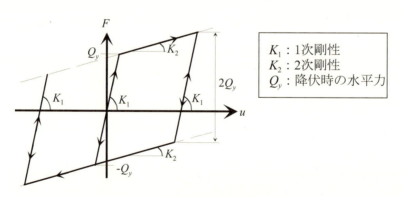

図-解 7.8.7 免震支承の非線形履歴モデル

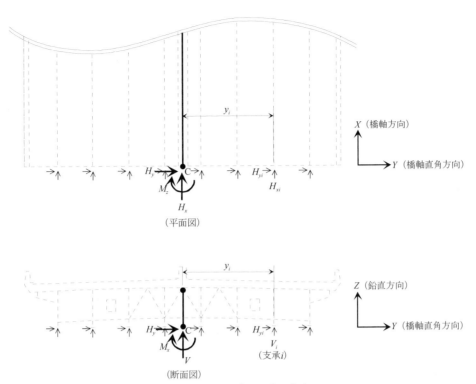

図-解 7.8.8　支承反力の算定

表-解 7.8.4　支承部の結合条件（単一の支承の結合条件）

支承条件	u_x	u_y	u_z	θ_x	θ_y	θ_z
固定支承	拘束	拘束	拘束	拘束	自由	自由
可動支承	自由	拘束	拘束	拘束	自由	自由
ピボット支承	拘束	拘束	拘束	自由	自由	自由
ゴム支承	線形バネ	線形バネ	拘束	拘束	自由	自由
免震支承	非線形履歴バネ（図-解7.8.7）	非線形履歴バネ（図-解7.8.7）	拘束	拘束	自由	自由

b) 支承を個別にモデル化する場合

多方向地震動を受ける場合や構造系の特性により一支承線上の複数の支承の挙動が複雑でa)で述べたような1支承線上の支承が1点に集約された支承モデルで表せない場合には個々の支承に対して表-解7.8.4の境界条件あるいは結合条件を与える．ただし，上部構造が複数の支承により支持される場合，支承部付近の構造は不静定構造となり，各支承の反力は支承が設置される横梁や上部構造端横桁の剛性に影響を受けるので，これらの剛性を適切にモデルに反映する必要がある．

2) 全体系詳細モデル ME2

支承部のモデル化については上記の全体系はりモデル ME1 と同様の考え方で行えばよい．ただし，桁の下フランジや，橋脚横梁上などの支承部近傍をシェル要素等でモデル化する場合には，支承まわりの補強構造を実構造に即して適切にモデル化する必要がある．

ゴム支承の力学挙動のモデル化の詳細については構造細目とともに「第9章　水平力分散設計・免震設計」に示す．

7.8.5 鋼製橋脚

鋼製橋脚は，レベル2地震動に対してエネルギー吸収部材として設計するので，解析の目的に応じて材料非線形性と幾何学的非線形性を適切に考慮したモデル化を行わなければならない．

【解　説】

1）全体系はりモデル ME1，修正全体系はりモデル MME1

鋼製橋脚は，レベル2地震動に対してエネルギー吸収部材として設計が行われるので，材料非線形挙動と幾何学的非線形挙動からなる複合非線形挙動を表わせるようなモデルを用いることが重要である．そのためには，図-解 7.8.9 に示すように，弾塑性はり要素を用いてモデル化を行ない，十分に解が収束する要素分割，断面分割（断面積分点数）を用いなければならない．

コンクリート充填断面部における鋼とコンクリート間は完全付着とし，平面保持が成り立つものと仮定する．解析ソフトにおいてはり要素に異種材料からなる複合断面を考慮できない場合には，鋼断面部と充填コンクリート部にそれぞれ弾塑性はり要素を用い，節点を共有するようにモデル化を行なえばよい［例えば，天野ら，1998；土木学会・日本鋼構造協会，2000］．この場合，鋼断面部と充填コンクリート部に同一の変位関数で表されたはり要素を用いれば，複合断面のはり要素を用いたものと等価である．実際のコンクリート充填部では鋼断面のみで死荷重を負担するものと考えられるが，この影響は無視し，死荷重を鋼断面と充填コンクリート部で負担してよいものとする．これは，レベル2地震動に対する応答において死荷重による充填コンクリートの応力やひずみの値は十分に小さく，その初期状態の差が応答値に与える影響は十分に小さいからである．

単柱式橋脚の柱と横ばりの結合部やラーメン橋脚の隅角部が十分に補剛されていれば剛域として取り扱うこととする．隅角部の変形を考慮する場合には一般にパネルのせん断変形が卓越するので，パネルが一様にせん断変形すると仮定した隅角部固有の要素（平面応力要素）が，平面解析［酒造ら，1997］および立体解析［Li et al., 1998］用に図-解 7.8.10(a)に示すとおり提案されている．しかしながら，これらの隅角部要素は通常のはり要素による解析ソフトに組み込まれていないので必ずしも一般的ではない．通常の骨組構造解析ソフトで考慮できる等価なトラス要素による隅角部のモデル化が図-解 7.8.10(b)に示すように提案されている［小澤ら，2002］．なお，隅角部の補剛材の剛性を考慮するためには図-解 7.8.10(b)の剛棒の代わりにはり要素を用いてモデル化することも可能であるが，この場合，隅角部パネルの変形は一様なせん断変形とはならないので平面応力要素を用いてパネル領域を分割する必要がある［水谷ら，2003］．

橋脚に用いるはり要素にとしては，断面に関して形状不変，平面保持とともに変形後の軸線との直角保持を仮定した Bernoulli-Euler はり要素が用いられることが多いが，鋼製橋脚においては細長比が比較的小さく，せん断変形の影響を無視できない場合も多い．このような場合には曲げせん断変形の影響を考慮した Timoshenko はり要素を用いてモデル化する必要がある．Pushover 解析において，せん断変形を無視した Bernoulli-Euler はり要素によって算定される単柱式や門形橋脚の限界状態での復元力や変位に生ずる誤差と構造パラメータとの関係は図-解 7.8.11 のように示されている［後藤ら，2002］．図中には実在する単柱式橋脚のパラメータを白丸で示しており，実際の単柱式橋脚の範囲でも 5%以上の誤差が生じ得ることがわかる．門形橋脚では有効細長比パラメータが小さくなるので誤差はより大きくなる．このため，橋脚のモデル化においては，曲げせん断変形を考慮した Timoshenko はり要素を用いることとする．ただし，スレンダーな橋脚で，図-解 7.8.11 においてせん断変形を無視することによる誤差が十分小さいと判定された場合には

第7章 鋼橋のモデル化　　139

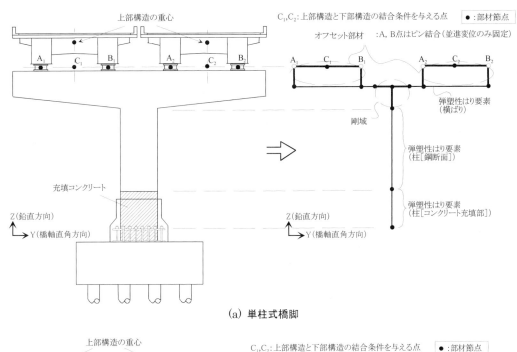

(a) 単柱式橋脚

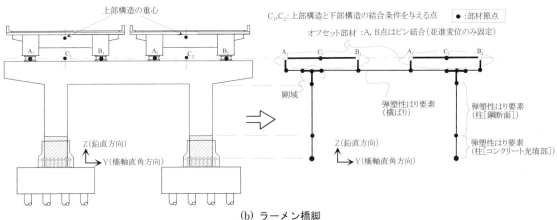

(b) ラーメン橋脚

図-解 7.8.9　橋脚のモデル化の概要［日本鋼構造協会，2011］

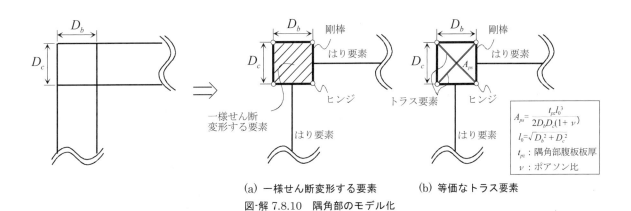

(a) 一様せん断変形する要素　　(b) 等価なトラス要素

図-解 7.8.10　隅角部のモデル化

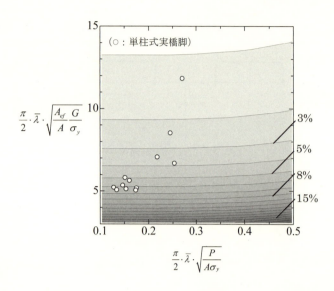

図-解 7.8.11 せん断変形を無視したときの誤差

Bernoulli-Euler はり要素を用いてもよい．Timoshenko はり要素を用いる場合，正確には，曲げによるせん断応力（曲げせん断応力）と軸方向の直応力との連成を考慮した相当応力（Mises 応力）で材料の塑性化を判定（Mises の降伏条件）し，降伏後の塑性挙動も直応力とせん断応力との連成を考慮する必要がある．ひずみ硬化を無視した完全弾塑性体による単柱式橋脚の解析では，軸方向応力のみで判定しても影響が小さいことが報告されている［中島ら，2001］が，文献で対象とした橋脚モデルの細長比パラメータは $\bar{\lambda}$ =0.45〜0.56 と比較的細長く，図-解 7.8.11 に示す縦軸のパラメータは $(\pi/2)\cdot\bar{\lambda}\sqrt{A_{ef}G/A\sigma_y}=9.1$ とせん断変形の影響が小さい範囲のものが対象となっている．他方，文献［奥村ら，2018］では脚柱の有効細長比パラメータの小さい門形ラーメン橋脚の面内挙動などを対象とした場合には構造諸元によっては直応力とせん断応力との連成の影響を無視できず，特に $(\pi/2)\cdot\bar{\lambda}\sqrt{A_{ef}G/A\sigma_y}<2$ では誤差が大きく生ずることが示されている．市販の構造解析ソフトではせん断については弾性とし，直応力のみにより材料非線形挙動を考慮するものが多いが，Timoshenko はり要素を用いる場合であっても直応力とせん断応力との連成の影響による差異が生じる場合があるので注意しなければならない．

ねじりについては円形断面橋脚では純ねじり（St. Vennant のねじり）のみである．一方，矩形断面橋脚では純ねじりのほかそりねじりも生じるが通常の閉断面形状の場合にはそりねじりの影響を無視してよいと考えられる．したがってはり要素には純ねじりのみを考慮すればよい．ねじりにより断面にはせん断応力が生じるので，厳密には先に述べたように，曲げせん断応力と合算して軸方向の直応力との連成を考慮してはりの挙動を定式化する必要がある．しかし，一般には，曲げせん断の場合と同様に純ねじりの場合も弾性として扱われ，軸方向応力に関してのみ材料非線形挙動を考慮するものが多い．

なお，橋脚とフーチングの結合は道路橋示方書・同解説 V 耐震設計編［日本道路協会，2012d］に従いアンカー部が設計された場合には十分な強度・剛性が期待できるので剛結と仮定する．

2) 部材詳細モデル MS，全体系詳細モデル ME2

a) 橋脚のコンクリート無充填部

コンクリート無充填部では損傷が生じた場合に局部座屈挙動が表せるようにシェル要素を用いてモデル化を行う．シェル要素でモデル化した部位は，縦リブと横リブおよびダイヤフラムを適切にモデル化し局部座屈挙動を精度よく表せるようにする（図-解 7.8.12）．鋼材の材料構成則には繰り返し塑性挙動を精度

よく表すことのできる材料構成則［例えば，皆川，1988；Shen et al., 1993, 1995；西村ら，1995；後藤ら，1998a，2005；Goto et al., 1998］を用いる．また初期不整である残留応力や初期たわみの影響が無視できない場合にはこれもモデル化において考慮するものとする．シェル要素を用いる場合も「7.2　耐震解析に用いる有限要素」に従い，適切に要素分割を行う必要がある．

　なお，上記のモデル化は損傷が生じる範囲に用いるもので，それ以外については全体系はりモデル ME1 で用いたはり要素などでモデル化しても良い．

　b）橋脚のコンクリート充填部

　橋脚のコンクリート充填部に損傷が生じる場合には，鋼管の局部座屈挙動は言うまでもなく，充填コンクリートの 3 軸拘束状態での挙動，さらに，鋼部材と充填コンクリート界面の離間・接触と摩擦を伴う相互作用が生じ，これらは橋脚の終局挙動ならびに水平復元力のピーク以降の挙動に影響を及ぼす．したがって，これらの挙動を正確に解析で表すには鋼部材を無充填部と同様にシェル要素によりモデル化するとともに，充填コンクリートはソリッド要素でモデル化しなければならない．さらに，鋼とコンクリートの界面を接触対（contact pair）や接触ばね要素によりモデル化する必要がある．このとき，コンクリートの乾燥収縮や気泡などで生じる界面の間隙の影響も考慮する必要がある．充填コンクリートの材料構成則には多軸応力下の繰り返し塑性挙動とともに，コンクリート内部に発生するひび割れの影響を反映したモデル化を用いなければならない．補遺 7-1 にはこのようなシェル要素とソリッド要素を用いたコンクリート充填鋼製橋脚モデルとして良好な結果が得られているモデルの概要とその解析結果を実験結果と比較して示している［後藤ら，2009，2010，2013；Goto, et al., 2010, 2012, 2014］．このようなシェル要素とソリッド要素による充填コンクリート部分のモデル化手法を用いた解析は汎用的で適用範囲は広いが，非線形解析を実施するための高度な知識・経験とともに通常の計算機環境では非常に長い計算時間を必要とするので，条件が整った場合において実施すべきである．近年，上記のシェル要素とソリッド要素による FE モデルに代わる汎用的な 3 次元セグメントモデルが提示されている［川西ら，2017，2018］（補遺 7-2 参照）．このセグメントモデルによると FE モデルに比べ非常に短い計算時間でピーク以降の軟化域を含めた汎用的な解析が可能となることが示されている．

　実務分野では，コンクリート充填橋脚をはり要素でモデル化し，実験による橋脚のマクロ的な水平荷重－水平変位の履歴挙動をモデルが表すように，曲げモーメント－曲率関係で表した断面構成則を設定する方法が用いられている．この手法で用いる断面構成則はコンクリート充填橋脚の 1 方向繰り返し載荷実験に基づくものであるので，水平 1 方向地震動下の面内問題への適用に限られる．一例として，鉄道構造物等設計標準・同解説（鋼とコンクリートの複合構造物）［鉄道総合技術研究所，2016］で用いられている方法を補遺 4-4（2）に示している．

　c）ラーメン橋脚横ばりと隅角部

　ラーメン橋脚では横ばりや隅角部にも塑性化が生ずる可能性があるので必要に応じてこれらの部位もシェル要素を用いてモデル化を行う．横ばりのモデル化の考え方は基本的には橋脚のコンクリート無充填部のモデル化と同様であるがシェル要素でモデル化する場合には，実構造に即して支承まわりの補強構造を適切にモデル化する必要がある．隅角部については局部座屈の影響が小さい場合には全体系はりモデルのところで示した隅角部のモデルを用いることができるが，局部座屈の影響がある場合にはシェル要素でモデル化することが必要である．

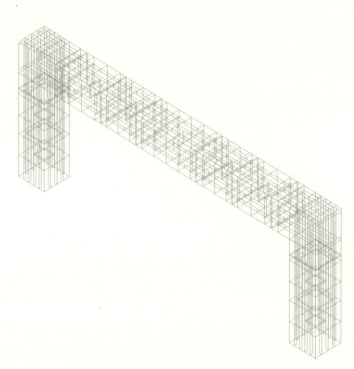

図-解 7.8.12　橋脚のモデル化の例（部材詳細モデル MS・全体系詳細モデル ME2）

7.8.6　橋脚アンカー部

アンカー部では以下の事項に留意してモデル化を行わなければならない．

(1) アンカー部のモデルは構造や施工の実状を考慮して設定する．
(2) レベル1地震動に対してアンカー部は弾性状態にとどめることを前提にモデル化を行う．
(3) レベル2地震動に対してアンカー部は無損傷にとどめることを前提にモデル化を行う．やむを得ずアンカー部に損傷を許容する場合には，損傷レベルに応じたアンカー部の挙動を表すことが可能なように適切なモデル化を行う．

【解　説】

　アンカー部とは橋脚をフーチングに定着するための構造である．現在各機関で様々なアンカー構造が用いられている．代表的なものには杭方式，鉄筋コンクリート方式（RC方式），直接定着方式［名古屋高速道路公社，2003］，支圧板方式［首都高速道路公団，1992a，1992b］がある．ここでは，最も多く用いられ，その性能に関する知見が蓄積されているという観点から杭方式，鉄筋コンクリート方式（図-解 7.8.13）を対象にモデル化を説明する．これらのモデル化手法は地震動に対する応答値を算定する全体系はりモデル ME1，修正全体系はりモデル MME1，限界値を算定する部材詳細モデル MS，全体系詳細モデル ME2 において共通である．

　(1) アンカー部の構造として，杭方式と RC 方式についてモデル化を説明する．

　杭方式の場合，コンクリートフーチング内に上下2つのアンカービームが埋め込まれている．脚ベース部の引張力はアンカーボルトを介して下アンカービームに伝達される．一方，圧縮力はフーチングコンクリートがベースプレートからの支圧力に抵抗しないものと仮定しているため，すべてアンカーボルトにより上アンカービームに伝達される構造として設計されている．しかしながら，ベースプレート下にモルタルが充填

されている場合，実際にはベースプレートからの支圧によっても圧縮力がフーチングに伝達される．

鉄筋コンクリート方式（RC方式）では，引張力は杭方式と同様，アンカーボルトにより下アンカービームに伝達される構造である．一方，圧縮力については，設計では上アンカービームがないとして，鋼製橋脚のベースプレートからすべて支圧によりフーチングコンクリートに伝達されるものと考えている．この構造においても，仮設用の簡易な上アンカービームが設けられている場合や，上下ベースプレート間にモルタルが充填されアンカーボルトのねじ部が橋脚ベース部に固定されている場合がある．このような場合には，ベースプレートからの圧縮力の一部はアンカーボルトにも直接伝達されるものと考えられる．

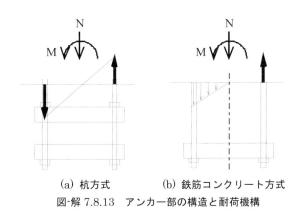

(a) 杭方式　　(b) 鉄筋コンクリート方式
図-解 7.8.13　アンカー部の構造と耐荷機構

(2) レベル1地震動に対して，アンカー部は弾性挙動にとどまることを前提としている．このため，フーチング（剛体）と橋脚躯体との結合部は剛結と見なし，設計地震動に対する全体系の解析で得られた橋脚基部の断面力（軸力，せん断力，曲げモーメント）の応答値をアンカー部のモデルに作用させ，アンカーボルト軸力とせん断力，ベース下モルタルの支圧応力などを算定して照査が行われる．アンカー部に作用する軸力，曲げモーメントによるアンカーボルト軸力，ベース下モルタルの支圧応力の算定法としては，アンカー部を下ベースプレートに等しい大きさのアンカーボルトとフーチングコンクリート（ただし杭方式では無視）からなる合成断面のはりと考え，はりの仮定（平面保持，直角保持の仮定）を導入した「等価はりモデル」と弾性解析を用いることを基本としている［阪神高速道路公団，1990；首都高速道路公団，1992a，1992b］．

杭方式ではベース下コンクリートを無視して，アンカーボルトの引張圧縮剛性のみを考慮した「杭モデル」を用いる．また，鉄筋コンクリート方式ではベース下コンクリートの圧縮剛性とアンカーボルトの引張剛性を考慮した「RC単鉄筋はりモデル」を用いる．この結果得られる応力分布は図-解7.8.13のようになる．さらに，アンカー部に作用するせん断力は各アンカーボルトに均等に分担されるものと考えられている．ただ，このような現行の設計モデルは先に述べたように実構造とかなり異なる場合もあり，弾性範囲内の挙動においても無視できない差が生ずることが実験においても確認されている［後藤ら，1995，1996］．また，次の(3) b) ①に示す「Component methodによるモデル」を用いると，より実状に即したモデル化が可能になり，精度の良い計算ができる．

(3) アンカー部は橋脚躯体をフーチングに定着するための重要な構造であり，橋梁システムの耐震性に大きな影響を与える．また，アンカー部は損傷を受けるとその発見が困難であるとともに，修復工事も大規模になる．以上から，アンカー部はレベル2地震動に対しても損傷を受けないように設計することが基本である．しかしながら，都市内などで基礎の寸法が制限を受ける場合や新たに耐震性能の向上や拡幅のため橋脚の補強を行った場合にはアンカー部が損傷を受けないように設計するのは難しい場合も多い．このような場

合には，アンカー部の損傷の程度に応じてその挙動が表せる適切なモデルを設定する必要がある．さらに，アンカー部の挙動が橋梁システムの地震時挙動に与える影響も無視できない場合もあるので，アンカー部と橋脚躯体との相互作用を解析できるモデルでなければならない．ここでは損傷が生じない場合のモデルと損傷が生ずる場合のモデルについて以下に説明する．

a) 損傷が生じない場合のモデル

この場合も橋脚躯体基部がフーチングに剛結されたものと考えてモデル化した構造にレベル 2 地震動を入力し時刻歴応答解析で得られた橋脚基部の断面力（軸力，せん断力，曲げモーメント）をアンカー部のモデルに作用させ照査が行われる．アンカー部のモデルは基本的にはレベル 1 地震動の場合と同じ考え方に基づく「等価はりモデル」が用いられる．ただし，杭方式ではベースプレート下面とフーチング表面との接触が十分である場合にはアンカーボルトの引張圧縮抵抗に加えてフーチングコンクリートの圧縮抵抗も考慮する「RC 複鉄筋梁モデル」を用いることができる．アンカーボルトとフーチングコンクリートの応力・ひずみ曲線は道路橋示方書・同解説 III コンクリート橋編［日本道路協会，2012c］の鉄筋ならびにコンクリートの応力・ひずみ曲線が準用される．なお，つぎの b) ①に示す「Component method によるモデル化」を用いれば，実状に即したより精度の良い計算が可能である．

b) 損傷が生ずる場合のモデル

アンカー部に損傷が生じる場合には橋脚のフーチングへの固定度が低下するためアンカー部の挙動が橋梁システムの地震時挙動に与える影響が無視できない場合もあるので，アンカー部と橋脚躯体との相互作用を考慮して耐震設計を行う必要がある．このため，アンカー部のモデルはアンカー部の変形挙動を弾性状態から終局状態まで一貫して精度良く再現できるとともに橋脚とフーチングの間に挿入し両者の相互作用を解析できるモデルでなければならない．このような条件を満足するモデルを 2 種類示す．一つはアンカー部の構成要素の挙動をそれぞれモデル化したいわゆる「Component method によるモデル」である．今一つは，アンカー部の曲げモーメントと相対回転角の関係（$M-\theta$ 関係）を回転バネ要素により表す「$M-\theta$ 復元力モデル」である．

①Component method によるモデル［後藤ら，1996，2008；田嶋ら，1999a；水野ら，2013］

このモデルは最も汎用性のあるモデルであり，基部に軸力変動がある場合や 3 次元解析にも適用できる．過去の実験によると，フーチング縁端までのアンカービームの距離が少ない場合［後藤ら，1998b］を除いて，アンカービームの耐力・剛性は十分な場合が多く，また，鋼脚柱の上下ベースプレートの耐力・剛性も十分と考えられる．したがって，アンカー部としてアンカービームは固定された剛体，上下ベースプレートからなるベース部は下ベースプレート中心の水平変位のみが固定された剛体（回転，鉛直変位は自由），アンカーボルトは 1 軸要素，フーチングコンクリートは単位面積あたりで定義される 1 軸要素でモデル化される．このようにアンカー部を複数の構成要素（component）に分けてモデル化する手法が Component method である．アンカーボルト要素とフーチングコンクリート要素にはそれぞれの材料非線形挙動を考慮する．(1)で述べた実構造の挙動を考慮して設定した定着部モデルは杭モデル，単鉄筋モデル，複鉄筋モデルの 3 種類であり，「Component method によるモデル」での各定着部モデルの仮定を表-解 7.8.5 に示す．

杭方式のアンカー部へ適用するための定着部モデルは杭モデルと複鉄筋モデルである．このとき下ベースプレート下面とフーチング上面が十分に接触している場合には複鉄筋モデルを，また接触していない場合には杭モデルを適用する．

一方，鉄筋コンクリート方式へ適用するためのモデルは単鉄筋モデルあるいは複鉄筋モデルである．

この場合，図-解 7.8.14 のようにアンカーボルトが橋脚ベース部とアンカービームに上下からナットで固定されている場合には複鉄筋モデルが適用できる．ただし，ベース部の下ベースプレート下面位置に設置されるナットは，限られた数のアンカーボルトのみに設置すると効果が限定的であるので，すべてのアンカーボルトにおいて下ベースプレート下面に密着して設置することが重要である．また，下ベースプレート下面のアンカーボルトのナットが設置されていない場合においても上下ベースプレート間にモルタルが充填され，アンカーボルトのねじ部が付着によりベース部に十分固定されている場合にもほぼ複鉄筋モデルが適用できる．ただし，モルタル充填によるアンカーボルトのベース部への固定を期待するには，モルタル強度が十分であるとともに充填が確実である必要がある．なお，ベース部が上ベースプレート上面のナットのみでアンカーボルトへ締結され，かつ上下ベースプレート間にモルタルが十分に充填されていない場合やアンカーボルトがアンカービームに下面のボルトのみで締結されている場合（図-解 7.8.13(b)）は単鉄筋モデルを適用する．

　以上のような，杭方式と鉄筋コンクリート方式のアンカー部へ表-解 7.8.5 に示す定着部モデルを適用した結果を図-解 7.8.15 に示す．図-解 7.8.15 に示すアンカーボルトの有効長はフーチングコンクリートとアンカーボルト間の付着を無視した場合の有効長で，アンカーボルトの固定点間距離に対応している．この場合，杭モデルではアンカーボルトの有効長は引張に対しては橋脚の上ベースプレート上面と下アンカービーム下面の長さ，圧縮に対しては下ベースプレート下面と上アンカービーム上面間の長さであるので，アンカーボルトの有効長は圧縮・引張に応じて異なる．

表-解 7.8.5　Component method によるモデル化での仮定

	杭モデル	複鉄筋モデル	単鉄筋モデル
ベースプレート	・剛体 ・ベースプレート中心とフーチング上面の水平方向の相対変位は 0	・剛体 ・ベースプレート中心とフーチング上面の水平方向の相対変位は 0	・剛体 ・ベースプレート中心とフーチング上面の水平方向の相対変位は 0
アンカービーム	・剛体 ・フーチング内での相対変位は 0	・剛体 ・フーチング内での相対変位は 0	・剛体 ・フーチング内での相対変位は 0
アンカーボルト	・軸力のみ伝達する 1 軸要素 ・圧縮力，引張力に抵抗	・軸力のみ伝達する 1 軸要素 ・圧縮力，引張力に抵抗	・軸力のみ伝達する 1 軸要素 ・引張力のみに抵抗
下ベースプレートからコンクリートフーチングへの支圧	・考慮しない	・考慮する ・フーチングは圧縮力のみに抵抗する 1 軸要素（単位面積に対して定義）	・考慮する ・フーチングは圧縮力のみに抵抗する 1 軸要素（単位面積に対して定義）

　また，鉄筋コンクリート方式でアンカーボルトが橋脚ベース部とアンカービームに上下からナットで固定されている場合に対応する複鉄筋モデルにおいても，アンカーボルトの圧縮時の有効長は下ベースプレート下面とアンカービーム上面間の長さ，引張時の有効長は上ベースプレート上面とアンカービーム下面のそれぞれの長さが対応し，有効長は圧縮・引張に応じて異なる．単鉄筋モデルではアンカーボルトは引張のみに抵抗するので，アンカーボルトの有効長は上ベースプレート上面とアンカービーム下面間の長さになる．

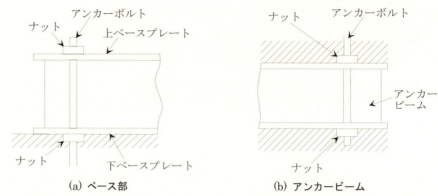

(a) ベース部　　(b) アンカービーム

図-解 7.8.14　アンカーボルトの上下ナットによるベース部とアンカービームへの固定

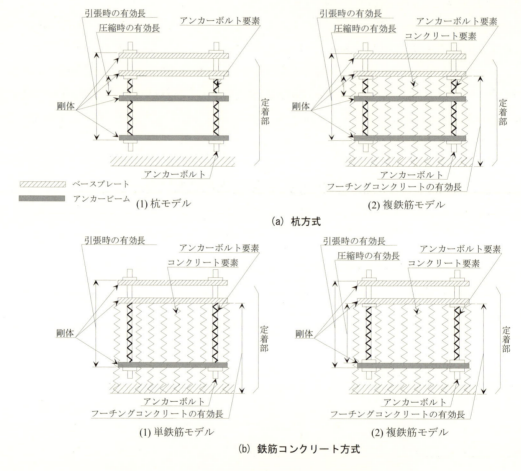

(a) 杭方式

(b) 鉄筋コンクリート方式

図-解 7.8.15　Component method によるアンカー部のモデル化

　フーチングは上面において下ベースプレートからの支圧力が作用し，下面の支持杭に圧縮力が伝達される．したがって，フーチングの有効長は複鉄筋モデル，単鉄筋モデルいずれもフーチング上面とフーチング下面間の長さになる．

　アンカー部の Component method による具体的な 3 次元モデル化について，杭方式と通常の鉄筋コンクリート方式（図-解 7.8.16(a), (b)）を対象に説明する．すなわち，それぞれ，(a)複鉄筋モデルと(b)単鉄筋モデルによるモデル化を示す．上下ベースプレートからなる橋脚ベース部は一体化した剛体としてモデル化する．下ベースプレート下面とフーチング間にすべりが生じないと仮定する．すなわち，変

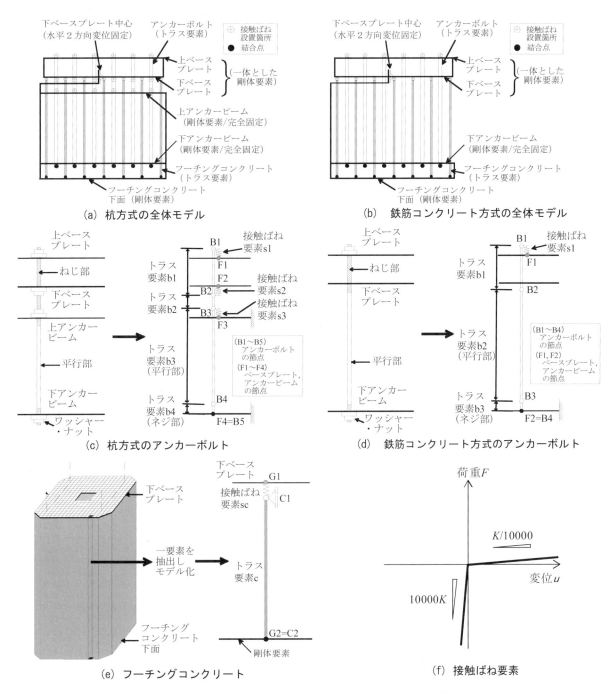

図-解 7.8.16　Component method によるアンカー部の3次元モデル
（杭方式：複鉄筋モデル，鉄筋コンクリート方式：単鉄筋モデル）

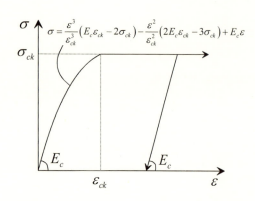

図-解 7.8.17　コンクリートの応力－ひずみ関係

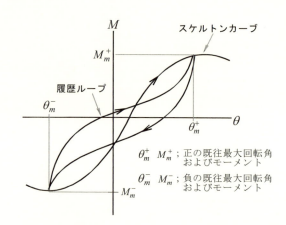

図-解 7.8.18　$M-\theta$ マクロモデル

形前に下ベースプレート中心が位置していたフーチング表面位置と下ベースプレート中心位置の相対変位が 0 であるとする．アンカービームはそれぞれフーチング内の所定の位置に固定された剛体に置換する．アンカーボルトは図-解 7.8.16 (c), (d)に示すように，1軸のトラス要素としてモデル化し，平行部とネジ部は有効断面積の異なる別の要素で表す．同図中の B はアンカーボルトの節点，F はベースプレートあるいはアンカービーム上の節点を表す．アンカーボルトに固定されたナットとベースプレートやアンカービーム間の接触・離間挙動は図-解 7.8.16(f)の接触ばね要素で表す．接触ばね要素は図-解 7.8.16 (c), (d)において B 節点と F 節点間に配置する．フーチングコンクリートも1軸のトラス要素として図-解 7.8.16(e)のようにモデル化する．C はコンクリート要素の節点であり，C1 はフーチングの上面，C2 は下面を表す．G1 は橋脚躯体の下ベースプレート下面の節点であり，下ベースプレートとフーチングコンクリート間の接触・離間挙動を表すために G1，C1 間に接触ばね要素を挿入する．また，コンクリート要素の下端 C2 はフーチング下面を剛平面要素としてこの平面上の節点 G2 に結合する．この剛平面要素は支持杭などに接合される．

　トラス要素に用いる1軸応力－ひずみ関係として，アンカーボルトに図-解 7.3.1(a) に示す降伏棚のあるひずみ硬化型モデルを導入した三曲面モデル，フーチングコンクリートに図-解 7.8.17 に示す3次関数モデルを用いると補遺 7-4 に示すようにアンカー部の単調載荷，1方向繰り返し載荷，水平2方向繰り返し載荷実験を精度よく解析できる［後藤ら，2008］．ここで，アンカーボルトに用いる鋼材 S35CN，S45CN の材料定数［後藤ら，1996］は表-解 7.3.1 に示している．なお，トラス要素の簡易化した1軸応力－ひずみ関係として，アンカーボルトに降伏後の2次勾配を $E/100$ とするバイリニアモデル（移動硬化則）（図-解 7.3.1(a)），またフーチングコンクリートに道路橋示方書・同解説 III コンクリート橋編［日本道路協会，2012c］のコンクリートの応力・ひずみ関係を用いても比較的精度よく解析できる．

② $M-\theta$ 復元力モデル［後藤ら，1997；田嶋，1999b］

　$M-\theta$ 復元力モデルは水平1方向地震動下の2次元解析に対応した簡便な復元力モデル［後藤ら，1997］であるが，軸力変動の影響は考慮できない．本モデルは橋脚躯体の下ベースプレート部と剛体としてモデル化したフーチングの上面間に挿入される．このモデルはアンカー部の曲げモーメント M と相対回転角 θ の関係を直接表すように定式化されており，図-解 7.8.18 のようにスケルトンカーブと履歴ループを組み合わせて復元力モデルが形成されている．スケルトンカーブは先に述べた Component method により解析的に求められる単調載荷時の $M-\theta$ 関係に繰り返しによる劣化を考慮して求められる．また，履歴ループは「半実験モデル」と簡易的な「複合型モデル」が準備されている．「半実験モデ

第7章　鋼橋のモデル化　　149

ル」は杭方式ならびに RC 方式の円形断面アンカー部［後藤ら，1997］ならびに杭方式の矩形断面アンカー部［田嶋ら，1999b］について繰り返し載荷実験をもとに定められている．簡易型の「複合型モデル」は「完全スリップ型モデル」と「最大点指向型モデル」とを複合したもので，複合率は杭方式ならびにRC 方式の円形断面アンカー部の実験結果を基に定められている［後藤ら，1997］．

　矩形断面の RC 方式のアンカー部についても繰り返し載荷実験が行われ，新たな簡易型の復元力モデルの提案も行われている［迫田ら，1999］．このモデルもスケルトンカーブと履歴ループを組み合わせて復元力モデルを形成するもので，スケルトンカーブ（骨格曲線）については「RC 単鉄筋モデル」により上記のモデルと同じく解析的に決定される．履歴ループについては実験結果を基にマルチリニア型のモデルを設定している．

　$M-\theta$ 復元力モデルはマクロモデルであるため，アンカーボルト，コンクリートフーチングの応力やひずみの応答値を直接算定できない．したがって，$M-\theta$ 復元力モデルを用いて計算された橋脚基部の断面力（軸力，せん断力，曲げモーメント）の応答値を Component Method によるアンカー部のモデルに作用させて応力，ひずみを算定することで照査を行う．

7.8.7 基礎と地盤

(1) 構造物の基礎およびその周辺地盤に対しては，対象構造物の地震時の挙動が表現できるように適切にモデル化しなければならない．

(2) 構造物の基礎が良好な地盤で支持されている場合には，その地盤を適切な地盤バネでモデル化することとする．

(3) 周辺地盤が不整形地盤の場合には，地盤に対してその影響が考慮できる有限要素モデルを用いてモデル化するのがよい．この有限要素モデルは，水平方向成分以外に鉛直方向成分を含む地震動を考慮することができる．

(4) 基礎の形状や地盤条件によっては，地震時に構造物と地盤の動的相互作用を考慮する必要があり，その場合には，動的相互作用が適切に表現できるモデル化を行うこととする．

【解　説】

　(1) 設計対象となる構造物の地震時の挙動は，震源で発生した地震動が地震基盤，深層地盤（工学基盤）を伝播し，表層地盤を介して構造物に入力されるといったプロセスを経る（図-解 3.2.1 参照）．工学的基盤面は，一般に，構造物を建設する際の基礎構造物の支持層とすることが多い．工学基盤より上の表層地盤内では，基礎構造物も含めた複雑な波動伝播によって対象構造物に地震動が伝わることとなる．そのような地震時の挙動が表現できるように基礎と地盤をモデル化しなければならない．さらに，基礎と地盤の条件によっては，構造物と地盤の動的相互作用まで考慮する必要がある．以下の(2)～(4)に示すモデル化手法は，全体系はりモデル ME1，修正全体系はりモデル MME1，全体系詳細モデル ME2 において共通である．

　(2) 地盤が良好で，地震時に構造物と地盤の動的相互作用を考慮する必要がない場合には，地盤を S-R バネでモデル化できる．このモデルは，構造物周辺の地盤の影響を考慮しながら，基礎構造物の代表点における荷重と変位の関係を 1 組の集約バネで表現したもので，最も簡易なモデルである（図-解 7.8.19 参照）．バネ値の算定は，道路橋示方書・同解説 IV 下部構造編，V 耐震設計編［日本道路協会，2012c，2012d］に準拠して求めることができる．

　3 次元構造物の地盤バネは，フーチング下端位置で 3 次元地盤バネとして並進 3 成分（鉛直，水平 2 成分），

回転3成分(鉛直軸,水平2軸回り),連成バネ(回転と水平の連成)で設定される(水平2方向の並進成分の連成は考慮しない)のが一般的である.このモデルにおける地震動の作用方法については,構造全体に一様加震として地表面地震動を作用させている.ただし,柱基部毎に入力する地震動が異なる場合には,一様加震ではなく地盤バネの拘束側からの多点入力となる.

このモデルでは,杭の剛性のみを考慮しているので,杭基礎の照査が直接行えない.また,地盤が変位した場合の杭の影響も考慮できない.そのため,S-Rバネではなく杭自体をモデル化しその杭に地盤バネ(複数の集約バネ)を定義する方法もある(図-解7.8.20参照).杭に対して弾塑性はり要素を用いれば,杭基礎の弾塑性状態を評価することができる.弾塑性はり要素の材料構成則は,その杭基礎に用いられる材料に応じて選択するのが良い.ただし,杭までモデル化すると解析モデルが複雑(特に,3次元構造物では解析モデルが大規模化)になることから,S-Rモデルによる構造物の地震応答解析を実施して,柱基部で得られた最大の断面力等による杭の照査を行うのが一般的である.なお,杭をモデル化した場合の地震動の作用方法は,S-Rモデルと同様で構造全体に一様加震として地表面地震動を作用させることになる.

また,基礎が大型化したケーソン基礎の地震時の挙動については,1組の集約バネで正確に表現することは困難であり,ケーソンの周囲に複数の連成バネ(基礎に対して垂直方向とせん断方向の特性を連成させたバネ)を配置したWinklerモデル[原田ら,2007]が提案されているので参考にするとよい.

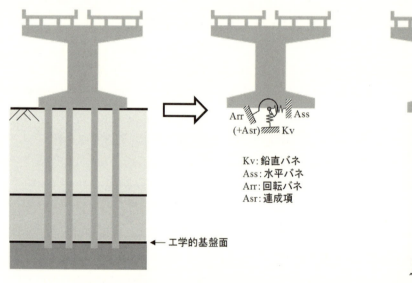
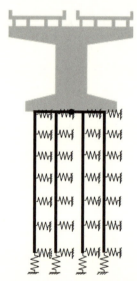

図-解7.8.19 集約バネモデル(S-Rモデル)　　図-解7.8.20 杭基礎のモデル化

(3) 良好な水平成層地盤では,1次元地盤モデルの非線形動的解析により構造物に作用させる地表面の地震動を得る(条文3.3【解説】(2)参照)ことができるが,不整形地盤に対しては,図-解7.8.21に示すように構造物を省略した地盤の有限要素モデルの地盤応答解析により地震動を求めるのがよい.このように有限要素を用いて表現する場合,要素の大きさは,ある振動数以上の波動が遮へいされる可能性があることから,対象とする領域の応答解析において主要と思われる振動数領域における最小波長(周期×対象地層のせん断波速度)の1/4～1/6とするのがよい[土木学会,2001].地盤の構成則については,地震時に想定される地盤のせん断ひずみ振幅の大きさに応じて,土の動的せん断応力－せん断ひずみ関係を適切に評価する必要がある.土のせん断応力－せん断ひずみ関係における骨格曲線と履歴法則は,双曲線などの関数で表されたも

のとメージング則を組み合わせたものを利用することが一般的である．なお，履歴法則の設定は，土のせん断弾性係数と減衰定数のひずみ依存性を，PS 検層などの原位置試験および対象地盤における試料を用いた変形特性試験等の室内試験を併用して求めるのがよい．

　有限要素モデルの解析上，地盤の範囲を無限にすることができず必ず解析の境界面を設けることになる．波動が境界面で反射する影響を少なくするまで解析範囲を広くとる必要がある．解析範囲を遠方までとると計算時間が増大するため，境界面を粘性境界としてダッシュポットを設置するなどの工夫も必要である．地盤の深さ方向の解析領域については，工学的基盤から上方とする．入力する地震動は工学的基盤面の波形であり，解析領域の下端からその波形を作用させる．この解析で得た地表面地震動を，前述した(2)の方法と同様に構造全体に一様加震として作用させる．有限要素モデルでは，工学基盤から水平方向以外に鉛直成分を含む地震動を入力した場合，地表面で得られる波形には鉛直成分も含まれている．

　3 次元的な挙動が表現できる 3 次元地盤モデルの地盤応答解析は，2 次元解析と比較してモデル化における労力や計算時間が増大する．そのため，現段階では，これを一般的な設計手法として規定することは困難であり，適切な仮定を設けることにより，2 次元解析にて評価することが合理的である［土木学会，2001］．例えば，橋軸方向および橋軸直角方向の各面内で 2 次元有限要素モデルによる地盤応答解析を実施して，それぞれ求まった地表面地震動を 3 次元構造物に対して同時 2 方向で作用させるのが一般的である．ただし，この場合は，工学的基盤面から地表面までの地盤の 3 次元効果が考慮されないことに注意が必要である．

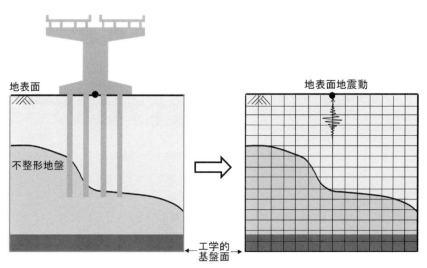

図-解 7.8.21　地盤の有限要素モデル

(4) 地震時に構造物と地盤の動的相互作用を考慮する場合には，その影響が適切に表現できるモデルとする必要がある．特に，周辺地盤が悪く基礎が大型化すると，地盤に対して基礎の影響を無視できなくなり，構造物と地盤の動的相互作用を考慮しなければならない．動的相互作用のモデルの種類として，骨組モデルと有限要素モデルに分けられる．なお，両モデルとも，工学的基盤面の波形を使用し，S-R モデルのように別途地盤応答解析により地表面の波形を求めて構造物に作用させる必要はない．

　1) 骨組モデル
　　このモデルは，例えば，杭基礎の場合，杭部分に弾塑性はり要素を用いてモデル化し，相互作用バネを介して自由地盤における各層の応答変位を入力するモデルである（図-解 7.8.22 参照）．相互作用バネのバ

ネ値の算出には，道路橋示方書・同解説 IV 下部構造編，V 耐震設計編［日本道路協会，2012c，2012d］に準拠して求める方法などがある．なお，ここでは工学的基盤面より上方の表層地盤において，構造物の影響を受けない状態となっている地盤を自由地盤と称している．自由地盤の応答を求める際には，各層のせん断変形を水平バネで表現したマス–バネ系での時刻歴応答解析などが利用できる．

このモデルを利用した動的解析を行う場合，まず，工学的基盤面における加速度波形を自由地盤に入力し，各深度に応じた自由地盤の応答変位を求めておく．次に，はり要素等でモデル化された基礎構造物および上下部構造物一体の解析モデルに対して，工学的基盤面での加速度波形を入力すると同時に，相互作用バネを介して自由地盤の応答変位を入力することとなる．

水平 2 方向地震動入力の場合には，本骨組モデルを 3 次元モデルにする必要がある．(2)で解説したように杭までモデル化するため基礎の解析モデルが複雑になり，容易ではないが 3 次元構造物と結合して 3 次元解析を行うことは可能である．

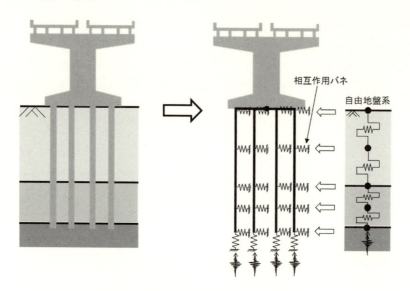

図-解 7.8.22　相互作用を考慮した骨組モデル

2) 有限要素モデル

不整形地盤や基礎の条件によっては，構造物と地盤の動的相互作用の影響を，前述の骨組モデルでは適切に挙動が表現できない場合がある．その場合には地盤も含めた全体系のモデル化が必要となり，地盤モデルとして有限要素モデルを用いることができる（図-解 7.8.23 参照）．有限要素モデルは，前述の骨組モデルと異なり，工学的基盤面の鉛直成分の地震動も評価することができ，多方向入力が可能となる．ただし，(3)で解説したように水平 2 方向地震動を入力とする 3 次元地盤モデルの地震応答解析は，モデル化の労力や計算時間が増大し現段階では実施が困難であるため，水平 1 方向と鉛直方向の平面 2 次元地盤モデルの地震応答解析が現実的である．

構造物と地盤を一体として地震応答解析することを連成解析と呼び，連成解析を行う際の地盤部分の考慮する範囲は，構造物と地盤の動的相互作用の影響が十分小さくなる遠方地盤までとするのがよい．地盤の深さ方向の解析領域については，工学的基盤から上方とする．入力する地震動は工学的基盤面の波形であり，解析領域の下端からその波形を作用させる．解析領域の境界では，適切に境界条件の処理を行わないと，構造物から反射された波動が境界で反射することになって地盤の無限性を考慮できない．そこで，一般的には粘性境界としてダッシュポットを境界面に導入する方法がとられるが，このダッシュポットの

みでは不十分であることから，図-解 7.8.23 のように完全無反射にする目的で自由地盤のメッシュ領域を設けることがある．その他にも，いくつかの境界条件の処理の方法があるが，種々の特徴を踏まえて解析対象に応じた適切な方法を選択する必要がある．

構造物の基礎と地盤の接触面においては，変形が大きくなると剥離やすべりが無視できなくなり，圧縮は力を伝達し，引張とせん断方向には力を伝達しないようにモデル化する必要がある．その場合には，構造物と地盤のモデル上の境界面に接続要素を配置するなどして，接触の状況を適切にモデル化する必要がある．そのモデル化のひとつの方法として，Winkler モデル［原田ら，2007］が提案されているので参考にするとよい．

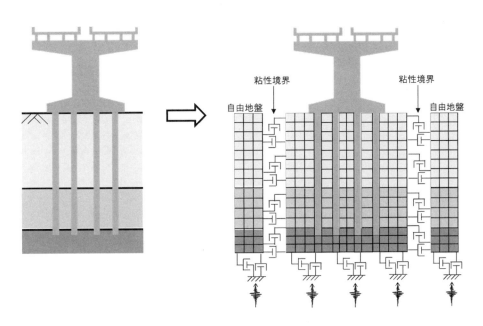

図-解 7.8.23　相互作用を考慮した有限要素モデル

7.8.8 制震デバイス・免震装置

制震デバイス・免震装置はその部材単体としての力学特性を十分反映してモデル化し，その効果が過大評価されないように留意しなければならない．

【解　説】
制震デバイスおよび免震装置のモデル化についてはそれぞれ構造詳細とともに「第 8 章　制震設計」と「第 9 章　水平力分散設計・免震設計」に示す．

7.9　橋梁全体のモデル化

橋梁全体のモデルは各部材モデルを組み立て，支持条件を設定して構築するが，各部材間の結合条件，基礎・地盤を含めた支持条件，さらに，組立時，架設時に生じる構造系の初期不整を，それぞれ，実構造の状況を反映して適切に設定しなければならない．

【解　説】

「7.8　部材のモデル化」における各部材モデルを組み立て，橋梁全体系のモデルを構築する．この時，橋梁全体系のモデルには，各部材間の結合条件，支持条件さらに組立時，架設時に生じる初期不整について，実構造物の状況を適切に反映してモデル化を行う必要がある．結合部は理想的な剛結あるいはピン結合としてモデル化されることが多いが，実際の接合部は半剛結（Semi-rigid）［後藤ら，1990；Chen et al., 1996］であるため，理想的な結合部のモデルでは実際の接合部の挙動を正確に表せない場合もあることに留意する必要がある．静的解析により構造系の耐力や残留変位・残留変形を評価する場合に結合部にピン結合モデルを用いると一般的に安全側のモデルになると考えられている．しかし，動的解析により構造物の挙動を評価する場合，静的挙動と異なり，構造物の応答は入力地震動により複雑な特性を示す可能性がある．したがって，動的解析に用いるモデルにおいては部材間の接合部はより実状に即したモデルを用いることが重要である．

第7章の参考文献

土木学会（1987）：座屈設計ガイドライン，丸善.

皆川勝（1988）：構造用鋼材の弾塑性履歴挙動のモデル化とそれの構造部材への応用，武蔵工業大学学位論文.

後藤芳顯，鈴木五月，松浦聖（1990）：はりと柱の結合部に非弾性特性を有する半剛結骨組の安定性に関する一考察，土木学会論文集，No.416/I-13, pp.329-338.

阪神高速道路公団（1990）：設計基準第2部，構造物設計基準（橋梁編）.

首都高速道路公団（1992a）：鋼構造物設計基準.

首都高速道路公団（1992b）：下部構造設計基準.

後藤芳顯，日比幸一，上條崇，藤原英之（1995），小畑誠：アンカーフレーム杭方式による鋼脚柱定着部の繰り返し載荷実験，構造工学論文集，Vol.41A, pp.1137-1143.

西村宣男，小野潔，池内智行（1995）：単調載荷曲線をもとにした繰り返し塑性履歴を受ける鋼材の構成式，土木学会論文集，No.513/I-31, pp.27-38.

後藤芳顯，上條崇，藤原英之，小畑誠（1996）：鋼製橋脚定着部の終局挙動とそのモデル化に関する考察，構造工学論文集，Vol.42A, pp.987-998.

唐嘉琳，日野伸一，黒田一郎，大田俊昭（1996）：コンクリート充填円形鋼管柱を対象とした鋼管とコンクリートの応力－ひずみ関係のモデル化，鋼構造論文集，Vol.3, No.11, pp.35-46.

土木学会（1996）：鋼橋の耐震設計指針案と耐震設計のための新技術，鋼構造委員会・鋼構造新技術小委員会・耐震設計WG.

中島章典，溝江慶久（1996）：不完全合成桁の不完全度の簡易推定法，土木学会論文集，No.537/I-35, pp.89-96.

建設省土木研究所，首都高速道路公団，阪神高速道路公団，名古屋高速道路公社，（社）鋼材倶楽部，（社）日本橋梁建設協会（1997～1999）：道路橋橋脚の地震時限界状態設計法に関する共同研究報告書（I）～（VIII），（総括編）.

後藤芳顯，宮下敏，藤原英之，上條崇（1997）：繰り返し荷重を受ける鋼製橋脚アンカー部の挙動とモデル化，土木学会論文集，No.563/I-39, pp.105-123.

酒造敏廣，事口寿男，長田好夫（1997）：鋼変断面ラーメンの非弾性地震応答性状と崩壊モードに関する研究，構造工学論文集，Vol.43A, pp.205-216.

天野麻衣，葛西昭，宇佐美勉，葛漢彬，岡本真悟，前野裕文（1998）：コンクリート部分充填鋼製橋脚の弾塑性挙動に関する実験的及び解析的研究，構造工学論文集，Vol.44A, pp.179-188.

後藤芳顯，王慶雲，高橋宣男，小畑誠（1998a）：繰り返し荷重下の鋼製橋脚の有限要素法による解析と材料構成則，土木学会論文集，No.591/I-43, pp.189-206.

後藤芳顯，上條崇，藤原英之，小畑誠（1998b）：縁端距離の短い杭方式による鋼製橋脚アンカー部の繰り返し載荷実験，構造工学論文集，Vol.44A, pp.1271-1280.

川西直樹，後藤芳顯（1999）：鋼構造物の有限要素法解析における残留応力と初期たわみの導入方法について，構造工学論文集，Vol.45A, pp.137-148.

迫田治行，北田俊行，尾立圭巳，加賀山泰一（1999）：鉄筋コンクリート方式で設計された鋼製橋脚定着部の終局限界状態と非弾性挙動の定式化，鋼構造論文集，Vol.6, No.21, pp.83-96.

田嶋仁志，半野久光，藤原英之，後藤芳顯（1999a）：単調載荷条件下での矩形断面鋼製橋脚アンカー部の終局挙動とモデル化，土木学会論文集，No.612/I-46，pp.297-312.

田嶋仁志，半野久光，藤原英之，後藤芳顯（1999b）：繰り返し荷重下の矩形断面鋼製橋脚アンカー部の終局挙動，土木学会論文集，No.612/I-46，pp.313-324.

土木学会，日本鋼構造協会（2000）：鋼構造物の耐震解析用ベンチマークと耐震設計法の高度化，土木学会鋼構造委員会・鋼構造物の耐震検討小委員会，日本鋼構造協会次世代土木鋼構造特別委員会・鋼橋の耐震設計小委員会.

土木学会（2001）：土木構造物の耐震設計ガイドライン（案），土木学会地震工学委員会耐震基準小委員会.

中島章典，福田淳，斉木功，岩熊哲夫（2001）：橋脚の弾塑性地震応答性状に及ぼす複合非線形性の影響に関する一考察，土木学会論文集，No.682/I-56，pp.427-432.

小澤一誠，王慶雲，後藤芳顯（2002）：座屈モードの局所化と隅角部のせん断変形を考慮したはりモデルによる鋼製ラーメン橋脚の解析，構造工学論文集，Vol.48A，pp.99-107.

後藤芳顯，奥村徹，鈴木昌哉（2002）：非線形はりモデルを用いた鋼製橋脚の耐震解析における幾何学的非線形性とせん断変形の影響，土木学会論文集，No.696/I-58，pp.157-172.

名古屋高速道路公社（2003）：鋼構造物設計基準（I 鋼橋編，II 鋼製橋脚編，III 付属構造編）.

保高篤司，Susantha, K.S.A.，青木徹彦，野村和弘，高久達将，熊野拓志（2003）：長方形断面鋼製橋脚の耐震性能に関する実験的研究，構造工学論文集，Vol.49A，pp.381-391.

水谷正樹，葛漢彬，葛西昭，宇佐美勉（2003）：せん断変形の照査を考慮した鋼製ラーメン橋脚の耐震照査法に関する研究，第 6 回地震時保有耐力法に基づく橋梁等構造の耐震設計に関するシンポジウム講演論文集，pp.285-292.

後藤芳顯，江坤生，小畑誠（2005）：2 方向繰り返し荷重を受ける薄肉円形断面鋼製橋脚柱の履歴特性，土木学会論文集，No.780/I-70，pp181-198.

土木学会（2005）：座屈設計ガイドライン 改訂第 2 版，丸善.

後藤芳顯，江坤生，小畑誠（2007）：2 方向繰り返し荷重を受ける矩形断面鋼製橋脚柱の履歴特性，土木学会論文集 A，Vol.63，No.1，pp.122-141.

原田隆典，野中哲也，馬越一也，岩村真樹，本橋英樹（2007）：ファイバー要素を用いた地盤・基礎の非線形動的相互作用モデルとその橋梁全体系の地震応答解析への適用，応用力学論文集，Vol.10，pp.1047-1054.

後藤芳顯，石川亮，海老澤健正，青木徹彦（2008）：鋼製橋脚アンカー部の 3 次元履歴モデル，土木学会論文集 A，Vol.64，No.2，pp.513-529.

後藤芳顯，Kumar, G. P.，川西直樹（2009）：充填コンクリートとの相互作用を考慮した円形断面鋼製橋脚の繰り返し挙動の FEM 解析，土木学会論文集 A，Vol.65，No.2，pp.487-504.

日本鋼構造協会（2009）：鋼橋の耐震設計の信頼性と耐震性能の向上，JSSC テクニカルレポート No.85.

宇佐美勉，馬越一也，斎藤直也，野中哲也（2010）：鋼橋の耐震解析におけるブレース材のモデル化，構造工学論文集，Vol.56A，pp.381-392.

後藤芳顯，水野貢介，Kumar, G. P.，藤井雄介（2010）：充填コンクリートとの相互作用を考慮した矩形断面鋼製橋脚の繰り返し挙動の FEM 解析，土木学会論文集 A，Vol.66，No.4，pp.816-835.

竹内徹，中村悠，松井良太（2010）：接合部固定度を考慮した H 型断面ブレースの座屈後履歴性状及び累積変形性能，日本建築学会構造系論文集，第 75 巻，第 653 号，pp.1289-1297.

小野潔，奥村徹，後藤芳顯（2011）：ファイバーモデルを用いた鋼製橋脚のモデル化に関する検討，第 14 回性能に基づく橋梁等の耐震設計に関するシンポジウム講演論文集，pp.33-40.

日本鋼構造協会（2011）：ファイバーモデルを用いた鋼橋の動的耐震解析の現状と信頼性向上，JSSC テクニカルレポート No.93.

竹内徹，近藤佑樹，松井良太，今井晃（2012）：局部座屈を伴う組立材ブレースの座屈後履歴性状および累積変形性能，日本建築学会構造系論文集，第 77 巻，第 681 号，pp.1781-1790.

土木研究所（2012）：鋼箱形断面圧縮部材の耐荷力に関する研究，土木研究所資料，第 4221 号.

日本道路協会（2012a）道路橋示方書（II 鋼橋編）・同解説，丸善.

日本道路協会（2012b）道路橋示方書（III コンクリート橋編）・同解説，丸善.

日本道路協会（2012c）道路橋示方書（IV 下部構造編）・同解説，丸善.

日本道路協会（2012d）道路橋示方書（V 耐震設計編）・同解説，丸善.

後藤芳顯，関一優，海老澤健正，呂西林（2013）：地震動下のコンクリート充填円形断面鋼製橋脚における局部座屈変形の進展抑制機構と耐震性向上，土木学会論文集 A1（構造・地震工学），Vol.69，No.1，pp.101-120.

水野剛規，後藤芳顯（2013）：水平 2 方向繰り返しを受けるアンカー部の損傷が鋼製橋脚の終局挙動に及ぼす影響，

土木学会論文集 A1（構造・地震工学），Vol.69，No.2，pp.295-314.

土木学会（2014）：複合構造標準示方書，丸善.

鉄道総合技術研究所（2016）：鉄道構造物等設計基準・同解説（鋼とコンクリートの複合構造物），丸善.

川西直樹，後藤芳顯（2017）：ピーク以降の履歴挙動を考慮したコンクリート充填構造の汎用的な 3 次元簡易モデルと耐震照査法，第 20 回性能に基づく橋梁等の耐震設計に関するシンポジウム講演論文集，pp.85-92.

奥村徹，後藤芳顯（2018）：曲げとせん断の連成が弾塑性はり要素による耐震解析に与える影響，土木学会第 73 回年次学術講演会講演概要集，I-390.

川西直樹，後藤芳顯（2018）：コンクリート充填構造を対象とした 3 次元セグメントモデルの開発と耐震照査法，構造工学論文集，Vol.64A，pp.73-85.

Mander, J. B., Priestley, M. J. N. and Park, R. (1988) : Theoretical stress‐strain model for confined concrete, Journal of Structural Engineering, ASCE, Vol.114, Issue 8, pp.1804-1826.

Shen, C., Mizuno, E. and Usami, T. (1993) : Development of cyclic two-surface model for structural steels with yield plateau, NUCE Report, No.9302.

Shen, C., Mamaghani, I. H. P., Mizuno, E. and Usami, T. (1995) : Cyclic behavior of structural steels. II: theory, Journal of Engineering Mechanics, ASCE, Vol.121, No.11, pp.1165-1172.

Chen, W.R., Goto, Y. and Liew, J. Y. R. (1996) : Stabilty design of semi-rigid frames, John Wiley & Sons.

Goto, Y., Wang, Q. Y. and Obata, M. (1998) : FEM analysis for hysteretic behavior of thin-walled column, Journal of Structural Engineering, ASCE, Vol.124, No.11, pp.1290-1301.

Lee, J and Fenves, G. L. (1998) : Pastic-damage model for cyclic loading of concrete structures, Journal of Engineering Mechanics, Vol.124, No.8, pp.892-900.

Li, X. S. and Goto, Y. (1998) : A three-dimensional nonlinear seismic analysis of frames considering panel zone deformations, Journal of Structural Mechanics and Earthquake Engineering, JSCE, No.605/I-45, pp.1-13.

Usami, T., Gao, S. and Ge, H. B. (2000) : Stiffened steel box columns. Part2 : Ductility evaluation, Eartquake engineering and structural Dynamics, pp.1707-1722.

Susantha, K. A. S., Ge, H. B. and Usami, T. (2001) : Uniaxial stress-strain relationship of concrete confined by various shaped steel tubes, Engineering Structures, Vol.23, No.10, pp.1331-1347.

Goto, Y., Kumar, G. P. and Kawanishi, N. (2010) : Nonlinear finite element analysis for hysteretic behavior of thin-walled circular steel columns with in-filled concrete, Journal of Structural Engineering, ASCE, Vol.136, No.11, pp.1413-1422.

Goto, Y., Mizuno, K. and Kumar, G. P. (2012) : Nonlinear finite element analysis for cyclic behavior of thin-walled stiffened rectangular steel columns with in-filled concrete, Journal of Structural Engineering, ASCE, Vol.138, No.5, pp.571-584.

Goto, Y., Ebisawa, T. and Lu, X. (2014) : Local buckling restraining behavior of thin-walled circular CFT columns under seismic loads, Journal of Structural Engineering, ASCE, Vol.140, No.5, pp.04013105-1-13.

補遺 7-1　コンクリート充填橋脚の FE モデルと数値解析例

(1) 静的繰り返し載荷

1) 円形断面

　図-補 7.1.1 には，円形断面コンクリート充填橋脚の FE モデルの例を示す［後藤ら，2009, 2013 ; Goto et al., 2010, 2014］．解析モデルは鋼管，充填コンクリート，鋼と充填コンクリートの界面の 3 つの部分に大別され，鋼管とダイアフラムは厚肉シェル要素（上部は弾性 3 次元はり要素），充填コンクリートはソリッド要素により図のように要素分割する．要素分割では解の収束性を考慮し決定するが，充填コンクリートについては解の要素分割による依存性がある．したがって，シリンダーテストの結果をもとにソリッド要素を用いた FE 解析で損傷塑性モデルの材料定数の calibration を行う場合は，充填コンクリートに用いる要素と等価なサイズの要素を用いる必要がある．鋼管とコンクリートとの間には接触対（コンタクトペア）とクーロン摩擦（摩擦係数 0.25），ダイアフラムとコンクリートとの間には接触ばね要素によりモデル化する．また，繰り返し載荷により生じる充填コンクリートの水平ひび割れを考慮するため，図-補 7.1.2 のように仮想水平ひび割れとしてこの面のコンクリートの節点を上・下面独立して定義し，この上下面の接触条件をコンタクトペア（接触対）とクーロン摩擦（摩擦係数 1.0）により考慮する．接触対では接触・離間・すべり挙動が表されるようにし，接触したひび割れ界面の固着とすべり挙動はクーロン摩擦モデルで表す．

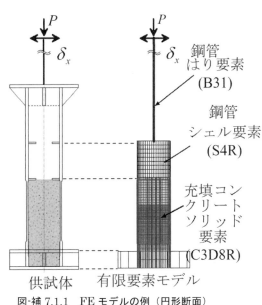
図-補 7.1.1　FE モデルの例（円形断面）

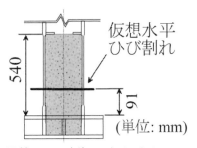
図-補 7.1.2　充填コンクリートの
仮想水平ひび割れの挿入位置の例

　鋼管の材料構成則は，三曲面モデルなどのように鋼の塑性域における繰り返し力学特性を正確に表現することが可能なモデルを用いる必要がある（条文 7.3.2【解説】参照）．充填コンクリートについては，損傷塑性モデルのように多軸圧縮拘束応力下の挙動を考慮できる構成則を用いる必要がある．なお，損傷塑性モデルでは等方硬化則で定式化されているため，引張側の軟化域では繰り返し載荷で充填コンクリートが過度の塑性ひずみの増加で体積膨張し，正しい解析結果が得られないことがある．このため，図-補 7.1.2 のように適切な位置に仮想水平ひび割れ（離散ひび割れ要素）を解析モデルに挿入し，引張応力が生じないようにす

ることが重要である．仮想ひび割れはコンクリートの応力が引張強度に到達した位置に順次挿入し，履歴曲線が収束するのに必要十分な数を導入する．

図-補 7.1.3 には，頂部の水平変位 δ_x を漸増両振り載荷したときの荷重変位履歴について数値解析結果を実験結果とあわせて示す．これより，解析結果と実験結果はよく整合しており，とくに，漸増両振り水平 1 方向載荷時に充填コンクリート橋脚に特有のピンチング現象（水平変位が 0 付近で剛性が一旦低下した後，変形が増大すると剛性が回復する現象）もよく再現できている．鉛直変位履歴についても解析結果は実験結果とよく一致しており，本解析モデルの適切さを裏付けている．また，2 方向繰り返し載荷として，x 方向と y 方向変位を同時にらせん状に与えたときの解析結果と実験結果をあわせて図-補 7.1.4 に示す．この結果より，FE 解析は 2 方向の繰り返し載荷に対しても実験結果とよく一致することが分かる．また，この解析によると鋼管の局部的なひずみも精度良く算定されるので低サイクル疲労の照査に用いる塑性ひずみの応答値を算定することも可能である．

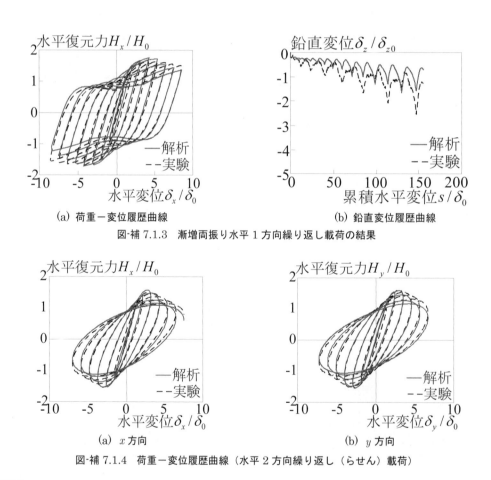

(a) 荷重－変位履歴曲線　　(b) 鉛直変位履歴曲線

図-補 7.1.3　漸増両振り水平 1 方向繰り返し載荷の結果

(a) x 方向　　(b) y 方向

図-補 7.1.4　荷重－変位履歴曲線（水平 2 方向繰り返し（らせん）載荷）

2) 矩形断面

図-補 7.1.5 に矩形断面コンクリート充填橋脚の FE 解析におけるモデル化の例を示す［後藤ら，2010；Goto et al., 2012］．矩形断面の場合も円形断面と同様に鋼板を厚肉シェル要素，充填コンクリートをソリッド要素により要素分割する．充填コンクリートと鋼板との接触条件は円形断面と同様に扱えばよいが，矩形断面の場合の接触時の摩擦は鋼パネルから充填コンクリートへの拘束圧が小さいので無視してもよい．この摩擦を無視すれば解の収束性が改善する．仮想ひび割れを導入した水平ひび割れ面については，矩形断面橋脚の場合はコンタクトペアを用いると数値計算の収束性が悪化するので，接触ばね要素を用いる．さらに，矩形断

面の場合，局部座屈は上ベースプレートと1枚目のダイアフラム間のパネル上で発生し，鉛直方向の座屈波長も円形断面鋼脚に比べ長いため，充填コンクリートの水平ひび割れは，上ベースプレートからやや離れた位置にも発生する．このため，図-補7.1.6のように円形断面橋脚より多くの水平ひび割れを考慮する必要がある．鋼板と充填コンクリートの材料構成則については，円形断面と同様である．

図-補7.1.7に，漸増両振り水平1方向繰り返し載荷を行ったときの水平荷重－水平変位で表した履歴曲線について解析結果を実験結果［建設省土木研究所，1997～1999］と比較して示している．図の実験による履歴曲線には供試体角部に低サイクル疲労によるき裂が観察された点を×印で示している．解析により得られた履歴曲線は，鋼脚の低サイクル疲労によるき裂が進展して包絡線が軟化するまでは実験による履歴曲線と履歴ループの形状を含めてよく一致していることがわかる．また，図-補7.1.8より，解析結果は実験による供試体の局部座屈形状の特性もほぼ表していることがわかる．

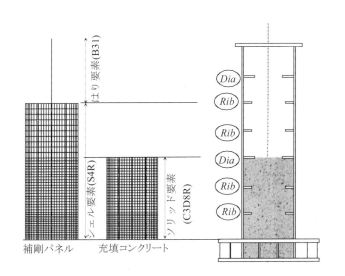

図-補7.1.5 矩形断面コンクリート充填橋脚の解析モデル

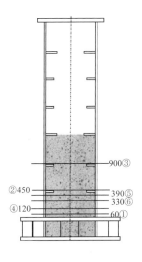

図-補7.1.6 充填コンクリートの
仮想水平ひび割れの挿入位置(矩形断面)

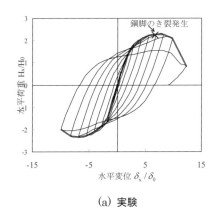

(a) 実験

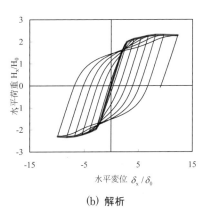

(b) 解析

図-補7.1.7 荷重－変位履歴曲線（漸増両振り水平1方向繰り返し載荷）

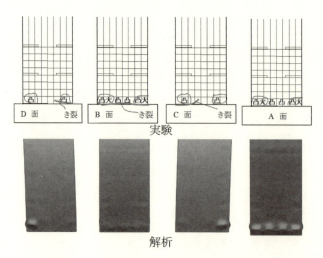

図-補 7.1.8 局部座屈変形に関する実験と解析の比較

(2) 動的載荷

文献［後藤ら，2013；Goto et al., 2014］では，円形断面コンクリート充填橋脚の振動台による加振実験と(1)で説明した FE モデルを用いた時刻歴応答解析によりその適用性の検証がなされている．用いられた試験体とその解析モデルの概要を図-補 7.1.9 に示す．入力地震波については，日本海中部地震の Tsugaru 実測波（最大加速度 LG $2.78\,\mathrm{m/s^2}$，TR $2.38\,\mathrm{m/s^2}$）の振幅を 3 倍増幅したものを基準波とし，LG 成分のみを水平 1 方向に与えた場合と LG 成分と TR 成分をそれぞれ x 軸成分と y 軸成分とした水平 2 方向同時に与えた場合について加振実験が行われている．なお，数値解析モデルは(1)とほぼ同様であるが，コンクリートと鋼管界面の摩擦については動的解析を安定させるため無視している．

円形断面コンクリート充填橋脚の水平 1 方向加振ならびに水平 2 方向同時加振実験による橋脚頂部の水平変位成分の時刻歴応答を FE 解析結果と比較して図-補 7.1.10 に示す．これらより，水平 2 方向同時加振の場合，橋脚の応答変位は LG 成分を入力した x 方向成分が y 方向変位に較べ卓越しているが，この x 方向の水平変位成分の応答は LG 成分のみを入力した 1 方向加振の場合に近い応答である．コンクリート充填橋脚は図-補 7.1.10 からわかるように，コンクリート充填橋脚の加振実験では，入力加速度のピーク点近傍で局部座屈発生と塑性化により x 方向変位成分の振動中心がいったん正方向に移動するが，その後，入力地震加速度の振幅が徐々に減少する後半の領域で，振動中心が再び元の位置に戻っていき，残留変位が非常に小さくなるという特徴的な挙動を示している．橋脚の時刻歴応答を残留変位の観点から示すために，図-補 7.1.11 には，コンクリート充填橋脚の応答水平変位成分の振動中心を無充填橋脚の場合とあわせて示す．これより，無充填橋脚では局部座屈が生じると座屈方向に残留変位が一様に増加していくのに対し，コンクリート充填橋脚では一度増加した残留変位が減少する様子を明確に見ることができる．さらに，図-補 7.1.12 には 1 方向加振の場合におけるコンクリート充填橋脚柱基部の局部座屈変形の時刻による推移を FE 解析結果と比較して無充填の結果とあわせて示す．ここでは，コンクリート充填橋脚の場合は変形状態を明瞭に表すため Tsugaru 波の 3 倍加振後，4.5 倍で再加振時の挙動を示している．図-補 7.1.12 より，無充填橋脚では，一方の局部座屈変形が単調に増加し倒壊に至るが，コンクリート充填橋脚では鋼管の両縁で局部座屈変形の発生と修復が繰り返され，橋脚の局部座屈変形が増加していないのがわかる．図-補 7.1.10〜7.1.12 に示したコンクリート充填橋脚の加振実験時の特徴的な挙動はいずれも FE 解析で再現されていることから，解析の妥当性と精度が確認できる．

第7章 鋼橋のモデル化

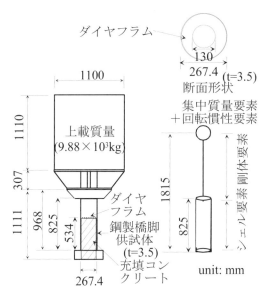

図-補 7.1.9　加振実験の供試体と解析モデルの概要

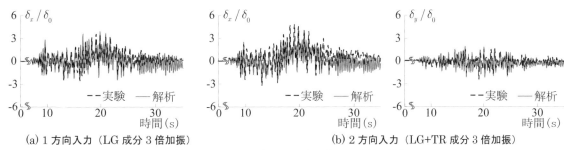

(a) 1方向入力（LG成分3倍加振）　　(b) 2方向入力（LG+TR成分3倍加振）

図-補 7.1.10　橋脚頂部の水平変位成分の時刻歴応答

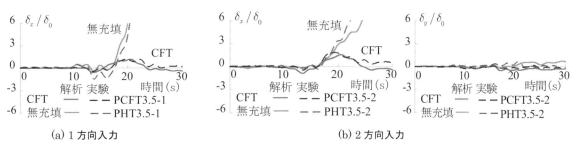

(a) 1方向入力　　(b) 2方向入力

図-補 7.1.11　水平変位の振動中心の推移

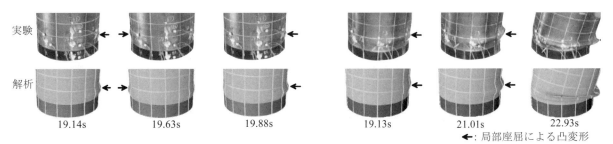

(a) コンクリート充填橋脚（LG成分4.5倍再加振）　　(b) 無充填（LG成分3倍加振）

図-補 7.1.12　1方向加振による橋脚基部の局部座屈変形の推移

補遺 7-2　コンクリート充填構造の終局挙動解析に用いる 3 次元セグメントモデル

コンクリート充填構造（CFT 構造）は最大耐力以降においてもある一定の範囲では安定したエネルギー吸収能を期待できる．このような性能を多方向地震動下の耐震設計（「第4章　耐震性能照査」）で考慮するには，多方向地震動下での CFT 構造の応答について，最大耐力点を超えたポストピーク域の動的応答をある程度の範囲（例えば90%耐力低下点まで）まで正確に予測できる解析ツールが必要となる．このツールとして，補遺 7-1 で示した 3 次元 FE モデル［後藤ら，2009］によるものが挙げられるが，膨大な計算量や高度な解析技術を要求されることから現段階の計算機環境では必ずしも現実的な設計ツールではない．

多方向地震動下の CFT 構造のピーク点以降の履歴挙動が追跡可能な汎用的な簡易モデルとしてはり要素を用いた 3 次元セグメントモデル［川西ら，2017, 2018］が開発されている．ここでは，3 次元セグメントモデルの概要ならびに，このモデルを水平 2 方向繰り返し載荷実験と振動台実験ので得られた CFT 橋脚の挙動の解析に適用した場合の妥当性について示す．

(1) 3 次元セグメントモデルの概要

CFT 構造のピーク点以降の挙動を解析するには鋼管の局部座屈変形と充填コンクリートの損傷挙動を考慮することが必要である．3 次元セグメントモデルは，CFT 構造で局部座屈変形が生じる CFT セグメントを対象とするモデルである．CFT セグメントとは，図-補 7.2.1(a)のように CFT 部材においてコンクリートが充填された 2 枚のダイアフラム（Dia.）間の部分を意味する．3 次元セグメントモデルでは地震時に鋼管に局部座屈変形が生じる CFT セグメントに対して図-補 7.2.1(b)のようにモデル化する．まず，鋼管を 3 次元はり要素で表すとともに要素内には局部座屈変形の領域を表す有効破壊長領域を設定する．この領域における鋼管の一軸の構成則として，鋼管の応力が圧縮側では局部座屈により低下する軟化モデルを導入する．有効破壊長領域では要素分割依存性や局所化が原因で生じる数値解析の不安定化の影響［小澤ら，2001］を回避するため，一つのはり要素でモデル化する．有効破壊長領域以外の鋼管にはバイリニア型の移動硬化則（2 次勾配は $E_s/100$，E_s は鋼のヤング係数）を用いる．充填コンクリートは，セグメントのダイアフラム間を要素長とする複数のトラス要素でモデル化する．トラス要素の総断面積は，充填コンクリートの断面積に

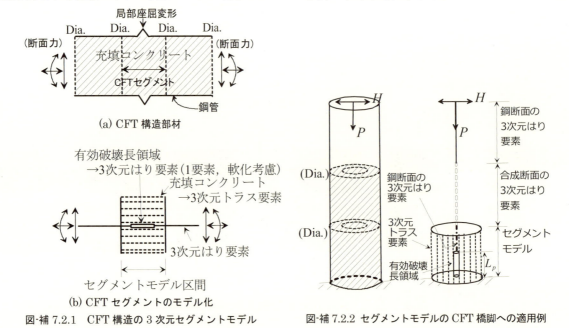

図-補 7.2.1　CFT 構造の 3 次元セグメントモデル　　図-補 7.2.2 セグメントモデルの CFT 橋脚への適用例

等しく，本数は曲げ挙動が再現できるように決定する．トラス要素の上下端のピン節点群は剛なダイアフラム要素に接合する．このダイアフラム要素は鋼管を表した 3 次元はり要素の節点に剛結する．3 次元セグメントモデルの力学的な特徴の一つとして，従来までの CFT 柱の簡易モデルで採られていた同一断面における鋼管と充填コンクリートとの間の平面保持の仮定を用いておらず，鋼管と充填コンクリートのひずみは独立に生じる点にある．これにより，ピーク点以降の大変形状態においても鋼管や充填コンクリートのひずみが適切に評価され，力学的に矛盾の少ない合理的なモデルとなる．3 次元セグメントモデルの適用例として，部分充填 CFT 橋脚のモデル化を図-補 7.2.2 に示す．この場合，曲げモーメント最大となる固定端付近の鋼管に局部座屈が生じるため，柱基部から第 1 ダイアフラム間をセグメントモデルで表す．有効破壊長領域は，セグメントでの局部座屈位置が下端付近であるため下端から配置する．

(2) 3 次元セグメントモデルのパラメータとその最適化

セグメントモデルでは材料特性や有効破壊長領域を含む計 18 個のパラメータが用いられており，これらのパラメータは，セグメントモデルによる解析結果が実験や精緻な FE モデルによる解析で得られた CFT 部材の 1 方向繰り返し載荷時の荷重－変位関係と一致するように，最適化計算により同定する［川西ら，2018］．図-補 7.2.3 にはセグメントモデルを CFT 橋脚で支持された連続高架橋解析に適用する場合のパラメータ同定と解析のフローを示す．

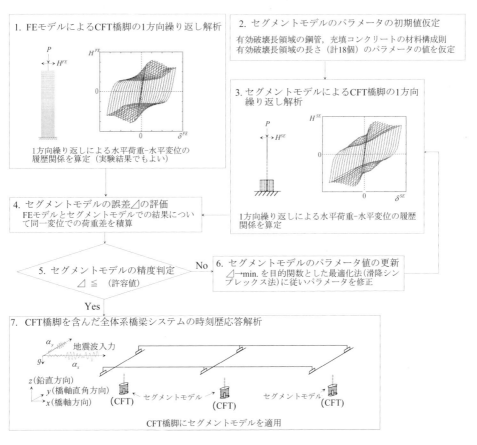

図-補 7.2.3　CFT 橋脚で支持された連続高架橋解析におけるセグメントモデルのパラメータの同定フロー

(3) セグメントモデルのパラメータの同定結果（静的な 1 方向繰り返し載荷解析の計算結果）

図-補 7.2.4 の円形断面コンクリート充填柱（CFT 柱）を 3 次元セグメントモデルで解析するために，柱頂部の x 方向水平変位成分 δ_x を漸増両振りした場合の FE モデルによる解析で得られた荷重－変位関係を基に，滑降シンプレックス法による最適計算でセグメントモデルのパラメータ同定を行った．同定されたパラメータを用いた 3 次元セグメントモデルの解析結果として，図-補 7.2.5 に x 方向の水平荷重－水平変位関係を FE モデルと比較して示すが，両モデルの結果はよく整合しており，セグメントモデルのパラメータ同定が適切に行われたことが検証できる．

(4) 静的な水平 2 方向載荷を受ける場合の精度検証

(3)で同定したパラメータ値を用いたセグメントモデルの水平 2 方向のらせん載荷を受ける CFT 柱への適用性について検討した．セグメントモデルによる水平 2 方向の水平荷重－水平変位関係の履歴を FE モデルによる解析結果と比較して図-補 7.2.6 に示す．これより，セグメントモデルの結果は，FE モデルの結果と概ね一致しており，1 方向繰り返し載荷を受ける CFT 柱の FE モデルで同定したセグメントモデルは水平 2 方向繰り返し載荷の場合においても，CFT 柱の挙動をピーク以降の領域を含めて精度よく予測することができる．セグメントモデルの計算時間は 1 分程度であり，精緻な FE モデル［例えば，後藤ら，2010］による計算時間約 24 時間に較べ大幅に計算時間が低減できる．セグメントモデルでは材料パラメータ同定にはやや手間がかかるが，一度パラメータが同定されると計算速度は非常に早い．

(5) 水平 2 方向同時加振実験による精度検証

補遺 7-1 (2)の CFT 橋脚の単柱模型（図-補 7.1.9）の水平 2 方向同時加振実験結果［後藤ら，2013；Goto et al., 2014］と 3 次元セグメントモデルによる時刻歴応答解析の結果を比較し，2 方向同時加振を受ける橋脚の動的挙動解析へのセグメントモデルの適用性を検証した．図-補 7.2.7 と 7.2.8 には，それぞれ，橋脚頂部の水平 2 方向の変位成分の時刻歴応答と等価水平力成分［後藤ら，2013；Goto et al., 2014］－水平変位成分の履歴関係について解析を実験結果とを比較している．これらの結果より，セグメントモデルは水平 2 方向同時加振実験での CFT 橋脚の応答を精度よく再現しているのがわかる．図-補 7.2.7 の時刻歴応答解析を精緻な FE モデルにより実施するには，計算機環境（CPU Intel i7 6core，メモリ 24GB）であっても，2 週間以上必要であった．一方，セグメントモデルでは 5 分間程度であり，計算時間は劇的に短縮された．

第 7 章 鋼橋のモデル化

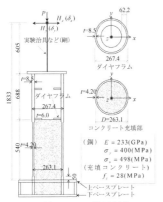

図-補 7.2.4 検討対象

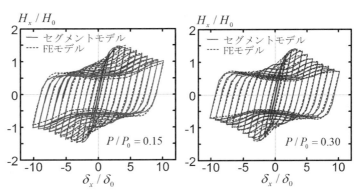

図-補 7.2.5 水平 1 方向繰り返し載荷時のセグメントモデルと FE モデルの解析結果の比較

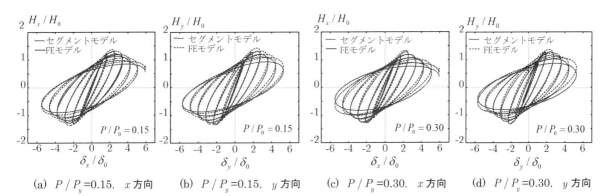

(a) P/P_y=0.15, x 方向　(b) P/P_y=0.15, y 方向　(c) P/P_y=0.30, x 方向　(d) P/P_y=0.30, y 方向

図-補 7.2.6 螺旋載荷（水平 2 方向繰り返し載荷）時のセグメントモデルと FE モデルの解析結果の比較

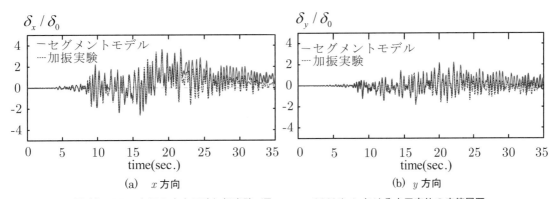

(a) x 方向　(b) y 方向

図-補 7.2.7 水平 2 方向同時加振実験（Tsugaru×300%）における水平変位の応答履歴

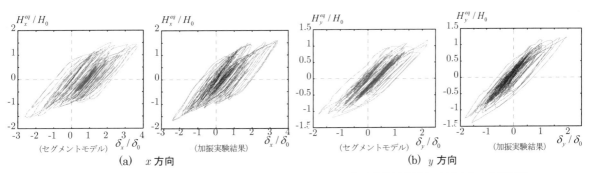

(a) x 方向　(b) y 方向

図-補 7.2.8 水平 2 方向同時加振実験（Tsugaru×300%）における等価水平力-水平変位の応答履歴

補遺 7-3 二次部材のモデル

過去の地震による二次部材の被害事例を図-補 7.3.1(a)〜(c)に示す．これらの写真から，二次部材の座屈および接合部での破断やすべりが発生していることがわかる．レベル 2 地震動さらには想定を超える地震動に対しては，この写真のように二次部材が損傷する可能性がある．そのため，二次部材の損傷を考慮した耐震検討を行う場合には，このような現象が適切に表現できるようにモデル化を行う必要がある．ここでは，主荷重を受け持たない二次部材に対する実務的なモデルとして，修正柴田・若林モデル［柴田ら，1982；竹内ら，2010，2012］を取り上げて概説し，他の解析モデルとの比較検討を行う．さらに二次部材の局部座屈発生部における簡易的な破断時期の推定も試みる．詳細は文献［馬越ら，2018］を参照されたい．このモデルは，実験および実験が再現できるシェル要素の FE モデルにより検証されているため，修正全体系はりモデル MME1 および全体系詳細モデル ME2 に組み込むことができる．

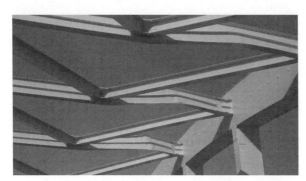
(a) ローゼ橋の上横構の座屈（兵庫県南部地震，1995）

(b) ランガー橋の上横構斜材の座屈と接合部での破断（東北地方太平洋沖地震，2011）

被災したアーチ橋全景

支柱対傾構の座屈

対傾構接合部でのすべり

(c) アーチ橋の支柱対傾構の損傷（東北地方太平洋沖地震，2011）

図-補 7.3.1　二次部材の損傷事例

(1) 二次部材のモデル化

二次部材に塑性化や座屈を生じない場合は，補遺 7-5 (3)で示す弾性トラス要素によるモデルで十分である．レベル 2 地震動作用時に損傷する二次部材のモデルとしては，繰り返し荷重下の部材全体の座屈挙動を巨視的に捉え，1 部材構成節点間の軸方向変位により表したトラスモデル，曲げと軸力が考慮できる弾塑性はり要素（ファイバーモデル）によるはりモデル，局部座屈まで考慮できる弾塑性シェル要素によるシェルモデル等が挙げられる．ここでは，トラスモデルとして，修正柴田・若林モデルを用いる．また，比較検討のため，はりモデルおよびシェルモデルも用いることにした．

第7章 鋼橋のモデル化

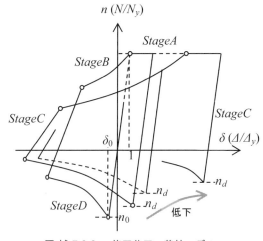

図-補 7.3.2　修正柴田・若林モデル

表-補 7.3.1　検討対象の二次部材の諸元

項目			単位	H形断面
弾性係数		E	N/mm^2	200000
降伏応力度		σ_y	N/mm^2	235
構成板 n-B×t	フランジ	-	-	2-300×16
	ウェブ	-	-	1-350×16
部材長		L	m	6.356
座屈長	弱軸	l_z	m	6.356
細長比	弱軸	l_z/r_z	-	92.27
細長比パラメータ	弱軸	λ_z	-	1.01
部材座屈強度	弱軸	$f(\lambda_z)$	-	0.56
局部	構成板	ζ_i	-	1.00
連成座屈強度	弱軸	Q_z	-	0.56

(2) 修正柴田・若林モデル

修正柴田・若林モデルの軸力と軸方向変位の関係を図-補 7.3.2 に示す．このモデルは，部材の座屈履歴を 4 つの Stage（StageA：引張降伏状態，StageB：引張曲げ降伏状態，StageC：弾性除荷状態，StageD：圧縮曲げ降伏状態）に分けて表現した履歴モデルである．各 Stage における耐荷力曲線は，文献 [柴田ら，1982；竹内ら，2010，2012] で式として提示されている．なお，柴田・若林モデル [柴田ら，1982] は座屈耐荷力が一定であるが，修正柴田・若林モデル [竹内ら，2012] は，図-補 7.3.2 内に示すように座屈耐荷力の低下が考慮されている．

修正柴田・若林モデルの接合部の固定条件は，有効座屈長を指定することによって剛からピンまでが考慮できるようになっている．そのため，全体系はりモデルに組み込む場合には，対象部材の有効座屈長を適切に求めておく必要がある．また，修正柴田・若林モデルを用いる上で必要な各係数は，文献 [竹内ら，2010] を基に設定することができる．

なお，このモデルは H 形断面ブレース材の一般的な接合部に対して使用できるものであり，例えば箱型断面ブレース材の端部で断面が絞り込まれて接合された場合には別途，検証が必要である．さらに，このモデルでは接合部における摩擦接合部のすべりは考慮されていないので，接合部がすべらない場合に限って適用できる．

(3) 解析例

1) 対象の二次部材

二次部材として一般的なアーチ橋の支柱対傾構やアーチ下横構（表-補 7.3.1 参照）を対象とする．なお，ここでは部材接合部等ですべりが発生しないものとしている．

2) 解析条件

対象の二次部材を両端ピンの中心軸圧縮柱とし，この部材に対して部材軸方向に変位制御の繰り返し漸増載荷荷重を作用させる．この繰り返し載荷荷重は，

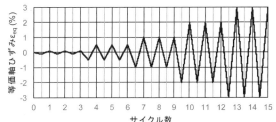

図-補 7.3.3　繰り返し載荷条件

図-補 7.3.3 に示すように一定振幅を 3 サイクル行い，等価軸ひずみ（軸方向変位を部材長で除した値）を 0.1%，0.5%，1.0%，2.0%，3.0%に徐々に増加させていくようにした．

3）解析モデル

本検討では，修正柴田・若林モデル，はりモデル，シェルモデル（局部座屈が発生する部材中央部だけをシェル要素でそれ以外ははり要素のモデル）の 3 種類の解析モデルを用いる．要素分割については，はりモデルでは部材座屈が，シェルモデルでは局部座屈も表現できるように細かく分割した．これらの要素の材料構成則は，はりモデルおよびシェルモデルとも応力－ひずみ関係がバイリニアモデル（2 次勾配 $E/100$）とした移動硬化則を用いる．なお，初期不整（初期たわみと残留応力）については，文献［土木研究所，2012］で規定されている方法（直接たわみと残留応力を設定）ではりモデルとシェルモデルに対して設定した．

4）解析結果

修正柴田・若林モデルの解析結果の等価軸応力（部材軸力を断面積で除した値）と等価軸ひずみの関係を図-補 7.3.4 に示す．この図から，一般的なブレース材の特性を示しているのがわかる．また，圧縮側において，1 つ目の履歴ループと 2 つ目以降の履歴ループで大きな差があり，過去の履歴の影響（累積変形性能）が考慮されていることもわかる．

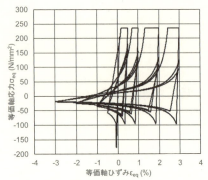

図-補 7.3.4 修正柴田・若林モデルの結果

各モデルの比較を以下に示す．まず，修正柴田・若林モデルとはりモデルを比較した結果を，図-補 7.3.5 に示す．同図(a)から，両者の履歴ループの形は概ね一致していることがわかる．引張側（等価軸応力が正）ではりモデルの等価軸応力が降伏後増加しているのは，設定したひずみ硬化の影響である．また，拡大したグラフ（同図(b)）の圧縮側（等価軸応力が負）では，修正柴田・若林モデルの荷重が大きく低下しているのに対して，はりモデルではあまり変化がない．はりモデルで荷重が変化しない理由は，繰り返すことによって設定した初期不整が初期状態に戻るからであり，初期不整の影響が消滅する［宇佐美ら，2010］といえる．このことから，はりモデルでは動的解析を含む繰り返し解析では耐荷力を高めに評価することになり，注意が必要である．なお，1 回目の履歴ループにおいて，修正柴田・若林モデルの等価軸応力がはりモデルより多少高くなっているので，実務で使用する場合には適用する設計基準の耐荷力と整合をとる必要がある．

次に，はりモデルとシェルモデルの比較を行う．図-補 7.3.6(a)の比較結果から，両者の履歴ループの形が一致しているのがわかる．しかし，拡大したグラフ（同図(b)）の圧縮側（等価軸応力が負）では，はりモデ

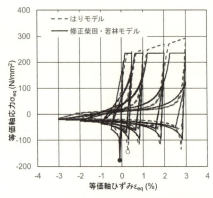 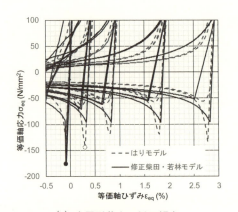

(a) 等価軸応力と等価軸ひずみの関係　　　(b) 座屈耐荷力の低下傾向

図-補 7.3.5 修正柴田・若林モデルとはりモデルの比較

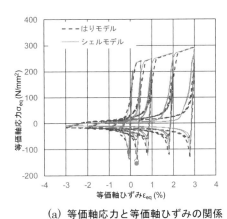
(a) 等価軸応力と等価軸ひずみの関係

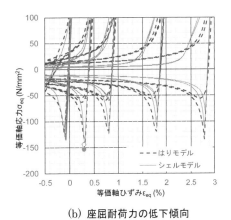
(b) 座屈耐荷力の低下傾向

図-補 7.3.6 はりモデルとシェルモデルの比較

ルであまり変化がないのに対して，シェルモデルでは多少，等価軸応力が低下傾向にある（特に，最終の履歴ループで低下している）．修正柴田・若林モデルほどの低下は示していないが，シェルモデルでは低下が表現できることわかり，高度な材料構成則を使用すれば，修正柴田・若林モデルにさらに近づくと考えられる．

5) 破断時期の推定

二次部材の破断の判定方法として，ひずみ集中率という概念（ひずみ振幅拡大係数として再定義）を用いて二次部材節点間の見かけの軸変形から局部座屈部の塑性ひずみを推定し，破断時期を簡易に推定する手法［竹内ら，2010］を用いる．具体的には，前述の修正柴田・若林モデルによる繰り返し載荷解析結果から得られる等価軸ひずみに，ひずみ振幅拡大係数を乗じることにより局部座屈部の塑性ひずみ振幅を算定し，鋼材の低サイクル疲労破断条件に適用することにより部材破断時期を予測する．

前述した繰り返し載荷（図-補 7.3.3）の横軸を累積ひずみで示すと図-補 7.3.7 のようになる．また，等価軸ひずみと算定した局部座屈部塑性ひずみ（局部ひずみ）の関係を示すと図-補 7.3.8 になる．これらの情報を基に部材の破断については，局部座屈部最大塑性ひずみから各全ひずみ振幅を求め，その累積値が式(補 7.3.1)の Manson-Coffin 式で示す低サイクル疲労破断条件に達した際に破断すると判定する．

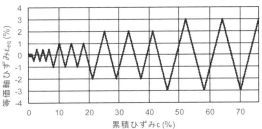
図-補 7.3.7 繰り返し載荷条件下での累積ひずみの変化

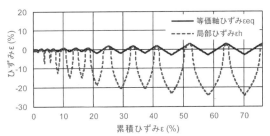
図-補 7.3.8 等価軸ひずみと局部ひずみの関係

$$\sum \Delta \varepsilon_{hp} = 3857 \times \left(\overline{\Delta \varepsilon_{hp}}\right)^{-1.13} \quad (補\ 7.3.1)$$

同式において累積塑性ひずみの左辺と平均塑性ひずみ振幅の項である右辺を累積ひずみで示すと図-補 7.3.9 のようになる．2 つの履歴が交差した時点が部材破断と予測され，前述した図-補 7.3.3 と合わせてみて 13 サイクル終了手前で破断する結果となった．

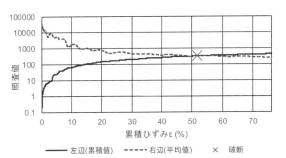
図-補 7.3.9 低サイクル疲労破断条件式の左辺と右辺

補遺 7-4　橋脚アンカー部の数値解析例

橋脚アンカー部に損傷をやむを得ず許容する場合に適用する Component method によるモデルの妥当性を実験結果との比較により示す．実験に用いた供試体は図-補 7.4.1 に示す鋼製橋脚アンカー部の約 1/5 模型である[後藤ら，2008]．アンカー部は杭方式とし，上載荷重，設計水平震度 0.3，地震力作用位置はフーチング表面から 1.7m として設計している．一方，橋脚躯体については実構造と異なり，弾性状態を保持してアンカー部に軸力，せん断力と曲げモーメントを載荷する治具として設計をしている．アンカーボルト（S35CN）とフーチングコンクリートの応力−ひずみ関係を図-補 7.4.2 に示す．載荷実験では，図-補 7.4.1 の載荷点に一定の死荷重（426kN）下で，1 方向単調載荷，1 方向繰り返し載荷（図-補 7.4.3(a)）と 2 種類の水平 2 方向繰り返し載荷（図-補 7.4.3(b)）を実施した．

実験結果と Component method による解析結果の比較を図-補 7.4.4～7.4.6 に示す．解析結果はアンカーボルトの材料構成則にバイリニア移動硬化則，三曲面モデルいずれを用いても実験結果とよく一致しており，Component method を用いたアンカー部の 3 次元履歴モデルは工学上ほぼ十分な精度を有していることを確認できる．

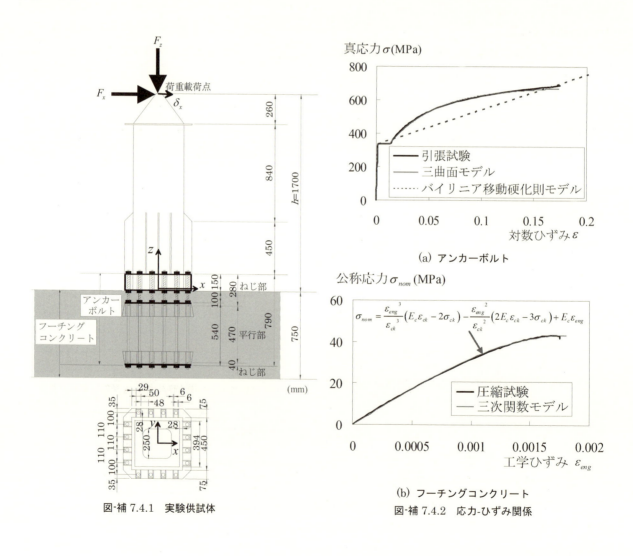

図-補 7.4.1　実験供試体

図-補 7.4.2　応力-ひずみ関係

第7章 鋼橋のモデル化

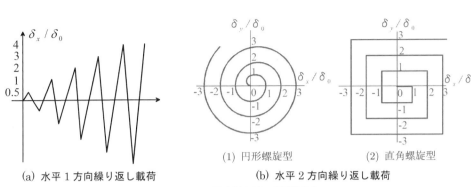

(a) 水平1方向繰り返し載荷　　(1) 円形螺旋型　　(2) 直角螺旋型
　　　　　　　　　　　　　　(b) 水平2方向繰り返し載荷

図-補 7.4.3　載荷履歴

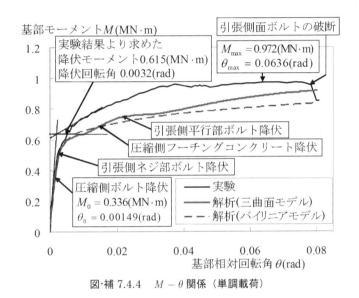

図-補 7.4.4　$M-\theta$ 関係（単調載荷）

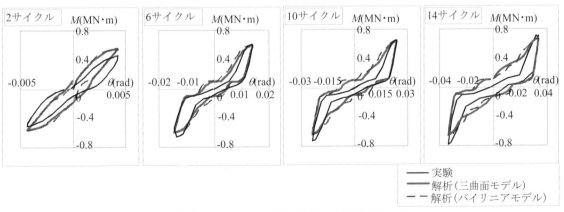

図-補 7.4.5　$M-\theta$ 関係（水平1方向繰り返し載荷）

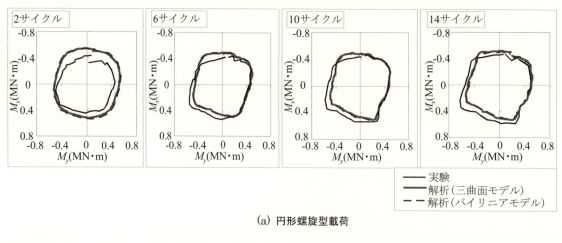

(a) 円形螺旋型載荷

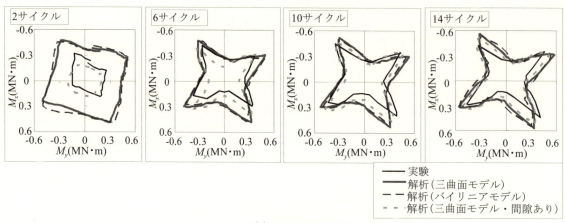

(b) 直角螺旋型載荷

図-補 7.4.6　$M-\theta$ 関係（水平2方向繰り返し載荷）

補遺 7-5　橋梁全体のモデル化の例

　連続高架橋，上路式アーチ橋，上路式トラス橋を対象に，「7.8　部材のモデル化」に基づく各部材のモデル化および，部材間の結合方法，支持条件の導入方法を以下に示す．ここでは，主に全体系はりモデル ME1 の例を示している．全体系詳細モデル ME2 では全体系はりモデル ME1 を基本として，損傷する部位にはシェル要素などの高精度の要素を用いる．そして，必要に応じて，初期不整を考慮することで構造全体の終局限界を精度よく評価できるようにモデル化を行う必要がある．シェル要素でモデル化した部位とはり要素との結合方法については個別に例示する．

　なお，「第 4 章　耐震性能照査」で示した耐震照査法では部材の安全性照査のための内力を応答値として評価する必要があるが，この場合，各部材間の結合にバネ要素を用いるとともに，その内力から応答値を評価することができる．ただし，部材の結合に用いるバネ要素の剛性は応答値に影響を与えないように結合する部材に対して十分に高い剛性値を設定する必要がある．

(1) 連続高架橋

　連続高架橋を図-補 7.5.1 のように上部構造，橋脚，基礎と地盤の 3 つの部材に分割し，それぞれの部材の結合方法と全体系モデルの支持条件の導入方法を示す．

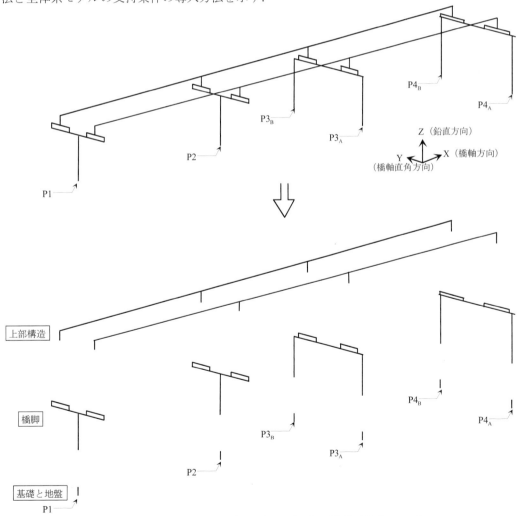

図-補 7.5.1　連続高架橋を構成する部材の例［日本鋼構造協会，2009］

上部構造：上部構造は「7.8.2　桁・床版」に基づきモデル化する．

橋脚：橋脚は「7.8.5　鋼製橋脚」に基づきモデル化する．

基礎と地盤：基礎と地盤は「7.8.7　基礎と地盤」に基づきモデル化する．

1) 部材間の結合

(a) 上部構造－橋脚の結合

　上部構造と下部構造の結合条件は個々の支承位置ではなく，図-補7.5.2に示すC_1，C_2点で与える．これらの点は複数の支承に支持される上部構造と下部構造の結合条件を表-補7.5.1のように集約して与える場合に設定する点であり，オフセット部材を用いて結合される．すなわち，上部構造を表すはり要素軸線に鉛直下向きに剛結したオフセット部材下端と橋脚横ばりの上フランジ位置に橋軸直角方向に水平に設置されたオフセット部材A_1-B_1，A_2-B_2上のC_1，C_2点の間は，表-補7.5.1，図-補7.5.2に示すように，各支承条件に基づき適切に結合する．

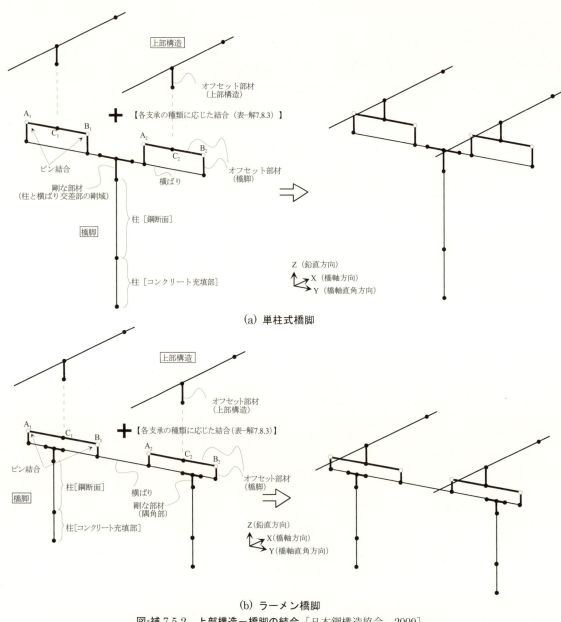

図-補7.5.2　上部構造－橋脚の結合［日本鋼構造協会，2009］

なお，橋脚横ばりを表すはり要素軸線から鉛直上向きに剛結したオフセット部材上端と水平のオフセット部材 A_1-B_1，A_2-B_2 両端とは並進変位のみを固定したピン結合とする．また，橋脚柱と横ばりの結合部の剛域を表すはり要素やオフセット部材を表すはり要素には軸方向剛性，曲げ剛性，ねじれ剛性は，橋脚柱に対して十分剛とみなせるような高い値を設定する必要がある．

全体系詳細モデルで下部構造の支承部近傍をシェル要素でモデル化する場合（図-補 7.5.4）において，支承を 1 点（C_1，C_2 点）に集約するには，オフセット部材 A_1-B_1，A_2-B_2 の両端節点はシェル要素でモデル化した橋脚横ばりの上面に結合する必要がある．この場合，オフセット部材端部をシェル要素の節点に直接結合すると非現実的な局部変形が橋脚横梁に生じるので，支承位置のベースプレートの範囲でシェル要素を剛体と仮定してオフセット部材と結合する必要がある．

表-補 7.5.1　上部構造－橋脚の結合 ［日本鋼構造協会，2009］

支承条件	u_x	u_y	u_z	θ_x	θ_y ***	θ_z
固定支承	拘束	拘束	拘束	拘束	拘束	拘束
可動支承	自由	拘束	拘束	拘束	拘束	自由
ゴム支承	線形バネ*	線形バネ*	拘束**	拘束**	拘束	自由**
免震支承	非線形履歴*（図-補 7.5.3）	非線形履歴*（図-補 7.5.3）	拘束**	拘束**	拘束	自由**

注1）＊の条件は，橋軸方向および橋軸直角方向の両方向にゴム支承あるいは免震支承で支持される場合．橋軸直角方向が固定されている場合は u_y は「拘束」とする．
注2）＊＊の条件は，厳密にはバネ支持となるが，解析結果への影響は一般的に小さいため，このようにしてよいものとした．
注3）＊＊＊の条件は，図-補 7.5.2 のモデルにおいては両端がピン結合で支持されるオフセット部材 AB が部材軸まわりに自由に回転できるので C 点に与える条件としては θ_y を拘束とする．このようにしても，実質的には支承の橋軸直角軸まわりの回転は自由となり矛盾は生じない．

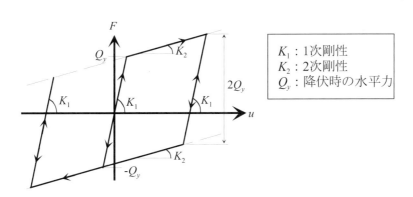

図-補 7.5.3　免震支承の非線形履歴モデル ［日本鋼構造協会，2009］

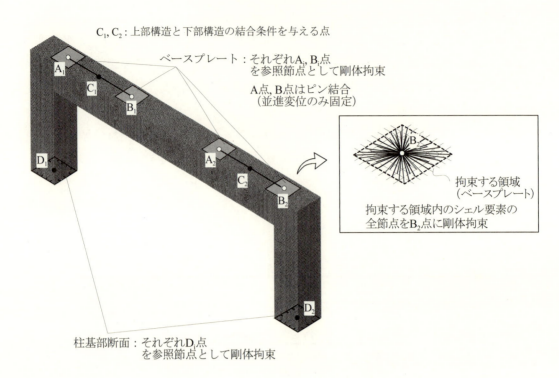

図-補 7.5.4 全体系詳細モデルにおける結合方法

(b) 橋脚－基礎の結合

橋脚－基礎の結合は剛結する（図-補 7.5.5）．

全体系詳細モデル ME2 では柱基部と基礎との境界は，はり理論の基本仮定に基づき，縦リブを含む柱基部断面を剛体で拘束し（図-補 7.5.4，D_1 点），基礎と剛結する．

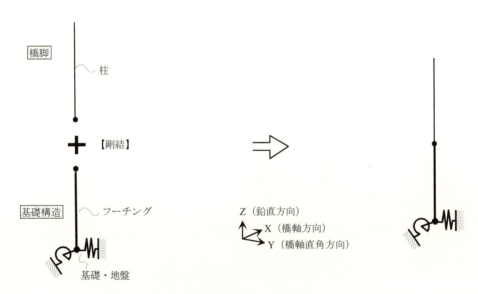

図-補 7.5.5 橋脚－基礎の結合［日本鋼構造協会，2009］

2) 支持条件

連続高架橋の基礎と地盤による支持条件の例を図-補7.5.6, 表-補7.5.2に示す．表-補7.5.2の支持条件はフーチング底面に設置されるS-Rモデルで表わした例である．この例ではS-Rモデルにおいて鉛直方向, 鉛直軸まわりのバネが考慮されないので, 支持条件としてこれらの自由度が拘束されている．

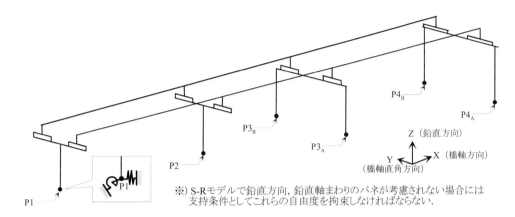

図-補7.5.6 連続高架橋の支持条件を与える点 [日本鋼構造協会, 2009]

表-補7.5.2 連続高架橋の支持条件 [日本鋼構造協会, 2009]

支持条件を与える箇所	支持条件を与える点	u_x	u_y	u_z	θ_x	θ_y	θ_z
フーチング底面	P1〜P4	バネ支持	バネ支持	拘束	バネ支持	バネ支持	拘束

(2) 上路式アーチ橋

図-補7.5.7のように上路式アーチ橋を構成する桁（補剛桁，縦桁，横桁，RC床版），端柱（端柱，端柱対傾構，端柱支材），鉛直材（鉛直材支柱，鉛直材対傾構，鉛直材支材），アーチ（アーチリブ，下横構，アーチリブ支材）の4種類の部材に分け，それぞれの部材の結合方法と全体系モデルの支持条件の導入方法を示す．

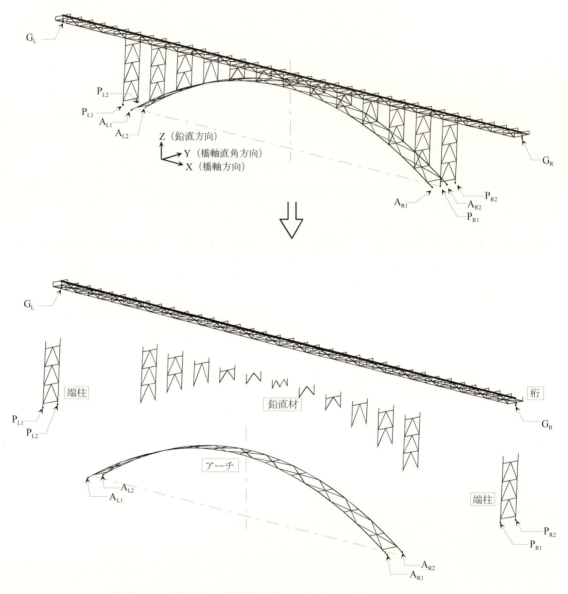

図-補7.5.7 上路式アーチ橋を構成する部材の例［日本鋼構造協会，2009］

桁：桁は「7.8.2 桁・床版」に基づきモデル化する．アーチクラウン部の支柱が剛な構造となっている場合は，図-補7.5.8に示すように補剛桁の中央部を剛域とする．上横構はトラス部材として図-補7.5.9のように結合する

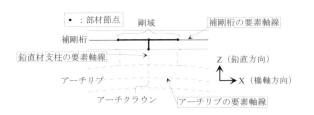
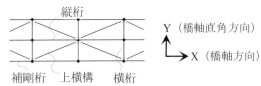

図-補 7.5.8　桁中央部の剛域［日本鋼構造協会，2009］　　図-補 7.5.9　上横構の結合［日本鋼構造協会，2009］

端柱：端柱のモデル化の概要を図-補 7.5.10 に示す．端柱の高さは図-補 7.5.11 に示すように補剛桁の断面中心から端柱下端の支承部の固定点（ピン支承，ピボット支承の場合には回転の中心点）までとり，柱基部の支承部付近や柱頂部の桁との結合点なども剛域は設けないものとする．端柱対傾構は「7.8.3　対傾構・横構」に基づきモデル化を行う．

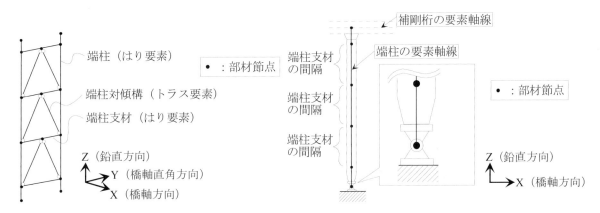

図-補 7.5.10　端柱のモデル化の概要［日本鋼構造協会，2009］　図-補 7.5.11　端柱の要素軸線のとり方［日本鋼構造協会，2009］

鉛直材：鉛直材のモデル化の概要を図-補 7.5.12 に示す．鉛直材の高さは図-補 7.5.13 に示すように補剛桁の断面中心からアーチリブの断面中心までにとり，剛域は設けないものとする．鉛直材対傾構は「7.8.3　対傾構・横構」に基づきモデル化を行う．

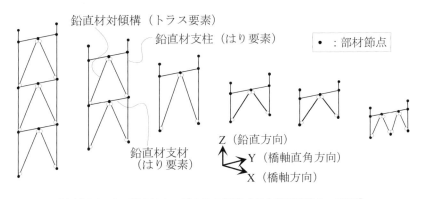

図-補 7.5.12　鉛直材のモデル化の概要［日本鋼構造協会，2009］

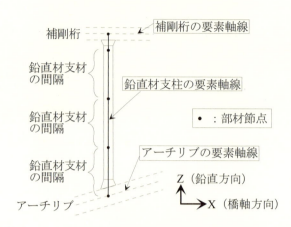

図-補 7.5.13 鉛直材の要素軸線のとり方［日本鋼構造協会，2009］

アーチ：アーチのモデル化の概要を図-補 7.5.14 に，アーチリブの要素軸線のとり方を図-補 7.5.15 に示す．アーチクラウン部の支柱が剛な構造となっている場合，図-補 7.5.16 に示すようにアーチリブの中央部を剛域とする．下横構は「7.8.3 対傾構・横構」に基づきモデル化を行う．

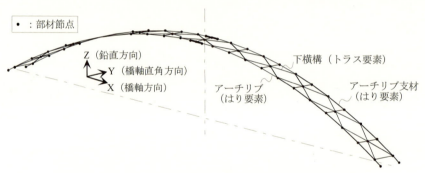

図-補 7.5.14 アーチのモデル化の概要［日本鋼構造協会，2009］

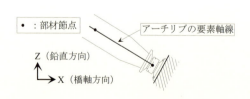

図-補 7.5.15 アーチリブの要素軸線のとり方
［日本鋼構造協会，2009］

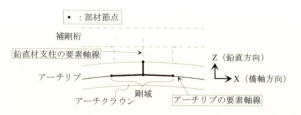

図-補 7.5.16 アーチクラウン部の剛域［日本鋼構造協会，2009］

1）部材間の結合

(a) 桁－端柱の結合

図-補 7.5.17 に示すように桁と端柱は剛結する．

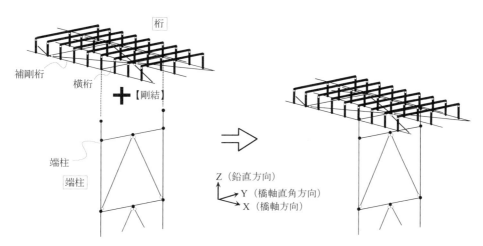

図-補 7.5.17　桁－端柱の結合［日本鋼構造協会，2009］

(b) 桁－鉛直材の結合

図-補 7.5.18 に示すように桁と鉛直材は剛結する．

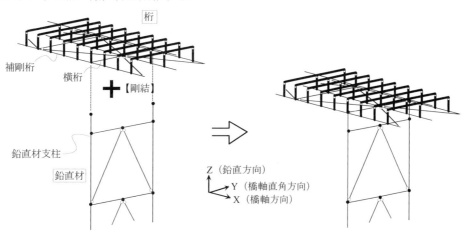

図-補 7.5.18　桁－鉛直材の結合［日本鋼構造協会，2009］

(c) 鉛直材－アーチの結合

図-補 7.5.19 に示すように鉛直材とアーチは剛結する．

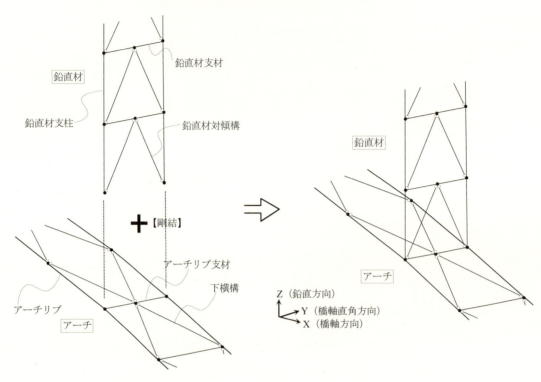

図-補 7.5.19 鉛直材－アーチの結合 ［日本鋼構造協会，2009］

2) 支持条件

　支承の種類に応じてアーチ橋の支持条件を与える．支持条件の例を図-補 7.5.20，表-補 7.5.3 に示す．本例で示した上路式アーチ橋では支承が岩盤などに設置されることから地盤を剛とした．地盤の剛性を考慮する必要がある場合にはこれを適切にモデル化して支持条件を与えなければならない．

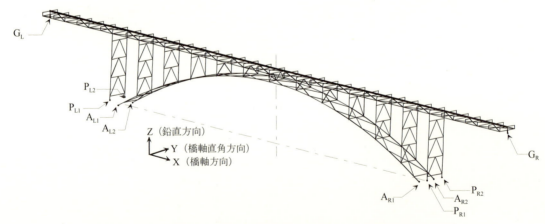

図-補 7.5.20 上路式アーチ橋の支持条件を与える点 ［日本鋼構造協会，2009］

表-補 7.5.3 上路式アーチ橋の支持条件 ［日本鋼構造協会，2009］

支持条件を与える箇所	支承の種類	支持条件を与える点	u_x	u_y	u_z	θ_x	θ_y	θ_z
桁端部	可動支承	G_R, G_L	自由	拘束	拘束	拘束	自由	自由
端柱基部	固定支承	P_{R1}, P_{R2}, P_{L1}, P_{L2}	拘束	拘束	拘束	拘束	自由	自由
アーチリブ基部	ピボット支承	A_{R1}, A_{R2}, A_{L1}, A_{L2}	拘束	拘束	拘束	自由	自由	自由

(3) 上路式トラス橋

図-補 7.5.21 のように上路式トラス橋を構成する RC 床版，上横構・床組，主構（上弦材，下弦材，鉛直材，斜材），下横構・下支材，対傾構，橋脚の 6 つの部材に分け，それぞれの部材の結合条件と全体系モデルの支持条件の導入方法を示す．

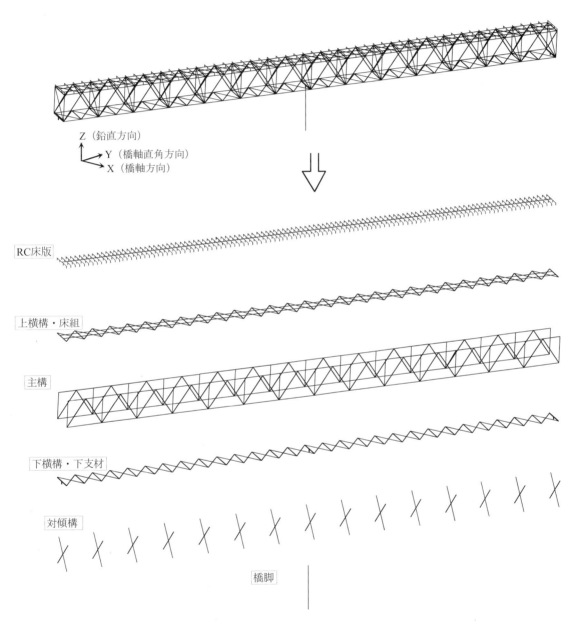

図-補 7.5.21 上路式トラス橋を構成する部材の例 ［日本鋼構造協会，2009］

RC床版：RC床版は「7.8.2　桁・床版」に基づきモデル化する．RC床版と主構の上弦材および縦桁との結合を考慮するために，図-補7.5.22に示すように上弦材および縦桁の要素分割の間隔に配置するオフセット部材を用いる．はり要素で表わしたRC床版の要素分割もこれに合わせ，RC床版の要素節点と橋軸直角方向の水平のオフセット部材と剛結する．鉛直方向に配置するオフセット部材（オフセット部材2）の上端と橋軸直角方向に配置したオフセット部材（オフセット部材1）との接合はRC床版と上弦材との接合条件を考慮して，3成分の並進バネで結合する．これらのバネの剛性が無限大の時はピン結合となる．オフセット部材の軸方向剛性，曲げ剛性，ねじり剛性は隣接する上弦材や縦桁に対して剛とみなせるように十分に剛性が高い値を設定する．

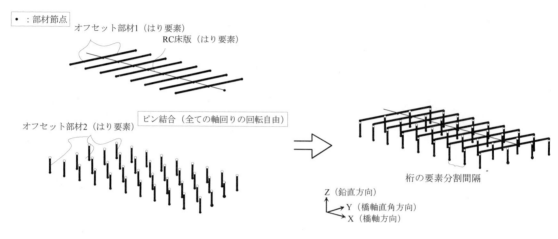

図-補7.5.22　RC床版のモデル化の概要［日本鋼構造協会，2011］

主構：主構のモデル化の概要を図-補7.5.23に示す．一般的にトラス橋の解析では，部材が細長いため曲げモーメントが小さくなることを考慮して，軸力のみ生じるトラス要素でモデル化することが多い．しかし，実際の格点は図-補7.5.24に示すような構造であり，上下弦材と斜材および鉛直材間の結合は半剛結となっている．主荷重等に対する設計では発生する曲げモーメントが小さく二次応力程度であるためトラス要素でモデル化する場合もあるが，レベル2地震動に対しては部材端部の曲げモーメントの影響が無視できないので格点を剛結したモデルを基本とする（図-補7.5.25(a)）．なお，上下弦材と斜材の剛性よりも大きい格点ガセットプレート部を剛域とみなせる場合は，図-補7.5.25(b)のように剛域を考慮したモデルとする．

　箱型断面の斜材では図-補7.5.24に示すように，格点部でフランジ2枚を1枚に絞りH形断面にして連結することが多い．この場合は完全な剛結とは言えず，部材剛度が途中で変化している．しかし，比較的厚肉のガセットプレートに連結されていることを考慮し，モデルを簡便化するため剛結と考えても良いとしている．このとき，格点のガセットの剛性は一般には十分剛と考えてよい．

　桁端部および橋脚上の支承における拘束条件を考慮するためにオフセット部材を用いる（図-補7.5.26）．オフセット部材の軸方向剛性，曲げ剛性，ねじれ剛性は隣接する弦材に対して剛とみなせるように十分に剛性が高い値を設定する．

第7章 鋼橋のモデル化

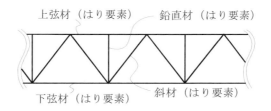

図-補 7.5.23 主構のモデル化の概要［日本鋼構造協会，2011］

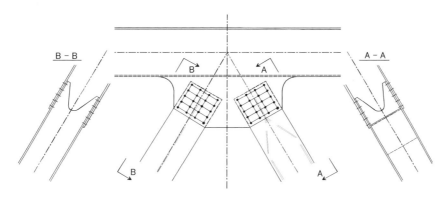

図-補 7.5.24 トラス橋の主構格点構造［日本鋼構造協会，2011］

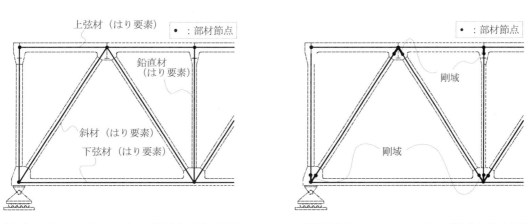

(a) 格点ガセットプレート部の剛性を無視する場合　　(b) 格点ガセットプレート部の剛域を考慮する場合

図-補 7.5.25 主構の格点部のモデル化［日本鋼構造協会，2011］

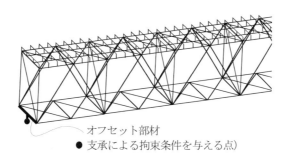

図-補 7.5.26 支承部のオフセット部材［日本鋼構造協会，2011］

上横構・床組：上横構・床組みのモデル化の概要を図-補7.5.27に示す．上横構は「7.8.3　対傾構・横構」に基づきモデル化を行う．縦桁，横桁，上横構の実際の部材重心高さはそれぞれ異なるが，簡素化のため，この偏心は無視して上弦材の重心高さの平面でモデル化してもよいこととした（図-補7.5.28）．

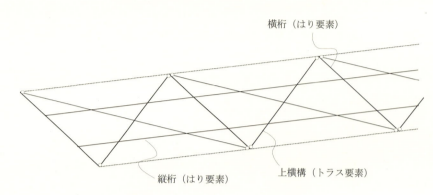

図-補7.5.27　床組のモデル化の概要

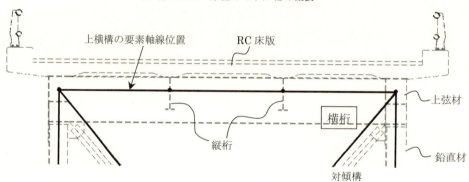

図-補7.5.28　上横構・床組のモデル平面［日本鋼構造協会，2011］

下横構・下支材：下横構・下支材のモデル化の概要を図-補7.5.29に示す．上横構は「7.8.3　対傾構・横構」に基づきモデル化を行う．

　下支材ははり要素でモデル化することを標準とするが，下横構は部材が細長く曲げモーメントが小さくなることを考慮してトラス要素でモデル化してもよいこととした．

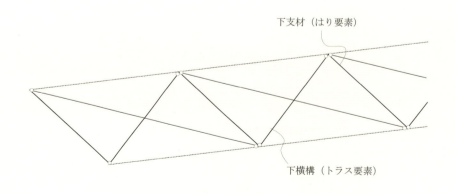

図-補7.5.29　下横構・下支材のモデル化の概要

対傾構：対傾構のモデル化の概要を図-補 7.5.30 に示す．対傾構は「7.8.3　対傾構・横構」に基づきモデル化を行う．一般に対傾構の軸線は横桁の下からとるが，簡便化するために上弦材の重心に合わせた軸線でモデル化してよいものとした（図-補 7.5.31）．

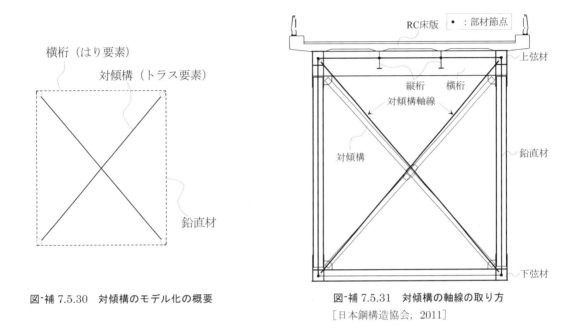

図-補 7.5.30　対傾構のモデル化の概要　　　　　　図-補 7.5.31　対傾構の軸線の取り方
［日本鋼構造協会，2011］

橋脚：橋脚ははり要素でモデル化する．基礎と地盤はフーチング底面位置に S-R モデルで表わす．

1) 部材間の結合
(a) RC 床版－上横構・床組の結合
図-補 7.5.32 に示すように，RC 床版のオフセット部材と上横構・床組を剛結する．（ただし，上横構をトラス要素でモデル化する場合はこれらの両端はピン結合）

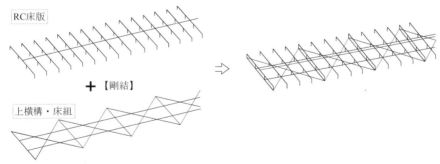

図-補 7.5.32　RC 床版－上横構・床組の結合［日本鋼構造協会，2009］

(b) 主構－上横構・床組，下横構・下支材，対傾構の結合
図-補 7.5.33 に示すように，主構－上横構・床組，下横構・下支材，対傾構の結合は剛結とする．（ただし，上横構，下横構，対傾構をトラス要素でモデル化する場合はこれらの両端はピン結合）

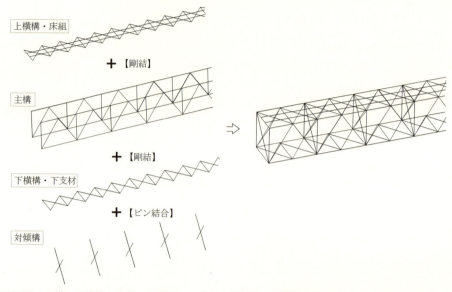

図-補 7.5.33　主構－上横構・床組，下横構・下支材，対傾構・対傾構支材の結合［日本鋼構造協会，2009］

(c) 上部構造－橋脚の結合

上部構造と橋脚とを結合（図-補 7.5.34）する変位成分，回転成分は表-補 7.5.4 に示す上部構造の各支承条件において拘束する成分が対応する．

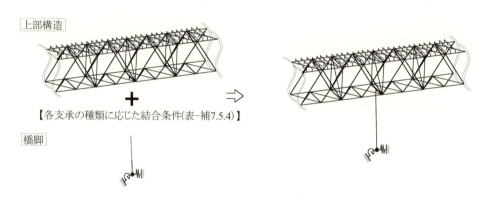

図-補 7.5.34　上部構造－RC 橋脚の結合

表-補 7.5.4　上部構造－RC 橋脚の結合［日本鋼構造協会，2011］

支承条件	u_x	u_y	u_z	θ_x	θ_y	θ_z
固定支承	拘束	拘束	拘束	拘束	自由	拘束
可動支承	自由	拘束	拘束	拘束	自由	自由

2) 支持条件

トラス橋の支持条件の例を図-補 7.5.35，表-補 7.5.5 に示す．桁端部（A1，A2）は支承の種類に応じて表-補 7.5.5 の支持条件を与える．RC 橋脚基部（P1）の支持条件はフーチング底面に設置される S-R モデルで表わした場合の例である．S-R モデルにおいて鉛直方向，鉛直軸まわりの剛性を無視する場合には支持条件としてこれらの自由度を拘束しなければならない．

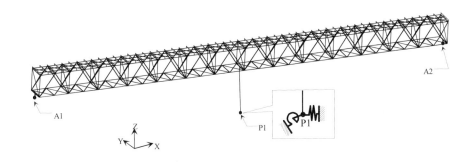

※) S-Rモデルで鉛直方向，鉛直軸まわりの回転剛性を無視する場合には
支持条件としてこれらの自由度を固定しなければならない．

図-補 7.5.35　上路式トラス橋の支持条件を与える点 ［日本鋼構造協会，2009］

表-補 7.5.5　上路式トラス橋の支持条件 ［日本鋼構造協会，2011］

支持条件を与える箇所	支承の種類	支持条件を与える点	u_x	u_y	u_z	θ_x	θ_y	θ_z
端部支承	可動支承	A1	自由	拘束	拘束	拘束	自由	自由
端部支承	固定支承	A2	拘束	拘束	拘束	拘束	自由	拘束
フーチング底面	—	P1	バネ支持	バネ支持	拘束	バネ支持	バネ支持	拘束

第 7 章補遺の参考文献

建設省土木研究所，首都高速道路公団，阪神高速道路公団，名古屋高速道路公社，（社）鋼材倶楽部，（社）日本橋梁建設協会（1997～1999）：道路橋橋脚の地震時限界状態設計法に関する共同研究報告書 (I) ～ (VIII)，（総括編）．

柴田道生，中村武，若林實（1982）：鉄骨筋違の履歴特性の定式化，日本建築学会論文報告集，第 316 号，pp.18-23.

小澤一誠，王慶雲，後藤芳顯（2001）：座屈モードの局所化を考慮した補剛板の軟化型構成則を用いた鋼製橋脚の Pushover 解析，土木学会論文集，No.689/I-57，pp.225-237.

後藤芳顯，石河亮，海老澤健正，青木徹彦（2008）：鋼製橋脚アンカー部の 3 次元履歴モデル，土木学会論文集 A，Vol.64，No.2，pp.513-529.

後藤芳顯，Kumar, G. P.，川西直樹（2009）：充填コンクリートとの相互作用を考慮した円形断面鋼製橋脚の繰り返し挙動の FEM 解析，土木学会論文集 A，Vol.65，No.2，pp.487-504.

宇佐美勉，馬越一也，斉藤直也，野中哲也（2010）：鋼橋の耐震解析におけるブレース材のモデル化，構造工学論文集，Vol.56A，pp.381-392.

後藤芳顯，水野貢介，Kumar, G. P.，藤井雄介（2010）：充填コンクリートとの相互作用を考慮した矩形断面鋼製橋脚の繰り返し挙動の FEM 解析，土木学会論文集 A，Vol.66，No.4，pp.816-835.

竹内徹，中村悠，松井良太（2010）：接合部固定度を考慮した H 型断面ブレースの座屈後履歴性状及び累積変形性能，日本建築学会構造系論文集，第 75 巻，第 653 号，pp.1289-1297.

竹内徹，近藤佑樹，松井良太，今村晃（2012）：局部座屈を伴う組立材ブレースの座屈後履歴性状および累積変形性能，日本建築学会構造系論文集，第 77 巻，第 681 号，pp.1781-1790.

土木研究所（2012）：鋼箱形断面圧縮部材の耐荷力に関する研究，土木研究所資料，第 4221 号．

後藤芳顯，関一優，海老澤健正，呂西林（2013）：地震動下のコンクリート充填円形断面鋼製橋脚における局部座屈変形の進展抑制機構と耐震性向上，土木学会論文集 A1（構造・地震工学），Vol.69，No.1，pp.101-120.

川西直樹，後藤芳顯（2017）：ピーク以降の履歴挙動を考慮したコンクリート充填構造の汎用的な 3 次元簡易モデルと耐震照査法，第 20 回性能に基づく橋梁等の耐震設計に関するシンポジウム講演論文集，pp.85-92.

川西直樹，後藤芳顯（2018）：コンクリート充填構造を対象とした 3 次元セグメントモデルの開発と耐震照査法，構造工学論文集，Vol.64A，pp.73-85.

馬越一也，吉野廣一，野中哲也（2018）：想定を超える地震に対する鋼橋の 2 次部材の破断を考慮するモデル化手法に関する一考察，第 21 回性能に基づく橋梁等の耐震設計に関するシンポジウム講演論文集，pp.201-208.

Goto, Y., Kumar, G. P. and Kawanishi, N. (2010) : Nonlinear finite element analysis for hysteretic behavior of thin-walled circular steel columns with in-filled concrete, Journal of Structural Engineering, ASCE, Vol.136, No.11, pp.1413-1422.

Goto, Y., Mizuno, K. and Kumar, G. P. (2012) : Nonlinear finite element analysis for cyclic behavior of thin-walled stiffened rectangular steel columns with in-filled concrete, Journal of Structural Engineering, ASCE, Vol.138, No.5, pp.571-584.

Goto, Y., Ebisawa, T. and Lu, X. (2014) : Local buckling restraining behavior of thin-walled circular CFT columns under seismic loads, Journal of Structural Engineering, ASCE, Vol.140, No.5, pp.04013105-1-13.

第 8 章　制震設計

8.1　適用範囲

　本章は，振動エネルギーの吸収・逸散機能を有する制震デバイスを用いて，構造物に対する地震作用の影響の低減を図り，構造物の耐震性能を向上させる設計に適用するものとする．制震設計はおもに既設構造の耐震補強に用いられるが，新設構造への適用も対象とする．

【解　説】

　本章は，構造物の耐震性能を向上させる方法の一つとして，振動エネルギーの吸収・逸散機能を有する制震デバイスを用いた場合の設計法を示したものである．制震デバイスは免震装置との併用も考えられる．両者の組合せ方法については，本章と「第9章　水平力分散設計・免震設計」を考慮して最適な組合せになるように配慮すべきである．制震設計，免震設計については，構造物の減震・免震・制震構造設計法ガイドライン［土木学会，2002］，道路橋の免震・制震設計法マニュアル（案）［土木研究センター，2011］に有用な知見が示されているので参照するとよい．

　本章は，前章までと同様，制震デバイスを用いた構造物の耐震性能を照査する標準的な手法について記述したものである．

8.2　対象範囲

　本示方書で取り扱う制震デバイスは，パッシブ型のうち，履歴型ダンパーと粘性型ダンパーを対象とする．

【解　説】

　本示方書で対象とするパッシブ型の各種デバイスを用いた橋梁の耐震性能の向上手法を表-解 8.2.1 に示す．すでに建築分野を中心に様々な制震デバイスを用いた制震設計（損傷制御設計）が展開されている［小堀，1993；日本鋼構造協会，1998；和田ら，1998；日本免震構造協会，2005］．

　制震にはパッシブ型のほかアクティブ型，セミアクティブ型がある．アクティブ型は加力装置である制震デバイスを作動させて構造物の揺れを動的に制御するものである．その適用範囲は高層建物の風振動に対する居住性の確保や長大橋主塔（特に建設時）の風対策が中心である．地震に対しては中小地震に対する応答低減効果が検討されている段階である．これは，大地震時に何千トンもある構造物の応答を制御するには大きな出力の動的加力装置が必要であり，制震デバイスのコストが非常に高くなるからである．さらに，デバイスを作動させるための動力供給に対する信頼性に疑問が残るなどの問題もある．また，セミアクティブ型についても，まだ一般性がない．以上のことから，本章ではアクティブ型とセミアクティブ型制震は対象外とする．

　パッシブ型制震では，地震動に対して，構造物に設置されたデバイスが動力なしで自然に稼働し，構造物

の振動エネルギーを吸収・逸散することで振動を低減するものであり，既設橋梁の耐震補強への採用実績が多い．パッシブ型制震に用いるデバイスには履歴型ダンパーとして鋼材などの材料の塑性変形による金属ダンパー（図-解 8.2.1）と摩擦抵抗による摩擦ダンパー（図-解 8.2.2）がある．また，粘性流体の粘性抵抗による粘性ダンパー（図-解 8.2.3）もある．金属ダンパーには，棒材を軸方向の変形により降伏させる軸降伏型とパネルのせん断変形により降伏させるせん断型のものなどがある．粘性ダンパーはダンパー構造内に粘性体を充填した制震デバイスであり，粘性体の流動抵抗を利用している．橋梁に用いられるものはシリンダーの形状のものが多い．抵抗力は速度の指数乗となるため，温度変化による桁の伸縮などの低速度下での抵抗は小さい．逆に速度が速くなると抵抗力が大きくなるので，リリーフバルブにより，ある速度以上では圧力の一部を開放し，ダンパーへの作用力が大きくならないようにしたものがある．デバイスにこのような機構を持たせると，「8.6　構造細目」で解説するデバイス取付部が過大になることを防ぐことができる．

　履歴型ダンパーは廉価であるが，機能した後に残留変位を生じる欠点がある．しかし，近年，残留変位を低減させることで，レベル 1 地震動から機能させるとともに，地震後の使用性・修復性という観点からのダンパーの撤去・取換えも不要にする取組みも行われている．詳細は条文 8.3【解説】(2) 1)に述べている．

表-解 8.2.1　デバイスを用いた耐震性能の向上手法

構造	方式	デバイス		
制震構造 （パッシブ型）	履歴減衰付加	履歴型 ダンパー	金属 ダンパー	軸降伏型ダンパー （座屈拘束ブレース：BRB）
				せん断降伏型ダンパー （せん断パネルダンパー）
			摩擦ダンパー	
	粘性減衰付加	粘性型 ダンパー	粘性ダンパー	
免震構造	避共振＋減衰付加	鉛プラグ入り積層ゴム支承		
		高減衰積層ゴム支承		
		すべり支承（機能分離型）		
水平力分散構造	避共振＋反力分散	積層ゴム支承		

第8章 制震設計

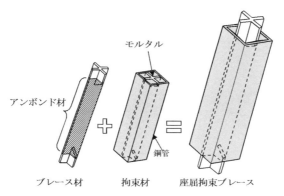

(a) 軸降伏型ダンパー（座屈拘束ブレース：BRB）

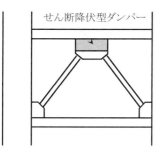

(b) せん断降伏型ダンパー（せん断パネルダンパー）

図-解 8.2.1　金属ダンパー［日本鋼構造協会，2009］

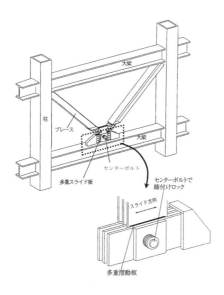

図-解 8.2.2　摩擦ダンパー

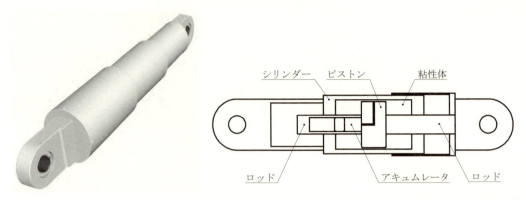

図-解 8.2.3　粘性ダンパー［日本鋼構造協会，2009］

8.3　設計の基本

(1) 制震設計は「第2章　耐震性能設計の基本原則」に従って行うものとする．

(2) 制震設計においては，制震デバイスの特性のみならず制震デバイスを配置した構造全体系の特性を十分に検討した上で，構造系の中の適切な位置に制震デバイスを配置しなければならない．

【解　説】

(1) 制震設計は，第7章までに示した耐震設計法と基本的に変わるところはない．すなわち，制震デバイスを設置した構造物の耐震設計は「第2章　耐震性能設計の基本」に従い，構造安全性と地震後の使用性・修復性の照査は「第4章　耐震性能照査」の方法によらなければならない．

構造物に要求される耐震性能は，構造物の重要度に応じて変化する．したがって，耐震性能に応じて，表-解 4.2.1，4.2.2 に基づき制震デバイスを含めた構造安全性と地震後の使用性・修復性の照査を行わなければならない．なお，制震デバイスの耐震性の具体的な照査法は安全限界と損傷限界を含めて「8.5　制震設計」に示す．

(2) 耐震性能向上対策としては，制震構造，免震構造，水平力分散構造に大別することができる．ここでは，これらの耐震性能向上策について，その基本的な概念を述べる（表-解 8.3.1，8.3.2 参照）．水平力分散構造，免震構造の詳細については「第9章　水平力分散設計・免震設計」に述べる．

 1) 制震構造

構造物に設けた制震デバイスの減衰効果により，大地震による構造物の応答（変位・加速度等）の抑制を行うことが基本的な制震構造の原理である．ただし，その動的応答特性は表-解 8.3.1，8.3.2 に示すように，①制震デバイス（履歴型ダンパー）を新たに構造物に追加する場合，②制震デバイス（粘性ダンパー）を新たに構造物に追加する場合，③既設部材を制震デバイス（履歴型ダンパー）に交換する場合でそれぞれ異なる．すなわち，①では剛性と減衰性能を有する履歴型ダンパーがもとの構造系に対して並列に設置されることにより，減衰の付与とともに構造系が補剛・補強される．なお，ここでいう補強とは構造系の最大耐力を増加させることである．減衰付与とともに補剛効果で応答は減少する．②では粘性ダンパーにより構造全体系に粘性減衰が付与されることで応答は減少する．③は既設部材よりも耐力の低い履歴型ダンパーに交換した場合の例を示したものであるが，この場合にはダンパーによる減衰効果に加え，構造系の長周期化に起因した避共振効果により応答が減少する．ただし，構造系の剛性低下で応答変位が増加す

る可能性がある.

図-解 8.2.1〜8.2.3 の制震デバイスを橋梁の中に設置した例を図-解 8.3.1(a)〜(e)に示す. 図-解 8.3.1(e)はエネルギー吸収機能を持つ「対震橋脚」を既設高架橋に設置した例［金治ら, 2015］である.

一般に, 履歴型ダンパーを用いた制震構造ではダンパーの塑性化に伴う残留変形により, 構造物には残留変位が生ずる可能性がある. このような残留変位を抑制するために図-解 8.3.2 に示す履歴特性を付与した新たな制震構造も提案されている. 図-解 8.3.3 は上路式鋼アーチ橋の橋軸直角方向の地震慣性力に対する端柱およびアーチリブ基部の浮き上がりを許容しつつ, 軸降伏型ダンパーによりエネルギー吸収を図ったロッキング型免震制震機構の例である［後藤ら, 2006］. 柱の浮き上がりに伴う引張力により塑性化したダンパーは地震後には死荷重による圧縮力により, 初期の長さに戻るように設計することができる. このような柱基部の浮き上がりを許容した事例として, 国内では図-解 8.3.4 に示す多層ラーメン橋脚が挙げられる. 海外の事例としてはニュージーランドの South rangitikei bridge［スキナーら, 1996］などが挙げられる. また, 履歴型ダンパーに PC 鋼棒によるプレストレスを付与した Self-centering 機構［後藤ら, 2007；Chiristopulus et al., 2008］や残留変形が生じにくい形状記憶合金などを用いたダンパー［伊津野, 1994；足立ら, 1998；後藤ら, 2013 など］などもある.

2) 免震構造

免震構造は, 構造物に設けた免震装置の柔性と減衰により, 大地震時における構造物の応答（変位・加速度等）の抑制を行う構造である. 水平剛性の低い免震装置を構造系に直列に設置することにより構造物を長周期化する. 一般には長周期化と減衰効果により構造物の応答は低減する. ただし, 長周期地震動成分が卓越する場合には共振するので, これを抑制するために制震装置を併用する必要がある.

3) 水平力分散構造

水平力分散構造は, 地震時に負担する上部構造の慣性力を他の下部構造に分散させて, 橋梁全体系として地震力に抵抗する構造である. 水平剛性の低い水平力分散装置を構造系に直列に設置することにより構造物は長周期化する. これにより一般には加速度は減少し変位は増加する. 上部構造と下部構造を多点固定支持とする水平力分散構造は, 地震動の卓越周期に対して構造物の 1 次固有周期をはずした避共振構造として採用される.

表-解 8.3.1　既設構造の各種耐震性能向上対策の分類［日本鋼構造協会, 2009］

各構造の名称	概要	構造原理 （表-解 8.3.2）
制震構造	①制震デバイス（履歴型ダンパー）を新たに構造物に追加する場合	A
	②制震デバイス（粘性ダンパー）を新たに構造物に追加する場合	B
	③既設部材を制震デバイス（履歴型ダンパー）に交換する場合	C
免震構造	免震支承（長周期化＋減衰）を用いた構造	D
水平力分散構造	積層ゴム支承を用いた慣性力分散構造	E

表-解 8.3.2　既設構造の各種耐震性能向上対策の概念図［日本鋼構造協会，2009］

構造原理	力学モデル	動的応答特性		備考
A	構造本体の剛性（変化なし）／履歴型ダンパーの剛性，減衰	加速度応答スペクトル：短周期化，減衰（もとの構造，制震構造）	変位度応答スペクトル：もとの構造，制震構造，短周期化，減衰	補強：○　エネルギー吸収：◎　避共振：×　（短周期化）
B	構造本体の剛性（変化なし）／粘性ダンパーの減衰	加速度応答スペクトル：減衰（もとの構造，制震構造）	変位度応答スペクトル：もとの構造，制震構造，減衰	補強：×　エネルギー吸収：◎　避共振：×
C	構造本体の剛性（変化）／履歴型ダンパーの剛性，減衰（既設部材を制震デバイスに交換）	加速度応答スペクトル：長周期化，減衰（もとの構造，制震構造）	変位度応答スペクトル：もとの構造，制震構造，長周期化，減衰	補強：×　エネルギー吸収：◎　避共振：◎　（長周期化）
D	構造本体の剛性（変化なし）／免震装置の剛性，減衰	加速度応答スペクトル：長周期化，減衰（もとの構造，免震構造）	変位度応答スペクトル：もとの構造，免震構造，長周期化，減衰	補強：×　エネルギー吸収：○　避共振：◎　（長周期化）
E	構造本体の剛性（変化なし）／免震装置の剛性（減衰なし）	加速度応答スペクトル：長周期化（もとの構造，水平力分散構造）	変位度応答スペクトル：もとの構造，水平力分散構造，長周期化	補強効果：×　エネルギー吸収：×　避共振：◎　（長周期化）

第8章 制震設計

(a) 桁橋の制震デバイス

(b) アーチ橋の制震デバイス

(c) トラス橋の制震デバイス

(d) 斜張橋の制震デバイス

(e) 制震構造システム

図-解 8.3.1 制震構造の事例

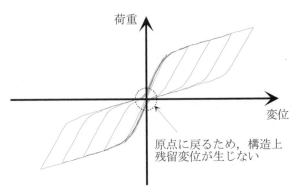

図-解 8.3.2 残留変位が生じない履歴特性

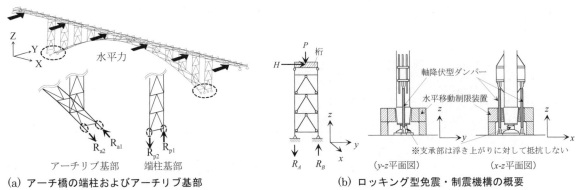

(a) アーチ橋の端柱およびアーチリブ基部に発生する負反力

(b) ロッキング型免震・制震機構の概要

図-解 8.3.3 ロッキング型免震・制震機構の上路式鋼アーチ橋への適用 [後藤ら, 2006]

(a) 多層ラーメン橋脚

(b) 水平移動制限装置

図-解 8.3.4 柱基部の浮き上がりを許容した多層ラーメン橋脚 [後藤ら, 2006]

8.4 制震デバイスの品質

制震デバイスは，力学的特性が明確で，適切な品質管理の下に製造されたものであり，性能が実験あるいは解析によって十分確認されたものを用いなければならない．特に，適用される構造に応じた繰り返し作用，振動数依存性や速度依存性などの動的な特性や温度依存性，経年変化について十分な把握が必要である．さらに実際の構造系に組み込まれた場合のデバイスの性能も確認することが望ましい．

【解　説】

土木構造に用いられる制震デバイスは，建築構造に比べより厳しい条件，すなわち大型で長期間風雨にさらされた状態で使用されるのが一般である．したがって，建築構造に用いられる制震デバイスに要求される性能に加え，土木構造特有の性能が要求される．それらをまとめると以下のようになる［宇佐美，2007］．

1) 安定した履歴特性を持ち，高いエネルギー吸収能を持つ．

2) 変形能力が大きい．

3) 低サイクル疲労強度が大きい．

4) 高い耐久性を持つ．

5) 製作が容易で安価である．

6) 取換えが容易にできる，あるいは取換えが不要である．

性能1)〜3)は，一般に，制震デバイスの履歴曲線が耐力低下のない紡錘形であることが求められる．軸降伏型ダンパー（座屈拘束ブレース）では，累積塑性変形に到達する前に全体座屈を起こさないように設計する必要がある［宇佐美ら，2006b］．また，せん断降伏型ダンパー（せん断パネルダンパー）では，パネルの過度のせん断座屈変形は耐力低下あるいは溶接部の低サイクル疲労に繋がるので幅厚比を厳しく制限する等の配慮が必要である［Chen et al., 2006］．

4)については，雨水，飛来塩分等に対する鋼材の耐腐食性，座屈拘束ブレース材でのアンボンド材の経年劣化（硬化）が問題となるので十分な配慮が必要である．

5)は，鋼材を使用することにより比較的容易に達成することができると考えられる．

6)に関して，制震デバイスは主構造にボルト接合することにより地震後の取換えが容易に行えるような構造にする必要がある．ただし，接合部は制震デバイスの性能が十分発揮できるように十分な強度を持つように設計することが必要である．制震デバイスの取替えを不要にするために，金属ダンパーでは機能した後の残留変位を低減させることが重要である．残留変位を低減させることを目的としたダンパーについては条文8.3【解説】(2) 1)に述べている．

制震デバイスの力学的性能を評価するためには，荷重－変位関係を調査することが基本となるが，減衰性能や繰り返し作用による荷重変化，さらには速度，振動数，温度等の依存性を実験で確認する必要がある．なお可能な限り実物大の評価が望ましい．また，制震デバイスが構造系へ設置された状態では取付部などの境界条件が実験とは異なる場合もあるので，デバイスの力学性能に影響がないか実験あるいは解析により確認することが望ましい．

8.5 制震設計

8.5.1 一般

(1) 制震設計においては，制震デバイスは，地震時以外の作用に対して悪影響を及ぼさず，構造物の耐震性能の向上効果が効率よく発揮されるように適切な箇所に配置するとともに，適切な特性を設定しなければならない．

(2) 制震設計においては，制震デバイスを適切にモデル化した構造解析法によりレベル 2 地震動以外の作用ならびにレベル 2 地震動の作用に対する応答値を算定し，構造全体，部材，制震デバイス，デバイスの取付部の構造安全性に加え，レベル 2 地震動に対しては必要に応じて地震後の使用性・修復性も照査しなければならない．

(3) 制震設計においては，制震デバイスの破壊で構造系が安全限界状態に到達しないように設計しなければならない．また，想定以上の地震作用に対して，落橋などの致命的な崩壊を生じないよう配慮しなければならない．

【解　説】

(1) 制震設計における一般的なフローを図-解 8.5.1 に示す．制震デバイスの種類や設置位置は既設構造のレベル 2 地震動に対する損傷特性を把握した上で，「8.3　設計の基本」で解説した各種耐震性能向上策の原理を踏まえ，動力学的な観点から合理的な構造となるように検討するとよい．また，制震デバイスの設置位置は地震後に取換え作業を行うことや維持管理上の観点からも検討する必要がある．

(2) 耐震性能照査に用いる構造解析モデルは「第 7 章　鋼橋のモデル化」に規定されるモデル化手法に基づき構築するとともに構造系に組み込む制震デバイスには，「8.5.2　制震デバイスのモデル化」で規定するように，その構造特性や挙動特性を適切に反映したモデルを用いなければならない．設計段階においてレベル 2 地震動に対する耐震性能照査が満足されなかった場合の対処策としては，図-解 8.5.1 に示すように，構造部材断面などの見直し，制震デバイスの設置箇所の見直し，制震デバイスの特性の見直しなどの方法が考えられる．各対応策を用いる目安としては，以下のような場合が想定される．

  1) 構造部材断面などの見直しは，それらの応力超過度が大きく，制震デバイスの変更のみでは対応できないような場合に実施する．

  2) 制震デバイスの設置箇所の見直しは，制震デバイスがほとんどエネルギーを吸収していないような場合に実施する．逆に，制震デバイスのエネルギー吸収効果が大きすぎて制震デバイスの許容変位などを超える場合には，設置箇所の見直しはせず，制震デバイス特性の見直しを実施する．

  3) 制震デバイス特性の見直しは，デバイスのエネルギー吸収効果を発揮させるために降伏荷重を低下させるような場合に実施する．制震デバイスが変位照査などを満足していない場合には限界値を増加させるように制震デバイスの特性を変化させる．

なお，上記の対応策はあくまで目安であり，他の方法で照査を満足させることができる方法であればそれを用いてもよい．

履歴型のダンパーを用いる場合における地震後の使用性・修復性について述べる．履歴型ダンパーが機能した場合，地震後におけるデバイスの残留変形によって構造系に残留変位・変形が生ずることは一般には避けられず，ダンパーの撤去・取換えが必要になる場合も有る．一方，残留変位を低減させるために，近年，

履歴型ダンパーに PC 鋼棒によるプレストレスを付与した Self-centering 機構［後藤ら，2007；Chiristopulus ら，2008］や形状記憶合金などを用い図-解 8.3.2 のような履歴特性を有するダンパー［伊津野，1994；足立ら，1998；後藤ら，2013 など］が提案されており，海外では実用化もなされている［日経コンストラクション，2015］．このように残留変位を小さくすることが可能な履歴型ダンパーでは，従来型の履歴型ダンパーと異なり，レベル 1 地震動から機能させるとともに，地震後の使用性・修復性という観点からのダンパーの撤去・取換えも不要になる．

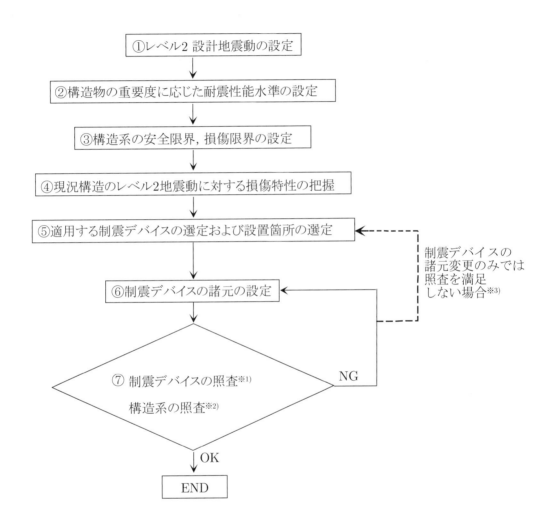

※1)「8.5.4 レベル2地震動に対する制震デバイスの照査」による
※2)「第4章 耐震性能照査」による
※3) 必要に応じて構造部材断面の補強も検討

図-解 8.5.1　レベル 2 地震動に対する制震設計のフロー（既設橋の耐震補強）

8.5.2 制震デバイスのモデル化

制震デバイスは，その構造特性および挙動に応じた力学特性を適切に反映したモデル化を行わなければならない．

【解　説】

　制震デバイスの解析モデルについては，制震デバイスごとにモデル化方針が設定されている場合が多いので，これを適切に反映させたモデルを使用しなければならない．一般的には制震デバイスをマクロ的にモデル化しトラス要素やバネ要素あるいはダッシュポット要素などの簡易な要素で表す場合が多い．図-解 8.5.2 に各種制震デバイスのモデル化の例を示す．これらの要素の構成則モデルには「8.5.4　レベル 2 地震動に対する制震デバイスの照査」に規定するように，実験に基づき検証した履歴挙動や粘性減衰挙動の特性を適切に与えなければならない．また，煩雑さを避けるために，制震デバイスの取付部を含んだマクロ的な力学挙動を表すモデル化を行う場合があるので，そのような場合には実構造と整合するように注意しなければならない．一例として，軸降伏型ダンパーのモデル化を取り上げ，以下に説明する．一般に軸降伏型ダンパーをトラス要素でモデル化する際には（図-解 8.5.2(a)），部材長を格点間隔とする．部材長は制震装置長さと接合部長さの和からなる．実際の構造では，対傾構，横構に軸降伏型ダンパーを高力ボルト接合により組込んだ場合，制震装置長さは部材長の 7 割程度以下である．そのため，格点間隔を部材長としたトラス要素で軸降伏型ダンパーをモデル化する場合には取付部の剛性も考慮した等価な剛性を設定する必要がある．図-解 8.5.3 では，取付部と制震装置からなる直列バネとしてトラス要素に与える等価な剛性の算定方法を示す．また，制震装置の応答ひずみを評価する場合においても，同図に示す式により，トラス要素のひずみから取付部の弾性ひずみを除去した値として評価しなければならない．

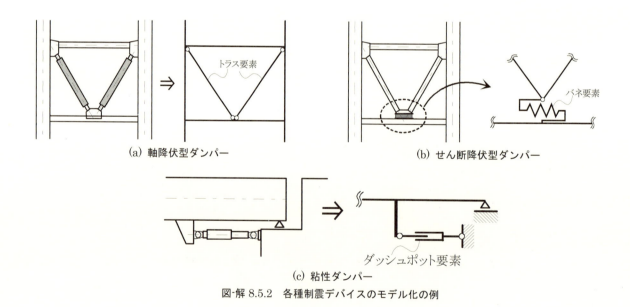

図-解 8.5.2　各種制震デバイスのモデル化の例

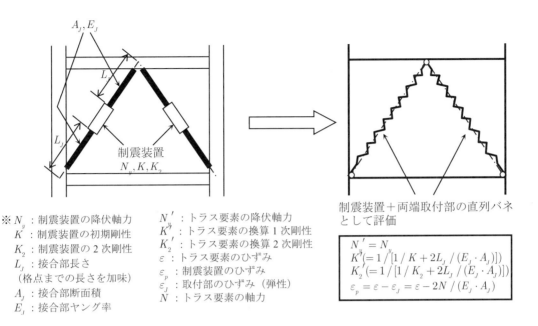

図-解 8.5.3 軸降伏型ダンパーのモデル化

8.5.3 レベル 2 地震動以外の作用に対する制震デバイスの照査

制震デバイスは，レベル 2 地震動以外の各種作用（レベル 1 地震動，温度荷重，風荷重，活荷重など）に対して制震デバイスの応答値を算定し，それぞれの作用に対して設定される安全性，使用性の照査を満足しなければならない．

【解説】

レベル 2 地震動以外の作用に対して，制震デバイスには残留変位・残留変形が生じないように設計するものとする．したがって，金属の塑性履歴特性を用いた金属ダンパーではこのような作用に対して基本的に応答を弾性範囲内に抑える設計をしなければならない．条文 8.3【解説】(2) 1) で述べた残留変位を小さくすることが可能な履歴型ダンパーでは必ずしも弾性範囲内に抑えなくてもよいが，安全性，使用性の満足する範囲で使用しなければならない．また，風荷重あるいは活荷重などによる繰り返し荷重下で疲労破壊が生じないように留意しなければならない．摩擦型ダンパーにおいても同様にすべりが生じない範囲に抑える設計をしなければならない．

なお，使用する制震デバイスで塑性化，疲労などの影響が少ない粘性系，ゴム系材料，あるいはすべり系材料を使用した装置に関しては，レベル 2 地震動以外の作用で機能させた場合でも問題にならない場合が多い．このような場合には低いレベルの作用から制震効果が発揮できるので，デバイスの繰り返し作用に対するより詳細な性能や維持管理体制および残留変位・残留変形なども考慮の上，デバイスの作動範囲を広げる検討をしてもよい．

8.5.4 レベル 2 地震動に対する制震デバイスの照査

(1) レベル 2 地震動に対して制震デバイスの応答値を算定し，応答値が制震デバイスの適用範囲内に
おさまっていることを照査しなければならない.

(2) 応答値の算定に用いる制震デバイスの構成則モデルは試験等により確認された履歴挙動をもとに
設定するものとする.

(3) 制震デバイスの適用範囲を規定するための限界値は試験等により確認された値を用いるものとす
る.

【解　説】

(1) 制震デバイスが破壊すると制震機能の喪失により，レベル 2 地震動に対する構造系の挙動を制御でき
なくなり，予期せぬ被害が生ずるおそれがある. したがって，制震デバイスの応答値と制震デバイスが所要
の機能を発揮するための限界値を適切に評価した上で照査を行わなければならない.

(2) 応答値の算定においては，「第 5 章　耐震解析法」，「第 7 章　鋼橋のモデル化」，および「8.5.2　制
震デバイスのモデル化」等をもとに構築した適切なモデルを用いた構造解析による必要がある. ここで，制
震デバイスの構成則は実験等に基づき実挙動に即したものを適切に設定しなければならない. 応答値の算定
のための解析手法は弾塑性有限変位動的解析を用いることを原則とする.

制震デバイスの構成則は，デバイスの種類に応じて異なってくる. 構造用鋼材あるいは降伏応力が225MPa
クラスの低降伏点鋼よりなる座屈拘束ブレース，せん断パネルダンパー等では，バイリニア型の移動硬化則
（図-解 7.3.1）を適用した例がある［宇佐美，2006a］. 構造物の応答値の解析は，「第 4 章　耐震性能照
査」，「第 5 章　耐震解析法」に示したように弾塑性有限変位動的解析を用いることを原則とする.

(3) 制震デバイスの限界値は所定の制震機能を発揮できる範囲を実験等に基づき把握した上で，適切に設
定しなければならない. 実験においては，制震デバイスの構造系への設置状況を踏まえ，実情に即した境界
条件下で載荷を行うことが望ましい.

制震デバイスの限界値として用いられる指標の例を以下に紹介する. ただし，例示した許容値の値は特定
の制震デバイスに対するものであり，必ずしも一般性があるものではない. 使用する場合の妥当性は実験で
検証する必要がある.

①軸降伏型ダンパー，せん断降伏型ダンパー（金属ダンパー）

1) 最大応答ひずみ：軸ひずみ（軸降伏型ダンパー），せん断ひずみ（せん断降伏型ダンパー）

軸ひずみは塑性化箇所での地震時の最大応答軸ひずみ量 ε_m（最大軸変位／塑性化する部位の長さ）で
ある. 許容値は概ね 1.5〜3.0%程度のひずみとして設定されている例がある［宇佐美，2006a］. ただし，
このひずみ量の算定においては，解析モデル上の部材長での評価ではなく，制震装置長さでの評価とな
る点に注意する.

せん断ひずみは一般的にパネル全体としての地震時の最大応答せん断ひずみ γ_m（最大せん断変位/パ
ネル高さ）である. 許容値は概ね 1/50〜1/10 程度で設定されている例がある［宇佐美，2006a］.

2) 累積塑性変形量（累積塑性変形倍率 η）

塑性変形の累積値（$\sum \delta_{pi}$）が累積塑性変形であり，それを降伏変形（δ_y）で除したものが累積塑性
変形倍率 η である. 限界値は各履歴型ダンパーの形式，与えるひずみ振幅で異なるが，累積塑性変形倍
率としては，概ね 500〜1,000 程度と設定されるが制震デバイスの構造，寸法，さらには溶接ディテール

によって影響を受けることからできる限り実大の実験でその性能を確認することが望ましい［篠原ら，2015］．余剰耐震性の検討のため，2〜3回程度のレベル2地震動に相当する応答値から累積塑性変形量を算定し限界値に対して比較した事例もある［宇佐美，2016］．また，累積塑性変形倍率の代わりに累積疲労損傷度（式(解4.4.3)）を用いることもある.

②摩擦ダンパー

  1) 最大変位：摩擦ダンパーでの摺動板と摩擦板との間の相対変位量.

  2) 摺動距離（繰り返し数）：摺動板と摩擦板との間の相対変位量の累積値.

  3) 面圧および摺動速度：摺動板と摩擦板との間の面圧（面に作用する力/接触面積），および摺動板と摩擦板の相対速度.

③粘性ダンパー（粘弾性系を含む）

  1) ストローク：ダンパーに生じる変位量.

  2) 最大速度：ダンパーに生じる最大速度.

  3) 温度：地震発生時の想定大気温度.

8.6 構造細目

(1) 制震デバイスは，その機能が確実に発揮されることを目標とするとともに，点検を含む維持管理性も視野に入れて，機能を補完する部材や部品も含めてできるだけ簡素な構造とすることが望ましい.

(2) 制震デバイスの取付部については，装置の構造特性を考慮し，制震デバイスの性能が十分に発揮できるように設計しなければならない．取付部の設計においては十分な安全性を確保するものとし，制震デバイスの設計力のほかに橋の地震時の応答により取付部に生じる付加的な作用力も見込み，これらによって生じる応力度が原則として降伏応力以下になるようにする．また，取付部は他の耐震機能部材と兼用することを原則として避けなければならない.

【解　説】

(1) 過去の地震において，ある1方向に機能する制震デバイス部において，それと直交する方向の地震動が卓越したことによりその方向に抵抗する併設された部材や支承などの部品が破壊し，連鎖的に制震デバイスが破壊した事例もある．さらに，制震デバイスは，相対的に一般橋梁部材より複雑な構造になる場合が多く，点検や補修・補強，さらには取り換えが困難になる傾向にある．このため，多方向の地震動に対する信頼性，そして維持管理性を考慮して，できるだけ複雑な構造を回避することが望ましいとした.

(2) 制震デバイスの取付部についてはデバイスの機能が確実に発揮されるように十分な安全性を確保しなければならない．実際，近年の地震被害においては想定した地震作用以外の作用も加わり，取付部に損傷が生じた事例がある．金属ダンパーの実際の降伏力は公称降伏応力で算定されるものよりも大きい．したがって，取付部には照査で想定される地震作用力よりも大きい力が生ずる可能性があるので，取付部の設計では十分余裕を持たせるなどの配慮をしなければならない［宇佐美，2007］．すなわち，取付部の設計では，デバイスの最大耐力を設計応答値S_dとして，適切な部材係数γ_bを加味してCapacity designにより余裕をもって設計することが必要である．この場合，γ_bはデバイスの特性を踏まえ部材，部品の強度・剛性等のばら

つき，応答のばらつきを考慮してデバイスごとに設定することが基本となる．デバイスの特性として，繰返し載荷に伴い抵抗力が増加する場合があるので，γ_bの設定においては注意が必要である．取付部の限界値Rとしては弾性限界にとり，設計限界値$R_d = R / \gamma_b$をS_dに対して式(4.1.1)で照査する．

図-解8.6.1には熊本地震（2016）において制震デバイス取付部が損傷した事例を示す．この場合は制震デバイスの定着部は他の耐震機能部材である橋軸直角方向の変位制限構造と兼用した構造であり，複合的な地震作用により損傷するリスクを有している．このため，取付部は当該機能のみに対応する独立した構造とするべきである．

図-解8.6.1 制震デバイス定着部を変位制限構造と兼用した場合の被災事例

第8章の参考文献

小堀鐸二（1993）：制震構造，鹿島出版．
伊津野和行（1994）：超弾性合金の免震ダンパーへの適用可能性に関する数値解析的検討，土木学会論文集，No.501/I-29, pp.217-220.
スキナー，R. I., ロビンソン，W. H., マックベリー，G. H.（川島一彦，北川良和 訳）（1996）：免震設計入門，鹿島出版会．
足立幸郎，運上茂樹，近藤益央（1998）：形状記憶合金の橋梁ダンパーへの適用性に関する研究，土木技術資料，Vol.40, No.10, pp.54-49.
日本鋼構造協会（1998）：履歴型ダンパー付骨組の地震応答性状と耐震設計法．
和田章，岩田衛，清水敬三，阿部重孝，河合広樹（1998）：建築物の損傷制御設計，丸善．
土木学会（2002）：減震・免震・制震構造設計法ガイドライン．
日本免震構造協会（2005）：パッシブ制震構造設計・施工マニュアル．
宇佐美勉（2006a）：鋼橋の耐震・制震設計ガイドライン，日本鋼構造協会，技報堂出版．
宇佐美勉，渡辺直起，河村洋行，葛西昭，織田博孝（2006b）：制震ダンパーとしての座屈拘束ブレースの全体座屈，構造工学論文集，Vol.52A, pp.37-48.
後藤芳顯，奥村徹（2006）：ロッキング挙動を利用した免震・制震機構の上路式鋼アーチ橋への適用，土木学会論文集A, Vol.62, No.4, pp.835-853.
宇佐美勉（2007）：高機能制震ダンパーの開発研究（特別講演），第10回地震時保有耐力法に基づく橋梁等構造の耐震設計に関するシンポジウム講演論文集，pp.11-22.
後藤芳顯，Helwani, A. A., 奥村徹（2007）：無損傷で自己復元特性を有する鋼製門型ラーメン橋脚を目標とした免震・制震機構の提案，土木学会論文集A, Vol.63, No.4, pp.811-827.
日本鋼構造協会（2009）：鋼橋の耐震設計の信頼性と耐震性能の向上，JSSCテクニカルレポート No.85.
土木研究センター（2011）：道路橋の免震・制震設計法マニュアル（案）．
後藤芳顯，海老澤健正，和田廣人，松澤陽（2013）：超弾性合金と超塑性合金からなる自己修復型複合構造ダンパ

一，構造工学論文集，Vol.59A，pp.540-551.

金治英貞，小坂崇，篠原聖二（2015）：鋼管集成橋脚の開発と実橋への適用，建設機械施工，Vol.67，No.7，pp. 1-6.

篠原聖二，杉山裕樹，金治英貞，橋本国太郎，杉浦邦征（2015）：鋼管集成橋脚における実大せん断パネルの損傷過程と終局モードの実験的評価，土木学会論文集A1（構造・地震工学），Vol.71，No.3，pp.402-415.

日経コンストラクション（2015）：形状記憶合金で「壊れない橋」，2015/8/10号，pp.50-54.

宇佐美勉（2016）：L2地震動を超える地震動に対する余剰耐震性を担保した履歴型制震ダンパー，橋梁と基礎，pp.25-30.

Chen, Z., Ge, H. B. and Usami, T. (2006) : Numerical study on development of hysteretic model for stiffened shear panel dampers, Journal of Structural Engineering, JSCE, Vol.52A, pp.573-582.

Christopoulos, C., Tremblay, Kim, H. and Lacerte, M. (2008) : Self-centering energy dissipative bracing system for seismic resistance of structures : development and validation, Journal of Structural Engineering, ASCE, Vol.134, No.1, pp.96-107.

第9章 水平力分散設計・免震設計

9.1 適用範囲

　本章は，水平力分散装置および免震装置を用いて，構造物に対する地震作用の影響の低減を図り，構造物の地震時の性能を向上させる設計に適用するものとする．なお，水平力分散装置および免震装置は新設構造のみならず既設構造の耐震性能向上を目的とする場合への適用も対象とする．

【解　説】

　本章は，構造物の耐震性能を向上させる方法の一つとして，水平力分散装置および免震装置を用いた構造物の耐震設計法を示したものである．本示方書では，地震時水平力分散構造として，連続橋などの橋梁を対象として支承部に柔性材料を用いて構造系の長周期化を図り，桁に作用する地震慣性力を低減するとともに橋脚・基礎へ分散させる構造を想定する．また，免震構造は，地震時水平力分散構造と同様の機能に加えて，支承部に付加したエネルギー吸収機能により構造物の振動エネルギーを吸収・逸散し，構造物への地震作用を低減する構造を想定している．なお，免震構造は，橋梁の支承部に加えて，フーチング底面を滑動させる地盤免震構造のように上部構造物以外の箇所への適用も想定している．

　支承部にゴム支承などを用いた橋梁の水平力分散設計および免震設計に関しては，道路橋示方書・同解説Ⅴ耐震設計編［日本道路協会，2012］において「免震橋の耐震性能照査」として適用範囲に関する原則などが示されているので参照するとよい．また，実際の設計にあたっては，本示方書のほか，道路橋支承便覧［日本道路協会，2004］，道路橋の免震・制震設計法マニュアル（案）［土木研究センター，2011］，構造物の減震・免震・制震構造の設計法に対するガイドライン［土木学会，2002］などを参照するとよい．

　本章は，前章までと同様，水平力分散装置，免震装置を有する構造物の耐震性能を照査する標準的な手法について記述したものである．

9.2 対象範囲

　本示方書で取り扱う水平力分散装置および免震装置は，ゴム支承およびすべり支承を対象とする．

【解　説】

　本示方書では，水平力分散構造および免震構造を実現する装置として，土木構造物への適用事例が多いゴム支承およびすべり支承の適用を想定している．図-解9.2.1には，代表的なゴム支承である天然ゴム支承RB，鉛プラグ入り積層ゴム支承LRB，高減衰積層ゴム支承HDRの概要を示す．ゴム支承においては，積層したゴムと鋼板を加硫接着することで，高い鉛直剛性を確保しつつ水平方向の柔性と高い変形性能を発揮させる構造が一般的である．また，鉛プラグ入り積層ゴム支承および高減衰積層ゴム支承では，それぞれ支承に封入された鉛および高減衰ゴムによりエネルギー吸収効果を発揮することができる．

　また，すべり支承（図-解9.2.2）は，支承部の可動範囲内において摩擦力以上の荷重を生じず，安定した摩擦エネルギー吸収を実現できることから，支承部の変位応答が可動変位内であれば想定を超える地震動に対

しても地震力を遮断する機能が期待できる．すべり支承としては，PTFE～SUS，AFRP～SUS，ポリアミド～SUSなどの組合せを有する支承が実用化されている．ただし，すべり支承は一般に平面上を摺動する構造となっており，この場合，支承単体では復元力特性を有しないため，最大応答や残留変位が過大となる場合は，ゴム支承などと併用する，もしくはすべり面の形状をおわん型とすることで復元力特性を与えた FPS 支承を用いるなど，適切な復元力機能を持たせる必要がある．

こうしたゴム支承およびすべり支承は制震デバイスと同様に多くの製品が開発，実用化されていることから，本示方書でゴム支承に対して示された条文 9.4～9.6 に従い同等以上の検討を行い，その性能や地震時の特性，耐久性などが十分確認された場合はこれらの製品を適用することができる．

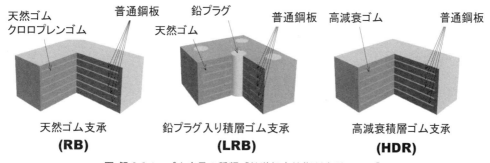

図-解 9.2.1　ゴム支承の種類［鉄道総合技術研究所，2009］

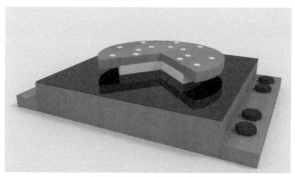

図-解 9.2.2　すべり支承

9.3　設計の基本

(1) 水平力分散設計および免震設計は，「第2章　耐震性能設計の基本」に従って行うものとする．

(2) 水平力分散設計および免震設計においては，装置の特性のみならず装置を配置した構造全体系の特性を十分に検討した上で，構造系の中の適切な位置に装置を配置しなければならない．

【解　説】

水平力分散設計および免震設計の基本は，第7章までに示した耐震設計法と基本的に変わるところはない．したがって，水平力分散構造および免震構造を実現するために装置を設置した構造系の耐震設計は「第2章 耐震性能設計の基本」で示した基本原則に従い，構造安全性と地震後の使用性・修復性の照査は「第4章　耐

震性能照査」の方法によらなければならない．なお，免震構造では免震支承が所定のエネルギー吸収機能を発揮できるような範囲に橋脚の損傷をとどめる必要がある．

　水平力分散構造および免震構造を橋梁の支承部へ導入した場合の概念図を図-解 9.3.1 に示す．このように，支承部に柔性を有する装置を用いることで，支承部剛性 K_{bi} と橋脚・基礎の剛性 K_{si} を合成した各橋脚の全体剛性 K_i に応じて桁の慣性力を各構造に負担させることができる．

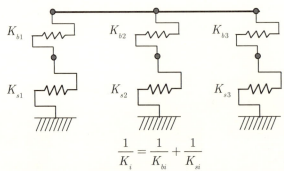

図-解 9.3.1　水平力分散構造および免震構造の剛性

　水平力分散構造および免震構造のいまひとつの特徴として，構造全体系の長周期化による効果が挙げられる．図-解 9.3.2 は，水平力分散構造および免震構造を橋梁支承部へ導入した際の効果を，最大応答の低減効果の観点から概念的に示したものである．水平力分散構造および免震構造は，水平方向に柔らかく桁を支持することで桁と橋脚の間の相互作用力を低減するとともに，構造全体系の長周期化により地震動と構造物の共振を回避し，慣性力の低減を図る構造である．

　一方，こうした柔構造では図-解 9.3.3 のように支承部の変形が増大するため，免震構造のようにエネルギー吸収機構を併用することで過度な変形を抑制する必要がある．さらに，このエネルギー吸収により，変形だけでなく，図-解 9.3.2 に示すように加速度（慣性力）についても低減することが可能である．「9.2　対象範囲」に示した装置のうち，天然ゴム支承以外については，支承自体がエネルギー吸収能を有しているが，免震装置単体で減衰性能が不足する場合は，「第 8 章　制震設計」で示す制震デバイスを併用するなどの検討が必要となる．表-解 8.3.1，8.3.2 には水平力分散構造および免震構造の耐震性能向上の概念を制震構造と対比して説明しているので参考にするとよい．

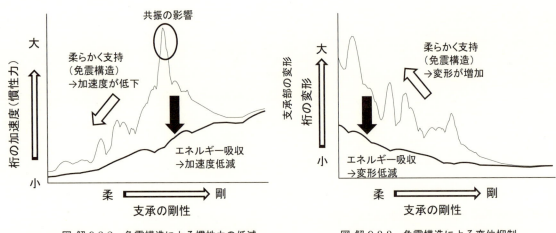

図-解 9.3.2　免震構造による慣性力の低減　　　　**図-解 9.3.3　免震構造による変位抑制**

第9章　水平力分散設計・免震設計　　211

　なお，土木構造物に適用される免震構造は，長期間にわたり厳しい風雨と紫外線を受ける環境下に設置され，また一般に支承部のように頻繁な点検が困難な場所に設置されることが多いため，免震構造を用いるにあたっては，地震時の性能に加え，「9.4　水平力分散装置および免震装置の品質」などに基づき，より長期間の耐久性を有する構造を用いなくてはならない．また，構造側の配慮として，維持管理を容易にする点検足場の設置や，将来の交換の可能性を考えたスペース確保やジャッキアップを想定した桁の補剛などについても検討するのがよい．

9.4　水平力分散装置および免震装置の品質

　水平力分散構造および免震構造に用いる装置は，力学的特性が明確で，適正な品質管理の下に製造されたものであり，その性能が実験あるいは解析によって十分確認されたものを用いなければならない．特に，適用される構造に応じた繰り返し作用，振動数依存性や速度依存性などの動的な特性や温度依存性，経年変化について十分な把握が必要である．さらに実際の構造系に組み込まれた場合の装置の性能も確認することが望ましい．

【解　説】

　「第7章　鋼橋のモデル化」および「9.5.2　水平力分散装置および免震装置のモデル化」による解析モデルやこれを用いた数値解析の適用性，ならびに道路橋示方書・同解説 V 耐震設計編［日本道路協会，2012］，鉄道構造物等設計標準・同解説（鋼・合成構造物）［鉄道総合技術研究所，2009］，道路橋支承便覧［日本道路協会，2004］などで規定されている各種の限界値の適用性は，いずれも適切な品質管理の下に製造された装置が適正に施工および維持管理されていることを前提としている．

　具体的な品質管理の目安については，道路橋支承便覧［日本道路協会，2004］，道路橋の免震・制震設計法マニュアル（案）［土木研究センター，2011］，鉄道構造物等設計標準・同解説（鋼・合成構造物）［鉄道総合技術研究所，2009］などを参照するとよい．

　近年，相次いで既設の水平力分散装置や免震装置の不具合や地震時の破壊が報告されており，設計上の問題とともに品質確認についても問題が提起されている．装置の力学性能については，可能な限り実大の供試体を用いた載荷実験で使用範囲内（安全限界まで）の設計に必要なすべての性能を確認し，水平力分散装置や免震装置のモデル化に適切に反映する必要がある．また，ゴム系支承では経年変化により剛性変化，耐力低下，破断せん断ひずみの減少，減衰機能の低下などが報告されている［大門ら，2015；林ら，2015］．このような経年変化は水平力分散機能や免震機能に影響を及ぼす可能性があるので，必要な場合には設計で検討しなければならない．

9.5 水平力分散設計および免震設計

9.5.1 一般

(1) 水平力分散設計および免震設計においては，水平力分散装置および免震装置は，構造物の耐震性能の向上効果が効率よく発揮されるように適切な箇所に配置するとともに，適切な特性を設定しなければならない．

(2) 水平力分散設計および免震設計においては，レベル2地震動以外の作用ならびにレベル2地震動の作用に対して，各装置に適切な構成則モデルを用いた解析により応答値を算定し，構造全体，部材，各装置，装置の取付部の構造安全性に加え，レベル2地震動に対しては必要に応じて地震後の使用性・修復性も検討しなければならない．ただし，これ以外の項目に関しても，対象とする構造物の耐震性能をより向上させることが可能な項目に関しては，必要に応じて検討を行うのがよい．

(3) 水平力分散設計および免震設計においては，支承の破壊で構造系が安全限界状態に到達することがないように設計しなければならない．また，想定以上の地震作用に対して，落橋などの致命的な崩壊を生じないように配慮しなければならない．

(4) 水平力分散構造および免震構造に用いる装置の取付部は，装置本体の性能が十分に発揮できるように設計しなければならない．取付部の設計においては十分な安全性を確保するものとし，取付部に作用する力を適切に評価し，装置本体よりも先に破壊しないようにしなければならない．

【解　説】

(1) 水平力分散構造および免震構造が所定の機能を発揮するためには，構造物および装置の非線形挙動が追跡可能な構造全体系の動的解析などにより，水平力分散構造および免震構造，さらにはこれらを実現する装置の特性（剛性の非線形特性，履歴減衰特性など）や配置を検討しなければならない．

　一方で，構造物や地盤の条件によっては免震構造による耐震性能の向上効果が十分期待できない場合があることに注意を要する．道路橋示方書・同解説Ⅴ耐震設計編［日本道路協会，2012］においては，水平力分散構造や免震構造の適用が難しい条件として以下が示されている．

・下部構造のたわみが大きく，固有周期がもともと長い場合
・基礎周辺の地盤が軟弱で，長周期化により共振を引き起こす場合
・活荷重および衝撃荷重以外の主たる荷重によりゴム支承に引張が生じる場合

　また，水平力分散構造や免震構造が基礎の応答に与える影響についても留意する必要がある．杭基礎を有する免震橋梁を想定した既往の検討では，上部構造物の慣性力が基礎部材に与える影響が大きい，比較的地表面から浅い領域では一定の応答低減効果があるものの，地盤深部において層間のインピーダンス比が大きいなど地盤変位が大きく生じるような場合には，地盤変位による相互作用が卓越し，免震構造による慣性力の低減効果が杭の損傷低減に結びつかない場合があることが知られている．このことから，免震構造により上部構造物のみならず基礎の応答低減を図る場合は，鉄道構造物等設計標準・同解説（耐震設計）［鉄道総合技術研究所，2013］に記載されている，上部構造物～基礎～地盤系の相互作用を適切に考慮できる一体型モデルなどを用いて応答値を算定する必要がある．

　さらに，水平力分散構造や免震構造，とくに支承部の減衰性能が小さい水平力分散構造においては，地震時の支承部の応答変位が増加することで，桁と隣接構造物との衝突や二次部材との干渉などにより，支承部

第9章 水平力分散設計・免震設計 213

の応答に必要なクリアランスが十分に確保できないことも考えられる．この場合，設計で想定した慣性力の分散・低減効果が十分得られず，下部構造などへ損傷が生じる可能性がある．また，支承部の変位応答が過度に増加すると，結果として桁と橋脚の相互作用力が増加し，十分な慣性力の低減効果が得られない場合もある．このようなことから，水平力分散構造や免震構造の採用にあたっては，過度な長周期化には期待すべきではなく，水平力分散構造においては柔支持による上下部構造の相互作用力の低減と桁慣性力の各橋脚への分散を，免震構造においてはこれに加えて支承部での地震エネルギー吸収・逸散を主に期待した設計とするのがよい．

(2) 設計における検討では，レベル2地震動以外の作用およびレベル2地震動のそれぞれの作用について，水平力分散構造および免震構造の応答値を算定し，構造物，装置本体，装置の取付部などの構造安全性を照査する必要がある．また，当該構造物の重要度が高い場合などにおいては，地震後の早期復旧が求められることから，地震時の構造安全性に加えて地震後の使用性・修復性も検討しなければならない．

また，応答値の算定にあたっては，対象とする構造物に対して「第7章　鋼橋のモデル化」に従って作成した適切な構造解析モデルを用いるとともに，構造系に組み込む水平力分散装置や免震装置のモデルは「9.5.2　水平力分散装置および免震装置のモデル化」で規定するように，その構造特性や挙動特性を適切に反映したものを用いなければならない．水平力分散構造や免震構造は一般に地震時の挙動が複雑で，単一モードが卓越することを前提とした静的非線形解析の適用が難しいことから，構造解析は非線形動的解析による必要がある．

(3) 東北地方太平洋沖地震（2011）や熊本地震（2016）では橋脚が安全限界に到達する以前に支承部や支承取付部が破壊したと考えられる被害が生じた．このような支承部の早期破壊が生じると荷重分散や免震機能が喪失するので水平力分散設計や免震設計の根本が破綻する可能性がある．したがって，所定の耐震性能を実現するためには，少なくとも支承部の破壊などで構造物が安全限界状態に到達しないように Capacity design の概念をもとに支承部や支承取付部を設計する必要がある[小野寺ら，2016；後藤ら，2017a，2017b]．

支承部に余裕を持たせて設計した場合でも，長周期成分が卓越した地震作用に対して構造物と地震動の共振が生じる場合や，想定以上の地震作用が生じた場合などでは，橋脚などの応答が安全限界を超えることで，支承等の破壊が生じる可能性もある．そこで，こうした地震動を受けた場合も，「4.5　想定を超える地震動作用に対する配慮」に示されるように，落橋などの致命的な崩壊を生じないよう配慮する必要がある．例えば，共振を抑制するためには制震装置との併用，万が一，支承などが破断した場合も桁の落下を防止する確実な落橋防止構造の設置，下部構造頂部縁端・桁端の拡幅，などの対策が考えられる．

(4) 水平力分散構造および免震構造の設計では，取付部が健全で主構造からの作用が確実に装置本体に伝達されることを前提としている．しかし，熊本地震（2016）の大切畑大橋では橋脚上の積層ゴム支承が破断する前に取付部のボルトが破断するという設計上想定していない被害が生じた（図-解 9.5.1）．装置本体よりも先に取付部が破壊すると，水平力分散構造および免震構造が所定の機能を喪失し，設計で想定した挙動制御ができなくなるため，このような破壊形態を回避することは必須である．このためには支承を含む取付部周辺の構造要素の力学挙動特性を十分に把握したうえで取付部に作用する力を適切に評価し設計を行う必要がある．補遺9-1にゴム支承取付ボルトの破断機構と設計上の留意点について述べられているので参考にするとよい．

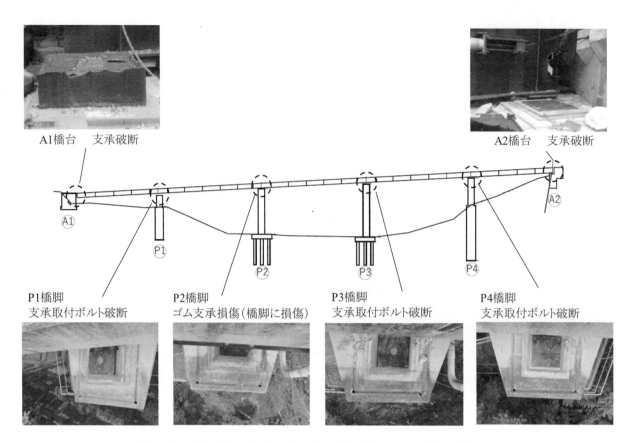

図-解 9.5.1　熊本地震（2016）における大切畑大橋でのゴム支承部の被害

9.5.2 水平力分散装置および免震装置のモデル化

水平力分散構造および免震構造を有する構造物の解析モデル化においては，その構造および水平力分散装置および免震装置の力学特性を適切に反映させたモデル化を行わなければならない．

【解　説】

水平力分散構造および免震構造に用いる装置は，地震時の変形性能に富み，また鉛プラグ入り積層ゴム支承や高減衰積層ゴム支承，すべり支承などの免震装置を用いる場合は，装置の非線形履歴特性によりエネルギー吸収効果を期待している．このことから，応答値の算定に用いる水平力分散装置および免震装置の解析モデルは，こうした地震時の非線形履歴特性を考慮可能なモデルを用いる必要がある．

一般的な水平力分散構造および免震構造に用いるゴム支承の解析モデルの例を以下に示す．

1) 水平力分散ゴム支承を用いる場合（水平：1方向）

ゴム支承自体の減衰性能が小さく，主に水平力分散構造として設計される構造物の応答値を求める場合，図-解 9.3.1 に示すゴム支承の水平挙動は式(解 9.5.1)のような線形バネモデルで表現することができる．

$$K_b = \frac{A \cdot G}{\sum t_e} \quad \text{(解 9.5.1)}$$

ここに，

　　K_b：ゴム支承のせん断バネ定数

A：ゴム支承の支圧面積（$=a \times b$）
a：検討方向におけるゴム（側面被覆ゴム除く）の幅
b：検討方向に直交する方向のゴム（側面被覆ゴム除く）の幅
$\sum t_e$：ゴムの総厚で内部鋼板の厚さを含まない
G：ゴムのせん断弾性係数

なお，ゴム支承とは別に移動制限装置を設ける場合には，移動制限装置についても適切なモデル化を行うものとする．

2) 免震ゴム支承を用いる場合（水平1方向）

鉛プラグ入り積層ゴム支承や高減衰積層ゴム支承のようなエネルギー吸収性能を有する免震ゴム支承を用いる場合，剛性や減衰に関する各種依存性（ひずみ，ひずみ速度など）を考慮したモデル化を行う必要がある．こうした免震ゴム支承には様々な形式・構造が提案されており，その非線形挙動も装置によって異なるため，実験や解析などにより十分その精度が確認されたモデルを用いる必要がある．免震支承のモデル化における考え方は，道路橋支承便覧［日本道路協会，2004］，道路橋の免震・制震設計法マニュアル（案）［土木研究センター，2011］などによる他，以下に示すものによるものとする．

免震ゴム支承は，ゴムのせん断弾性係数がせん断ひずみの関数となり，また繰り返し載荷に対して荷重－変位関係がループを描くことで振動エネルギーが吸収される．免震ゴム支承の水平剛性は，式(解9.5.2)のように表される．

$$K_b(\gamma) = \frac{A \cdot G(\gamma)}{\sum t_e} \tag{解 9.5.2}$$

ここに，

γ：ゴム支承のせん断ひずみで，ゴム総厚に対するゴム支承の受ける水平変位の比

免震ゴム支承を用いて免震構造とする場合，この非線形性を図-解9.5.2に示されるように，設計水平変形量u_{Bd}を仮定してバイリニアモデルで表現することが一般的である．

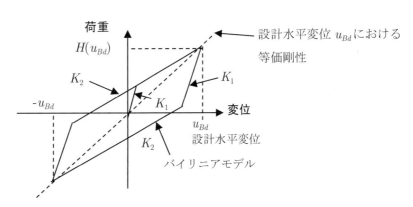

図-解 9.5.2 免震支承のモデル化の例

図-解9.5.2のバイリニアモデルを用いる場合，このモデルがある設計水平変位u_{Bd}に対して近似的に表現されたモデルであることに注意する．このため，バイリニアモデルによる応答変位が，モデルの設定時に仮定した設計水平変位とかけ離れている場合，実際とは異なる履歴特性を与えることになる．こうしたことから，仮定した設計水平変位u_{Bd}と解析により得られた最大変位との間の誤差が±10%程度になるま

で，設計水平変位およびこれに対応するモデルを更新して繰り返し計算をする必要がある．なお，せん断弾性係数のせん断ひずみ依存性をあらかじめ関数の形で与えることで，この繰り返し計算を必要としない，ひずみ依存型バイリニアモデルなどもある．

また，このような履歴による非線形性とは別に，免震ゴム支承の種類や想定するひずみレベルによっては，あるせん断ひずみ以上の領域において剛性が急激に上昇する，いわゆるハードニング特性を示すものもあり，こうした影響を考慮可能なモデルも提案されているので，解析の目的に応じて適切なモデルを設定する必要がある．

免震ゴム支承の特性をより簡易に表現する方法として，式(解 9.5.3)で表される等価剛性によりその挙動を表現することができる（図-解 9.5.2 の等価剛性）．この場合も，設計水平変位 u_{Bd} を仮定して等価剛性を設定するため，仮定した設計水平変位と解析により得られる最大変位が概ね一致する必要がある．等価剛性を用いて動的解析法により応答値を算定する場合，免震ゴム支承のエネルギー吸収を考慮するためには，設計水平変位に対応する等価減衰を別途与える必要がある．また，静的解析法では，免震ゴム支承の履歴エネルギー吸収を適切に評価できないことに注意する必要がある．

$$K_B = \frac{H(u_{Bd}) - H(-u_{Bd})}{2u_{Bd}} \qquad \text{(解 9.5.3)}$$

ここに，

K_B ：等価剛性

u_{Bd} ：設計水平変位

$H(u_{Bd})$ ：u_{Bd} における荷重

免震ゴム支承を用いて水平力分散構造とする場合，すなわち免震ゴム支承の履歴吸収エネルギーを耐震上の余裕代として扱う場合には，式(解 9.5.3)で表される等価線形剛性をゴム支承のせん断バネ値として用いることができる．

3) ゴム支承のモデル化（水平 2 方向）

桁と橋脚の間に斜角を有する場合や曲線橋などにおいては，水平 1 方向地震動の入力であっても，振動の卓越方向が必ずしも橋軸方向もしくは橋軸直角方向とならず，支承部が 2 方向の水平変位を受ける可能性がある．また，支承部が移動制限装置などにより拘束されていない場合，水平 2 方向地震動の同時入力や対象構造物の振動特性によっては 2 方向の振動が卓越する場合がある．このような場合には，加力方向に対する復元力特性の依存性が比較的小さい円形の支承を用いるか，もしくは必要に応じて，任意の変位方向に対するゴム支承の復元力特性を表現可能なモデルを用いる必要がある．

以下には，現時点で提案されている水平 2 方向の挙動を表現するモデル化の例を示すが，実規模相当のゴム支承を対象とした 2 方向挙動やそのモデル化については，現時点で必ずしも十分な知見が得られていないことから，可能であれば対象橋梁の振動特性を考慮した振動台実験やハイブリッド実験などによりその挙動を確認し，必要に応じて数値モデルを構築することが望ましい．なお，天然ゴム支承では高架橋の加振実験から 2 方向のせん断ひずみ成分が 150%程度までであれば連成の影響が少なく，1 方向のせん断ひずみのモデルを用いて独立に扱えることが示されている［後藤ら，2014; Goto et al., 2017］．

(a) MSS モデル

MSS（Multi shear spring）モデルは，図-解 9.5.3 のように非線形特性が同一なバネ n 本を円周に配置したモデルである．いま，X および Y 方向にそれぞれ δ_X，δ_Y の変位が生じたとき，i 番目のバネに作用する変位は，バネの配置を等角度とすると式(解 9.5.4)により求められる［日本免震構造協会，2010；五十嵐ら，2013］．

$$d_i = \delta_X \cos\frac{i}{n}\pi + \delta_Y \sin\frac{i}{n}\pi \tag{解 9.5.4}$$

一方，各バネの特性は，水平 1 方向載荷における特性が X,Y 方向ともに同一で，バイリニアモデルを仮定した場合，各バネの初期剛性 k_s，降伏荷重 q_y が 1 個の支承の初期剛性 K_s，降伏荷重 Q_y と等価となるように式(解 9.5.5)，(解 9.5.6)により求める．

$$k_s = K_s / \sum_{i=0}^{n-1} \sin^2 \frac{i}{n}\pi \tag{解 9.5.5}$$

$$q_y = Q_y / \sum_{i=0}^{n-1} \sin \frac{i}{n}\pi \tag{解 9.5.6}$$

このように，各方向に対してバネおよびこれに伴う反力を求めることで簡易に 2 方向載荷の影響を考慮することができる．2 次剛性比は 1 方向載荷における倍率をそのまま用いることができる．また，バイリニアモデルに代えて，小変形～大変形領域までのひずみ依存性を考慮した菊池モデル［菊池ら，2003］などを導入することで，ハードニング特性を表現することも可能であり，高減衰積層ゴム支承を対象とした検討が行われている．

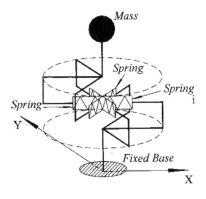

図-解 9.5.3　MSS モデル

(b) Park-Wen モデル

このモデルは，1 方向履歴モデルである Bouc-Wen モデルを 2 方向に拡張したもので，式(解 9.5.7)のように表すことができる［五十嵐ら，2013］．

$$\{F\} = \alpha K_1 \{\delta\} + (1-\alpha) K_1 \{Z\} \tag{解 9.5.7}$$

ここに，
 $\{F\}$：復元力ベクトル（$=\{F_x, F_y\}$）
 $\{\delta\}$：変位ベクトル（$=\{\delta_x, \delta_y\}$）

$\{Z\}$：履歴変位ベクトル（$=\{\dot{Z}_x,\dot{Z}_y\}$）

$$\dot{Z}_x = A\dot{\delta}_x - \beta\left|\dot{\delta}_x Z_x\right|Z_x - \gamma\dot{\delta}_x Z_x^2 - \beta\left|\dot{\delta}_y Z_y\right|Z_x - \gamma\dot{\delta}_y Z_x Z_y$$

$$\dot{Z}_y = A\dot{\delta}_y - \beta\left|\dot{\delta}_y Z_y\right|Z_y - \gamma\dot{\delta}_y Z_y^2 - \beta\left|\dot{\delta}_x Z_x\right|Z_y - \gamma\dot{\delta}_x Z_y Z_x$$

A,α,β,γ：履歴形状パラメータ

このモデルは，微分方程式を解くことで履歴特性を表現することが可能であり，収束計算を必要としない点で数値計算上は有利である．また，高減衰積層ゴム支承を対象としたハイブリッド実験の結果を良く表現できることが確認されている．

(c) 縮退二軸モデル

このモデルは，金属系のエネルギー吸収デバイスを表現する Ozdemir 弾塑性モデルを水平 2 方向モデルに拡張したもので，式(解 9.5.8)のように，劣化弾性バネ，弾塑性バネ，ハードニングバネを並列に有するモデルとなっている．

$$\{F\} = \{F^{(1)}\} + \{F^{(2)}\} + \{F^{(3)}\} \tag{解 9.5.8}$$

ここに，

$\{F^{(1)}\}$：劣化弾性バネの復元力

$\{F^{(2)}\}$：弾塑性バネの復元力

$\{F^{(3)}\}$：ハードニングバネの復元力

である．それぞれのバネの設定法は文献［阿部ら，2002］による．このモデルでは 13 個のパラメータを必要とするが，これらは水平 1 方向載荷試験の結果から設定することが可能であり，ハードニングが生じる領域までの履歴特性を精度良く表現可能である．

4) ゴム支承のモデル化（鉛直・回転方向）

ゴム支承の鉛直剛性 K_v は式(解 9.5.9)のバネにより表現することができる．

$$K_v = \frac{EA_e}{\sum t_e} \tag{解 9.5.9}$$

ここに，

E：ゴム支承の縦弾性係数（$= \alpha \cdot \beta \cdot S_1 \cdot G_e$）

$\alpha \cdot \beta$：ゴム支承の種類および平面形状による係数

S_1：ゴム支承の 1 次形状係数

G_e：ゴムのせん断弾性係数

A_e：ゴム支承の有効寸法から定まる面積

$\sum t_e$：ゴムの総厚

なお，鉛直剛性は水平剛性と比較すると製作上のばらつきが大きいが，道路橋支承便覧［日本道路協会，2004］によれば，実測データを元にした係数 α,β が示されている．

また，回転剛性 K_R については，矩形のゴム支承を対象とした FE 解析をもとに式(解 9.5.10)が提案されているが［松田ら，2004］，実験的な評価事例が少ないため，回転挙動をバネとしてモデル化する場合は試験などにより確認することが望ましい．

$$K_R = \alpha^3(pS_1^2 + qS_1 + r) \tag{解 9.5.10}$$

ここに，
S_1：ゴム支承の1次形状係数
α：1mの1辺長に対する倍率
p, q, r：ゴムの圧縮性に依存した係数

5) すべり支承のモデル化（水平2方向）

　地震時におけるすべり支承の動摩擦特性は，一般にすべり面に作用する鉛直荷重に対する水平方向の荷重の比である摩擦係数μ_Dを用い，クーロンの法則により表現される．摩擦係数が一定の場合，図-解9.5.4に示すように履歴特性は矩形型モデルで表現される．このモデルでは，初期剛性を十分大きく取り，2次剛性をほぼ0とすることで表現される．しかし，一般に摩擦係数は各種依存性，特に速度および面圧に対する依存性があるため，必要に応じてこの効果を摩擦係数のモデルに反映させる必要がある．代表的な摩擦係数のモデル化として，道路橋の免震・制震設計法マニュアル（案）［土木研究センター，2011］に指数関数型のモデルが示されている．

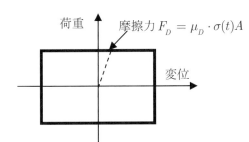

図-解 9.5.4　すべり支承のモデル化の例

　また，摩擦係数自体もすべり面のすべり材と相手材の組合せで異なる．代表的な組合せに対する摩擦係数の特性は，すべり支承を用いた地震力遮断機構を有する橋梁の免震設計法マニュアル（案）［土木研究所，2006］などに示されているが，性能確認試験を行い適切な摩擦係数を設定する必要がある．さらに，曲線橋や斜張橋において，桁の鉛直振動やロッキングなどが生じやすい場合では，すべり支承に作用する鉛直応力$\sigma(t)$に変動が生じ，水平方向のすべり荷重も変動するため，こうした影響が大きい場合には構造物およびすべり支承の解析において鉛直荷重の変動を考慮可能なモデルを用いる必要がある．

　なお，水平力分散構造および免震構造は「9.3　設計の基本」に示したように，比較的大きな変形を許容することで低剛性化とエネルギー吸収性能を発揮することを前提としているため，地震時に水平力分散装置および免震装置の変形が抑制されると，十分な応答低減効果を発揮できない場合がある．例えば，桁と隣接構造の遊間が支承部の最大変形量以下となるような場合は桁衝突により支承部の変形が拘束されるため，遊間以内に変形が収まるように免震構造の特性を変更するか，桁衝突を考慮したモデル化を行うのがよい．また，鉄道構造物では，軌道構造が地震時においては構造物の挙動に対して作用および抵抗の両方の影響を及ぼすため，対象構造物の諸元によっては軌道構造の有無で免震構造の挙動が大きく異なることが指摘されている．こうした要因については，必要に応じて解析モデルで考慮する必要がある．

　また，構造解析上の留意点として，免震支承やすべり支承はその非線形履歴によりエネルギー吸収を行うため，構造解析の際に構造全体系の振動モードを対象としてRayleigh減衰を用いると，免震支承やすべり支承に二重に減衰を考慮することになるので留意しなければならない．支承部の減衰の設定については，「7.5　減衰」を参照するとよい．

9.5.3 レベル 2 地震動以外の作用に対する水平力分散装置および免震装置の照査

水平力分散装置および免震装置は，レベル 2 地震動以外の各種作用（レベル 1 地震動，温度荷重，風荷重，活荷重など）に対する応答値をそれぞれ算定し，安全性，使用性の照査を満足しなければならない．

【解　説】

レベル 1 地震動，温度荷重，風荷重，活荷重など，レベル 2 地震動以外の作用に対して，水平力分散装置，免震装置の応答値が安全性および使用性の観点から規定される限界値以下となることを照査するものとする．免震装置の照査項目としては，鉛直支持性能，変位追従性能，疲労耐久性などがあり，照査方法については，道路橋示方書・同解説 V 耐震設計編［日本道路協会，2012］，鉄道構造物等設計標準・同解説（鋼・合成構造物）［鉄道総合技術研究所，2009］，道路橋支承便覧［日本道路協会，2004］などを参照するとよい．これらでは限界値の設定において地震動の多方向成分の同時入力の影響が考慮されていない．しかし，レベル 2 地震動以外の作用に対する水平力分散装置および免震装置の応答値は小さいので，疲労耐久性を除いて連成の影響は小さい．

9.5.4　レベル 2 地震動に対する水平力分散装置および免震装置の照査

(1) レベル 2 地震動に対しては，想定される地震作用に対して水平力分散装置や免震装置の応答値を算定し，応答値が装置の適用範囲内におさまっていることを照査しなければならない．

(2) 応答値の算定に用いる水平力分散装置や免震装置の構成則モデルは試験等により確認された履歴挙動をもとに設定するものとする．

(3) 水平力分散装置や免震装置の適用範囲を規定するための各種限界値は試験等により確認された値を用いるものとする．

【解　説】

(1) 水平力分散装置や免震装置が破壊すると免震機能の喪失により，レベル 2 地震動に対する構造系の挙動を制御できなくなり，予期せぬ被害が生ずるおそれがある．これを防ぐためには水平力分散装置や免震装置の地震作用に対する応答値と所定の水平力分散機能と免震機能を発揮するために必要なそれぞれの装置の限界値を適切に評価した上で照査を行わなければならない．

(2) 応答値の算定においては，「第 5 章　耐震解析法」，「第 7 章　鋼橋のモデル化」，および「9.5.2　水平力分散装置および免震装置のモデル化」などをもとに構築した適切なモデルを用いた構造解析による必要がある．ここで，水平力分散装置や免震装置の構成則は実験などに基づき実挙動に即したものを適切に設定しなければならない．水平力分散装置や免震装置を用いた構造は，レベル 2 地震動のような大規模地震動を受けた場合，各装置および構造部材のいずれか，もしくはすべてが大変形領域の応答を示すことが想定されることから，弾塑性有限変位動的解析を用いることを原則とする．

(3) 水平力分散装置や免震装置の限界値は所定の免震機能を発揮できる範囲を可能な限り実大の供試体を用いた実験などに基づき把握した上で，適切に設定しなければならない．実験においては，水平力分散装置や免震装置の構造系への設置状況を踏まえ，実情に即した境界条件下で載荷を行うことが望ましい．

レベル 2 地震動に対して水平力分散装置や免震装置を照査する項目としては，荷重伝達機能（鉛直支持性能と水平力支持機能），変位追従機能（水平移動機能と回転機能）などがあり，これらについては，道路橋

示方書・同解説 V 耐震設計編［日本道路協会，2012］，鉄道構造物等設計標準・同解説（鋼・合成構造物）［鉄道総合技術研究所，2009］，道路橋支承便覧［日本道路協会，2004］などを参照するとよい．ただし，これらでは限界値の設定において地震動の多方向成分の同時入力の影響が考慮されていない場合が多いので，連成の影響が大きいと考えられる場合には適切な方法で考慮する必要がある．

なお，水平力分散構造および免震構造を既設構造に適用する場合，橋脚や基礎の耐力を考慮して支承部の設計を行う必要がある．特に，橋台を有する橋梁の場合，一般に橋台背面土の特性は考慮しないことが多く，計算上は橋台で桁の慣性力の大部分を負担させることが有利となる場合があるが，実際には橋台背面土の非線形特性により橋台本体に残留変位や破壊が生じる可能性もあることから，過度に橋台に慣性力を負担させる設計は望ましくない．

9.6 構造細目

水平力分散装置および免震装置はその機能が確実に発揮できるように，維持管理性も考慮した上で，できるだけ複雑な細部構造を回避し主構造に取り付けるものとする．

【解　説】

水平力分散構造および免震構造は，一般に常時においては死荷重や活荷重を支持しつつ温度変化などの常時の作用に追従可能な構造である必要がある．一方で地震時には水平力の分散やエネルギー吸収性能など，設計で想定する機能を確実に発揮する必要がある．そこで，水平力分散構造および免震構造の導入にあたっては，主構造からの作用を確実に免震構造に伝達し，所定の機能を発揮できるような構造とする必要がある．免震装置本体の構造細目については，道路橋示方書・同解説 V 耐震設計編［日本道路協会，2012］，鉄道構造物等設計標準・同解説（鋼・合成構造物）［鉄道総合技術研究所，2009］，道路橋支承便覧［日本道路協会，2004］などを参照するとよい．

また，水平力分散構造および免震構造に用いる装置を構造物に取り付ける取付部についても十分な配慮が必要となる．特に，複雑な取付構造を用いることは，免震装置がその機能を発揮する前提となる維持管理性を低下させるだけでなく，設計時に想定し得ない損傷を生じさせる可能性があることから，取付部はなるべく簡易な構造とし，免震構造には常時および地震時において確実に想定した機能を発揮させる必要がある．

また，免震構造の採用にあたっては，将来的に点検や補修，交換が生じる可能性を考慮し，必要に応じて主構造側にも対策を行う必要がある．例えば，免震構造を交換する際に必要となるジャッキ受けを設けたり，ジャッキアップに必要なクリアランスを確保する，などの対応が考えられる．

第 9 章の参考文献

阿部雅人，吉田純司，藤野陽三(2002)：免震用積層ゴム支承の水平 2 方向を含む復元力特性とそのモデル化，土木学会論文集，No.696/I-58，pp.125-144.

土木学会（2002）：減震・免震・制震構造設計法ガイドライン，地震工学委員会.

菊地優，北村佳久，井上圭一，上田正生（2003）：履歴減衰型免震部材の復元力モデルに関する研究，日本建築学会構造系論文集，第 565 号，pp.63-71.

日本道路協会（2004）：道路橋支承便覧，丸善.

松田泰治，大塚久哲，北村幸司（2004）：FEM によるゴム材呂野圧縮性を考慮した積層ゴム支承の局部せん断ひずみ評価に関する研究，構造工学論文集，Vol.50A，pp.575-584.

土木研究所（2006）：すべり系支承を用いた地震力遮断機構を有する橋梁の免震設計法の開発に関する共同研究報告書「すべり系支承を用いた地震力遮断機構を有する橋梁の免震設計法マニュアル（案）」.

鉄道総合技術研究所（2009）：鉄道構造物等設計標準・同解説（鋼・合成構造物），丸善.

日本免震構造協会（2010）：水平 2 方向加力時の高減衰ゴム系積層ゴム支承の性状について－応答特性－.

土木研究センター（2011）：道路橋の免震・制震設計法マニュアル（案）.

日本道路協会（2012）：道路橋示方書（V 耐震設計編）・同解説，丸善.

五十嵐晃，党紀，村越雄太，伊東俊彦（2013）：免震ゴム支承の水平 2 方向復元力特性に関する載荷実験および復元力モデルの比較検討，土木学会論文集 A1（構造・地震工学），Vol.69，No.4，I_311-325.

鉄道総合技術研究所（2013）：鉄道構造物等設計標準・同解説（耐震設計），丸善.

後藤芳顯，海老澤健正，奥村徹，松澤陽，小畑誠，Li, J.，Xu, Y.（2014）：水平 2 方向加振を受ける連続高架橋模型における橋脚，ゴム支承，上部構造の連成とその終局挙動について，第 17 回性能に基づく橋梁等の耐震設計に関するシンポジウム講演論文集，pp.431-438.

大門大，中山裕昭，水谷明嗣，林田慈大，鈴木森晶，後藤芳顯（2015）：経年劣化による損傷したゴムダンパー（HDR-S）の耐震性能の確認試験及び考察，第 18 回性能に基づく橋梁等の耐震設計に関するシンポジウム講演論文集，pp.487-492.

林訓裕，足立幸郎，上田勝久，肥田肇，坂本直太，五十嵐晃（2015）：経年劣化ゴム支承の耐震性能低下に関する確認試験，第 18 回性能に基づく橋梁等の耐震設計に関するシンポジウム講演論文集，pp.473-478.

小野寺周，松崎裕，鈴木基行（2016）：極大地震動に対する免震支承－RC 橋脚系のキャパシティデザインに関する研究，土木学会論文集 A1（構造・地震工学），Vol.72，No.4，I_708-718.

後藤芳顯，奥村徹，海老澤健正（2017a）：連続高架橋の多方向地震動下での支承取付部の曲げせん断挙動と破壊，第 19 回性能に基づく橋梁等の耐震設計に関するシンポジウム講演論文集，pp.387-394.

後藤芳顯，奥村徹，海老澤健正（2017b）：連続高架橋の多方向地震動下でのゴム支承と支承取付部の曲げせん断挙動，土木学会論文集 A1（構造・地震工学），Vol.73，No.3，pp.532-551.

Goto, Y., Ebisawa, T., Obata, M., Li, J. and Xu, Y. (2017) : Ultimate behavior of steel and CFT piers in two-span continuous elevated-girder bridge models tested by shake-table excitations, Journal of Bridge Engineering., ASCE, Vol.22, No.5, pp.04017001-1-14.

補遺 9-1　ゴム支承取付ボルトの破断機構と設計上の留意点

　熊本地震においてボルトの破断が生じたひとつの見解として，ゴム支承の相対回転に伴う純曲げモーメントの影響が指摘されている［後藤ら，2017a，2017b］．すなわち，橋脚上に設置されたゴム支承には図-補9.1.1に示すように，桁に固定された支承の上鋼板は水平に維持された状態で水平移動するのに対し，橋脚天端に固定された支承の下鋼板は橋脚の橋軸方向の変位に伴い橋軸直角回りに回転する．その結果として，支承本体には橋軸直角回りの相対回転角が生じ［庄司ら，2002；松田ら，2003；奥村ら，2015］，この相対回転でゴム支承本体には純曲げモーメント $M_{B\theta y}$ が作用することが指摘されていた．最近，この純曲げモーメント $M_{B\theta y}$ の作用で支承取付部にも設計で想定される値を大きく上回るモーメントが作用することが明らかになった．一般的に支承取付部の設計で考慮する作用モーメントは，図-補9.1.2に示す(a)せん断力の偶力による曲げ M_{BHy} と(b)鉛直反力の P-δ 効果による曲げ M_{BVy} による成分のみで［日本道路協会，2012］，上記の(c)純曲げモーメント $M_{B\theta y}$ は無視されているが．$M_{BHy} + M_{BVy}$ に $M_{B\theta y}$ が加わることにより取付ボルトに作用する曲げ引張応力 σ_{Mt} は大きく増加する．とくに，支承に負反力が作用し，支承上・下鋼板と上・下沓との間に離間が生じるとこの曲げ引張応力 σ_{Mt} はさらに増大し，ゴム支承に先行して取付ボルトが破断に至る可能性がある．このような実情を踏まえた取付部が先行して破壊することを防ぐために，ボルトの曲げ引張応力が最大となる完全離間を仮定した次式で設計に用いるボルトの引張応力の最大応答値 $\sigma_{tBolt\,max}$ を算定することが提案されている［後藤ら，2017a，2017b］．

$$\sigma_{tBolt\,max} = \frac{M_{By\Sigma\,max}}{I_{yBolt}} \frac{L}{2} \tag{補9.1.1}$$

ここに，

　$M_{By\Sigma\,max} = \left|M_{By\Sigma}\right|_{max} = \left|M_{BHy} + M_{BVy} + M_{B\theta y}\right|_{max}$：取付部に作用する最大曲げモーメント

　I_{yBolt}　：取付ボルトネジ部の有効面積のみを考慮した橋軸直角回りの断面 2 次モーメント

　L　：取付ボルトの縁端距離（図-補 9.1.1）

　$M_{By\Sigma\,max}$ に含まれる(c)純曲げモーメントについては，ゴム支承の回転剛性の評価式［松田ら，2003；柚木ら，2009］が提案されているので，これを参考に，通常のせん断変形のみを考慮したゴム支承のモデルを用いた全体系はりモデル（はりモデル）の動的解析により求まる支承の相対回転角をもとに算定すればよい．なお，構造全体系モデルの動的解析においてゴム支承の回転剛性の有無がゴム支承の橋軸直角回りの相対回転角に与える影響は十分小さい［松田ら，2003；後藤ら，2017a，2017b］ことが判明している．

　支承が負反力の場合，曲げ引張応力に加えて負反力によりボルトには純引張応力が作用するので次式で設計に用いるボルトの引張応力の最大応答値 $\sigma_{tBolt\,max}$ を算定する．

$$\sigma_{tBolt\,max} = \left(\frac{\left|V_B\right|}{A_{Bolt}} + \frac{\left|M_{By\Sigma}\right|}{I_{yBolt}} \frac{L}{2}\right)_{max} \tag{補9.1.2}$$

ここに，

　V_B　：支承負反力

　A_{Bolt}　：全ボルトねじ部の有効面積

ボルトのせん断応力 (τ_x, τ_y) の応答値については，せん断キーの効果を無視して支承せん断力 (H_{Bx}, H_{By}) がボルトで支持されるものとして $(\tau_x, \tau_y) = (H_{Bx}/A_{Bolt},\ H_{By}/A_{Bolt})$ で算定する．

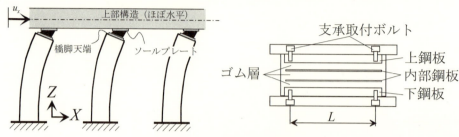

図-補 9.1.1 高架橋と支承の変形

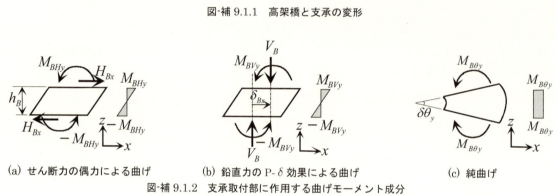

(a) せん断力の偶力による曲げ　　(b) 鉛直力の P-δ 効果による曲げ　　(c) 純曲げ

図-補 9.1.2 支承取付部に作用する曲げモーメント成分

第 9 章補遺の参考文献

庄司学, 川島一彦, 加藤享二 (2002)：高減衰積層ゴム支承の設計における橋脚の回転変形の影響, 構造工学論文集, Vol.48A, pp.595-605.

松田泰治, 大塚久哲, 北村幸司, 片山栄一郎 (2003)：FEM モデルを用いた橋脚基部が非線形に入った際の積層ゴム支承の局部せん断ひずみ評価に関する研究, 構造工学論文集, Vol.49A, pp.591-598.

鉄道総合技術研究所 (2009)：鉄道構造物等設計基準・同解説（鋼・合成構造物）．

柚木和徳, 吉田純司, 塩畑英俊, 今井隆, 杉山俊幸 (2009)：有限要素モデルを用いた積層ゴム支承の回転限界の把握と設計式の構築, 土木学会論文集 A, Vol.65, No.3, pp.574-588.

日本道路協会 (2012)：道路橋示方書（V 耐震設計編）・同解説, 丸善.

奥村徹, 後藤芳顯, 海老澤健正, 小畑誠, Li, J., Xu, Y. (2015)：鋼製橋脚で支持された連続高架橋における積層ゴム支承の水平 2 方向地震動下の挙動特性, 第 18 回性能に基づく橋梁等の耐震設計に関するシンポジウム講演論文集, pp.49-56.

後藤芳顯, 奥村徹, 海老澤健正 (2017a)：連続高架橋の多方向地震動下での支承取付部の曲げせん断挙動と破壊, 第 19 回性能に基づく橋梁等の耐震設計に関するシンポジウム講演論文集, pp.387-394.

後藤芳顯, 奥村徹, 海老澤健正 (2017b)：連続高架橋の多方向地震動下でのゴム支承と支承取付部の曲げせん断挙動, 土木学会論文集 A1（構造・地震工学）, Vol.73, No.3, pp.532-551.

付録1 耐震性能照査例

1. 連続高架橋

1.1 はじめに

　本示方書「第4章　耐震性能照査」に基づき，多方向地震動下における連続高架橋の照査例を示す．多方向地震動下における橋脚の安全性照査法として，鋼製橋脚柱を対象とした限界相関式を用いる方法とFE解析により対象橋脚の限界値としての耐力を直接評価する方法が提示されている．これら2つの方法により照査を行い，それぞれの照査結果について考察する．なお，本示方書ではシナリオ型地震動を用いることを基本としているが，ここでは水平2方向成分を有する地震動に対する連続高架橋の照査例を示すことを主目的とし，照査例に用いる地震動は過去の観測波形から対象橋梁の地震時終局挙動に支配的な影響を及ぼすものを選定した．

　照査対象とする3径間連続箱桁橋の概要を図-付1.1.1～1.1.3に示す．各橋脚の形式は，P1，P2が単柱式橋脚，P3，P4は1層門形ラーメン橋脚である．これらはすべてコンクリート無充填鋼製橋脚である．支点条件はP1が可動支承，P2～P4は反力分散沓であり，いずれの支承も橋軸直角方向は固定である．橋脚の主要な断面諸元を表-付1.1.1に，反力分散沓の諸元を表-付1.1.2に，地盤バネの諸元を表-付1.1.3に示す．なお，本橋梁はI種地盤上を想定したものである．

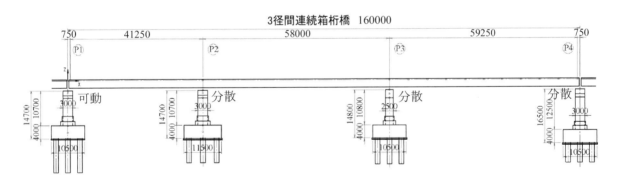

図-付1.1.1　橋梁全体の側面図

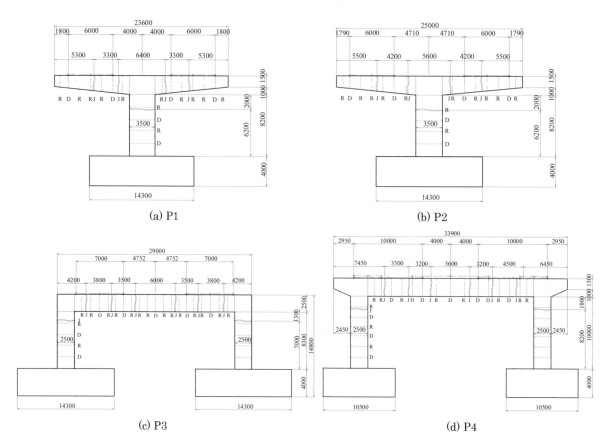

図-付 1.1.2　橋脚の概要図

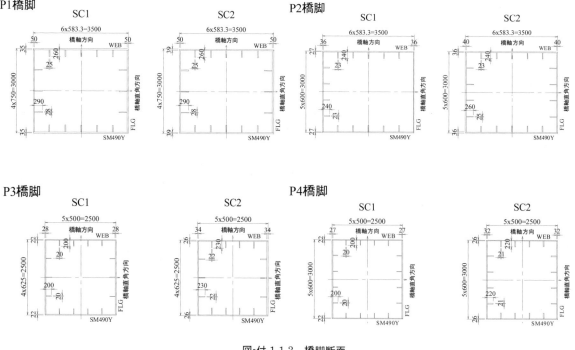

図-付 1.1.3　橋脚断面

付録1 耐震性能照査例

表-付 1.1.1 橋脚断面諸元

断面パラメータ		P1	P2	P3	P4
Flg	R_R	0.325	0.363	0.486	0.485
	γ/γ^*	1.11	1.06	1.22	1.44
Web	R_R	0.359	0.469	0.492	0.493
	γ/γ^*	1.43	2.23	1.76	1.99
P/P_y		0.06	0.11	0.14	0.11

表-付 1.1.2 反力分散沓の諸元

諸元		P2	P3	P4
平面寸法	$a\,(=b)$ (m)	0.900	1.300	0.900
ゴム厚	te (m)	0.025	0.036	0.025
層数	n	7	5	7
1次形状係数	S1	9.00	9.03	9.00
2次形状係数	S2	5.14	7.22	5.14
せん断剛性	K (MN/m)	4.629	9.389	4.629

表-付 1.1.3 地盤バネの諸元

橋脚	成分	橋軸方向	橋軸直角方向
P1	並進(kN/m)	5332000	5332000
	回転(kN・m/rad)	97860000	145100000
	連成(kN/rad)	-11760000	-11760000
P2	並進(kN/m)	12980000	12980000
	回転(kN・m/rad)	119850000	141140000
	連成(kN/rad)	-18150000	-18150000
P3	並進(kN/m)	9150000	9150000
	回転(kN・m/rad)	99060000	135440000
	連成(kN/rad)	-14320000	-14320000
P4	並進(kN/m)	9360000	9360000
	回転(kN・m/rad)	78650000	78650000
	連成(kN/rad)	-13140000	-13140000

1.2 設計地震動

本橋梁モデルで想定した地盤種（I種地盤）に対するものとして兵庫県南部地震（1995）において神戸海洋気象台で観測されたJMA観測波（NS, EW成分）を用いる．本橋梁の弾性1次固有周期は橋軸方向に2.14s，橋軸直角方向に0.746sであり，図-付1.1.4に示す地震波JMAの加速度応答スペクトルと比較すると，橋軸直角方向の成分が支配的となることがわかる．

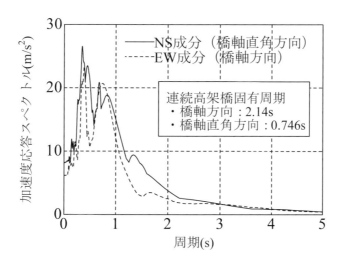

図-付 1.1.4 入力地震動の加速度応答スペクトル（JMA観測波）

1.3 耐震性能水準

本照査で目標とする耐震性能水準は「耐震性能II」とする．

1.4 部分係数

部分係数は表-付 1.1.4 に示す値とした．部材係数 γ_b のうち，部材の安全照査における②限界値算定上の不確実性に関する $\gamma_b^{②}$ は現状では議論が行われているところであり定量的な評価をすることが困難であるので，ここでは具体的な値は示さず，無視することとした（$\gamma_b^{②}=1.0$）．また，構造解析係数 γ_a についても適切な値を設定すべきであるが，本解析において具体的な値を設定するための判断材料が十分でないため，無視（$\gamma_a=1.0$）したことを留意されたい．

表-付 1.1.4 部分係数

部分係数		備考
γ_i：構造物係数	1.0	レベル2地震動に対しては1.0
γ_m：材料係数	1.0	鋼材では1.0
γ_b：部材・構造物係数	1.0	$\gamma_b^{①}=1.0$, $\gamma_b^{②}=1.0$, $\gamma_b^{③}=1.0$, $\gamma_b^{④}=1.0$
γ_a：構造解析係数	1.0	便宜上
γ_f：作用係数	1.0	死荷重，地震荷重では1.0

1.5 構造物のモデル化

(1) 全体系はりモデル（ME1）

応答値の算定に用いる全体系はりモデルの概要を図-付 1.1.5 に示す．橋脚および横ばりは，曲げせん断変形を考慮した弾塑性はり要素，上部構造は上下線をそれぞれ1本の弾性はり要素でモデル化を行っている．支承は各2基ずつを1つの線形バネ要素に集約してモデル化している．基礎はS-Rモデルとした．弾塑性はり要素に用いる材料構成則はバイリニア型の骨格曲線を有する移動硬化則（2次勾配 $E/100$）とした．

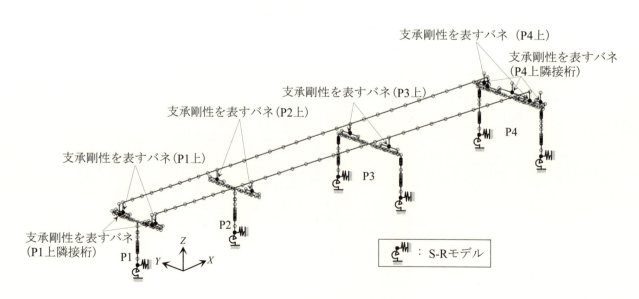

図-付 1.1.5 全体系はりモデル（ME1）

(2) 部材詳細モデル（MS）

エネルギー吸収部材である橋脚の繰り返し荷重による耐力・変形性能の照査のために用いる部材詳細モデルを図-付1.1.6に示す．P1，P2は損傷が生ずる柱基部のみを，P3，P4は柱に加え，隅角部，横ばりもすべてシェル要素でモデル化を行った．横リブ，ダイヤフラム，垂直補剛材等もシェル要素を用いてモデル化している．基礎は全体系はりモデルと同様のS-Rモデルである．シェル要素でモデル化する部分の材料構成則には三曲面モデルを適用した．なお，三曲面モデルに用いる材料パラメータは橋脚の繰り返し載荷実験の結果に対して同定していることから，材料構成則に初期不整の影響が考慮されていると考える．図中の部材境界部は全体系はりモデルにおいて支承剛性を表すバネの下部構造側の節点位置にある．この節点とシェル要素との結合は「第7章　鋼橋のモデル化」に示したように，横ばり上のベースプレートの領域を剛体で拘束し，剛体参照節点として部材境界部を設定した．

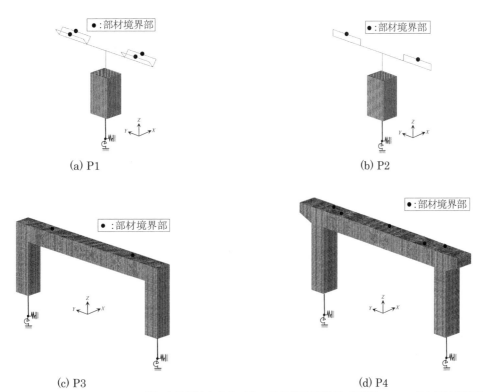

※）支承剛性を表すバネの下部構造側節点で切断し，この点を部材境界部とした．
P3，P4の部材境界部とシェル要素との結合方法は第7章の図-補7.4.4参照．

図-付1.1.6　部材詳細モデル（MS）

(3) 全体系詳細モデル（ME2）

全体系の限界値（耐力）の評価および残留変位の評価を行うための全体系詳細モデルの概要を図-付1.1.7に示す．本モデルは図-付1.1.5の全体系はりモデルを構成する部材の中でエネルギー吸収部材として塑性化が生ずる橋脚部分（P1～P4）を部材詳細モデルに置き換えたものである．

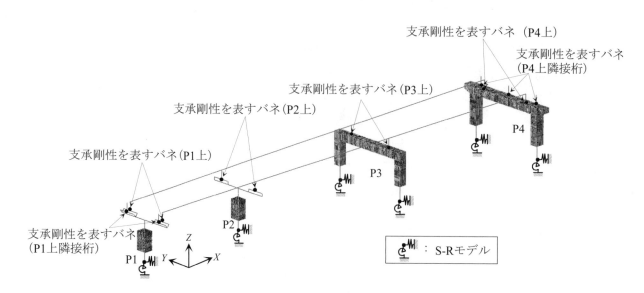

図-付 1.1.7 全体系詳細モデル（ME2）

1.6 耐震性能照査

1.6.1 構造安全性の照査 ［奥村ら，2018a］

構造安全性の照査を「構造全体の安全性照査」と「部材の安全性照査」について行う．ただし，連続高架橋では構造全体系の座屈が支配的とはならないので構造全体系の照査は省略することができる（条文 4.4【解説】(3) 1)参照）．

(1) 部材の安全性照査

部材の安全性照査では連続高架橋を構成するすべての部材（上部構造，支承，橋脚，基礎）について照査を行う．これらのうち，ここではエネルギー吸収部材である P1～P4 橋脚を対象とした部材の安全性照査の例を示す．照査指標には力（応答値：内力，限界値：部材の耐力）を用いる．応答値である内力は，はり要素を用いた全体系はりモデル（図-付 1.1.5）に基づく弾塑性有限変位動的解析により，橋脚が安全限界に最も近づいた時刻の値を評価する．本示方書では無充填鋼製橋脚の安全性照査法として以下の 2 つの方法を提示している．

a) 無充填鋼製橋脚柱の限界相関式による方法

橋脚柱の頂部に作用する断面力成分 H_x, H_y, M_x, M_y, P を用いて，付録 2 の 2 に示される無充填鋼製橋脚柱に関する限界相関式で照査する方法である．ここでは図-付 1.1.8 に示すように高さ h の柱を照査対象として，その頂部に作用する断面力成分 H_x, H_y, M_x, M_y から等価水平力 H_x^{eq}, H_y^{eq} を算定し（図-付 2.2.2），Pushover 解析による最大水平耐力 H_{xu}^P, H_{yu}^P で除した $\left|H_x^{eq}/H_{xu}^P\right|$ と $\left|H_y^{eq}/H_{yu}^P\right|$ の相関式(付 1.1.1)により照査を行う．式(付 1.1.1)の f が 1 以下となる場合に各橋脚の安全性が満足される．限界相関式に含まれる各パラメータ（$h_x^{eq}, h_x^{eq}, H_{xu}^P, H_{yu}^P, \gamma$）は橋脚柱が正方形断面かつ構造パラメータが適用範囲内の場合には付録 2 の 2 に記載の表-付 2.2.4(a)に示す推定式を用いることができるが，対象とする橋脚柱はいずれも長方形断面であり，軸力比も適用範囲を超えるものがある．したがって，限界相関式の各パラメータ値は各橋脚柱のシェル要素モデルに対する Pushover 解析により求める必要がある．ここでは付録 2 の 2 に示した方法に基づき各パラメータ値を算定した．

部分係数を考慮した式(4.1.1)で照査を行う際には，補遺4-2に示した方法による．すなわち，地震作用により橋脚頂部に作用する内力ベクトル$\{\mathbf{f}_m^i\} = f_m^i\{\hat{\mathbf{f}}_m^i\}$とし，地震作用による内力モードベクトル$\{\hat{\mathbf{f}}_m^i\}$を増加させた場合において，限界相関式により定義される柱部材の安全限界曲面に到達するまでの倍率をf_u^iとしたとき，応答値は$S_{i1} = f_m^i$，限界値は$R_{i1} = f_u^i$である（図-付1.1.9参照）．設計応答値$S_{di1} = \gamma_a \cdot S_{i1}$，設計限界値$R_{di1} = R_{i1} / \gamma_b$を式(4.1.1)に用い照査を行う．なお，$S_{i1}/R_{i1}$は比例載荷を前提とした場合の本照査法で規定する限界値までの余裕度を表す．

本照査法では脚柱間の荷重再配分を許容しないので，ラーメン橋脚の場合は左右の柱についてそれぞれ照査を行う．以降，本照査法を①限界相関式による方法と呼ぶ．

$$f = \left|\frac{H_x + M_y/h_x^{eq}}{H_{xu}^P}\right|^\gamma + \left|\frac{H_y - M_x/h_y^{eq}}{H_{yu}^P}\right|^\gamma = \left|\frac{H_x^{eq}}{H_{xu}^P}\right|^\gamma + \left|\frac{H_y^{eq}}{H_{yu}^P}\right|^\gamma = 1 \qquad (\text{付}1.1.1)$$

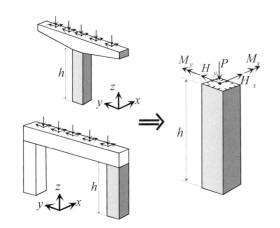

図-付1.1.8　限界相関式を用いた照査における柱頂部の作用力　　　図-付1.1.9　限界値への余裕度

b) FE解析により限界値を評価する方法

照査対象の橋脚を独立に取り出し高精度の材料構成則を導入したシェル要素を用いた部材詳細モデル（図-付1.1.6）に対して弾塑性有限変位静的解析を行い，その耐力を限界値として評価する方法である．限界値としては，全体系はりモデルに対する弾塑性有限変位動的解析により得られた地震作用による橋脚iに対して支配的な内力モードをもとに単位化した荷重モードベクトル$\{\hat{\mathbf{f}}_m^i\}$を設定し，荷重倍率f^iによる荷重制御下の部材詳細モデルの弾塑性有限変位静的解析により得られた最大荷重倍率を評価する．この方法は対象とする橋脚の構造形式を問わず，設計者自らが必要な検討を行い限界値の評価を行うことから，a)の無充填鋼製橋脚柱の限界相関式を用いる方法と較べ，汎用性が高く，より完全な性能照査設計を指向したものであると言える．限界値の評価においては適切なFE解析を行うための高度な知識と技術が必要とされるが，照査の対象となる構造の限界値を合理的に評価することができる．また，ラーメン橋脚などの不静定橋脚においては脚柱間の荷重再配分を考慮することになる．本照査法では，耐震性能に余裕がない既設橋梁や，特殊な形式の構造に対して限界値を正確に評価する必要がある場合などへの適用が考えられる．

部材の安全性照査に用いる内力モードを設定するために全体系はりモデルの時刻歴応答解析において橋脚（P1〜P4）が最も安全限界に近づいたと考えられる状態を鋼製橋脚柱の限界相関式(付1.1.1)を用いて推定

する．ここでは，橋脚が最も安全限界に近づいた状態として，前項 a)の方法により求まる無充填鋼製橋脚柱部材の S_{i1} / R_{i1} が最大となる時刻に着目した．このときの部材境界部（図-付 1.1.6 参照）の内力から死荷重による内力 $\{\mathbf{f}_d^i\}$ を除いた地震作用による内力 $\{\mathbf{f}_m^i\}$ を単位化した $\{\hat{\mathbf{f}}_m^i\} = \{\mathbf{f}_m^i\} / \sqrt{{}^t\{\mathbf{f}_m^i\}\{\mathbf{f}_m^i\}}$ を地震作用による内力モードベクトルとする．部材詳細モデルには一定の死荷重 $\{\mathbf{f}_d^i\}$ を載荷した状態で地震作用による内力モードベクトル $\{\hat{\mathbf{f}}_m^i\}$ に荷重倍率 f^i を乗じた内力 $f^i\{\hat{\mathbf{f}}_m^i\}$ を与える．単調載荷解析により求まる最大耐力時の荷重倍率を f_u^{iP} とする．「4.4　レベル 2 地震動に対する耐震性能 II，III の照査法」に規定するように，パラメータ制限によりエネルギー吸収部材としての性能が確かな場合には単調載荷により部材の耐力を評価してよいこととなっているが，ここでは確認のために以下の繰り返し載荷解析も実施する．繰り返し載荷解析では橋脚の初期降伏時の荷重倍率を f_y^i とし，f_y^i と f_u^{iP} 間を n 分割して，$f^i = f_y^i + (f_u^{iP} - f_y^i)k / n$ を漸増振幅 $(k_i = 1 \sim n)$ とする荷重制御による両振りの 1 回繰り返し解析を行う．この繰り返し載荷で得られる f^i のピーク点での荷重倍率 f_u^i と Pushover 解析のピークでの荷重倍率 f_u^{iP} を比較し，小さい方の値を限界値 $R_{i2} = \min(f_u^{iP}, f_u^i)$ とする．本照査では入力地震動 JMA により橋脚が安全限界状態に到達するまでには 5 回程度の繰り返し回数を見込めば十分であると考え，$n = 5$ とした．全体系はりモデルによる応答値は $S_{i2} = f_m^i = \sqrt{{}^t\{\mathbf{f}_m^i\}\{\mathbf{f}_m^i\}}$ である．以降，本照査法を②FE 解析により耐力を評価する方法と呼ぶ．なお，P3 と P4 については左右に柱があるので（左：＋Y 軸側，右：−Y 軸側），それぞれの柱に着目した荷重モード（2 ケース）を設定して照査を行う．a)と同様に，本照査法で規定する限界値までの余裕度は，比例載荷を前提とした場合，S_{i2} / R_{i2} で表される．

　以上の①限界相関式による方法と②FE 解析により耐力を評価する方法により P1～P4 橋脚の照査を行った結果を表-付 1.1.5 に示す．部分係数は表-付 1.1.4 で示したとおり，便宜上すべて 1 としている．表-付 1.1.5 より①限界相関式による方法では P3 橋脚の左右の柱で照査を満足しないが，②FE 解析により耐力を評価する方法ではすべての橋脚が照査を満足している．①限界相関式による方法は②FE 解析により耐力を評価する方法よりも安全側の評価となる傾向がみられる．これは，前者における橋脚の安全限界状態は，1 本の脚柱が安全限界状態に到達した状態であり，荷重の再配分を考慮していないのに対し，後者はラーメン橋脚の不静定構造系としての荷重再配分を考慮して橋脚の安全限界状態を評価していることによるためである．

　②FE 解析により耐力を評価する方法での限界値の評価において載荷履歴が与える影響を確認するために，単調載荷と繰り返し載荷の両者について限界値への余裕度を比較しているが，すべてのケースに対して両者の差は小さいが単調載荷により評価した余裕度が若干高くなっている．これは繰り返し載荷によるひずみ硬化の影響であると考えられる．

　参考として，②FE 解析により耐力を評価する方法の P3 橋脚の限界値算定における荷重（倍率）−変位関係を図-付 1.1.10 に示す．変位は橋脚頂部の横ばりの中央位置の値である．

表-付 1.1.5 部材(橋脚)の安全性照査の結果

橋脚		①限界相関式による方法		②FE解析により耐力を評価する方法			
			$\gamma_i \dfrac{S_{d1}}{R_{d1}}$	照査結果	Pushover f_m^i / f_u^{iP}	繰り返し載荷 f_m^i / f_u^i	$\gamma_i \dfrac{S_{d2}}{R_{d2}}$	照査結果
P1		0.991≦1.0	OK	0.936	0.880	0.936≦1.0	OK
P2		0.987≦1.0	OK	0.942	0.904	0.942≦1.0	OK
P3	左柱	1.050>1.0	**NG**	0.947	0.935	0.947≦1.0	OK
	右柱	1.035>1.0	**NG**	0.931	0.930	0.931≦1.0	OK
P4	左柱	0.911≦1.0	OK	0.856	0.836	0.856≦1.0	OK
	右柱	0.935>1.0	OK	0.863	0.850	0.863≦1.0	OK

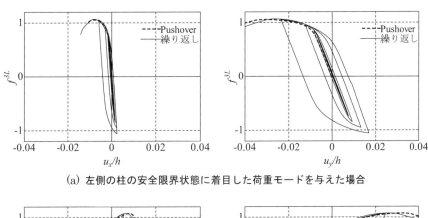

(a) 左側の柱の安全限界状態に着目した荷重モードを与えた場合

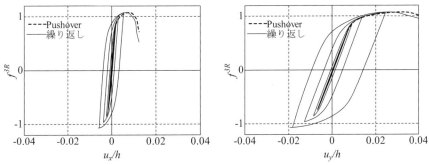

(b) 右側の柱の安全限界状態に着目した荷重モードを与えた場合

図-付 1.1.10 P3 橋脚柱の荷重-変位関係

(2) 構造全体の安全性照査

「4.2 耐震性能照査の一般」に規定されているように,連続高架橋では構造全体系の座屈の影響が支配的とならないので構造全体系の安全性照査は省略することができる.

ここでは参考として,橋脚の耐力と全体系の耐力の差を確認するために連続高架橋の構造全体の安全性照査を行った.最も損傷の大きい P3 橋脚が安全限界に近付いた時刻を(1)と同様に鋼製橋脚柱の限界相関式(付1.1.1)を利用して推定し,その時刻における地震作用力モードを全体系詳細モデル(図-付 1.1.7)に作用させて構造全体系の安全性の照査を行った.その結果,構造全体系への地震作用力と構造全体系の耐力の比は $S/R = 0.89$ となり,脚柱(P3,左柱)の安全限界までの余裕度(=1.050)に対して 15%程度,荷重再配分を考慮した不静定橋脚の安全限界までの余裕度(=0.947)に対しては 5%程度の余裕があることを確認した.

以上より，連続高架橋のように構造全体系としての座屈の影響が小さく，複数の橋脚柱で支持される不静定次数の高い構造においては各橋脚柱の安全性照査を満足すれば，妥当な余裕をもって構造全体系の安全性も確保されていることがわかる．

1.6.2 地震後の使用性・修復性の照査 ［奥村ら，2018b］

地震後の使用性・修復性に関する照査指標は各橋脚頂部の残留変位とし，限界値は道路橋示方書・同解説V耐震設計編［日本道路協会，2012］を参考に $u_{Ra} = h/100$ （ $u_{Ra}/h = 0.01$ ）とする．ここに h は橋脚高さである．全体系はりモデルの弾塑性有限変位動的解析における各橋脚頂部の最大応答変位を表-付 1.1.6 にまとめる．これより，P1，P2 の橋軸直角方向の変位成分以外は最大応答変位が残留変位の限界値（ $u_{Ra} = h/100$ ）以下となっているため，これらの点については照査を満足することは自明である．ここではP1 およびP2 の橋軸直角方向の残留変位について照査を行う．

全体系はりモデルによる応答値の評価においてP1 およびP2 の橋軸直角方向変位が最大となった時刻（図-付 1.1.11）での構造全体系に作用している地震作用力モードを選ぶ．着目点の変位が表-付 1.1.6 に示す最大応答変位に到達するまで全体系詳細モデル（図-付 1.1.7）に地震作用力モードを一定のまま荷重倍率の制御により単調載荷する．その後，地震作用力を 0 に戻した状態での着目点の変位を残留変位として評価する．荷重－変位関係を図-付 1.1.12 に示す．なお，P2 については，図-付 1.1.11(b) に示すように，最大変位が生じた方向とは逆の方向に残留変位が生じたので，残留変位が生じた方向の変位が最大となった時刻の地震作用力モードについても検討を行った（図-付 1.1.12(c)）．これより，P1 では $|u_{yR}|/h = 0.0065 \leq 0.01$，P2 では $|u_{yR}|/h = 0.0035 \leq 0.01$ となり，いずれも照査を満足する．

表-付 1.1.6　各橋脚頂部の最大応答変位

橋脚	$\lvert u_{x\max} \rvert / u_{Ra}$	$\lvert u_{y\max} \rvert / u_{Ra}$
P1	$0.37 \leqq 1.0$	$1.94 > 1.0$
P2	$0.46 \leqq 1.0$	$1.29 > 1.0$
P3	$0.84 \leqq 1.0$	$0.99 \leqq 1.0$
P4	$0.41 \leqq 1.0$	$0.89 \leqq 1.0$

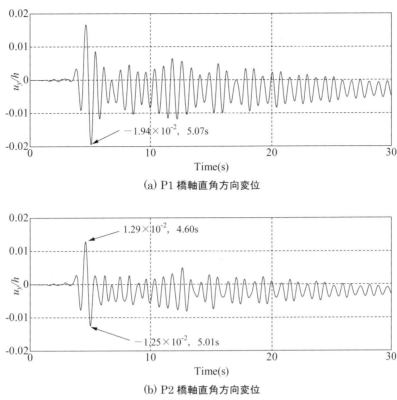

図-付 1.1.11 橋脚頂部の時刻歴応答変位

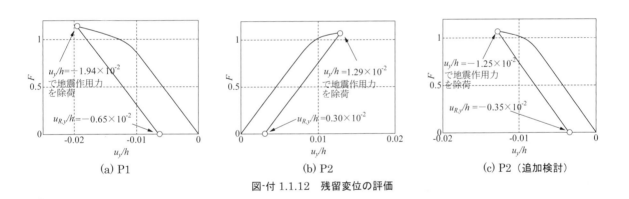

図-付 1.1.12 残留変位の評価

1.7 まとめ

　水平 2 方向地震動下の無充填鋼製橋脚で支持される 3 径間連続高架橋を対象として構造安全性および地震後の使用性・修復性の照査例を示した．

・提示した 2 種類の部材の安全性照査法のうち，限界相関式による方法は FE 解析により限界値を評価する方法と較べ，全般的に安全側の評価となる傾向があることを確認した．とくに不静定構造であるラーメン橋脚の場合には，荷重の再配分を考慮していないことが主な理由の一つである．不静定橋脚に対して FE 解析により限界値を評価する方法は柱間の荷重再配分を考慮できるため経済的な設計を行うことができる．ただし，対象とする不静定橋脚が安全限界状態に至るまでに複数の部位が損傷し，局部座屈による軟化挙動が生じる場合には全体系はりモデルの精度が低下するのでシェル要素を用いた全体系詳細モデルの動的解析により応答値を評価する必要がある．さらに，実構造では使用する鋼材の塑性域での機械的挙動特性（降伏応力

やひずみ硬化域の挙動など）にばらつきがあるので，基準強度等を用いて設計で予測した損傷モードと実際の構造の損傷モードが異なる可能性も考えられる．荷重再配分を許容せず損傷を一箇所に限定する場合には使用鋼材の降伏応力が基準強度以上確保されていれば安全側の設計となるが，複数の箇所に損傷が生ずる場合にはこの限りではない［奥村ら，2018］．

・部材の安全照査の結果を踏まえ，最も安全限界に到達しやすいラーメン橋脚 P3 に着目し，構造全体系の安全限界との比較を行ったところ，P3 の限界状態に対して構造全体系は荷重倍率に関して 15%程度の余裕があることを確認した．連続高架橋のように構造全体系としての座屈の影響が小さく，複数の橋脚で支持される不静定次数の高い構造においては各橋脚の安全照査を満足すれば，複数の橋脚により支持される構造全体系の安全性も妥当な余裕をもって確保されるものと考えられる．

　本付録で対象とした連続高架橋の耐震性能照査例における照査項目と本示方書との対応を表-付 1.1.7 にまとめる．該当する条文および解説を確認されたい．

表-付 1.1.7　連続高架橋の耐震性能照査例における照査項目と本示方書との対応（目標耐震性能 II）

照査項目[3]			対象と限界状態		応答値の評価法	限界値の評価法
					解析モデル	解析モデル
構造安全性	構造全体の安全性		構造全体系の座屈[1]		照査を行わなくてよい（条文 4.4 解説(3) 1)）	照査を行わなくてよい（条文 4.4 解説(3) 1)）
	部材の安全性	上部構造	桁・床版	部材の降伏，座屈	条文 4.4【解説】(1)	条文 4.4【解説】(3) 3)
					全体系はりモデル ME1	部材強度相関式
			対傾構・横構	部材の降伏，座屈	条文 4.4【解説】(1)	条文 4.4【解説】(3) 3)
					全体系はりモデル ME1	部材強度相関式
		橋脚		繰り返しによる耐力・変形能[1]	条文 4.4【解説】(1)	条文 4.4【解説】(3) 2)
					全体系はりモデル ME1	部材詳細モデル MS または限界相関式
				低サイクル疲労	条文 4.4【解説】(1)	条文 4.4【解説】(3) 4)
					全体系はりモデル ME1	補遺 4-5
		反力分散沓		—[2]	条文 9.5.2【解説】条文 9.5.4【解説】(1), (2)	条文 9.5.4【解説】(3)
					全体系はりモデル ME1	実験による強度・変形能
		アンカー部		—[2]	条文 7.8.6【解説】	条文 7.8.6【解説】
					全体系はりモデル ME1	材料強度
		基礎		—[2]	条文 7.8.7【解説】	—[2]
					全体系はりモデル ME1	—[2]
地震後の使用性・修復性			構造の残留変位[1]		条文 4.4【解説】(2)	条文 4.4【解説】(4)
					全体系詳細モデル ME2	各構造に応じて設定

[1] 本照査例で条文に沿って照査した項目
[2] 本示方書に記述がない項目
[3] ここで示した以外の項目で照査する必要がある場合には，各種基準類を参照のこと．

2. トラス橋

2.1 はじめに

本示方書「第4章 耐震性能照査」に基づき，上路式鋼トラス橋に対する既設の耐震補強の照査例を示す．本照査で目標とする耐震性能水準は「耐震性能III」とする．ここでは，一連の照査例を示すとともに，二次部材のモデル化の差異が照査結果に与える影響についても検討する．さらに，地震時における二次部材の破断の判定を簡易的な方法で試みた．なお，本照査例では，レベル2地震動に対する照査を示し，レベル1地震動の照査は省略する．

照査対象の橋梁は，図-付1.2.1に示すような3径間連続上路式鋼トラス橋であり，次のように2段階の耐震補強を実施した場合とする．

＜耐震補強A＞

・免震支承への取り換え

　取り換え前の支承条件は，A1橋台上は可動支承，P1，P2橋脚上の支承はピン支承，A2橋台上は可動支承である．これらの支承を全て免震支承へ取り換える．

・下弦材の当て板補強など

　A2付近の下弦材に対して当て板補強を行う．その他，RC橋脚の炭素繊維巻立て補強や支承取替のためのジャッキアップ補剛材の設置などを行う．

＜耐震補強B＞

上記の補強に加えて，支点部の対傾構に対して当て板補強を行う．

本照査例では，このように耐震補強されたトラス橋を対象にする．本照査例における検討の流れを図-付1.2.2に示す．

レベル2地震動による上路式鋼トラス橋の地震応答解析においては，各支点部周辺の部材や支承に損傷が生ずることが多く，特に，橋軸直角方向に地震動を作用させた場合に支点部の対傾構や下横構が塑性化する傾向がある．本照査例では，支点部の対傾構に着目して，その対傾構の部材諸元を表-付1.2.1に示す．また，耐震補強Aで用いた免震支承の諸元を表-付1.2.2に示している．

なお，本橋梁はI種地盤上に建設されたものである．

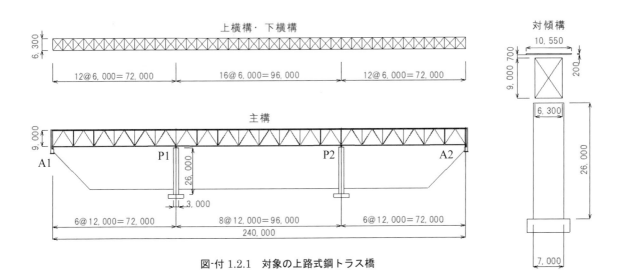

図-付1.2.1　対象の上路式鋼トラス橋

設計地震動の設定
・本照査例で用いる地震動：南海トラフ地震（シナリオ地震）の工学的基盤面の地震動 　工学的基盤面の地震動を入力とする地盤応答解析を実施して地表面の地震動を算出 ・各対傾構モデルの比較検討のために用いる地震動：道示標準波形（地表面）

モデルの作成
対傾構のモデル化の相違による照査結果の比較検討のため，4種類の全体系のはりモデル（「基本モデル」（補強前と補強後），「対傾構休止モデル」，「対傾構損傷モデル」，「対傾構なしモデル」）を作成

耐震補強前の部材損傷状態の確認
補強前の「基本モデル」による動的解析（シナリオ地震，同時水平2方向加震）の実施 →構造全体の塑性化状態の確認，耐震補強法の決定

耐震補強後の耐震性能照査の内容
・構造全体の安全性（構造全体系の座屈，剛性低下）の照査 ・部材の安全性（部材の降伏，座屈）の照査 ・地震後の使用性・修復性の照査は不要（耐震性能Ⅲ）

各対傾構モデルによる部材の安全性照査の比較検討
耐震補強A後トラス橋の動的解析（道示標準波形の橋軸直角1方向加震）による部材照査 ・「基本モデル」　　　→照査NG ・「対傾構休止モデル」　→照査NG ・「対傾構損傷モデル」　→照査OK （参考）「対傾構なしモデル」　→照査NG

耐震補強A：シナリオ地震による耐震性能照査
耐震補強後トラス橋の動的解析（同時水平2方向加震）による耐震性能照査 (1)構造全体系の安全性 　・構造全体系の座屈　→照査NG 　・地震時の剛性低下　→照査OK (2)部材の安全性 　・「対傾構損傷モデル」　→照査NG （参考）部材破断の判定　→破断しない

耐震補強B：シナリオ地震による耐震性能照査
耐震補強後トラス橋の動的解析（同時水平2方向加震）による耐震性能照査 (1)構造全体系の安全性 　・構造全体系の座屈　→照査OK 　・地震時の剛性低下　→照査OK (2)部材の安全性 　・補強B「基本モデル」　→照査OK

図-付 1.2.2　本照査例の検討の流れ

表-付 1.2.1　各支点上の対傾構の緒元

位置			A1橋台	P1橋脚	P2橋脚	A2橋台
項目		単位	H形断面	H形断面	H形断面	H形断面
弾性係数	E	N/mm^2	2.0E+05	2.0E+05	2.0E+05	2.0E+05
降伏応力度	σy	N/mm^2	235	235	235	235
座屈長	ly	m	5.052	5.052	5.052	5.052
	lz	m	10.104	10.104	10.104	10.104
細長比	ly/ry	-	79.36	59.75	59.75	79.36
	lz/rz	-	93.19	62.35	62.35	93.19
強軸判定		-	y	y	y	y
細長比パラメータ	λy	-	0.87	0.65	0.65	0.87
	λz	-	1.02	0.68	0.68	1.02
部材座屈強度	強軸 f(λy)	-	0.64	0.75	0.75	0.64
	弱軸 f(λz)	-	0.55	0.74	0.74	0.55
局部	構成板 ζi	-	1.00	1.00	1.00	1.00
連成座屈強度	強軸 Qy	-	0.64	0.75	0.75	0.64
	弱軸 Qz	-	0.55	0.74	0.74	0.55

表-付 1.2.2　免震支承の諸元

諸元			A1	P1	P2	A2
ゴム設計寸法	橋軸 a	mm	800	1250	1250	800
	直角 b	mm	1150	1250	1250	1150
ゴム厚	一層 te	mm	22	35	35	22
	層数 nR	—	5	6	6	5
	ゴム総厚 Σte	mm	110	210	210	110
1次形状係数 S1	S1	—	9.693	7.986	7.986	9.693
2次形状係数 S2	S2	—	7.273	5.952	5.952	7.273
等価剛性	橋軸 kB	kN/m	23228	31326	31326	23228
	直角 kB	kN/m	13794	10111	10111	13794

2.2　設計地震動

　本照査では，条文 3.2【解説】(3)に従って，中央防災会議から公表されている南海トラフ地震をシナリオ地震とみなし，建設地点の工学的基盤面上で公開されている NS 成分と EW 成分の地震動を用いる.

　建設地点の地盤は，表-付 1.2.3 に示すような I 種地盤である．本示方書の条文 3.3【解説】(2)に従って，建設地点の工学的基盤面の地震動を入力とする非線形動的解析法の地盤応答解析を実施して，地表面の地震動を求める．その地表面の地震動は，図-付 1.2.3 のようになり，継続時間が長く（繰り返し回数が多く），振幅の大きな山が 4 つ現れた．これは 4 連動の南海トラフ地震の特徴を表わしている．図-付 1.2.4 は，工学的基盤面と地表面における地震動の加速度応答スペクトル（5％減衰）比較したものであり，工学的基盤面の地震動が地表面で増幅しているのがわかる.

　ここで得た地表面の地震動（以下，「南海トラフ地震動」と呼ぶ）を対象橋梁に対して，NS 成分と EW 成分の同時 2 方向入力として作用させる．なお，対象橋梁の向きについては，橋軸方向が EW 方向に一致しているものとする．なお，公開されている波形は 0〜300 秒であるが，解析に使用したのは 50〜200 秒の 150 秒間とした.

　南海トラフ地震動に加え，対傾構のモデル化の差異が照査結果に与える影響について検討するために地表

面の地震動である道路橋示方書・同解説 V 耐震設計編［日本道路協会，2017］のレベル 2 地震動（タイプ II，I 種地盤）の加速度波形 II-I-1（以下，「道示標準波形」と呼ぶ）を対傾構に損傷が生じ易い橋軸直角方向に対して入力する場合を検討することとした．道示標準波形を用いた理由は，加速度応答スペクトル上で平滑化された地震動を用いることで着目する対傾構の影響がより顕著にあらわれると考えたためである．

対象橋梁の固有周期は，後述するように橋軸方向に 0.742s，橋軸直角方向に 1.118s である．図-付 1.2.4 で示した南海トラフ地震動の加速度応答スペクトルにおいては，これらの固有周期帯で約 1500gal にもなっていることがわかり，概ね道示標準波形と同程度である．

表-付 1.2.3　I 種地盤モデル

層番号	地層区分 地層名	層厚 (m)	層下端深度 (m)	分割数	分割層厚 (m)	単位体積重量 γ (kN/m^3)	S波速度 V_S (m/s)
1	表土	0.70	0.70	1	0.70	18.6	172.0
2	玉石混り砂礫	4.40	5.10	4	1.10	20.6	295.0
3	砂礫	3.20	8.30	4	0.80	20.6	295.0
4	軽石混り砂質粘土	2.00	10.30	2	1.00	18.6	234.0

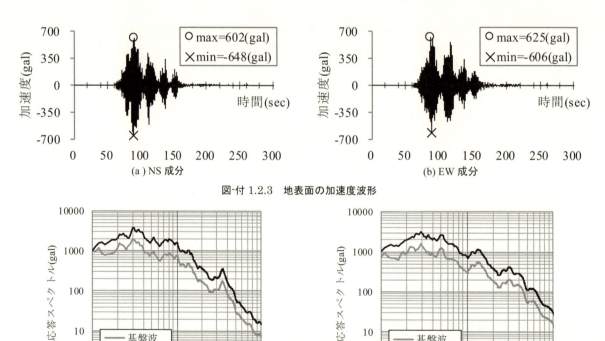

図-付 1.2.3　地表面の加速度波形

図-付 1.2.4　加速度応答スペクトルの比較

2.3　部分係数

部分係数は表-付 1.2.4 に示す値とした．部材係数 γ_b は［設計編］に準じ，溶接箱形断面に対して 1.04，溶接 I，H 形断面に対し 1.08 とした．構造解析係数 γ_a についても適切な値を設定すべきであるが，本照査例において具体的な値を設定するための判断材料が十分でないため無視した（$\gamma_a = 1.0$）．

表-付 1.2.4 部分係数

部分係数		備考
γ_i：構造物係数	1.0	レベル 2 地震動に対しては 1.0
γ_m：材料係数	1.0	鋼材では 1.0
γ_b：部材係数	溶接箱形：1.04 溶接 I, H 形：1.08	［設計編］に準じる
γ_a：構造解析係数	1.0	便宜上
γ_f：作用係数	1.0	死荷重，地震荷重では 1.0

2.4 構造物全体系のモデル化

2.4.1 基本モデル（ME1）

耐震補強された対象橋梁の応答値の算定に用いる全体系はりモデルを図-付 1.2.5 に示す．補遺 7-5 (3)を参考にして，主要部材（上下弦材，斜材，鉛直材）および横支材に対しては，はり要素でモデル化し，値は小さいが曲げモーメントを考慮するため格点を剛結とした．二次部材の対傾構と下横構に対しては，曲げモーメントを無視してトラス要素を用いてモデル化した．なお，免震支承については，「9.5.2　水平力分散装置および免震装置のモデル化」に従って，表-付 1.2.2 のような特性のバイリニアモデルでモデル化した．その他，RC 橋脚に対しては M-φ モデルとし，基礎に対しては S-R モデル（条文 7.8.7【解説】(2)参照）を採用した．このように作成したモデルは，ME1 モデル（条文 7.1【解説】1)参照）であり，ここでは補強後の「基本モデル」と呼ぶことにする．また，耐震補強前の塑性化状態を確認するために，鋼部材のはり要素をファイバーモデル（条文 5.2【解説】(2)参照）とし，鋼材の材料構成則にバイリニア型の移動硬化則（「7.3.2　鋼材」参照）を用いてモデル化した．このモデルを補強前の「基本モデル」と呼ぶことにし，概略的な塑性化

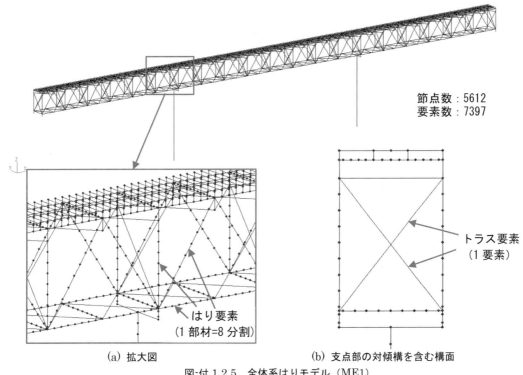

図-付 1.2.5　全体系はりモデル（ME1）
(a) 拡大図　　(b) 支点部の対傾構を含む構面

状態を確認するために用いる．なお，これらの全体系はりモデル（ME1）は，二次部材の損傷を許容しない場合のモデルに分類される．

2.4.2 対傾構の検討モデル（対傾構休止モデル，対傾構損傷モデル：MME1）（対傾構なしモデル：ME1）

対象橋梁において，主荷重を受け持たない二次部材（対傾構）に着目して，本検討では「7.8.3　対傾構・横構」で示したように動的解析中に損傷した対傾構がただちに機能が停止するように対傾構を除去するモデル（「対傾構休止モデル」と呼ぶ）と，除去せずに対傾構の軸力と変位の関係に，修正柴田・若林モデル［柴田ら，1982；竹内ら，2010，2012］を用いたモデル（「対傾構損傷モデル」と呼ぶ）の2種類のモデルで照査を実施する．これらのモデルは，修正全体系はりモデルMME1（条文 7.1【解説】2)参照）に分類される．「対傾構休止モデル」において動的解析中に部材を除去する方法については，文献［野中ら，2018］があるので参考にするとよい．部材を除去することは，過度な安全側の評価となる場合がある．

「対傾構損傷モデル」の修正柴田・若林モデルは，座屈後履歴性状および累積変形性能が考慮され，部材の破断時期も推定でき，さらに実験との検証が実施されたモデルである．詳細は，補遺7-3を参照されたい．なお，修正柴田・若林モデルを用いる上で必要な各係数は，文献［竹内ら，2010］を基に設定し，全体系はりモデルに組み込む場合には，対象部材の有効座屈長などを求めておく必要がある．

また，損傷する対傾構をはじめから除去したモデル（「対傾構なしモデル」（ME1）と呼ぶ）も追加する．このモデルは，静的な Pushover 解析による最大耐力および最大応答時と地震後の剛性低下率を評価するために用いる．なお，本モデルははじめから部材が取り除かれているので本来の構造系と振動特性が異なるため，地震動に対する動的解析による構造系の応答値の評価に用いることはできない．

以上のモデルを前述した基本モデルを含めて整理したものを，表-付 1.2.5 に示す．

表-付 1.2.5　各モデルの説明

モデル名	分類	説明	使用目的
補強前の「基本モデル」	ME1	耐震補強前の全体系はりモデル．	補強前の損傷状態を確認するためのモデルであり，本照査例の耐震性能照査には使用しない．
補強後の「基本モデル」	ME1	耐震補強された全体系はりモデル．対傾構の損傷を許容しない場合のモデル．	・動的解析により損傷状態を確認するためのモデル． ・補強後のモデルにおける対傾構を含む非エネルギー吸収部材の損傷による剛性低下率の評価の基準となるモデル．
補強後の「対傾構休止モデル」	MME1	動的解析中に対傾構を損傷した場合に，その部材を除去するモデル．	補強後構造において対傾構の損傷を許容する場合の応答を動的解析により評価するためのモデル．
補強後の「対傾構損傷モデル」	MME1	損傷する対傾構を除去せずに，修正柴田・若林モデルを用いたモデル．	補強後構造において対傾構の損傷を許容する場合の応答を動的解析により評価するためのモデル．
補強後の「対傾構なしモデル」	(ME1)	耐震補強された全体系はりモデルにおいて，損傷する対傾構を除去したモデル．ただし，他の非エネルギー吸収部材の損傷は許容しない場合．	・構造全体系の最大耐力を Pushover 解析で求めるためのモデル． ・補強後のモデルにおける対傾構を含む非エネルギー吸収部材の損傷による最大応答時の剛性低下率を評価するモデル． ・補強後モデルにおける対傾構の損傷を許容することによる地震後の剛性低下率を評価するモデル．

2.5 固有振動解析

補強後の「基本モデル」に対して，死荷重載荷後の応力状態で，線形化有限変位解析による固有振動解析を実施した．その結果の固有周期の表を表-付 1.2.6 に，代表的な固有モード図を図-付 1.2.6 に示す．

表-付 1.2.6 固有周期と有効質量比

モード	固有周期 s	固有振動数 Hz	有効質量比 橋軸方向	有効質量比 直角方向	有効質量比 鉛直方向	モード減衰 —	変形モード
1	1.118	0.895	0.0%	45.7%	0.0%	0.7%	直角方向
2	0.841	1.189	0.0%	0.0%	0.0%	0.7%	
3	0.742	1.348	73.8%	0.0%	0.0%	0.6%	橋軸方向
4	0.686	1.458	0.0%	12.0%	0.0%	0.8%	
5	0.664	1.506	0.0%	0.0%	1.6%	1.0%	
6	0.435	2.297	0.0%	0.0%	0.0%	0.7%	
7	0.427	2.343	2.2%	0.0%	0.0%	0.9%	
8	0.390	2.562	0.0%	0.0%	34.8%	0.9%	
9	0.329	3.036	0.0%	0.0%	0.0%	0.8%	
10	0.286	3.493	0.0%	0.0%	0.1%	0.5%	

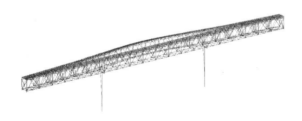
(a) モード 1：橋直対称 1 次

(b) モード 3：橋軸逆対称 1 次

図-付 1.2.6 代表的な固有モード図

2.6 耐震補強前の塑性化状態

2.6.1 動的解析の条件

前述した全体系はりモデル（ME1）である補強前の「基本モデル」に対して，2.2 で得た南海トラフ地震動（NS 成分と EW 成分）の同時 2 方向入力として作用させる．部材断面上に積分点を配置したはり要素（ファイバーモデル）を用いて 3 次元の全体系はりモデルとしてモデル化しているため，このように同時 2 方向入力に対しても塑性化状態が表現できる．解析の種類としては，材料非線形性および幾何学的非線形性を考慮した非線形動的解析とする．減衰については，部位毎に減衰定数を設定することとして，Rayleigh 型減衰ではなく要素別剛性比例減衰を採用した．この要素別剛性比例減衰は，周期特性として複数の振動単位が含まれる場合に有効な減衰であり，特殊橋梁や長大橋等でよく使用されている．

2.6.2 解析結果の塑性化状態

補強前の本橋の非線形動的解析結果における塑性化状況を表-付 1.2.7 に示す．この表から，耐震補強前の本橋では主部材および二次部材が大きく塑性化しているのがわかる．塑性化した部材を示すと，図-付 1.2.7 のようになり，多くの主要部材および二次部材が塑性化する結果となった．ただし，この図は，部材の塑性化状態を概略的に把握するのに役立つが，応答値がはり要素の適用範囲を超えているため，正確に塑性化状態が表現できていないことに注意が必要である．

このように多くの部材が大きく塑性化する結果となったため，部材当て板補強だけでなく，対象橋梁全体の振動特性を変更することとし，まずは全ての鋼製支承を免震支承へ取り換えることにした．

表-付 1.2.7 補強前の解析結果（塑性化状況）

塑性化した部位	応答ひずみ／降伏ひずみ 圧縮	応答ひずみ／降伏ひずみ 引張
上弦材	3.579	6.077
下弦材	22.865	23.395
斜材	9.445	18.331
鉛直材	13.614	10.540
縦桁	2.679	2.021
横桁	2.063	1.926
下支材	37.303	27.147
対傾構	2.336	3.288
下横構	2.455	1.512

(a) A1 橋台，P1 橋脚側の拡大図

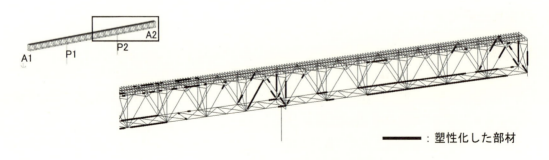

：塑性化した部材

(b) P2 橋脚，A2 橋台側の拡大図

図-付 1.2.7 塑性化した部材の位置

2.7 耐震補強後の耐震性能照査内容

本示方書「第 4 章 耐震性能照査」に基づき，耐震補強後のトラス橋の照査例を示す．本照査例は，表-解 4.2.2 および「4.4 レベル 2 地震動に対する耐震性能 II, III の照査法」に従って，非エネルギー吸収部材であり主荷重を受け持たない二次部材の損傷を許容する場合の照査である．

対象構造物の構造全体の安全性（構造全体系の座屈，剛性低下）に対する照査は，前述した全体系はりモデルを用いて，弾塑性有限変位静的解析（Pushover 解析）を実施して行う．

まず，構造全体系の座屈安定性の照査については，次のように進める．条文 4.4【解説】(3)において，耐震補強で主荷重を受け持たない二次部材の損傷をやむを得ず許容する場合の Pushover 解析に用いる構造モデルは当該部材（対傾構）を解析のはじめから除去するとあるため，前述した「対傾構なしモデル」を用いる．また，この対傾構以外の周辺の部材においては，損傷が生じない部位にはり要素を適用してよいが，Pushover 解析における最大耐力点までは部材強度相関式を満足することが前提であるため，本 Pushover 解析においては部材強度相関式を満足しなくなった時点で部材を除去（前述の「対傾構休止モデル」のような処理）するようにした．

次に，地震時の剛性低下の照査においては，条文 4.2【解説】(2) 2) (a)にあるように損傷を許容する二次部材（対傾構）を弾性体と仮定して同様に Pushover 解析を実施する必要があるため，前述した「基本モデル」を用いることにし，この「基本モデル」と「対傾構なしモデル」による Pushover 解析を行って 2 つのモデルの剛性の差で評価することにした．

対象構造物の部材の安全性（部材の降伏，座屈）に対する照査は，修正柴田・若林モデルの「対傾構損傷モデル」による非線形動的解析の結果を基に行うことにする．本示方書では，このモデル以外の「基本モデル」，「対傾構休止モデル」も用いることができるため，事前にこれら 3 種類のモデルを用いて照査結果を比較検討して，本照査例に用いるモデルを決定した．このモデルによる非線形動的解析で得られた解析結果（応答値）を基に部材強度相関式により部材照査を実施する．

なお，本照査は，耐震性能 III であるため，地震後の使用性・修復性の照査を行う必要はない．

2.8 各対傾構モデルによる部材の安全性照査

ここでは，部材の安全性照査においては，「基本モデル」「対傾構休止モデル」「対傾構損傷モデル」の 3 種類のモデルを用いた非線形動的解析を実施する．入力地震動は道示標準波形とし，この波形を橋軸直角方向に作用させる．各モデルの解析で得られた解析結果（応答値）を基に部材強度相関式により照査を実施して，それぞれの照査結果を比較検討することにより，モデルの違いがどの程度，照査結果に影響するかを考察して，本照査例で用いるモデルを決定する．また，参考として，「対傾構なしモデル」も非線形動的解析および照査を実施して照査結果を比較する．

2.8.1 設計圧縮耐力と設計曲げ耐力の算定

各部材の設計圧縮耐力および設計曲げ耐力は，[設計編]に基づいて算出した．その結果をそれぞれ表-付 1.2.8，付 1.2.9 に示す．

表-付 1.2.8　設計圧縮耐力

部材		下弦材	鉛直材	下支材	斜材	対傾構	下横構
材質		SM490Y	SS400	SS400	SS400	SS400	SS400
断面番号		1206	1407	1604	1313	31803	31753
板厚	mm	34,30	16,14	22,12	26,18	14,12	15,10
材料強度特性値（降伏）f_k	N/mm^2	355	235	235	235	235	235
材料係数 γ_m	-	1.0	1.0	1.0	1.0	1.0	1.0
設計強度 f_k/γ_m	N/mm^2	355	235	235	235	235	235
断面積	m^2	0.05828	0.02552	0.028968	0.03982	0.014	0.0117
断面2次モーメント（面内）	m^4	0.002268	0.000827	0.001142	0.001154	0.000100	0.000199
断面2次モーメント（面外）	m^4	0.001933	0.000650	0.000646	0.001452	0.000368	0.000068
部材長	m	6	9	6.3	10.8	10.100	8.700
有効座屈長係数（面内）	-	1	1	1	1	0.5	1
有効座屈長係数（面外）	-	1	1	1	1	1	0.5
有効座屈長（面内）l_e	m	6.000	9.000	6.300	10.800	5.050	8.700
有効座屈長（面外）l_e	m	6.000	9.000	6.300	10.800	10.100	4.350
無次元細長比（面内）λ	-	0.408	0.545	0.346	0.692	0.652	0.727
無次元細長比（面外）λ	-	0.442	0.615	0.460	0.617	0.680	0.625
無次元細長比（弱軸）λ	-	0.442	0.615	0.460	0.692	0.680	0.727
断面	-	溶接箱	溶接箱	溶接箱	溶接箱	溶接H	溶接H
部材・構造物係数 γ_b	-	1.04	1.04	1.04	1.04	1.08	1.08
断面グループ	-	1	1	1	1	2	2
限界細長比 λ_0	-	0.2	0.2	0.2	0.2	0.2	0.2
初期不整係数 α	-	0.089	0.089	0.089	0.089	0.224	0.224
$\beta=1+\alpha(\lambda-\lambda_0)+\lambda^2$	-	1.217	1.415	1.235	1.523	1.570	1.647
軸圧縮耐力の特性値 N_{cu}	kN	20,154	5,671	6,615	8,674	2,795	2,273
設計軸圧縮耐力 $N_{crd}=N_{cu}/\gamma_b$	kN	19,379	5,453	6,360	8,340	2,588	2,104

表-付 1.2.9　設計曲げ耐力

部材		下弦材	鉛直材	下支材	斜材	対傾構	下横構
材質		SM490Y	SS400	SS400	SS400	SS400	SS400
断面番号		1206	1407	1604	1313	31803	31753
板厚	mm	34,30	16,14	22,12	26,18	14,12	15,10
降伏点	N/mm^2	355	235	235	235	235	235
断面2次モーメント（面内）	m^4	0.002268	0.000827	0.001142	0.001154	0.000100	0.000199
断面2次モーメント（面外）	m^4	0.001933	0.000650	0.000646	0.001452	0.000368	0.000068
ねじり定数	m^4	0.000421	0.000130	0.000134	0.000227	0.000001	0.000001
縁端距離（面内）	m	0.2575	0.226	0.247	0.2375	0.2	0.15
縁端距離（面外）	m	0.24	0.215	0.21	0.236	0.193	0.15
部材長	m	6	9	6.3	10.8	10.1	8.7
断面	-	溶接箱	溶接箱	溶接箱	溶接箱	溶接H	溶接H
部材・構造物係数 γ_b	-	1.04	1.04	1.04	1.04	1.08	1.08
断面グループ	-	ノンコンパクト	ノンコンパクト	ノンコンパクト	ノンコンパクト	ノンコンパクト	ノンコンパクト
限界細長比パラメータ λ_{b0}	-	0.4	0.4	0.4	0.4	0.4	0.4
初期不整係数 α_b	-	0.15	0.15	0.15	0.15	0.25	0.25
$\gamma=1-I_y/I_z$	-	0.148	0.214	0.434	0.205	0.728	-1.952
弾性横ねじれ座屈モーメント M_E	kNm	156,448	27,946	28,385	46,961	816	—
無次元細長比（面内）λ_b	-	0.141	0.175	0.196	0.156	0.380	—
$\beta_b=1+\alpha_b(\lambda_b-\lambda_{b0})+\lambda_b^2$	-	$\lambda_b \leqq \lambda_{b0}$	$\lambda_b \leqq \lambda_{b0}$	$\lambda_b \leqq \lambda_{b0}$	$\lambda_b \leqq \lambda_{b0}$	$\lambda_b \leqq \lambda_{b0}$	$\lambda_b > \lambda_{b0}$
基準曲げ耐力（面内）$M_n=M_y$	kNm	3,127	860	1,086	1,142	118	312
基準曲げ耐力（面外）$M_n=M_y$	kNm	2,859	711	723	1,446	448	106
曲げ耐力特性値（面内）M_{cu}	kNm	3,127	860	1,086	1,142	118	312
曲げ耐力特性値（面外）M_{cu}	kNm	2,859	711	723	1,446	448	106
設計曲げ耐力（面内）M_{cu}/γ_b	kNm	3,006	827	1,045	1,098	109	289
設計曲げ耐力（面外）M_{cu}/γ_b	kNm	2,749	683	696	1,390	414	98

2.8.2 基本モデルの照査

「基本モデル」は損傷を許さないモデルであり，このモデルによる動的解析結果を基に，［設計編］で規定している部材強度相関式により照査した結果を表-付 1.2.10 に示す．この表から，対傾構だけが照査を満足しない結果となった．なお，表内の部材係数は表-付 1.2.4 に示した値を設計耐力に考慮している．

表-付 1.2.10　部材強度相関式による照査（基本モデル）

対象部材	部材	単位	下弦材	鉛直材	下支材	斜材	対傾構	下横構
	材質		SM490Y	SS400	SS400	SS400	SS400	SS400
	断面番号		1206	1407	1604	1313	31803	31753
部分係数	構造物係数		1.0	1.0	1.0	1.0	1.0	1.0
	構造解析係数		1.0	1.0	1.0	1.0	1.0	1.0
	作用係数		1.0	1.0	1.0	1.0	1.0	1.0
設計耐力	設計軸圧縮耐力	kN	-19,379	-5,453	-6,360	-8,340	-2,588	-2,104
	設計曲げ耐力（面内）	kNm	3,006	827	1,045	1,098	109	289
	設計曲げ耐力（面外）	kNm	2,749	683	696	1,390	414	98
圧縮応力最大時	時刻	-	圧縮応力最大	圧縮応力最大	圧縮応力最大	圧縮応力最大	圧縮応力最大	圧縮応力最大
	軸力	kN	-6,635	-3,077	0	-6,326	-3,155.8	-1,230
	曲げモーメント（面外）	kNm	504	55	699	145	0.0	0
	曲げモーメント（面内）	kNm	148	5	5.9	139	0.0	0.0
	部材相関式	-	0.56	0.64	0.68	0.76	1.22	0.58
部材安全性の判定		-	OK	OK	OK	OK	NG	OK

2.8.3 対傾構休止モデルの照査

動的解析中に対傾構を除去する「対傾構休止モデル」の照査結果を表-付 1.2.11 に示す．「対傾構休止モデル」は対傾構の損傷を許容できるモデルであるが，照査結果の表から鉛直材と下支材が照査を満足せず，対傾構の損傷が許されない結果となった．

表-付 1.2.11　部材強度相関式による照査（対傾構休止モデル）

対象部材	部材	単位	下弦材	鉛直材	下支材	斜材	対傾構	下横構
	材質		SM490Y	SS400	SS400	SS400	－	SS400
	断面番号		1206	1407	1604	1313	－	31753
部分係数	構造物係数		1.0	1.0	1.0	1.0		1.0
	構造解析係数		1.0	1.0	1.0	1.0		1.0
	作用係数		1.0	1.0	1.0	1.0		1.0
設計耐力	設計軸圧縮耐力	kN	-19,379	-5,453	-6,360	-8,340		-2,104
	設計曲げ耐力（面内）	kNm	3,006	827	1,045	1,098		289
	設計曲げ耐力（面外）	kNm	2,749	683	696	1,390		98
圧縮応力最大時	時刻	-	圧縮応力最大	圧縮応力最大	圧縮応力最大	圧縮応力最大	－	圧縮応力最大
	軸力	kN	-8,069	-1,213	0	-7,684	－	-1,921
	曲げモーメント（面外）	kNm	809	796	1,436	101	－	0
	曲げモーメント（面内）	kNm	276	3	5.3	747	－	0.0
	部材相関式	-	0.79	1.19	1.38	0.92	－	0.91
部材安全性の判定		-	OK	NG	NG	OK	－	OK

2.8.4 対傾構損傷モデルの照査

「対傾構損傷モデル」も対傾構の損傷を許容できるモデルである．「対傾構損傷モデル」の照査結果を表-付 1.2.12 に示す．この表から，全ての部材が照査を満足し，対傾構の損傷が許容できる結果となった．

この「対傾構損傷モデル」における P1 橋脚支点上の対傾構（左右）の軸力と変位の関係を図-付 1.2.8 に示す．この結果から，片方の対傾構がわずかに座屈して軸力が低下しているのがわかる．

なお，本対傾構の，最大発生ひずみが 1.5％で繰り返し回数が少なかったことから，本対傾構は破断しないと予想される．

表-付 1.2.12　部材強度相関式による照査（対傾構損傷モデル）

対象部材	部材	単位	下弦材	鉛直材	下支材	斜材	対傾構	下横構
対象部材	材質		SM490Y	SS400	SS400	SS400	—	SS400
	断面番号		1206	1407	1604	1313	—	31753
部分係数	構造物係数		1.0	1.0	1.0	1.0	—	1.0
	構造解析係数		1.0	1.0	1.0	1.0	—	1.0
	作用係数		1.0	1.0	1.0	1.0	—	1.0
設計耐力	設計軸圧縮耐力	kN	-19,379	-5,453	-6,360	-8,340	—	-2,104
	設計曲げ耐力（面内）	kNm	3,006	827	1,045	1,098	—	289
	設計曲げ耐力（面外）	kNm	2,749	683	696	1,390	—	98
圧縮応力最大時	時刻	-	圧縮応力最大	圧縮応力最大	圧縮応力最大	圧縮応力最大	—	圧縮応力最大
	軸力	kN	-6,624	-3,132	0	-6,299	—	-1,230
	曲げモーメント（面外）	kNm	502	64	695	143	—	0
	曲げモーメント（面内）	kNm	149	2	9.9	143	—	0.0
	部材相関式	-	0.56	0.66	0.68	0.76	—	0.58
部材安全性の判定		-	OK	OK	OK	OK	—	OK

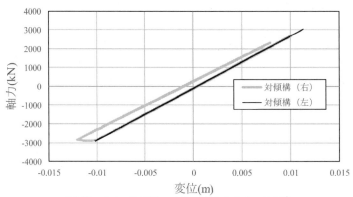

図-付 1.2.8　対傾構の応答（軸力と変位の関係）

（参考）対傾構なしモデルの照査

「対傾構なしモデル」は，はじめから要素が取り除かれていると振動特性が変わり応答値に対して影響するため本来はこの照査に用いることはできないが，参考として「対傾構なしモデル」の照査結果を表-付1.2.13に示す．この表から，鉛直材，下支材，斜材が照査を満足しない結果となった．

表-付 1.2.13　部材強度相関式による照査（対傾構なしモデル）

対象部材	部材	単位	下弦材	鉛直材	下支材	斜材	対傾構	下横構
対象部材	材質		SM490Y	SS400	SS400	SS400	—	SS400
	断面番号		1206	1407	1604	1313	—	31753
部分係数	構造物係数		1.0	1.0	1.0	1.0	—	1.0
	構造解析係数		1.0	1.0	1.0	1.0	—	1.0
	作用係数		1.0	1.0	1.0	1.0	—	1.0
設計耐力	設計軸圧縮耐力	kN	-19,379	-5,453	-6,360	-8,340	—	-2,104
	設計曲げ耐力（面内）	kNm	3,006	827	1,045	1,098	—	289
	設計曲げ耐力（面外）	kNm	2,749	683	696	1,390	—	98
圧縮応力最大時	時刻	-	圧縮応力最大	圧縮応力最大	圧縮応力最大	圧縮応力最大	—	圧縮応力最大
	軸力	kN	-8,375	-1,240	0	-8,639	—	-2,070
	曲げモーメント（面外）	kNm	874	837	1,447	105	—	0
	曲げモーメント（面内）	kNm	290	2	6.6	734	—	0.0
	部材相関式	-	0.83	1.24	1.39	1.04	—	0.98
部材安全性の判定		-	OK	NG	NG	NG	—	OK

2.8.5 各モデルの比較結果

各モデルに対する部材の安全性の照査結果をまとめると，次のようになる．

- 「基本モデル」では，対傾構だけが照査を満足しない．
- 動的解析中で対傾構を除去する「対傾構休止モデル」では，鉛直材，下支材が照査を満足しない．そのため，対傾構の損傷を許容できない結果となった．
- 対傾構に修正柴田・若林モデルを用いた「対傾構損傷モデル」では全ての部材が照査を満足する結果となり，対傾構の損傷を許容できることが確認できた．
- 参考として用いた，対傾構をはじめから除去した「対傾構なしモデル」では，照査を満足しない部材の数が比較検討した各モデルの中で最も多かった．

以上から，「対傾構休止モデル」では安全側の評価となり照査を満足しないが，本示方書で推奨する座屈後挙動が考慮できる「対傾構損傷モデル」では部材の安全性の照査を満足する結果となった．よって，本照査例の耐震補強 A ではこの「対傾構損傷モデル」を用いることにした．

2.9 補強後の耐震性能照査（耐震補強 A）

2.9.1 構造全体の安全性

事前にシナリオ地震の南海トラフ地震動による「対傾構損傷モデル」の動的解析結果から，照査対象である P1 橋脚支点部の対傾構の軸力が最大になる時刻の加速度分布を求めておく．Pushover 解析で作用させる荷重は，その時刻の各節点の加速度と各節点の質量の積（慣性力）の比率で，全体系はりモデルに対して漸増載荷させる．図-付 1.2.9 に慣性力の比率と方向をベクトルで示している．なお，Pushover 解析のモデルは，前述した動的解析のモデルを用いるが，ゴム支承については線形の等価剛性バネとした．

また，前述した「対傾構なしモデル」および「基本モデル」についても同様に Pushover 解析を実施した．それらの解析結果を比較して，図-付 1.2.10 に示す．この図は，Pushover 解析して得られた橋軸直角方向の荷重（各支点の反力の合計）と桁中央位置の変位の関係を示したものである．

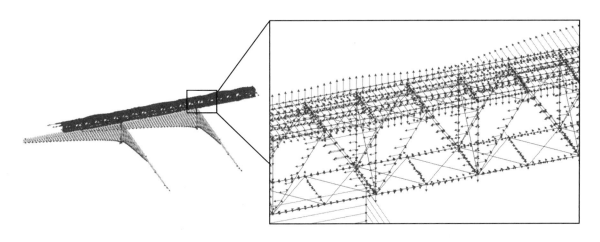

図-付 1.2.9 Pushover 解析の慣性力分布

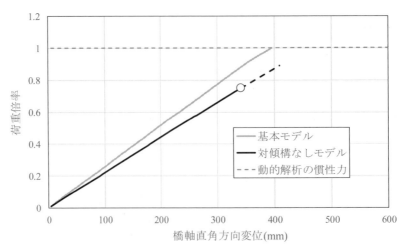

図-付 1.2.10 Pushover 解析の結果

まず，構造全体系の座屈安定性の照査について考察する．「対傾構なしモデル」のPushover解析を実施したところ，荷重倍率0.76で支点部の下横構が部材強度相関式を満足しなくなった．そのため，この下横構を除去してPushover解析を継続したところ，すぐにこの下横構と接続している斜材が部材強度相関式を満足せず，その後同様にPushover解析を繰り返すと支点部の支柱等が満足しない結果となり，荷重倍率0.8弱付近で構造全体が不安定となったため解析を終了させた．このような結果から，「対傾構なしモデル」による構造全体系の座屈安定性の照査は満足しない結果となった．

次に，地震時の剛性低下の照査においては，「基本モデル」と「対傾構なしモデル」の2つのモデルの剛性を比較すると，図-付1.2.10からわかるように大きな差がない（震度法レベルの荷重0.2までの範囲においても差が小さい）ため，この程度の剛性低下率なら構造全体の安全性を損なわないと考えられる．

2.9.2 部材の安全性

「対傾構損傷モデル」による各部材の応答断面力に対して部材の安全性（部材の降伏，座屈）の照査を実施する．なお，シナリオ地震の南海トラフ地震動による動的解析は，対象橋梁の全体系はりモデルに対して，NS成分とEW成分の波形を同時に入力する多方向入力の非線形動的解析である．

南海トラフ地震動による「対傾構損傷モデル」の照査結果を表-付1.2.14に示す．この表からわかるように，斜材が照査を満足しない結果となった．前述の道示標準波形においては，このモデルは照査を満足していたが，対傾構が劣化域に入り本波形では繰り返し回数が多いこと，および地震動の同時2方向入力が原因して，対傾構の軸力の低下が大きく進み斜材が損傷したと考えられる．

2.9.3 部材破断の判定

着目の対傾構自体は，表-解4.2.2により照査は不要であり限界値も設定しないが，支点部の対傾構が劣化域に入り繰り返し回数が多いことから部材破断の可能性もあるため，ここで支点部の対傾構に対して補遺7-3(4)に従って部材破断時期の推定を試みた．この推定法は，「対傾構損傷モデル」による解析結果の対傾構の軸力と軸方向変位を基にして破断時期を推定する方法である．

前述の非線形動的解析結果から得られるP1橋脚支点上の対傾構（左）の等価軸応力と等価軸ひずみの関係を図-付1.2.11に示す．この結果から，圧縮（負）側において最初に座屈荷重（等価軸応力：$-137N/mm^2$）に達した後，再載荷した場合に座屈荷重が大きく低下（等価軸応力：$-77N/mm^2$）していることがわかる．部材破断については，等価軸ひずみにひずみ振幅拡大係数を乗じることで局部座屈部の塑性ひずみ振幅が算定

表-付 1.2.14 部材強度相関式による照査（対傾構損傷モデル）

対象部材	部材	単位	下弦材	鉛直材	下支材	斜材	対傾構	下横構
	材質		SM490Y	SS400	SS400	SS400	−	SS400
	断面番号		1206	1407	1604	1313	−	31753
部分係数	構造物係数		1.0	1.0	1.0	1.0	−	1.0
	構造解析係数		1.0	1.0	1.0	1.0	−	1.0
	作用係数		1.0	1.0	1.0	1.0	−	1.0
設計耐力	設計軸圧縮耐力	kN	-19,379	-5,453	-6,360	-8,340	−	-2,104
	設計曲げ耐力（面内）	kNm	3,006	827	1,045	1,098	−	289
	設計曲げ耐力（面外）	kNm	2,749	683	696	1,390	−	98
圧縮応力最大時	時刻	-	圧縮応力最大	圧縮応力最大	圧縮応力最大	圧縮応力最大	−	圧縮応力最大
	軸力	kN	-7,195	-3,428	0	-7,663	−	-1,523
	曲げモーメント（面外）	kNm	713	144	878	92	−	0
	曲げモーメント（面内）	kNm	88	52	33.0	301.9	−	0.0
	部材相関式	-	0.64	0.88	0.89	1.22	−	0.72
部材安全性の判定		-	OK	OK	OK	NG	−	OK

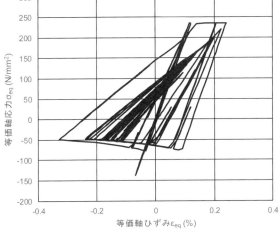

図-付 1.2.11 対傾構の等価軸応力と等価軸ひずみの関係

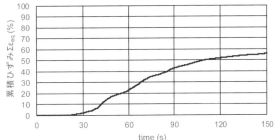

図-付 1.2.12 対傾構の累積ひずみ履歴

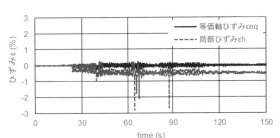

図-付 1.2.13 等価軸ひずみと局部ひずみの履歴

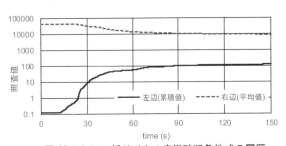

図-付 1.2.14 低サイクル疲労破断条件式の履歴

でき，鋼材の低サイクル疲労破断条件に適用することによって部材破断時期を予測する［竹内ら，2010］．

非線形動的解析の対傾構の累積ひずみ履歴を示すと図-付 1.2.12 のようになる．また，等価軸ひずみと算定した局部座屈部塑性ひずみ（局部ひずみ）の履歴を示すと図-付 1.2.13 になる．これらの情報を基に局部座屈部最大塑性ひずみから各全ひずみ振幅を求め，その累積値が補遺 7-3 (3)の低サイクル疲労破断条件式(補 7.3.1)に達した際に破断すると判定する．同式において左辺（累積値）と右辺（平均値）の応答履歴で示すと，図-付 1.2.14 のようになる．このグラフにおいては 2 つの履歴が交差（条件式が成立）しないことから破断しないという結果になった［馬越ら，2018］．

2.10 補強後の耐震性能照査（耐震補強 B）

シナリオ地震に対する対象橋梁の構造全体の安全性（構造全体系の座屈，剛性低下）および部材の安全性（部材の降伏，座屈）の照査に対して，補強 B（対傾構の当て板補強）が実施された「基本モデル」を用いて同様に実施する．

2.10.1 構造全体の安全性

事前にシナリオ地震の南海トラフ地震動による補強 B の「基本モデル」の動的解析結果から，照査対象である P1 橋脚支点部の対傾構の軸力が最大になる時刻の加速度分布を求めておいて，同様に Pushover 解析を実施した．この結果を，図-付 1.2.15 に示す．この結果から，荷重倍率 1.0 まで安定して解析できたため，構造全体系の座屈安定性の照査は満足するといえる．なお，地震時の剛性低下の照査においては，補強 B によって損傷する部材がない（剛性低下が起きない）ため，この照査も満足するといえる．

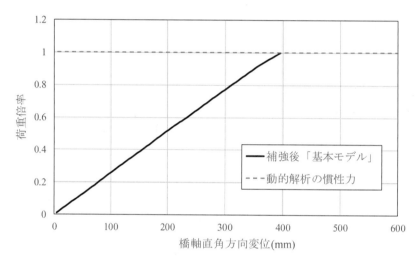

図-付 1.2.15　Pushover 解析の結果

2.10.2 部材の安全性

南海トラフ地震動による照査結果を表-付 1.2.15 に示す．この表から，全ての部材が照査を満足する結果となった．

表-付 1.2.15　部材強度相関式による照査（耐震補強 B）

対象部材	部材	単位	下弦材	垂直材	下支材	斜材	対傾構	下横構
	材質		SM490Y	SS400	SS400	SS400	SS400	SS400
	断面番号		1206	1407	1604	1312	31803	31753
部分係数	構造物係数		1.0	1.0	1.0	1.0	1.0	1.0
	構造解析係数		1.0	1.0	1.0	1.0	1.0	1.0
	作用係数		1.0	1.0	1.0	1.0	1.0	1.0
設計耐力	設計軸圧縮耐力	kN	-19,379	-5,453	-6,360	-10,060	-5,087	-2,104
	設計曲げ耐力（面内）	kNm	3,006	827	1,045	1,251	249	289
	設計曲げ耐力（面外）	kNm	2,749	683	696	1,864	972	98
圧縮応力最大時	時刻	-	圧縮応力最大	圧縮応力最大	圧縮応力最大	圧縮応力最大	圧縮応力最大	圧縮応力最大
	軸力	kN	-7,180	-3,095	0	-7,203	-3,718	-1,389
	曲げモーメント（面外）	kNm	645	43	600	137	0	0
	曲げモーメント（面内）	kNm	83	53	10.7	170.8	0.0	0.0
	部材相関式	-	0.62	0.70	0.59	0.92	0.73	0.66
部材安全性の判定		-	OK	OK	OK	OK	OK	OK

2.11 まとめ

本示方書「第4章 耐震性能照査」に基づき既設の上路式鋼トラス橋に対する耐震補強の照査を実施した.

構造全体の安全性の照査を行った結果,耐震補強Aの「対傾構なしモデル」による構造全体系の座屈安定性の照査は満足しないが,耐震補強B（対傾構の当て板補強）まで実施すれば照査は満足する結果となった. また,構造全体系の剛性低下については両補強とも照査を満足するといえる.

部材の安全性の照査を行う前に,補強Aにおいて二次部材の損傷が考慮できない「基本モデル」,二次部材の損傷が許容できる「対傾構休止モデル」と本示方書で推奨する「対傾構損傷モデル」を用いて,道示標準波形による照査を実施した結果,各モデルで照査結果に差異が生ずることがわかった.「対傾構損傷モデル」を用いてシナリオ地震による部材の安全性の照査を行った結果,耐震補強Aでは照査を満足しない結果となった. 耐震補強Bまで実施すれば,この照査は満足した. 耐震補強Aにおいて「対傾構損傷モデル」による非線形動的解析結果を基に,支点部対傾構の部材破断の判定を実施した結果,破断しない結果となった.

本照査例では,二次部材の損傷が許容できる簡易的なモデル「対傾構損傷モデル」による照査を実施したが,照査を満足しなかった. ここで着目した対傾構は支点上の対傾構であり,表-解4.2.3の部材区分では主荷重を受け持つ二次部材に分類され,損傷は許容しないことになっている. 本照査例ではそのことが確認できた. 支点上以外の対傾構（主荷重を受け持たない二次部材）に「対傾構損傷モデル」を用いた照査例であれば,照査を満足することもあると思われる.

本付録で対象としたトラス橋の耐震性能照査例における照査項目と本示方書との対応を表-付1.2.16にまとめる. 該当する条文および解説を確認されたい.

表-付 1.2.16　トラス橋の耐震性能照査例における照査項目と本示方書との対応（目標耐震性能 III）

照査項目[3]			対象と限界状態		応答値の評価法 解析モデル	限界値の評価法 解析モデル
構造安全性	構造全体の安全性		構造全体系の座屈[1]		条文 4.4【解説】(1) 全体系はりモデル ME1 (修正全体系はりモデル MME1)	条文 4.4【解説】(3) 全体系はりモデル ME1 (修正全体系はりモデル MME1)
	部材の安全性	上部構造[1]	上下弦材支柱・斜材	部材の降伏,座屈	条文 4.4【解説】(1) 全体系はりモデル ME1	条文 4.4【解説】(3) 部材強度相関式
			対傾構・横構	部材の降伏,座屈	条文 4.4【解説】(1) 修正全体系はりモデル MME1	照査を行わなくてよい
		RC 橋脚		—[2]	条文 4.4【解説】(1) 全体系はりモデル ME1	—[2] —[2]
		免震支承		—[2]	条文 9.5.2【解説】 条文 9.5.4【解説】 全体系はりモデル ME1	条文 9.5.4【解説】 実験による強度・変形能
		基礎		—[2]	条文 7.8.7【解説】 全体系はりモデル ME1	—[2] —[2]
地震後の使用性・修復性			照査を行わなくてよい 条文 4.4【解説】(4)			

※1) 本照査例で条文に沿って照査した項目,※2) 本示方書に記述がない項目,※3) ここで示した以外の項目で照査する必要がある場合には,各種基準類を参照のこと.

3. アーチ橋

3.1 はじめに

アーチ橋において耐震上注意が必要な形式は，上路式アーチ橋および中路式アーチ橋であることが多い．ここでは，一般的な上路式アーチ橋を例にして，「第4章 耐震性能照査」に基づく上部構造の耐震性能照査例（以下，本照査例と略す）を示す．

本照査例には，現橋の耐震性能照査と補強後の耐震性能照査を示す．耐震性能は，現橋に対して耐震性能 I，補強後に対して耐震性能 III とする．なお，本照査例では，レベル2地震動に対する照査を示し，レベル1地震動の照査は省略する．

照査対象の上路式アーチ橋は図-付1.3.1に示すとおりである．地盤はI種地盤である．

3.2 現橋の耐震性能照査

3.2.1 基本方針

アーチ橋は骨組み線の変位の影響があることおよび本照査例が比較的スレンダーであることから，変位の影響が無視できないと考え，死荷重の作用，固有振動解析および動的解析は有限変位解析とする．

3.2.2 設計地震動

設計地震動には，道路橋示方書・同解説V耐震設計編［日本道路協会，2012］に示された動的解析に用いるレベル2地震動（タイプII，I種地盤）の加速度波形II-I-1を用いる．なお，地震動の作用方法は，本照査例が直線橋であることおよび便宜上から橋軸方向と橋軸直角（以下，橋直と略す）方向にそれぞれ独立に1方向に作用させる方法とする．

照査対象の上路式アーチ橋では，橋直方向入力による応答値が卓越する結果であったことを附記する．

3.2.3 耐震性能水準と解析方法

本照査例で目標とする耐震性能水準は「耐震性能 I」とする．また，解析は弾性有限変位解析とする．

3.2.4 部分係数

部分係数は表-付1.3.1に示す値とした．部材係数 γ_b は［設計編］に準じ，溶接箱形断面に対して1.04，溶接I，H形断面に対し1.08とした．構造解析係数 γ_a についても適切な値を設定すべきであるが，本照査例において具体的な値を設定するための判断材料が十分でないため無視した（$\gamma_a = 1.0$）．

付録1 耐震性能照査例

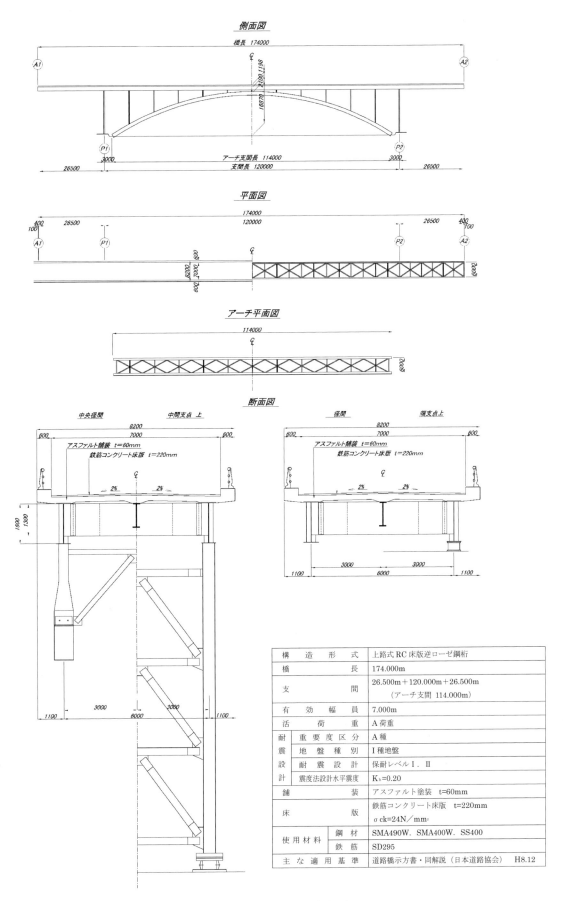

図-付1.3.1 解析対象のアーチ橋構造一般図

表-付 1.3.1 部分係数

部分係数		備考
γ_i：構造物係数	1.0	レベル2地震動に対しては1.0
γ_m：材料係数	1.0	鋼材では1.0
γ_b：部材係数	溶接箱形：1.04 溶接I, H形：1.08	［設計編］に準じる
γ_a：構造解析係数	1.0	便宜上
γ_f：作用係数	1.0	死荷重，地震荷重では1.0

3.2.5 構造物のモデル化

(1) 基本方針

解析モデルには，応答値を算出するための全体系はりモデル（ME1）を用いる．全体系はりモデルは，モデル橋の構造に従い，「第7章 鋼橋のモデル化」に基づいて作成する．ただし，下部構造と地盤は適切にモデル化すべきであるが，本照査例では省略する．

(2) 構造物のモデル化

応答値の算定に用いる全体系はりモデルの概要を図-付 1.3.2 に示す．

構造寸法および部材断面諸元などについては，文献［日本鋼構造協会，2011］を基本としているが，下横構断面②，③については，鋼種 SMA400WA と断面積 $0.0119mm^2$ に変更している．

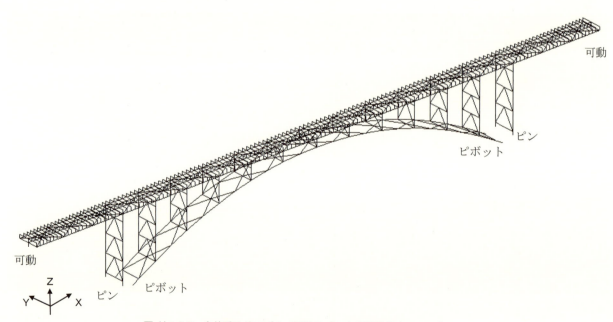

図-付 1.3.2 全体系はりモデル（ME1）［日本鋼構造協会，2011］

RC床版を含む補剛桁のモデル化は，図-解 7.8.3 RC 床版と桁を独立にはり要素でモデル化する場合に示されているように，床版，補剛桁，横桁および上横構を独立にモデル化している（図-付 1.3.3）．なお，床版は死荷重を負担しないように施工される場合，完成状態では無応力状態となるようにモデル化することが望ましい．本照査例では床版が死荷重を負担するものとして扱っている．

RC床版，地覆，橋面工等の集中質量および橋軸回り回転慣性

補剛桁　　　横桁　ピン結合　横桁　横構　　　　RC床版

オフセット部材（剛）

（ピン結合：橋直水平軸回りの回転のみ拘束し，その他の軸回りの回転は自由）

図-付 1.3.3　床版と補剛桁のモデル化［日本鋼構造協会，2003］

各部材に使用する要素の種類と分割は下記のとおりとする．

・各部材には，曲げせん断変形を考慮するため Timoshenko はり要素を用い，線形弾性体とする．有効せん断断面積には，各せん断力成分方向に抵抗する部分の板要素の断面積とする（条文 5.2【解説】(1) 1)参照）．
・ただし，上横構，対傾構，下横構にはトラス要素を用い，線形弾性体とする．
・要素分割は図-付 1.3.4 に示すとおり，1 部材（部材の格点間）を 4 分割とする．ただし，トラス要素は分割しない．

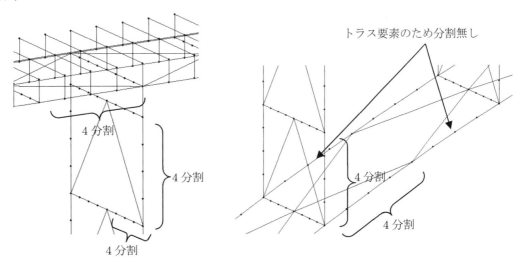

図-付 1.3.4　要素分割［日本鋼構造協会，2011］

(3) 質量

鋼部材および RC 床版の質量は，要素両端に 1/2 ずつ均等に集中質量として配分する．回転慣性は RC 床版の橋軸回りの値のみ考慮し，鋼部材の回転慣性は十分小さいので無視する．なお，鋼部材の質量は，便宜的に密度 7.85ton/m^3 ×割増し係数（アーチリブと補剛桁＝1.2，その他＝1.1）としている．橋面工については，質量と橋軸回りの回転慣性を RC 床版に加算して考慮している．

(4) 支承条件

解析モデルの支承条件は表-付 1.3.2 のとおりである．

表-付 1.3.2 解析モデルの支承条件

支承の部位	支承の種類	u_x	u_y	u_z	θ_x	θ_y	θ_z
補剛桁の支承	可動支承	自由	拘束	拘束	拘束	自由	自由
端柱の支承	ピン支承	拘束	拘束	拘束	拘束	自由	自由
アーチリブ支承	ピボット沓	拘束	拘束	拘束	自由	自由	自由

3.2.6 固有振動解析と減衰の設定

(1) 死荷重載荷解析と固有振動解析

全体系はりモデルに対し，死荷重を作用させる解析を弾性有限変位解析により実施し，その内力状態を考慮した固有振動解析を線形化有限変位解析により実施した．固有振動解析により求められた 10 次モードまでの固有振動数，有効質量比を表-付 1.3.3 に示す．また，橋軸方向と橋直方向の応答に寄与するモード図を図-付 1.3.5 および 1.3.6 に示す．

表-付 1.3.3 固有振動数と有効質量比

モード	固有振動数 Hz	モード減衰 -	有効質量比 橋軸方向	有効質量比 橋直方向	有効質量比 鉛直方向	変形モード
1	0.847	0.0218	17.5%	0.0%	0.0%	橋軸方向
2	1.062	0.0213	0.0%	82.7%	0.0%	橋直方向
3	1.753	0.0212	0.0%	0.0%	4.8%	鉛直方向
4	2.288	0.0229	0.0%	0.0%	0.0%	橋直方向
5	2.658	0.0203	0.0%	0.0%	58.1%	鉛直方向
6	2.738	0.0209	40.9%	0.0%	0.0%	橋軸方向
7	3.461	0.0211	0.0%	0.0%	0.0%	橋直方向
8	3.799	0.0211	33.9%	0.0%	0.0%	橋軸方向
9	4.079	0.0237	0.0%	17.3%	0.0%	橋直方向
10	4.233	0.0213	0.0%	0.0%	12.5%	鉛直方向

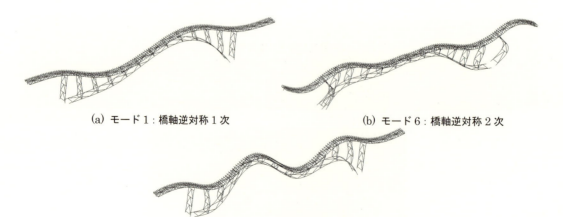

(a) モード 1：橋軸逆対称 1 次　　(b) モード 6：橋軸逆対称 2 次

(c) モード 8：橋軸逆対称 3 次
図-付 1.3.5　橋軸方向の有効質量比が大きい振動モード

(a) モード 2：橋直対称 1 次　　　　　　(b) モード 9：橋直対称 2 次

図-付 1.3.6　橋直方向の有効質量比が大きい振動モード

(2) 減衰の設定

モード減衰はひずみエネルギー比例型とし，減衰定数として鋼部材に 0.02，RC 床版に 0.03 を考慮し，オフセット部材は 0 とした．算定されたモード減衰の値は表-付 1.3.3 に示している．

動的解析に考慮する減衰は最も多く用いられている Reyleigh 型減衰とする．橋軸方向の Reyleigh 型減衰は，有効質量比の上位 2 つ（モード 6 とモード 8）を用いて設定した場合，有効質量比が 3 位であるモード 1 の減衰を過大評価することから，安全な応答値が得られるように，モード 1 とモード 8 の振動数と減衰定数を用いて式(解 7.5.4a,b)により係数 α と β を算定する．また，橋直方向の地震動に対する動的解析に考慮する Reyleigh 型減衰は，有効質量比の上位 2 つ（モード 2 とモード 9）が卓越するため，この 2 つのモードの振動数と減衰定数を用いて係数 α と β を算定する．算定した Reyleigh 型減衰の係数 α と β の値を表-付 1.3.4 に示す．以上より算定した Reyleigh 型減衰の係数 α と β を用いて式(解 7.5.3)により得られる振動数と減衰定数の関係を図-付 1.3.7 に示す．なお，図-付 1.3.7 には参考のため不採用とした橋軸方向のモード 6 とモード 8 より算出した場合の曲線も示している．

表-付 1.3.4　Reyleigh 型減衰の係数 α と β の値

抽出モード	橋軸方向		橋直方向	
	モード 1	モード 8	モード 2	モード 9
振動数 f (Hz)	0.847	3.799	1.062	4.079
減衰定数 h	0.0218	0.0211	0.0213	0.0237
α	0.191136		0.216277	
β	0.001435		0.001521	

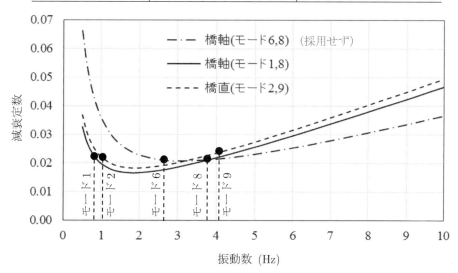

図-付 1.3.7　Reyleigh 型減衰の振動数と減衰定数の関係

3.2.7 耐震性能照査

(1) 照査内容と照査方法

耐震性能照査には，構造物の安全性照査としての構造全体の安全性照査と部材の安全性照査，および地震後の使用性・修復性の照査があるが，本照査例は耐震性能Ⅰであり，損傷が生じないため，地震後の使用性・修復性の照査を行う必要がない．また，構造全体の安全性照査については，下記の理由から照査を必要とする構造には該当しないと考えられるので，省略する．

・支間長が特に大きくない．
・RC床版と補剛桁は橋のたわみ剛性に寄与するので，本構造は剛性の高い構造となる．
・耐震性能Ⅰとしているため，損傷がほとんど生じないので，損傷による剛性低下は無視できる．

よって，本照査例の耐震性能照査には部材の安全性照査が対象となる．

(2) 応答値

部材の安全性照査に用いる応答値は弾性有限変位動的解析により求める．弾性有限変位動的解析により得られたアーチリブの最大圧縮応力となる節点の軸力と曲げモーメントの応答値を図-付 1.3.8 および図-付 1.3.9 に示す．応答値は降伏軸力 N_y および軸力を考慮しない降伏曲げモーメント $M_{y,y}$, $M_{z,y}$ で無次元化している．

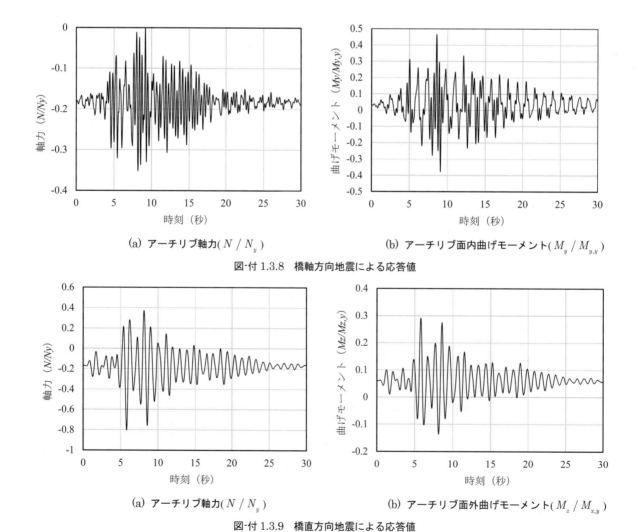

(a) アーチリブ軸力(N/N_y)　　(b) アーチリブ面内曲げモーメント($M_y/M_{y,y}$)

図-付 1.3.8　橋軸方向地震による応答値

(a) アーチリブ軸力(N/N_y)　　(b) アーチリブ面外曲げモーメント($M_z/M_{z,y}$)

図-付 1.3.9　橋直方向地震による応答値

(3) 部材の安全性照査

耐震性能Ⅰの部材の安全性照査は，[設計編]に準拠して行う．

アーチ橋の部材は，軸力と2方向の曲げモーメントを受ける部材あるいは軸力を受ける部材であり，細長いため，引張応力より圧縮応力が作用する場合の方がより危険である．よって，本照査例ではアーチリブ，端柱，鉛直材および補剛桁の時々刻々の断面縁端での圧縮応力が最大となる箇所について照査例を示す．圧縮応力度が最大となる箇所は図-付 1.3.10 に示すとおりである．

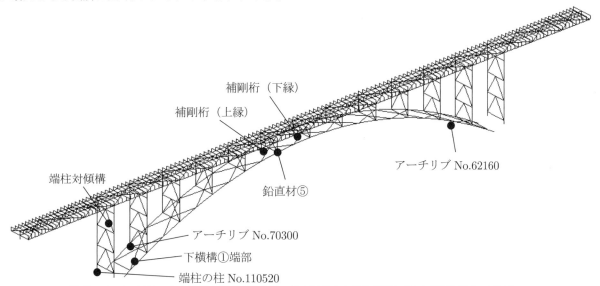

図-付 1.3.10　部材の安全性照査箇所（各部材の最大圧縮応力発生箇所）[日本鋼構造協会, 2011]

a) 設計圧縮耐力と設計曲げ耐力の算定

アーチリブと端柱の有効座屈長には，部材長を用いるのが一般的であるが，面内の有効座屈長は明確でないため，弾性座屈固有値解析により算定する．

アーチリブと端柱の地震時の有効座屈長は，全体系はりモデルを用いて，着目部材の圧縮応力が最大となる時刻の地震慣性力と死荷重を作用させて，弾性座屈固有値解析により算定することが望ましいが，本照査例では，死荷重と水平震度×死荷重を作用させて，着目部材の圧縮応力最大時の軸力分布を近似して，弾性座屈固有値解析により有効座屈長を算定する．水平震度は着目部材の軸圧縮力が圧縮応力最大時の軸力と等しくなる水平震度としている．弾性座屈固有値解析によるアーチリブの座屈モードと座屈固有値を図-付 1.3.11 および 1.3.12 に示す．着目部材 i の有効座屈長 L_{ei} は，$L_{ei} = \pi\sqrt{EI_i / N_{cri}}$ から求める．ここで，N_{cri}=座屈固有値×（死荷重と水平震度×死荷重を作用させたときの部材 i の軸圧縮力），I_i=部材 i の断面2次モーメント．なお，有効座屈長 L_{ei} は要素分割した部材中央の節点にて算定し，有効数字2桁に切り上げして評価している．

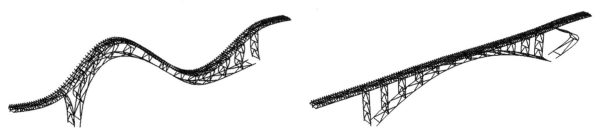

(a) アーチリブの座屈モード（固有値：7.845）　　　(b) 端柱の座屈モード（固有値：10.437）

図-付 1.3.11　死荷重と橋軸方向水平震度の作用に対する座屈モードと座屈固有値

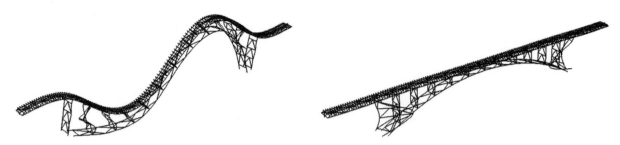

(a) アーチリブの座屈モード（固有値：10.654）　　(b) 端柱の座屈モード（固有値：1.686）

図-付 1.3.12　死荷重と橋直方向水平震度の作用に対する座屈モードと座屈固有値

　設計圧縮耐力は［設計編］に基づいて算出する．その結果を表-付 1.3.5 に示す．なお，アーチリブと端柱には弾性座屈固有値解析に基づく有効座屈長を考慮している．

　また，設計曲げ耐力は［設計編］に基づいて算出する．その結果を表-付 1.3.6 に示す．なお，アーチリブ，端柱および鉛直材の設計曲げ耐力は（降伏曲げモーメント）$/\gamma_b$ であり，補剛桁の設計曲げ耐力は，正曲げは（降伏曲げモーメント）$/\gamma_b$，負曲げは（横ねじれ座屈耐力）$/\gamma_b$ である．アーチリブ，補剛桁および鉛直材には補剛材があるので全断面有効となる．ただし，補剛材は断面積に含まない．

表-付 1.3.5　設計圧縮耐力

部材		アーチリブ	アーチリブ	下横構	端柱の柱	端柱対傾構	鉛直材	補剛桁
材質		SMA490WA	SMA490WA	SMA490A	SMA490WB	SMA490WB	SMA490WB	SMA490WB
断面番号		②No.70300	②No.62160	①端部	①No.110520	①	⑤	③
板厚	mm	16	16	30, 25	19	20, 25	22, 10	25, 16
材料強度特性値（降伏）f_k	N/mm²	365	365	355	355	355	355	355
材料係数 γ_m	-	1.0	1.0	1.0	1.0	1.0	1.0	1.0
設計強度 f_k/γ_m	N/mm²	365	365	355	355	355	355	355
断面積	m²	0.073	0.073	0.0324	0.0366	0.02422	0.0273	0.0456
断面2次モーメント（面内）	m⁴	0.021434	0.021434	0.000885	0.001412	0.000877	0.000334	0.018666
断面2次モーメント（面外）	m⁴	0.009276	0.009276	0.000320	0.001242	0.000137	0.003339	0.000267
部材長	m	5.675	5.475	6.503	1.5	5.831	2.619	5
有効座屈長係数（面内）	-	座屈解析	座屈解析	1	座屈解析	1	0.8	1
有効座屈長係数（面外）	-	1	1	0.9	-	0.8	1	1
有効座屈長（面内）l_e	m	14.000	22.000	6.503	9.200	5.831	2.095	5.000
有効座屈長（面外）l_e	m	5.675	5.475	5.853	-	4.665	2.619	5.000
細長比パラメータ（面内）λ	-	0.351	0.552	0.528	0.628	0.411	0.254	0.105
細長比パラメータ（面外）λ	-	0.216	0.209	0.789	-	0.832	0.100	0.876
細長比パラメータ（弱軸）λ	-	0.351	0.552	0.789	0.628	0.832	0.254	0.876
断面	-	溶接箱	溶接箱	溶接H	溶接箱	溶接H	溶接H	溶接I
部材係数 γ_b	-	1.04	1.04	1.08	1.04	1.08	1.08	1.08
断面グループ	-	1	1	2	1	2	2	2
限界細長比パラメータ $\bar{\lambda}_0$	-	0.2	0.2	0.2	0.2	0.2	0.2	0.2
初期不整係数 α	-	0.089	0.089	0.224	0.089	0.224	0.224	0.224
$\beta = 1 + \alpha(\bar{\lambda} - \bar{\lambda}_0) + \bar{\lambda}^2$	-	1.137	1.336	1.755	1.433	1.834	1.077	1.919
軸圧縮耐力の特性値 N_{cu}	kN	26,243	25,516	9,122	12,250	6,601	9,568	11,982
設計軸圧縮耐力 $N_{crd} = N_{cu}/\gamma_b$	kN	25,233	24,534	8,446	11,779	6,112	8,859	11,095

※1）断面番号の丸付き数値は［日本鋼構造協会，2011］の引用であり，No.70300 などは節点番号である．

※2）「［設計編］第5章」参照．

表-付 1.3.6 設計曲げ耐力

部材		アーチリブ	アーチリブ	端柱の柱	鉛直材	補剛桁（上）	補剛桁（下）
材質		SMA490WA	SMA490WA	SMA490WB	SMA490WB	SMA490WB	SMA490WB
断面番号		②No.70300	②No.62160	①No.110520	⑤	③	③
板厚	mm	16	16	19	22, 10	25, 16	25, 16
設計強度 f_k / γ_m	N/mm²	365	365	355	355	355	355
断面2次モーメント（面内）	m⁴	0.021434	0.021434	0.001412	0.000334	0.018666	0.018666
断面2次モーメント（面外）	m⁴	0.009276	0.009276	0.001242	0.003339	0.000267	0.000267
ねじり定数	m⁴	0.019415	0.019415	0.001918	0.000003	0.000006	0.000006
縁端距離（面内）	m	0.716	0.716	0.25	0.225	0.8125	0.8125
縁端距離（面外）	m	0.44	0.44	0.25	0.3781	0.2	0.2
部材長	m	5.675	5.475	1.5	2.619	5	5
断面	-	溶接箱	溶接箱	溶接箱	溶接H	溶接I	溶接I
部材係数 γ_b	-	1.04	1.04	1.04	1.08	1.08	1.08
断面グループ	-	ノンコンパクト	ノンコンパクト	ノンコンパクト	ノンコンパクト	ノンコンパクト	ノンコンパクト
限界細長比パラメータ $\overline{\lambda}_{b0}$	-	0.4	0.4	0.4	0.4	0.4	0.4
初期不整係数 α_b	-	0.15	0.15	0.15	0.25	0.25	0.25
$\gamma = 1 - I_y / I_z$	-	0.567	0.567	0.120	0.900	0.986	0.986
弾性横ねじれ座屈モーメント M_E	kNm	1,255,484	1,301,346	1,185,753	17,274	3,317	3,317
細長比パラメータ（面内） $\overline{\lambda}_b$	-	0.093	0.092	0.041	0.175	床版に固定	1.568
$\beta_b = 1 + \alpha_b \left(\lambda_b - \lambda_{b0} \right) + \lambda_b^2$	-	$\lambda_b \leq \lambda_{b0}$	$\lambda_b \leq \lambda_{b0}$	$\lambda_b \leq \lambda_{b0}$	$\lambda_b \leq \lambda_{b0}$	$\lambda_b \leq \lambda_{b0}$	3.751
基準曲げ耐力（面内） $M_n = M_y$	kNm	10,927	10,927	2,005	527	8,156	8,156
基準曲げ耐力（面外） $M_n = M_y$	kNm	7,695	7,695	1,764	3,135	474	474
曲げ耐力特性値（面内） M_{cu}	kNm	10,927	10,927	2,005	527	8,156	-2,808
曲げ耐力特性値（面外） M_{cu}	kNm	7,695	7,695	1,764	3,135	474	474
設計曲げ耐力（面内） M_{cu} / γ_b	kNm	10,506	10,506	1,928	488	7,551	-2,600
設計曲げ耐力（面外） M_{cu} / γ_b	kNm	7,399	7,399	1,696	2,903	439	439

※1) 断面番号の丸付き数値は［日本鋼構造協会，2011］の引用であり，No.70300 などは節点番号である.

※2) 「［設計編］第5章」参照.

b) 部材相関式による安全性照査

　全体系はりモデルによる弾性有限変位動的解析による応答値，［設計編］に基づく設計軸圧縮耐力および設計曲げ耐力を用いて，［設計編］の部材相関式による部材の安全性照査の結果は表-付 1.3.7 および 1.3.8 に示すとおりである.

　表-付 1.3.7 および 1.3.8 より，橋軸方向地震動に対してはアーチリブを除く着目部材，橋軸直角方向地震動に対してはすべての着目部材において，部材の安全性を満足しない結果となっている.

表-付 1.3.7　橋軸方向地震応答値に対する部材相関式による照査

	部材	単位	アーチリブ	鉛直材	補剛桁（上縁）
対象部材	材質	-	SMA490WA	SMA490WB	SMA490WB
	断面番号	-	②	⑤	③
部分係数	構造物係数	-	1.0	1.0	1.0
	構造解析係数	-	1.0	1.0	1.0
	作用係数	-	1.0	1.0	1.0
設計耐力	設計軸圧縮耐力	kN	-25,233	-8,859	-11,095
	設計曲げ耐力（面内）	kNm	10,506	488	7,551
	設計曲げ耐力（面外）	kNm	7,399	2,903	439
圧縮応力最大時	時刻	-	圧縮応力最大	圧縮応力最大	圧縮応力最大
	軸力	kN	-8,554	-630.8	-6,864
	曲げモーメント（面内）	kNm	4,954	1,336	3,920
	曲げモーメント（面外）	kNm	1,192	113.3	2.4
	部材相関式	-	0.97	2.85	1.14
部材安全性の判定			OK	NG	NG

表-付 1.3.8(a)　橋直方向地震応答値に対する部材相関式による照査(a)

	部材	単位	アーチリブ	端柱の柱	鉛直材	補剛桁（下縁）
対象部材	材質	-	SMA490WA	SMA490WB	SMA490WB	SMA490WB
	断面番号	-	②	①	⑤	③
設計耐力	設計軸圧縮耐力	kN	-25,233	-11,779	-8,859	-11,095
	設計曲げ耐力(面内)	kNm	10,506	1,928	488	-2,600
	設計曲げ耐力(面外)	kNm	7,399	1,696	2,903	439
圧縮応力最大時	時刻	-	圧縮応力最大	圧縮応力最大	圧縮応力最大	圧縮応力最大
	軸力	kN	-20,861	-17,174	-431.6	-8,931
	曲げモーメント(面内)	kNm	2,133	1,093	670.1	-1,638
	曲げモーメント(面外)	kNm	2,188	50.1	239.0	6.8
	部材相関式	-	1.33	2.05	1.50	1.45
部材安全性の判定			NG	NG	NG	NG

表-付 1.3.8(b)　橋直方向地震応答値に対する部材相関式による照査(b)

	部材	単位	下横構	端柱対傾構
対象部材	材質	-	SMA490A	SMA490WB
	断面番号	-	①端部	①
設計耐力	設計軸圧縮耐力	kN	-8,446	-6,112
圧縮応力最大時	時刻	-	圧縮軸力最大	圧縮軸力最大
	軸圧縮力	kN	-6,438	-5,772
	部材相関式	-	0.76	0.94
部材安全性の判定			OK	OK

3.2.8 まとめ

一般的な上路式アーチ橋を対象に,「第4章 耐震性能照査」に基づくレベル2地震動下の水平1方向入力による補強前の耐震性能照査例を示した.耐震性能は耐震性能Iとし,部材の安全性の照査は[設計編]の部材強度相関式を適用して照査している.

対象橋梁の照査結果より,部材の安全性がアーチリブ,補剛桁,端柱および鉛直材において,部材強度相関式を満足しない結果であった.よって,本照査例の上路式アーチ橋ではレベル2地震動に対し耐震性能Iを満足しないため,耐震補強が必要となる.

3.3 補強後の耐震性能照査

3.3.1 基本方針

3.2の照査結果から,対象としたアーチ橋は要求された耐震性能を満足していないため,耐震性能向上策の検討が必要である.ここでは,耐震性能向上策の一例として,橋直方向の地震動に対して主荷重を受け持たない二次部材以外をほぼ損傷させないことを目標として,端柱の対傾構と下横構の一部を軸降伏型ダンパーの座屈拘束ブレース(BRB)に交換した場合の照査例を示す.なお,耐震性能の照査は,既設の耐震補強を対象とした表-解4.2.2に示されている非エネルギー吸収部材の損傷を許容する場合の照査方法により,主荷重を受け持たない二次部材の損傷を許容するものとして照査を行う.また,設計地震動および部分係数は3.2と同様であるため省略し,照査は橋直方向の地震動に対する結果のみ示すものとする.

3.3.2 耐震性能水準と解析方法

本照査例で目標とする耐震性能水準は「耐震性能 III」とする.また,動的解析および静的解析(Pushover解析)は弾塑性有限変位解析とする.

3.3.3 補強後のモデル化(MME1)

(1) 座屈拘束ブレース(BRB)の配置

既往の研究成果[宇佐美,2006;丸山ら,2015など]を参考として,アーチリブ,端柱など主要部材の損傷を防ぐために,軸降伏型ダンパーの座屈拘束ブレース(BRB)を図-付1.3.13に示す位置に設置する(太線の部分).

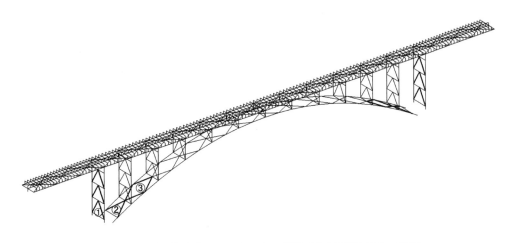

図-付1.3.13 座屈拘束ブレース(BRB)の配置 [日本鋼構造協会,2011]

(2) BRB 特性の設定

BRB は「第 8 章　制震設計」に基づき，下記の条件で特性を設定した（条文 8.5.2【解説】参照）．設定した BRB 部材の軸力とひずみの関係は図-付 1.3.14 に示すとおりである．

条件 1：風荷重と地震の影響（レベル 1）に対し損傷しない．
条件 2：BRB 部材は，製品の諸元を参考に下記とする．

- 弾性部（接合部），塑性部（制震装置）の長さは，それぞれ骨組み部材長の 50% とする．
- 弾性部の断面積は，塑性部の断面積の 2.0 倍とする．
- 塑性部の許容ひずみは 1.5% とする．
- 塑性部の 2 次勾配は $E/60$ とする．
- BRB 部材はバイリニア型の移動硬化則でモデル化する．
- BRB 部材は 1 本のトラス要素でモデル化し，換算ヤング率を考慮する．

表-付 1.3.9 に，補強モデルで採用した座屈拘束ブレース BRB の諸元を示す．

上記の換算ヤング率と換算 2 次勾配を適用する BRB の応力ーひずみ関係を図-付 1.3.15 に示す．

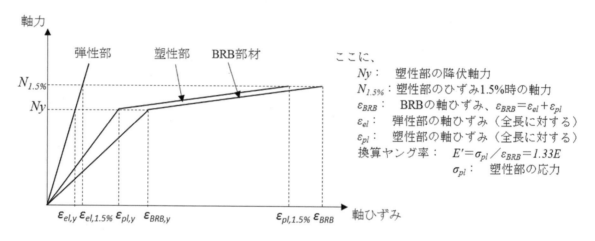

上記の条件より BRB の換算ヤング率 $E'=4E/3=1.33E$ となり、2 次勾配 $=3E'/121=E'/40.3$ になる。

図-付 1.3.14　BRB 部材の軸力とひずみの関係

表-付 1.3.9　座屈拘束ブレース（BRB）の諸元

BRB の配置箇所（全橋）と断面積	①端柱対傾構（計 12 本）	0.003 m²
	②下横構下段（計 4 本）	0.01 m²
	③下横構 2 段と 3 段目（計 8 本）	0.0085 m²
降伏応力 σ_y		235 MPa
換算ヤング率 E'		267 GPa
換算 2 次勾配		6.61 GPa

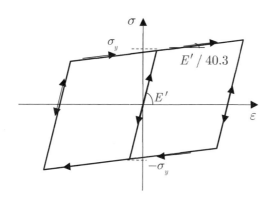

図-付 1.3.15　BRB 部材の応力−ひずみ関係

(3) 損傷を許容する二次部材のモデル化（MME1）

補強後のアーチ橋の解析モデルと補強前の解析モデルの違いは，次の 2 点である．

- 端柱の対傾構と下横構の端部 3 段を BRB 部材に交換した．
- 下横構の BBR 以外の部材は，座屈を考慮した非線形弾性モデルとする．

補強後のアーチ橋では，非エネルギー吸収部材である主要部材の損傷を許容しないことから，主要部材のモデル化は弾性モデルとした．一方，主荷重を受け持たない二次部材については微小な損傷を許容することとし，BRB 以外の下横構部材は，圧縮軸力により生じる部材座屈を考慮した非エネルギー吸収の非線形弾性モデルとした．本モデルは応答が圧縮耐力ごく近傍にとどまることを前提としている．また，座屈により履歴吸収エネルギーが期待できないことから非線形弾性としている．図-付 1.3.16 は，非線形弾性の応力−ひずみ関係である．引張側では材料の降伏応力 σ_y に達した後，2 次勾配は $E/100$，圧縮側では座屈応力 σ_{cr} に達した後に 2 次勾配を 0 とした．座屈応力 σ_{cr} は［設計編］より求めている．

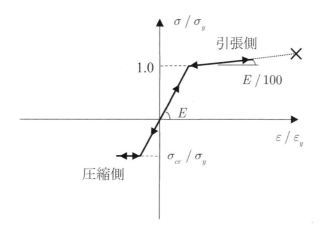

図-付 1.3.16　座屈を考慮する下横構の応力−ひずみ関係（非線形弾性モデル）

3.3.4 固有振動解析と減衰の設定

端柱の対傾構と下横構の一部を BRB に交換したアーチ橋の振動特性を確認するために，固有振動解析を行った．解析では，死荷重載荷時の幾何学非線形を考慮した有限変位解析としている．表-付 1.3.10 に，主要モードの固有振動数を示す．補強前の固有振動数およびモード形状との比較からわかるように，橋軸方向と鉛直方向モードの固有振動数はほとんど変わっていないが，橋直方向のモードでは，いずれも固有振動数が小さくなっている．

Rayleigh 型減衰は前述の 3.2.6 と同じ方法で設定した．その結果は表-付 1.3.11 にとおりである．

表-付 1.3.10　現橋と補強後のアーチ橋の固有振動数

モード	現橋（ME1）	補強後（ME1）	変形モード
	Hz	Hz	
1	0.847	0.847	橋軸方向
2	1.062	0.905	橋直方向
3	1.753	1.752	鉛直方向
4	2.288	2.008	橋直方向
5	2.658	2.648	鉛直方向
6	2.738	2.736	橋軸方向
7	3.461	3.205	橋直方向
8	3.799	3.793	橋軸方向
9	4.079	3.823	橋直方向
10	4.233	4.233	鉛直方向

表-付 1.3.11　Rayleigh 型減衰の係数 α と β の値

抽出モード	橋軸方向		橋直方向	
	モード 1	モード 8	モード 2	モード 9
振動数 f (Hz)	0.847	3.793	0.905	3.823
減衰定数 h	0.0218	0.0211	0.0188	0.0236
α	0.191712		0.158653	
β	0.001431		0.001693	

3.3.5 BRB 部材の静的荷重に対する照査

レベル 1 地震動に対する補強後の解析モデル（ME1）の弾性有限変位静的解析（Pushover 解析）を行った．解析では死荷重を載荷した後に橋直方向に一様の水平震度を与えている．解析結果より，端柱の対傾構と下横構 BRB 部材のレベル 1 地震動に対する安全率は，それぞれ 1.25 と 1.65 であった．安全率は道路橋示方書・同解説 V 耐震設計編［日本道路協会，2012］の規定値 1.7/1.5＝1.133 より大きく，補強後のアーチ橋はレベル 1 地震動に対する安全性が確保されている．また，風荷重とレベル 1 地震動の作用の比率から風荷重の安全率を計算した結果，風荷重に対しても安全であることを確認した．

3.3.6 耐震性能照査

(1) 照査内容と照査方法

耐震性能照査には，構造物の安全性照査としての構造全体の安全性照査と部材の安全性照査，および地震後の使用性・修復性の照査があるが，本照査例は耐震性能 III であり，地震後の使用性・修復性の照査を行う必要がない．構造全体の安全性照査については，非エネルギー吸収部材の損傷を許容する場合として，構造全体系の座屈安定性と剛性低下の照査を行う．

(2) 応答値

補強後モデル（MME1）において，橋直方向地震動に対する動的解析を行った．表-付 1.3.12 は，応力応答最大時の部材断面力と応力について，補強前（ME1）と補強後（MME1）の結果を比較したものである．固有振動解析からわかるように，BRB の設置により橋直方向の 1 次モードの固有振動数が小さくなったため，着目部材の断面力応答値は補強前の結果より小さくなっている．

表-付 1.3.12 主要部材の最大応力と最大応力時の断面力

着目箇所	解析モデル	応力 (MPa)	応力の比率 (ME2/ME1)	軸力 (kN)	M_y (kN·m)	M_z (kN·m)
アーチリブ	補強前（ME1）	461	0.631	-20,861	-2,133	2,188
	補強後（MME1）	291		-13,490	1,292	-1,344
端柱	補強前（ME1）	673	0.331	-17,174	-50	-1,093
	補強後（MME1）	223		-4,172	-12	602
鉛直材	補強前（ME1）	496	0.688	-432	670	-239
	補強後（MME1）	341		-540	-146	451
補剛桁	補強前（ME1）	273	0.720	-8,931	-1,638	7
	補強後（MME1）	197		-6,065	-1,224	13

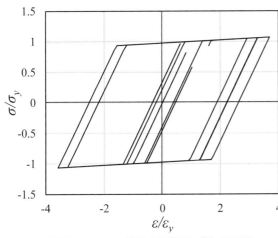

図-付 1.3.17 下横構下段 BRB（No.90250）の応力－ひずみ応答履歴

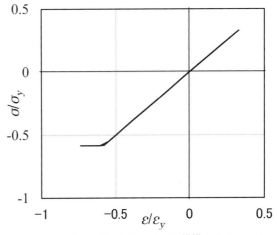

図-付 1.3.18 座屈した下横構（No.90550）の軸方向応力と軸ひずみの応答履歴

図-付 1.3.17 は下横構下段の BRB 部材の応力―ひずみ応答履歴曲線である．最大ひずみは 0.365%であり，約 $4\varepsilon_y$ となる．図-付 1.3.18 は座屈した下横構 4 段目部材の非線形弾性部材の軸方向応力―ひずみ応答履歴曲線である．着目部材の最大軸ひずみは約 $1.26\varepsilon_{cr}$ となり，微小な損傷にとどまっているので，図-付 1.3.16 に示したモデル化は妥当であると考えられる．図-付 1.3.17 に示した BRB 部材と，図-付 1.3.18 に示した座屈した下横構部材の位置は，図-付 1.3.19 のとおりである．他の下横構については損傷せず弾性域にとどまった．

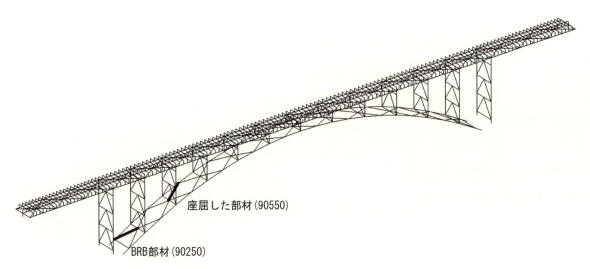

図-付 1.3.19　着目した BRB 部材と座屈した下横構部材［日本鋼構造協会，2011］

(3) 構造全体の安全性
a) 構造全体系の座屈

補強後モデル（MME1）の動的解析結果より，下横構に微小な損傷が生じることがわかった．ここでは，構造全体系の座屈安定性を確認するために，死荷重載荷後に図-付 1.3.20 に示す補剛桁中央の水平変位最大時の慣性力を水平荷重として全体系モデルの Pushover 解析を行った．解析では，動的解析で座屈した下横構部材（図-付 1.3.21 に示した箇所）を最初から除去したモデルを用いた（ME1）．他の下横構部材については，図-付 1.3.16 の非線形弾性応力－ひずみ関係を適用している．

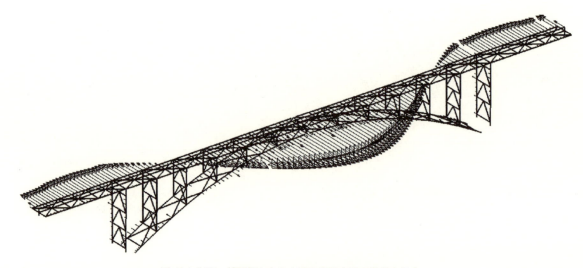

図-付 1.3.20　補剛桁中央の水平変位最大時の慣性力分布

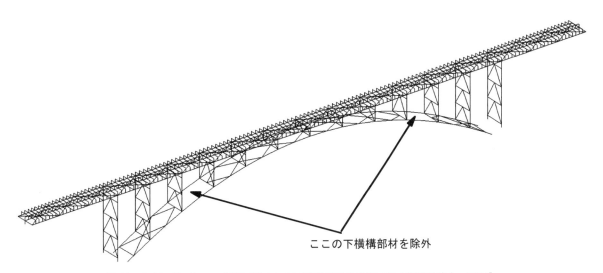

図-付 1.3.21　Pushover 解析で除去した下横構部材の箇所　[日本鋼構造協会, 2011]

本照査例では，比較検証のため，次の3つのケースに対して Pushover 解析を行った．

Case-1：動的解析で損傷した下横構の部材を最初から外したケース（図-付 1.3.21）．

Case-2：下横構が損傷することで隣接する下横構の座屈連鎖が生じる可能性があるため，BRB 部材のみ残し，他の下横構部材をすべて最初から外したケース．

Case-3：下横構部材を除去しないケース（ME1）．剛性低下の照査での比較基準に用いる．

図-付 1.3.22 は Pushover 解析より得られた荷重－変位関係を示したものである．ここに，横軸は補剛桁中央の橋直水平変位，縦軸は載荷した慣性力との比率である．図-付 1.3.22 からわかるように，Case-2 において応答荷重倍率 1.0 を超える耐力を確保できていることから，構造全体系の座屈安定性の照査を満足している．

b) **剛性低下**

図-付 1.3.22 から，最大応答に相当する荷重倍率 1.0 付近において，Case-3 に対して Case-2 はほぼ同程度の剛性が確保できていることから，地震時の剛性低下に関する照査を満足していると判断できる．

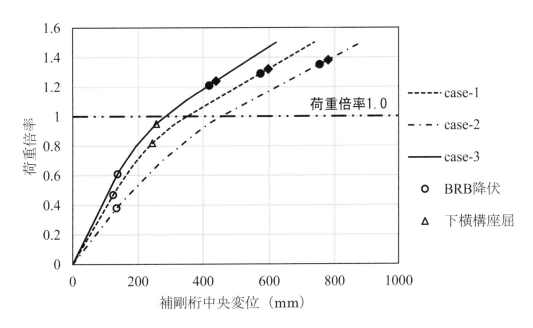

図-付 1.3.22　Pushover 解析より得られた補剛桁中央の変位と慣性力の関係

(4) 損傷を許容しない非エネルギー吸収部材の安全性照査

耐震性能IIIにおいて，損傷を許容しない非エネルギー吸収部材の安全性照査は［設計編］に準拠して行う．

アーチ橋の部材は，軸力と2方向の曲げモーメントを受ける部材あるいは軸力を受ける部材であり，細長いため，引張応力より圧縮応力が作用する場合の方がより危険である．よって，本照査例ではアーチリブ，端柱，鉛直材および補剛桁の時々刻々の断面縁端での圧縮応力が最大となる箇所について照査例を示す．圧縮応力が最大となる箇所は図-付1.3.23に示すとおりである．

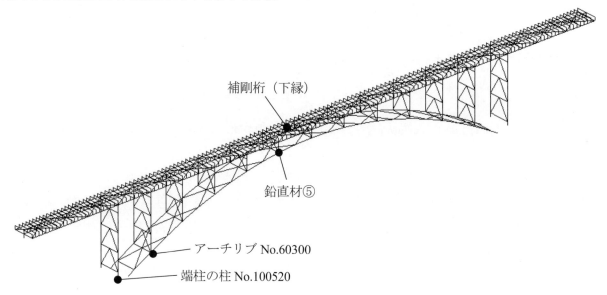

図-付1.3.23　部材の安全性照査箇所（各部材の最大圧縮応力発生箇所）[日本鋼構造協会，2011]

a) 設計圧縮耐力と設計曲げ耐力の算定

アーチリブと端柱の有効座屈長には，部材長を用いるのが一般的であるが，面内の有効座屈長は明確でないため，弾性座屈固有値解析により算定する．

アーチリブと端柱の地震時の有効座屈長は，全体系はりモデルを用いて，着目部材の圧縮応力が最大となる時刻の地震慣性力と死荷重を作用させて，弾性座屈固有値解析を行うのが望ましいが，本照査例では，死荷重と水平震度を作用させて，着目部材の圧縮応力最大時の軸力分布を近似して，弾性座屈固有値解析により有効座屈長を算定する．その詳細は3.2.7 (3) a)に記載した方法と同じであるため，説明を省略する．

設計圧縮耐力は［設計編］に基づいて算出する．その結果を表-付1.3.13に示す．なお，アーチリブと端柱には3.2.7 (3)と同様に弾性座屈固有値解析に基づく有効座屈長を考慮している．

また，設計曲げ耐力は［設計編］に基づいて算出する．その結果を表-付1.3.14に示す．なお，アーチリブ，端柱および鉛直材の設計曲げ耐力は（降伏曲げモーメント）$/\gamma_b$であり，補剛桁の設計曲げ耐力は，正曲げは（降伏曲げモーメント）$/\gamma_b$，負曲げは（横ねじれ座屈耐力）$/\gamma_b$である．アーチリブ，補剛桁および鉛直材には補剛材があるので全断面有効となる．ただし，補剛材は断面積に含まない．

なお，表-付1.3.13と表-付1.3.14における断面番号の丸付き数値は文献［日本鋼構造協会，2011］から引用したものであり，No.60300等は節点番号である．

表-付 1.3.13 設計圧縮耐力

部材		アーチリブ	端柱の柱	鉛直材	補剛桁
材質		SMA490WA	SMA490WB	SMA490WB	SMA490WB
断面番号		②No.60300	①No.100520	⑤	③
板厚	mm	16	19	22, 10	25, 16
材料強度特性値（降伏）f_k	N/mm²	365	355	355	355
材料係数 γ_m	-	1.0	1.0	1.0	1.0
設計強度 f_k/γ_m	N/mm²	365	355	355	355
断面積	m²	0.073	0.0366	0.0273	0.0456
断面2次モーメント（面内）	m⁴	0.021434	0.001412	0.000334	0.018666
断面2次モーメント（面外）	m⁴	0.009276	0.001242	0.003339	0.000267
部材長	m	5.675	1.5	2.619	5
有効座屈長係数（面内）	-	座屈解析	座屈解析	0.8	1
有効座屈長係数（面外）	-	1.5	-	1	1
有効座屈長（面内）l_e	m	17.000	9.800	2.095	5.000
有効座屈長（面外）l_e	m	8.513	-	2.619	5.000
細長比パラメータ（面内）λ	-	0.427	0.669	0.254	0.105
細長比パラメータ（面外）λ	-	0.325	-	0.100	0.876
細長比パラメータ（弱軸）λ	-	0.427	0.669	0.254	0.876
断面	-	溶接箱	溶接箱	溶接H	溶接I
部材係数 γ_b	-	1.04	1.04	1.08	1.08
断面グループ	-	1	1	2	2
限界細長比パラメータ λ_0	-	0.2	0.2	0.2	0.2
初期不整係数 α	-	0.089	0.089	0.224	0.224
$\beta = 1 + \alpha(\lambda - \lambda_0) + \lambda^2$	-	1.202	1.489	1.077	1.919
軸圧縮耐力の特性値 N_{cu}	kN	26,007	12,124	9,568	11,982
設計軸圧縮耐力 $N_{crd} = N_{cu}/\gamma_b$	kN	25,007	11,657	8,859	11,095

表-付 1.3.14 設計曲げ耐力

部材		アーチリブ	端柱の柱	鉛直材	補剛桁（下）
材質		SMA490WA	SMA490WB	SMA490WB	SMA490WB
断面番号		②No.60300	①100520	⑤	③
板厚	mm	16	19	22, 10	25, 16
設計強度 f_k/γ_m	N/mm²	365	355	355	355
断面2次モーメント（面内）	m⁴	0.021434	0.001412	0.000334	0.018666
断面2次モーメント（面外）	m⁴	0.009276	0.001242	0.003339	0.000267
ねじり定数	m⁴	0.019415	0.001918	0.000003	0.000006
縁端距離（面内）	m	0.716	0.25	0.225	0.8125
縁端距離（面外）	m	0.44	0.25	0.3781	0.2
部材長		8.513	1.5	2.619	5
断面		溶接箱	溶接箱	溶接H	溶接I
部材係数 γ_b	-	1.04	1.04	1.08	1.08
断面グループ	-	ノンコンパクト	ノンコンパクト	ノンコンパクト	ノンコンパクト
限界細長比パラメータ λ_{b0}	-	0.4	0.4	0.4	0.4
初期不整係数 α_b	-	0.15	0.15	0.25	0.25
$\gamma = 1 - I_y/I_z$	-	0.567	0.120	0.900	0.986
弾性横ねじれ座屈モーメント M_E	kNm	836,989	1,185,753	17,274	3,317
細長比モーメント（面内）λ_b	-	0.114	0.041	0.175	1.568
$\beta_b = 1 + \alpha_b(\lambda_b - \lambda_{b0}) + \lambda_b^2$	-	$\lambda_b \leq \lambda_{b0}$	$\lambda_b \leq \lambda_{b0}$	$\lambda_b \leq \lambda_{b0}$	3.751
基準曲げ耐力（面内）$M_n = M_y$	kNm	10,927	2,005	527	8,156
基準曲げ耐力（面外）$M_n = M_y$	kNm	7,695	1,764	3,135	474
曲げ耐力特性値（面内）M_{cu}	kNm	10,927	2,005	527	-2,808
曲げ耐力特性値（面外）M_{cu}	kNm	7,695	1,764	3,135	474
設計曲げ耐力（面内）M_{cu}/γ_b	kNm	10,506	1,928	488	-2,600
設計曲げ耐力（面外）M_{cu}/γ_b	kNm	7,399	1,696	2,903	439

b) 部材相関式による安全性照査

損傷を許容しない部材に対する部材強度相関式による照査結果を表-付 1.3.15 に示す．応答値には全体系はりモデルを用いた弾塑性有限変位動的解析による圧縮応力最大時の断面力を抽出している．設計軸圧縮耐力および設計曲げ耐力にはそれぞれ表-付 1.3.13 と 1.3.14 の値を考慮している．

表-付 1.3.15 より，アーチリブと端柱は部材強度相関式による安全性を満足するが，鉛直材と補剛桁はわずかに安全性を満足しない結果となっている．表-付 1.3.8 に示した補強前のアーチ橋の部材強度相関式による安全性照査結果と比較して，端柱，アーチリブ，鉛直材および補剛桁の順に改善されている．とくに，アーチリブと端柱の部材強度相関式は，それぞれ 1.33 が 0.84 に，2.05 が 0.68 に改善されている．

表-付 1.3.15　橋直方向地震応答値に対する部材相関式による照査

	部材	単位	アーチリブ	端柱の柱	鉛直材	補剛桁（下縁）
対象部材	材質	-	SMA490WA	SMA490WB	SMA490WB	SMA490WB
	断面番号	-	②No.60300	①基部	⑤	③
部分係数※1)	構造物係数	-	1.0	1.0	1.0	1.0
	構造解析係数	-	1.0	1.0	1.0	1.0
	作用係数	-	1.0	1.0	1.0	1.0
設計耐力（部材耐力）	設計軸圧縮耐力	kN	-25,007	-11,779	-8,859	-11,095
	設計曲げ耐力（面内）	kNm	10,506	1,928	488	-2,600
	設計曲げ耐力（面外）	kNm	7,399	1,696	2,903	439
圧縮応力最大時	時刻	-	圧縮応力最大	圧縮応力最大	圧縮応力最大	圧縮応力最大
	軸力	kN	-13,542	-4,173	-537.9	-6,112
	曲げモーメント（面内）	kNm	1,347	602.8	448.9	-1,162
	曲げモーメント（面外）	kNm	1,288	11.6	146.9	3.2
	部材相関式	-	0.84	0.68	1.03	1.01
部材安全性の判定			OK	OK	NG	NG

※1) 部材係数は表-付 1.3.1 に示した値を設計耐力に考慮している．

3.3.7 まとめ

3.1，3.2 で示した上路式アーチ橋を対象に，耐震性能向上策として，端柱の対傾構と下横構の一部を軸降伏型の座屈拘束ブレース（BRB）に交換した場合の橋直方向の照査例を示した．耐震性能は耐震性能 III とし，二次部材の損傷を許容するものとして，構造全体系の座屈安定性，剛性低下の照査と，損傷を許容しない部材の安全性照査を行った結果を示している．

なお，本照査例では，損傷を許容した二次部材の応答が比較的軽微な損傷であったため，圧縮側のピーク以降の耐力低下を考慮した非線形モデルとはしていない．損傷を許容する部材の応答値が大きい場合には，その部材の座屈後挙動や破断挙動を適切に考慮できるモデル化とする必要がある．

本付録で対象としたアーチ橋の耐震性能照査例における照査項目と本示方書との対応を表-付 1.3.16 にまとめる．該当する条文および解説を確認されたい．

付録1　耐震性能照査例　275

表-付 1.3.16　アーチ橋の耐震性能照査例における照査項目と本示方書との対応（目標耐震性能 III）

照査項目[3]				対象と限界状態	応答値の評価法 解析モデル	限界値の評価法 解析モデル
構造 安全性	構造全体の 安全性	構造全体系の座屈[1]			条文 4.4【解説】(1)	条文 4.4【解説】(3)
					全体系はりモデル ME1 （修正全体系はりモデル MME1)	全体系はりモデル ME1 （修正全体系はりモデル MME1)
	部材の 安全性	上部 構造[1]	アーチリブ， 端柱，鉛直 材，補剛桁	部材の降伏， 座屈	条文 4.4【解説】(1)	条文 4.4【解説】(3)
					全体系はりモデル ME1	部材強度相関式
			対傾構・横構	部材の降伏， 座屈	条文 4.4【解説】(1)	照査を行わなくてよい
					修正全体系はりモデル MME1	
		座屈拘束ブレース （BRB)		―[2]	条文 8.5.2【解説】 条文 8.5.4【解説】(2)	条文 8.5.4【解説】(3)
					全体系はりモデル ME1	実験による強度・変形能
		鋼製支承 （可動支承，ピボッ ト支承)		―[2]	条文 7.8.4【解説】1)	―[2]
					全体系はりモデル ME1	―[2]
		基礎		―[2]	条文 7.8.7【解説】	―[2]
					全体系はりモデル ME1	―[2]
地震後の 使用性・修復性		照査を行わなくてよい 条文 4.4【解説】(4)				

※1) 本照査例で条文に沿って照査した項目

※2) 本示方書に記述がない項目

※3) ここで示した以外の項目で照査する必要がある場合には，各種基準類を参照のこと．

付録1の参考文献

柴田道生，中村武，若林實（1982）：鉄骨筋違の履歴特性の定式化，日本建築学会論文報告集，第316号，pp.18-23.

日本鋼構造協会（2003）：土木構造物の動的耐震性能照査法と耐震性向上策．

宇佐美勉（2006）：鋼橋の耐震・制震設計ガイドライン，日本鋼構造協会，技法堂出版．

野中哲也，岩村真樹，宇佐美勉（2008）：進行性破壊を考慮したトラス橋の地震応答解析，構造工学論文集，Vol.54A，pp.293-304.

竹内徹，中村悠，松井良太（2010）：接合部固定度を考慮したH型断面ブレースの座屈後履歴性状及び累積変形性能，日本建築学会構造系論文集，第75巻，第653号，pp.1289-1297.

日本鋼構造協会（2011）：ファイバーモデルを用いた鋼橋の動的耐震解析の現状と信頼性向上，JSSCテクニカルレポート No.93.

日本道路協会，（2012）：道路橋示方書（V耐震設計編）・同解説，丸善．

丸山陸也，葛漢彬，宇佐美勉（2015）：3種類の履歴型制震ダンパーを導入した鋼構造物の地震後の使用性に関する解析的検討，構造工学論文集，Vol.61A，pp.198-210.

日本道路協会（2017）：道路橋示方書（V耐震設計編）・同解説，丸善．

奥村徹，後藤芳顯（2018a）：鋼製橋脚で支持された連続高架橋の多方向地震動下の耐震安全照査法に関する検討，構造工学論文集，Vol.64A，pp.208-221.

奥村徹，後藤芳顯（2018b）：多方向地震動を受ける鋼橋の Pushover 解析に基づく地震後の残留変位の推定法に関する検討，第21回性能に基づく橋梁等の耐震設計に関するシンポジウム講演論文集，pp.89-96.

馬越一也，吉野廣一，野中哲也（2018）：想定を超える地震に対する鋼橋の2次部材の破断を考慮するモデル化手法に関する一考察，第21回性能に基づく橋梁等の耐震設計に関するシンポジウム講演論文集，pp.201-208.

付録 2 部材およびセグメントの安全限界評価式

1. 概要

　第 4 章での照査において用いる鋼製橋脚の安全限界の推定式として多くのものが提案されている．本示方書では，これらを紹介するとともに，推定式の精度について，FE 解析により得られた結果と比較して示す．はじめに，本付録に記載する各種の推定式に用いられる鋼製橋脚の耐震性能を支配する主要パラメータを表-付 2.2.1 にまとめる．

表-付 2.1.1　鋼製橋脚の耐震性能を支配する主要パラメータ

種類	パラメータの名称	記号	定義式
共通	軸力比	$P/P_0,\ N/N_y$	—
	細長比パラメータ	$\bar{\lambda}$	$\bar{\lambda} = \dfrac{Kh}{r}\dfrac{1}{\pi}\sqrt{\dfrac{\sigma_y}{E}}$
	上部構造重量の偏心比	e/h	—
箱型断面（無補剛または縦補剛材が等間隔に配置）	フランジパネルの幅厚比パラメータ（$\gamma/\gamma^* \geq 1$ のとき）	$R_R,\ R_f$	$R_R = R_f = \dfrac{b}{t}\sqrt{\dfrac{12(1-\nu^2)}{4n^2\pi^2}}\sqrt{\dfrac{\sigma_y}{E}}$
	フランジパネルの幅厚比パラメータ（$\gamma/\gamma^* \leq 1$ のとき）	R_F	$R_F = \dfrac{b}{t}\sqrt{\dfrac{12(1-\nu^2)}{k\pi^2}}\sqrt{\dfrac{\sigma_y}{E}}$ $k = \begin{cases} [\{1+(a/b)^2\}^2 + n\gamma]/\{(a/b)^2(1+n\delta_l)\} & (a/b \leq \alpha_0) \\ 2(1+\sqrt{1+n\gamma})/(1+n\delta_l) & (a/b > \alpha_0) \end{cases}$
	縦補剛材の幅厚比パラメータ	R_S	$R_S = \dfrac{h_r}{t_r}\sqrt{\dfrac{12(1-\nu^2)}{0.43\pi^2}}\sqrt{\dfrac{\sigma_y}{E}}$
	縦補剛材剛比／最適剛比	γ/γ^*	$\gamma = \dfrac{11}{3}\dfrac{h_r^{\,3}t_r}{bt^3}$ $\gamma^* = \begin{cases} 4(a/b)^2(1+n\delta_l) - \{1+(a/b)^2\}^2/n & (a/b \leq \alpha_0) \\ [\{2n^2(1+n\delta_l)-1\}^2 - 1]/n & (a/b > \alpha_0) \end{cases}$
	補剛材細長比パラメータ	$\bar{\lambda}_s$	$\bar{\lambda}_s = \dfrac{1}{\sqrt{\bar{Q}}}\dfrac{a}{r_s}\dfrac{1}{\pi}\sqrt{\dfrac{\sigma_y}{E}}$ $\bar{Q} = \dfrac{1}{2R_f}[\bar{\beta} - \sqrt{\bar{\beta}^2 - 4R_f}] \leq 1.0,\ \ \bar{\beta} = 1.33R_f + 0.868$
	補正補剛材細長比パラメータ	$\bar{\lambda}_s'$	$\bar{\lambda}_s' = \dfrac{\bar{\lambda}_s}{\sqrt[5]{a/b}}$
	フランジパネルの縦横寸法比	a/b	—
円形断面	径厚比パラメータ	R_t	$R_t = \dfrac{R}{t}\dfrac{\sigma_y\sqrt{3(1-\nu^2)}}{E}$
	ダイアフラム間隔比	$\bar{d}_n$	$\bar{d}_n = d_n/D$

$P_0 = \sigma_y A$：降伏軸力，σ_y：降伏応力，E：ヤング率，ν：ポアソン比，A：断面積，I：断面 2 次モーメント，r：柱断面の断面 2 次半径，h：柱高さ，K：柱の有効座屈長係数（片持ち柱の場合 $K=2.0$）

（補剛箱型断面）b：フランジパネルの幅，a：フランジパネルのダイアフラム間隔，n：フランジパネルのサブパネル数，t：板厚，r_s：補剛材と幅 b/n からなる T 形断面の板パネルに平行な主軸まわりの断面 2 次半径，h_r：縦補剛材の高さ，t_r：縦補剛材の板厚，$\delta_l = (h_r t_r)/(bt)$：補剛材の断面積比，$\alpha_0 = \sqrt[4]{1+n\gamma}$：限界縦横寸法比

（円形断面）D：直径，d_n：ダイアフラム間隔，t：板厚

2. 無充填鋼製橋脚での安全限界の各種推定式

本節では，無充填鋼製橋脚の安全限界推定式について，多方向地震動連成下において力とモーメントの複数の成分が連成して作用する場合の力・モーメントおよび変位の限界相関式を 2.1 に，水平 1 方向成分が卓越する場合の力，変位，ひずみの限界値推定式を 2.2 に示す．

2.1 多方向地震動下での照査に用いる限界相関式

(1) 橋脚柱頂部に作用する力とモーメント成分で表した無充填橋脚柱の限界相関式

水平 2 方向あるいは 3 方向地震動など多方向地震動連成下における橋脚の安全照査に用いる．多方向地震動下において，各橋脚の柱頂部には，図-付 2.2.1 のように，作用力 3 成分（水平 2 成分 (H_x, H_y)，鉛直 1 成分 P）およびモーメント 3 成分（曲げ 2 成分 (M_x, M_y)，ねじり成分 M_z）が作用する．これらの多方向成分の繰り返しを受ける柱部分の安全限界として極限点（最大耐力）到達時の 4 種類の相関式を以下に示す．

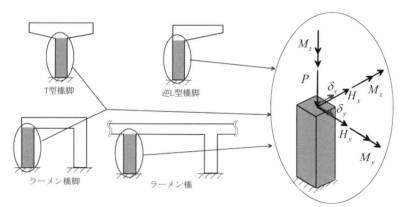

図-付 2.2.1　橋脚頂部における作用力およびモーメント

a) 相関式①（力 3 成分＋モーメント 3 成分）

柱頂部に作用する力とモーメント 6 成分すべてを考慮した陽な相関式であり，最も汎用性がある．[海老澤ら，2017]

$$\left(\left| \frac{H_x + M_y / h_x^{eq}}{H_{xu}^0} \right|^\gamma + \left| \frac{H_y - M_x / h_y^{eq}}{H_{yu}^0} \right|^\gamma \right)^{\frac{\alpha}{\gamma}} + \left| \frac{M_z}{M_{zu}^0} \right|^\beta + \left| \frac{P}{P_u} \right|^\eta = 1 \quad [標準偏差：0.023] \quad (付2.2.1)$$

式(付 2.2.1)の左辺の値が 1 以下であれば限界状態に到達していないことになる．また，各パラメータの具体的な推定式および適用範囲については，表-付 2.2.1(a),(b)に示す．

b) 相関式②（力 2 成分＋モーメント 3 成分）

6 成分に関する相関式であるが，鉛直軸力 P については軸力比の影響は陰に相関式に含まれている．[Alamiri ら，2015]

$$\left(\left| \frac{H_x + M_y / h_x^{eq}}{H_{xu}} \right|^\gamma + \left| \frac{H_y - M_x / h_y^{eq}}{H_{yu}} \right|^\gamma \right)^{\frac{\alpha}{\gamma}} + \left| \frac{M_z}{M_{zu}} \right|^\beta = 1 \quad [標準偏差：0.047] \quad (付2.2.2)$$

式(付 2.2.2)の左辺の値が 1 以下であれば限界状態に到達していないことになる．文献［Alamiri ら，2015］

では円形断面橋脚のみの検討であり，各パラメータの推定式および適用範囲を表-付 2.2.2 に示す．相関式(付 2.2.2)の形式そのものは矩形断面橋脚にも適用可能である．

c) 相関式③（力 3 成分）

橋脚頂部に作用する力の 3 成分(H_x, H_y, P)に対する相関式である．［後藤ら，2012］

$$\left(\left| \frac{H_x + M_y / h_x^{eq}}{H_{xu}^0} \right|^{\gamma} + \left| \frac{H_y - M_x / h_y^{eq}}{H_{yu}^0} \right|^{\gamma} \right)^{\frac{\alpha}{\gamma}} + \left| \frac{P}{P_u} \right|^{\eta} = 1 \qquad \text{［標準偏差：0.036］} \qquad \text{(付 2.2.3)}$$

式(付 2.2.3)の左辺の値が 1 以下であれば限界状態に到達していないことになる．文献［後藤ら，2012］では正方形断面橋脚のみの検討であり，その各パラメータの推定式および適用範囲を表-付 2.2.3 に示す．相関式(付 2.2.3)の形式そのものは円形断面橋脚にも適用可能である．

d) 相関式④（力 2 成分）

橋脚頂部に作用する力の 3 成分(H_x, H_y, P) に対する相関式であるが，鉛直軸力 P の影響は陰に相関式に含まれている．［後藤ら，2009a，2009b，2011；Goto et al., 2014］

$$\left| \frac{H_x + M_y / h_x^{eq}}{H_{xu}} \right|^{\gamma} + \left| \frac{H_y - M_x / h_y^{eq}}{H_{yu}} \right|^{\gamma} = 1 \qquad \text{［標準偏差：0.026］} \qquad \text{(付 2.2.4)}$$

式(付 2.2.4)の左辺の値が 1 以下であれば限界状態に到達していないことになる．また，各パラメータの具体的な推定式および適用範囲については，表-付 2.2.4(a),(b)に示す．

式(付 2.2.1)～(付 2.2.4)で用いられている各記号の意味を以下に示す．

$H_x, H_y, P, M_x, M_y, M_z$：柱頂部の作用力成分と作用モーメント成分の応答値

H_{xu}, H_{yu}, M_{zu}：鉛直軸力 P 作用下での各水平方向力成分H_x, H_yとねじりモーメント成分M_zが単独に柱頂部に作用した時の限界値．表-付 2.2.2 と 2.2.4 に示すパラメータ制限を鋼製橋脚が満足している場合は Pushover 解析による最大耐力で$H_{xu} = H_{xM}^P, H_{yu} = H_{yM}^P, M_{zu} = M_{zM}^P$のように置き換えることができる．

$H_{xu}^0, H_{yu}^0, M_{zu}^0$：鉛直軸力 P を 0 としたときの各水平力成分H_x, H_yとねじりモーメント成分M_zが単独に柱頂部に作用した時の限界値．表-付 2.2.1，2.2.3 に示すパラメータ制限を鋼製橋脚が満足している場合は Pushover 解析による最大耐力で$H_{xu}^0 = H_{xM}^{0P}, H_{yu}^0 = H_{yM}^{0P}, M_{zu}^0 = M_{zM}^{0P}$のように置き換えることができる．

P_u：柱頂部に作用する鉛直軸力 P の限界値

h_x^{eq}, h_y^{eq}：等価高さ［後藤ら，2011；Goto et al., 2014］

$\alpha, \beta, \gamma, \eta$：定数

柱頂部に作用する曲げモーメント成分M_x, M_yについてはその限界値に対して直接評価するのではなく，等価高さh_x^{eq}, h_y^{eq}を用いて等価な水平力に換算して評価している．等価高さは曲げモーメント成分の限界値を水平力成分の限界値で除したもの$h_x^{eq} = M_{yu} / H_{xu}, h_y^{eq} = M_{xu} / H_{yu}$であり，物理的な意味合いとしては図-付 2.2.2 に示すように等価水平力による曲げモーメントが換算前曲げモーメントの値と一致する位置に対応する．

相関式①式(付 2.2.1)→相関式②式(付 2.2.2)→相関式③式(付 2.2.3)→相関式④式(付 2.2.4)の順に強度相関式の適用範囲は狭くなる．各強度相関式の適用範囲に対応して最適なパラメータが表-付 2.2.1～2.2.4 に示すように異なる値として同定されている．そのため，適用範囲を制限されている相関式の方が限界状態の推定精度は一般には良い．したがって，これらの相関式を用いるときはこのような点に注意して最も適した式を

付録 2　部材およびセグメントの安全限界評価式　　279

用いるのが良い．また，これらの強度相関式中のパラメータ値は，各表に示されているように SM490, SS400 鋼を用いた正方形断面および円形断面無充填鋼製橋脚に対して同定されたものあるので，適用においては留意する必要がある．

　なお，ここで示した各推定式は，鋼製橋脚を高さ方向に断面が変化しない等断面橋脚として算定したものである．しかし，変断面の橋脚に対しても損傷が基部パネルに限定される場合には，この断面の無次元パラメータを与えることにより準用できる［後藤ら，2012］.

　表-付 2.2.1〜2.2.4 において最大耐力の推定式が示されていない長方形断面橋脚の場合やパラメータの範囲を超える場合には，照査対象となる橋脚柱の FE 解析により相関式中の各作用力成分の限界値として与える最大耐力の値や指数を決定する必要がある．この場合には，各限界相関式の誘導方法が示されている文献［後藤ら，2009a，2009b，2011，2012，2017；Alamiri ら，2015］を参照するとよい．

　一般的にはねじりモーメントの影響の小さいケースが多いことから，ここでは相関式④を用いる場合についての相関式中の各限界値及び指数を決定する簡易的な手順を以下に例示する［奥村ら，2018］.

1) 橋脚柱に対して一定鉛直荷重 P_i 下で柱頂部に x 方向および y 方向の強制変位を与える Pushover 解析（図-付 2.2.3(a)）により柱頂部の最大水平力 $H^P_{xM}(P_i)$，$H^P_{yM}(P_i)$ を算定する（それぞれ，図-付 2.2.4 の X_d，Y_d および，X_i，Y_i（i=1, 2））．鉛直荷重 P_i は死荷重時の P_d に加え，入力地震動に対する柱の鉛直荷重 P の応答の範囲をカバーするように数点選ぶ．ただし，Pushover 解析を用いることができるのは鋼製橋脚がエネルギー吸収部材としての構造細目（条文 6.4【解説】）を満足していることが前提である（条文 2.3【解説】1)参照）．満足していない場合には鉛直荷重 P_i 作用下で x, y 方向の初期降伏水平変位 δ_{x0}, δ_{y0} をもとにした振幅漸増型の 1 方向の両振りの 1 回繰り返し解析を各方向について行うことで $H_{xM}(P_i)$，$H_{yM}(P_i)$ を求める．

2) 1)で設定した一定鉛直荷重 P_i 下で柱頂部に x 軸および y 軸まわりの強制回転角を柱頂部に与える Pushover 解析（図-付 2.2.3(b)）により柱頂部の最大モーメント $M^P_{xM}(P_i)$，$M^P_{yM}(P_i)$ を算定する．各鉛直荷重における最大水平力 $H^P_{xM}(P_i)$，$H^P_{yM}(P_i)$ と最大モーメント $M^P_{xM}(P_i)$，$M^P_{yM}(P_i)$ の比として，等価高さ $h^{eq}_x(P_i) = M^P_{yM}(P_i) / H^P_{xM}(P_i)$，$h^{eq}_y(P_i) = M^P_{xM}(P_i) / H^P_{yM}(P_i)$ を算定する（図-付 2.2.2 参照）.

　　以上の結果をもとに柱頂部の最大水平力 H^P_{xM}，H^P_{yM}，等価高さ h^{eq}_x，h^{eq}_y を軸力比 P / P_0 の関数（多項式等）として求める．

3) 死荷重時 P_d の作用下で柱頂部に断面の対角方向の強制変位を与える Pushover 解析（図-付 2.2.3(a)）により求まる最大荷重 $H^P_{dia M}(P_d)$（図-付 2.2.4 の D）を算定する．この最大荷重の x および y 方向成分（$H^P_{dia xM}(P_d)$, $H^P_{dia yM}(P_d)$）を相関式④に代入した際に，相関式の値が 1 となるように指数 γ を求める．

　なお，やや特殊な場合であるが，ラーメン橋脚の面内挙動などのように柱上端と下端のモーメントが逆になる場合には限界相関式の精度が低下し危険側の評価となる場合がある．文献［奥村ら，2018］では，長方形断面鋼製橋脚を対象に相関式④の有効高さを補正する方法を紹介しているので参考にするとよい．

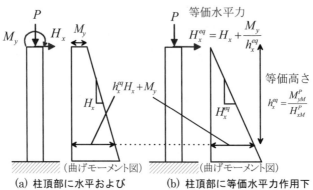

(a) 柱頂部に水平および曲げモーメント作用下
(b) 柱頂部に等価水平力作用下

図-付 2.2.2　等価高さ

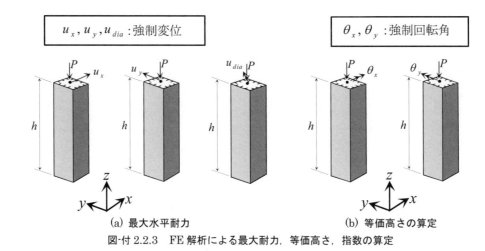

(a) 最大水平耐力
(b) 等価高さの算定

図-付 2.2.3　FE解析による最大耐力，等価高さ，指数の算定

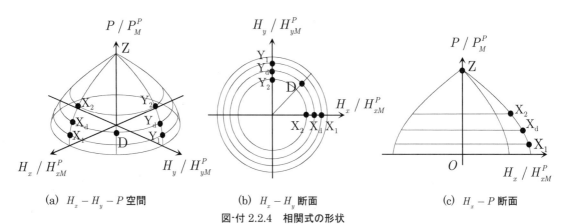

(a) $H_x - H_y - P$ 空間
(b) $H_x - H_y$ 断面
(c) $H_x - P$ 断面

図-付 2.2.4　相関式の形状

表-付 2.2.1(a)　パラメータの推定式（限界相関式①，正方形断面）［海老澤ら，2017］

最大耐力	$\dfrac{H_{xM}^{0P}}{H_{x0}^{0}} = \dfrac{H_{yM}^{0P}}{H_{y0}^{0}} = \dfrac{12.6}{R_R^{\ 0.0287}\,\bar{\lambda}_s^{\ -0.0176}\,(a/b)^{-0.00775}\,\bar{\lambda}^{-0.0214}} - 11.6$	(付 2.2.5)
	$H_{x0}^{0} = H_{x0}^{0} = \sigma_y Z/h$ ：鉛直軸力を 0 としたときの x 方向および y 方向載荷時の初期降伏水平力	
	σ_y：降伏応力，Z：断面係数，h：柱高さ	
	$\dfrac{P_M^P}{P_0} = \dfrac{1}{2Q\bar{\lambda}^{-2}}\left(S - \sqrt{S^2 - 4Q\bar{\lambda}^{-2}}\right)$	(付 2.2.6)
	$S = 1 + 0.089\left(\sqrt{Q\bar{\lambda}} - 0.2\right) + Q\bar{\lambda}^{-2}$	(付 2.2.7)
	ここに，$Q = \begin{cases} 1 & (R_R \le 0.5) \\ 1.5 - R_R & (0.5 < R_R \le 1.0) \end{cases}$	
	$P_0 = \sigma_y A$：降伏軸力	
	A：断面積	
	$\dfrac{M_{zM}^{0P}}{M_{z0}^{0}} = \dfrac{0.123}{R_R^{\ 0.295}\,\bar{\lambda}_s^{\ 0.978}\,(a/b)^{0.120}\,\bar{\lambda}^{-0.403}} + 1.06$	(付 2.2.8)
	$M_{z0}^{0} = \dfrac{2}{\sqrt{3}}b^2 t\sigma_y$ ：鉛直軸力を 0 としたときの初期降伏ねじりモーメント	
等価高さ	$\dfrac{h_x^{eq}}{h} = \dfrac{h_y^{eq}}{h} = \dfrac{7.61}{R_R^{\ -0.0146}\,\bar{\lambda}_s^{\ -0.0111}\,(a/b)^{0.00438}\,\bar{\lambda}^{0.00222}\left(1 + P/P_0\right)^{0.115}} - 6.50$	(付 2.2.9)
	但し，$P/P_M^P \ge 0.3$，のときは $P/P_0 = 0.3 P_M^P/P_0$ とする．	
指数	$\alpha = 1$	(付 2.2.10)
	$\beta = 1.867$	(付 2.2.11)
	$\gamma = \log 2 / \{\log 2/2 - \log(H_{diaM}^{0P}/H_{xM}^{0P})\}$	(付 2.2.12)
	$\dfrac{H_{diaM}^{0P}}{H_{dia0}^{0}} = \dfrac{1.20}{R_R^{\ 1.20}\,\bar{\lambda}_s^{\ -0.285}\,(a/b)^{-0.713}\,\bar{\lambda}^{-0.521}} - 0.169$	(付 2.2.13)
	H_{diaM}^{0P}：鉛直軸力を 0 としたときの対角方向載荷の Pushover 解析により求まる最大水平荷重	
	H_{dia0}^{0}：鉛直軸力を 0 としたときの対角方向載荷に対する初期降伏水平荷重	
	$\eta = \dfrac{40.437}{R_R^{\ -0.00457}\,\bar{\lambda}_s^{\ 0.00405}\,(a/b)^{0.000323}\,\bar{\lambda}^{-0.00831}} - 39.591$	(付 2.2.14)

※) 適用範囲：$0.3 \le R_R \le 0.5$，$0.32 \le \bar{\lambda}_s \le 0.5$，$0.5 \le a/b \le 1.0$，$1.00 \le \gamma/\gamma^* \le 2.09$，$0.2 \le \bar{\lambda} \le 0.5$，
　$0.075 \le P/P_0 \le 0.70$，鋼種 SM490

*)等価高さの係数は文献［海老澤，2017］の解析データを用いて改めて同定した値である．

表-付 2.2.1(b)　パラメータの推定式（限界相関式①，円形断面）[海老澤ら，2017]

最大耐力	$\dfrac{H_{xM}^{0P}}{H_{x0}^0} = \dfrac{H_{yM}^{0P}}{H_{y0}^0} = \dfrac{147.1}{R_t^{0.0104}\,\overline{\lambda}^{-0.00182}} - 146.1$	(付 2.2.15)
	$H_{x0}^0 = H_{x0}^0 = \sigma_y Z / h$ ：鉛直軸力を 0 としたときの x 方向および y 方向載荷時の初期降伏水平力	
	σ_y ：降伏応力，　Z ：断面係数，　h ：柱高さ	
	$\dfrac{P_M^P}{P_0} = \dfrac{1}{2\overline{\lambda}^2}\left(S - \sqrt{S^2 - 4Q\overline{\lambda}^2}\right)$	(付 2.2.16)
	$S = 1 + 0.089\left(\sqrt{Q}\,\overline{\lambda} - 0.2\right) + Q\overline{\lambda}^2$	(付 2.2.17)
	ここに，　$Q = \begin{cases} 1 & (R_t \le 0.119) \\ 0.723 + 0.0330 / R_t & (0.119 < R_t \le 0.355) \end{cases}$	
	$P_0 = \sigma_y A$ ：降伏軸力	
	A ：断面積	
	$\dfrac{M_{zM}^{0P}}{M_{z0}^0} = \dfrac{8.30}{R_t^{0.0664}\,\overline{\lambda}^{-0.0132}} - 8.07$	(付 2.2.18)
	$M_{z0}^0 = \dfrac{\pi}{2\sqrt{3}} D^2 t \sigma_y$ ：鉛直軸力を 0 としたときの初期降伏ねじりモーメント	
等価高さ	$\dfrac{h_x^{eq}}{h} = \dfrac{h_y^{eq}}{h} = \dfrac{-3.44}{R_t^{0.0260}\,\overline{\lambda}^{-0.0229}\left(1 + P/P_0\right)^{-0.121}} + 4.53$	(付 2.2.19)
	但し，　$P / P_M^P \ge 0.3$ ，のときは $P / P_0 = 0.3 P_M^P / P_0$ とする．	
指数	$\alpha = 1$	(付 2.2.20)
	$\beta = 2.10$	(付 2.2.21)
	$\gamma = 2$	(付 2.2.22)
	$\eta = \dfrac{8.13}{R_t^{-0.0442}\,\overline{\lambda}^{0.0974}} - 6.87$	(付 2.2.23)

※) 適用範囲：　$0.04 \le R_t \le 0.08$ ，　$0.29 \le \overline{\lambda} \le 0.5$ ，　$0.10 \le P / P_0 \le 0.70$ ，　$\overline{d}_n \approx 1.0$ ，鋼種 SM490, SS400

*)等価高さの係数は文献［海老澤，2017］の解析データを用いて改めて同定した値である．

付録 2　部材およびセグメントの安全限界評価式　　　283

表-付 2.2.2　パラメータの推定式（限界相関式②，円形断面）〔後藤ら，2009；Alamiri ら，2015〕

最大耐力	$\dfrac{H_{xM}^{P}}{H_{x0}} = \dfrac{H_{yM}^{P}}{H_{y0}} = \left\{ \dfrac{0.123}{R_t^{0.575}\,\overline{\lambda}^{-0.339}\left(1+P/P_0\right)^{3.09}} + 0.814 \right\} \dfrac{1}{1-\left(P/P_0\right)}$ $P_0 = \sigma_y A$ ：降伏軸力 $H_{x0} = H_{y0} = (\sigma_y - P/A)Z/h$ ：x 方向および y 方向載荷時の初期降伏水平力 σ_y ：降伏応力，　A ：断面積，　Z ：断面係数，　h ：柱高さ	（付 2.2.24）
	$\dfrac{M_{zM}^{P}}{M_{z0}} = \left\{ \dfrac{0.0818}{R_t^{0.774}\,\overline{d}_n^{\,0.291}\,\overline{\lambda}^{-0.163}\left(1+P/P_0\right)^{0.265}} + 0.389 \right\} \dfrac{1}{\sqrt{1-\left(P/P_0\right)^2}}$ $M_{z0} = \dfrac{\pi}{2\sqrt{3}} D^2 t \sigma_y \sqrt{1-\left(P-P_0\right)^2}$ ：初期降伏ねじりモーメント	（付 2.2.25）
等価高さ	$\dfrac{h_x^{eq}}{h} = \dfrac{h_y^{eq}}{h} = \dfrac{1.363}{R_t^{-0.147}\,\overline{\lambda}^{0.00101}\left(1+P/P_0\right)^{0.0207}} - 0.0477$	（付 2.2.26）
指数	$\alpha = 1.173$	（付 2.2.27）
	$\beta = 6.16 R_t^{\left(0.506\overline{d}_n^{\,2}-1.24\overline{d}_n+1.11\right)}\,\overline{d}_n^{\,1.39}\,\overline{\lambda}^{-\left(0.222\overline{d}_n^{\,2}-0.536\overline{d}_n+0.560\right)}\left(1-P/P_0\right)^{1.30}$ $\quad + \left(-0.0648\overline{d}_n^{\,2}+0.161\overline{d}_n+0.562\right)$	（付 2.2.28）
	$\gamma = 2$	（付 2.2.29）

※) 適用範囲：　$0.04 \leq R_t \leq 0.08$ ，　$0.3 \leq \overline{\lambda} \leq 0.5$ ，　$0.1 \leq P/P_0 \leq 0.3$ ，　$1.0 \leq \overline{d}_n \leq 1.5$ ，鋼種 SM490

表-付 2.2.3　パラメータの推定式（限界相関式③，正方形断面）[後藤ら，2012]

最大耐力	$\dfrac{H_{xM}^{0P}}{H_{x0}^0} = \dfrac{H_{yM}^{0P}}{H_{y0}^0} = \dfrac{40.1}{R_R^{\,0.000871}\,\bar{\lambda}_s^{\,0.00170}\,(a/b)^{0.000165}\,\bar{\lambda}^{-0.00238}} - 39.0$	(付 2.2.30)
	$H_{x0}^0 = H_{x0}^0 = \sigma_y Z/h$ ：鉛直軸力を 0 としたときの x 方向および y 方向載荷時の初期降伏水平力	
	σ_y：降伏応力，Z：断面係数，h：柱高さ	
	$\dfrac{P_M^P}{P_0} = \dfrac{1}{2\bar{\lambda}^2}\left(S - \sqrt{S^2 - 4Q\bar{\lambda}^2}\right)$	(付 2.2.31)
	$S = 1 + 0.089\left(\sqrt{Q}\,\bar{\lambda} - 0.2\right) + Q\bar{\lambda}^2$	(付 2.2.32)
	ここに，$\quad Q = \begin{cases} 1 & (R_R \le 0.5) \\ 1.5 - R_R & (0.5 < R_R \le 1.0) \end{cases}$	
	$P_0 = \sigma_y A$ ：降伏軸力	
	A：断面積	
等価高さ	$\dfrac{h_x^{eq}}{h} = \dfrac{h_y^{eq}}{h} = \dfrac{1.79}{R_R^{-0.0217}\,\bar{\lambda}_s^{-0.0679}\,(a/b)^{0.0134}\,\bar{\lambda}^{-0.00879}\,\left(1 + P/P_0\right)^{0.121}} - 0.923$	(付 2.2.33)
	但し，$P/P_M^P \ge 0.3$，のときは $P/P_0 = 0.3 P_M^P / P_0$ とする．	
指数	$\alpha = 1$	(付 2.2.34)
	$\gamma = \log 2 / \{\log 2 / 2 - \log(H_{diaM}^P / H_{xM}^P)\}$	(付 2.2.35)
	$\dfrac{H_{diaM}^{0P}}{H_{dia0}^0} = \dfrac{26.9}{R_R^{\,0.00186}\,\bar{\lambda}_s^{-0.00168}\,(a/b)^{0.000331}\,\bar{\lambda}^{-0.00364}} - 25.9$	(付 2.2.36)
	H_{diaM}^{0P}：鉛直軸力を 0 としたときの対角方向載荷の Pushover 解析により求まる最大水平荷重	
	H_{dia0}^0：鉛直軸力を 0 としたときの対角方向載荷に対する初期降伏水平荷重	
	$\eta = \dfrac{40.4}{R_R^{-0.00457}\,\bar{\lambda}_s^{\,0.00405}\,(a/b)^{0.000323}\,\bar{\lambda}^{-0.00831}} - 39.6$	(付 2.2.37)

※) 適用範囲：$0.3 \le R_R \le 0.65$，$0.4 \le \bar{\lambda}_s \le 0.75$，$0.5 \le a/b \le 1.0$，$0.2 \le \bar{\lambda} \le 0.55$，$0.0 \le P/P_0 \le 0.9$，鋼種 SM490

表-付 2.2.4(a)　パラメータの推定式（限界相関式④，正方形断面）［後藤ら，2009b，2011］

最大耐力	$\dfrac{H_{xM}^P}{H_{x0}}=\dfrac{H_{yM}^P}{H_{y0}}=\left\{\dfrac{40.1}{R_R^{\ 0.000871}\overline{\lambda}_s^{\ -0.00170}\,(a/b)^{0.000165}\,\overline{\lambda}^{\,-0.00238}\left(1+P/P_0\right)^{0.0247}}-39.0\right\}\dfrac{1}{1-P/P_0}$	（付 2.2.38）
	$P_0=\sigma_y A$：降伏軸力	
	$H_{x0}=H_{y0}=(\sigma_y-P/A)Z/h$：$x$方向および$y$方向載荷時の初期降伏水平力	
	σ_y：降伏応力，　A：断面積，　Z：断面係数，　h：柱高さ	
等価高さ	$\dfrac{h_x^{eq}}{h}=\dfrac{h_y^{eq}}{h}=\dfrac{1.79}{R_R^{-0.0217}\overline{\lambda}_s^{\ 0.0679}\,(a/b)^{0.01336}\,\overline{\lambda}^{\,-0.00880}\left(1+P/P_0\right)^{0.1210}}-0.92$	（付 2.2.39）
指数	$\gamma=\log 2\,/\,\{\log 2\,/\,2-\log(H_{diaM}^P/H_{dia0})\}$	（付 2.2.40）
	$\dfrac{H_{diaM}^P}{H_{dia0}}=\left\{\dfrac{26.9}{R_R^{\ 0.00186}\overline{\lambda}_s^{\ -0.00168}\,(a/b)^{0.000331}\,\overline{\lambda}^{\,-0.00364}\left(1+P/P_0\right)^{0.0336}}-25.9\right\}\dfrac{1}{1-P/P_0}$	（付 2.2.41）
	H_{diaM}^P：対角方向載荷の Pushover 解析により求まる最大水平荷重	
	H_{dia0}：対角方向載荷に対する初期降伏水平荷重	

※）適用範囲：$0.3\le R_R\le 0.65$，　$0.4\le \overline{\lambda}_s\le 0.75$，　$0.5\le a/b\le 1.0$，　$0.2\le \overline{\lambda}\le 0.55$，　$0.0\le P/P_0\le 0.90$，　鋼種 SM490

表-付 2.2.4(b)　パラメータの推定式（限界相関式④，円形断面）［後藤ら，2009a；Goto et al., 2014］

最大耐力	$\dfrac{H_{xM}^P}{H_{x0}}=\dfrac{H_{yM}^P}{H_{y0}}=\left\{\dfrac{0.123}{R_t^{0.575}\overline{\lambda}^{\,-0.339}\left(1+P/P_0\right)^{3.09}}+0.814\right\}\dfrac{1}{1-\left(P/P_0\right)}$	（付 2.2.42）
	$P_0=\sigma_y A$：降伏軸力	
	$H_{x0}=H_{y0}=(\sigma_y-P/A)Z/h$：$x$方向および$y$方向載荷時の初期降伏水平力	
	σ_y：降伏応力，　A：断面積，　Z：断面係数，　h：柱高さ	
等価高さ	$\dfrac{h_x^{eq}}{h}=\dfrac{h_y^{eq}}{h}=\dfrac{1.363}{R_t^{-0.147}\overline{\lambda}^{\,0.00101}\left(1+P/P_0\right)^{0.0207}}-0.0477$	（付 2.2.43）
指数	$\gamma=2$	（付 2.2.44）

※）適用範囲：　$0.04\le R_t\le 0.12$，　$0.3\le \overline{\lambda}\le 0.5$，　$0.1\le P/P_0\le 0.3$（SM490），　$0.1\le P/P_0\le 0.2$（SS400），鋼種 SM490，SS400

(2) 鋼部材の断面力の限界相関式

図-付 2.2.5 のように鋼部材の断面力により照査する場合において，軸力，2 軸曲げ，ねじりを考慮した相関式として以下の式が提案されている．［徳永ら，2009］

$$\left[\left(\frac{N}{N_u}\right)^{1.6}+\left(\sqrt[1.8]{\left(\frac{M_x}{M_{xu}}\right)^{1.8}+\left(\frac{M_y}{M_{yu}}\right)^{1.8}}\right)^{0.82}\right]^2+\left[\frac{M_z}{M_{zu}}\right]^2=1 \qquad （付 2.2.45）$$

ここで，N, M_x, M_y, M_z：断面に作用する軸力およびモーメント，$N_u, M_{xu}, M_{yu}, M_{zu}$：軸力およびモーメントの限界値である．適用範囲については文献［徳永ら，2009］を参照されたい．

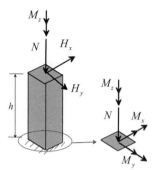

図-付 2.2.5　鋼部材断面に作用する軸力およびモーメント

(3) 橋脚柱頂部での水平変位の限界相関式

鋼製橋脚頂部の水平変位 δ_x, δ_y に関する限界相関式の一例として，水平荷重が限界値に到達時の 2 方向水平変位成分の限界相関式を以下に示す．式の適用範囲は，式中の水平変位の限界値 δ_{xu}, δ_{yu} として与える最大耐力時変位 δ_{xM}, δ_{yM} およびパラメータの推定式を表-付 2.2.5 に示す．なお，これらの水平変位の限界値は水平荷重に較べて大きくばらつく（条文 2.3【解説】1)参照）ため，文献［海老澤，2017］の解析モデルを用いた単調載荷，水平 1 方向漸増載荷，水平 2 方向（らせん）載荷の 3 種類の解析によって得られた最大耐力時変位の最小値に対して推定式の係数を同定することで，近似的に限界変位の下限を表す式を誘導した．以上からわかるように，この推定式による限界水平変位の精度は低いため，その適用は限界変位のおおよその値を把握するレベルの使用にとどめるべきである．

$$\left|\frac{\delta_x}{k_{\delta x}\delta_{xu}}\right|^{\gamma_\delta} + \left|\frac{\delta_y}{k_{\delta y}\delta_{yu}}\right|^{\gamma_\delta} \leq 1 \tag{付 2.2.46}$$

適用範囲：（正方形断面橋脚）$0.3 \leq R_R \leq 0.65$，$0.4 \leq \bar{\lambda}_s \leq 0.75$，$0.20 \leq \bar{\lambda} \leq 0.55$，$0.5 \leq a/b \leq 1.0$，$0.075 \leq P/P_y \leq 0.3$，鋼種 SM490
（円形断面橋脚）$0.04 \leq R_t \leq 0.08$，$0.29 \leq \bar{\lambda} \leq 0.5$，$0.1 \leq P/P_y \leq 0.7$，鋼種 SM490, SS400

表-付 2.2.5　無充填鋼製橋脚の 2 方向水平変位の相関式におけるパラメータ

正方形断面	$\gamma_\delta = \log 2 / \{\log 2 / 2 - \log(\delta_{diaM}/\delta_{xM})\}$	(付 2.2.47)
	$\dfrac{\delta_{diaM}}{\delta_{x0}} = \left\{1.20 R_R^{1.20} \bar{\lambda}_s^{-0.285} (a/b)^{-0.713} \bar{\lambda}^{-0.521} \left(1 + P/P_0\right)^{2.20} - 0.169\right\} \dfrac{1}{1 - P/P_0}$	(付 2.2.48)
	$k_{\delta x} = k_{\delta y} = \left(\dfrac{\delta'_{xM}}{\delta_{x0}}\right) \bigg/ \left(\dfrac{\delta_{xM}}{\delta_{x0}}\right)$	(付 2.2.49)
	$\dfrac{\delta'_{xM}}{\delta_{x0}} = \left\{0.728 R_R^{-0.838} \bar{\lambda}_s^{-0.390} (a/b)^{0.369} \bar{\lambda}^{-0.491} \left(1 + P/P_0\right)^{-2.55} - 0.00240\right\} \dfrac{1}{1 - P/P_0}$	(付 2.2.50)
円形断面	$\gamma_\delta = 2$	(付 2.2.51)
	$k_{\delta x} = k_{\delta y} = \left(\dfrac{\delta'_{xM}}{\delta_{x0}}\right) \bigg/ \left(\dfrac{\delta_{xM}}{\delta_{x0}}\right)$	(付 2.2.52)
	$\dfrac{\delta'_{xM}}{\delta_{x0}} = \left\{\dfrac{301}{R_t^{0.00495} \bar{\lambda}^{-0.00181} \left(1 + P/P_0\right)^{0.0137}} - 302\right\} \dfrac{1}{1 - P/P_y}$	(付 2.2.53)

記号：δ_{xM}, δ_{yM}：1 方向繰り返し載荷での最大耐力時の水平変位（式(付 2.2.61)，(付 2.2.67)参照），$\delta'_{xM}, \delta'_{yM}$：多方向繰り返し載荷を考慮した最大耐力時の水平変位．

2.2 水平1方向成分が卓越する場合の限界値推定式

(1) 最大耐力・最大耐力時変位

鋼製橋脚においては，実構造では図-付 2.2.6 のように上部構造から複数の支承を介して荷重が伝達されるため複数の荷重作用点が存在する．しかし，橋脚横ばりが十分剛であるので，近似的にこれら複数の荷重が一点に集約して作用すると考えることができる．このとき，橋脚横ばりでの地震荷重の水平 1 方向成分が卓越し他の成分との連成を考慮する必要がない場合には，水平 1 方向の応答荷重，応答変位を，それぞれ推定式から算定される最大耐力や最大耐力時変位を限界値として直接比較することで安全性を照査することができる．

このような限界値の推定式で中心軸圧縮鋼製橋脚（T 形橋脚（図-付 2.2.6(a)））を対象とした例を表-付 2.2.6 に示している．また，偏心軸圧縮鋼製橋脚（逆 L 形橋脚（図-付 2.2.6(b)））については，橋脚中心軸から偏心した位置での最大水平耐力（最大荷重）およびその時の水平変位を限界値とした推定式が表-付 2.2.7 のように提案されている．ただし，表-付 2.2.7 の式中では近似的に集約した水平荷重と鉛直荷重が偏心位置に作用すると仮定しており，実構造では本来生じている曲げやねじりモーメントの影響が考慮されていない点には注意する必要がある．なお，2.1 で示した限界相関式（式(付 2.2.1)，(付 2.2.2)）では図-付 2.2.1 に示すように柱部のみを取り出して一般的に照査するので橋脚を T 形や逆 L 形などに区別して扱う必要はない．

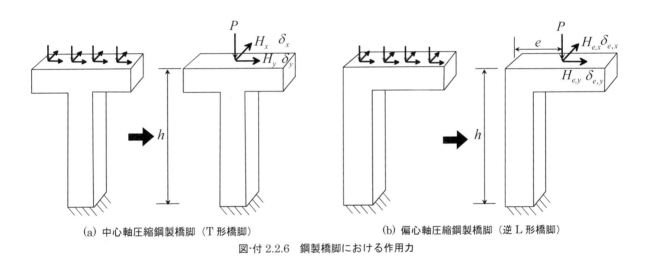

(a) 中心軸圧縮鋼製橋脚（T 形橋脚）　　　　(b) 偏心軸圧縮鋼製橋脚（逆 L 形橋脚）

図-付 2.2.6　鋼製橋脚における作用力

表-付 2.2.6(a)　中心軸圧縮鋼製橋脚（T 形橋脚）の水平 1 方向地震動が卓越する場合で多方向の連成が無視できる場合の最大耐力・最大耐力時変位の推定式（無補剛・補剛箱型断面）

断面	指標	推定式	適用範囲	算定根拠	標準偏差
無補剛箱形 [鈴木ら, 1995 ; 土木学会, 1996]	最大荷重	$\dfrac{H_M}{H_0}=\dfrac{0.0782}{R\,\bar{\lambda}}+1.03$ （付 2.2.54）	$0.3 \le R \le 0.9$ $0.25 \le \bar{\lambda} \le 0.5$ $0.0 \le P/P_y \le 0.2$	1 方向繰り返し載荷実験 （31 データ） （SS400,SM490, SM490Y）	0.175
	最大荷重時変位	$\dfrac{\delta_M}{\delta_0}=\dfrac{0.0262}{\left\{R_f\sqrt{\bar{\lambda}}\right\}^{3.5}}+2.14$ （付 2.2.55）			0.850
補剛箱形 [鈴木ら, 1995 ; 土木学会, 1996]	最大荷重	$\dfrac{H_M}{H_0}=\dfrac{0.101}{R_f\,\bar{\lambda}}+0.88$ （付 2.2.56）	$0.3 \le R_f \le 0.7$ $0.25 \le \bar{\lambda} \le 0.5$ $0.0 \le P/P_y \le 0.2$ $\gamma/\gamma^* \ge 3.0$	1 方向繰り返し載荷実験 （38 データ） （SS400,SM490, SM490Y）	0.242
	最大荷重時変位	$\dfrac{\delta_M}{\delta_0}=\dfrac{0.00759}{\left\{R_f\sqrt{\bar{\lambda}}\right\}^{3.5}}+2.59$ （付 2.2.57）			1.32
補剛箱形 [Usami et al., 2000 ; 葛ら, 2000b]	最大荷重	$\dfrac{H_M}{H_0}=\dfrac{0.10}{\left(R_f\,\bar{\lambda}\,\bar{\lambda}_s'\right)^{0.5}}+1.06$ （付 2.2.58）	$0.25 \le R_f \le 0.56$ $0.20 \le \bar{\lambda} \le 0.5$ $0.0 \le P/P_y \le 0.3$ $\gamma/\gamma^* \ge 1.0$	1 方向繰り返し解析 （27 データ） （修正二曲面モデル, SM490）	0.07
	最大荷重時変位	$\dfrac{\delta_M}{\delta_0}=\dfrac{0.22}{R_f\sqrt{\bar{\lambda}\,\bar{\lambda}_s'}}+1.20$ （付 2.2.59）			0.59
補剛箱形 （[海老澤ら, 2017] のデータに基づき算定）	最大荷重	$\dfrac{H_M}{H_0}=\left\{\dfrac{8.89}{R_R^{0.0563}\,\bar{\lambda}_s^{-0.0164}\,(a/b)^{-0.0148}\,\bar{\lambda}^{-0.0343}\left(1+P/P_0\right)^{0.211}}-8.02\right\}\times\dfrac{1}{1-P/P_0}$ （付 2.2.60）	$0.3 \le R_R \le 0.5$ $1.00 \le \gamma/\gamma^* \le 2.09$ $0.2 \le \bar{\lambda} \le 0.5$ $0.075 \le P/P_0 \le 0.70$	1 方向繰り返し解析 （51 データ） （三曲面モデル, SM490）	0.078
	最大荷重時変位	$\dfrac{\delta_M}{\delta_0}=\left\{1.151R_R^{-0.590}\,\bar{\lambda}_s^{-0.387}\,(a/b)^{0.647}\,\bar{\lambda}^{-0.510}\times\left(1+P/P_0\right)^{-2.35}-0.205\right\}\dfrac{1}{1-P/P_0}$ （付 2.2.61）			0.253
補剛箱形 [岡田ら, 2010]	最大荷重	$\dfrac{H_M}{H_0}=\dfrac{0.5\left(1.386-0.97\left(P/P_0\right)^{2.2}\right)^{3.28}}{\left(h/b'\right)^{0.153}R_R^{0.158}R_F^{0.0862}}\left(b_W/b_F\right)^{0.233}-0.142$ （付 2.2.62） b_F：フランジ幅，b_W：ウェブ幅， $b'=\left(b_F+b_W\right)/2$	$0.3 \le R_R \le 0.5$ $0.3 \le R_F \le 0.5$ $\gamma/\gamma^* \ge 1.0$ $0.2 \le \bar{\lambda} \le 0.5$ $0.0 \le P/P_0 \le 0.5$ $0.5 \le \alpha' \le 1.5$ $2 \le h/b' \le 9$ $0.5 \le b_W/b_F \le 2.0$	1 方向繰り返し解析 （67 データ） （[西村ら, 1995], SM490）	0.078
	最大荷重時変位	$\dfrac{\delta_M}{\delta_0}=\dfrac{4.94\left(1.9-1.8\left(P/P_0\right)^{0.21}\right)^{1.79}\alpha'^{0.439}\left(\gamma/\gamma^*\right)^{0.354}}{\left(h/b'\right)^{0.89}R_R^{1.47}}\times\left(b_W/b_F\right)^{0.196}+0.67$ （付 2.2.63） $\alpha'=a/b'$			0.534

記号：H_0,δ_0：降伏水平荷重および降伏水平変位，H_M,δ_M：最大水平荷重，最大水平荷重時の変位

付録2　部材およびセグメントの安全限界評価式　　　289

表-付 2.2.6(b)　中心軸圧縮鋼製橋脚（T 形橋脚）の水平 1 方向地震動が卓越する場合で
多方向の連成が無視できる場合の最大耐力・最大耐力時変位の推定式（円形断面）

断面	指標	推定式	適用範囲	算定根拠	標準偏差
円形断面 [葛ら, 1997 ; Gao et al., 1998]	最大荷重	$\dfrac{H_M}{H_0} = \dfrac{0.02}{\left(R_t \bar{\lambda}\right)^{0.8}} + 1.10$ （付 2.2.64）	$0.03 \leq R_t \leq 0.11$ $0.25 \leq \bar{\lambda} \leq 0.5$ $0.0 \leq P/P_y \leq 0.3$	1 方向繰り返し解析 (16 データ) (修正二曲面モデル, SS400, SM490)	0.055
	最大荷重時変位	$\dfrac{\delta_M}{\delta_0} = \dfrac{1}{3\left(R_t \sqrt{\bar{\lambda}}\right)^{0.8}} - \dfrac{2}{3}$ （付 2.2.65）			0.301
円形断面 （[海老澤ら, 2017] のデータに基づき算定）	最大荷重	$\dfrac{H_M}{H_0} = \left\{ \dfrac{159}{R_t^{0.00278} \bar{\lambda}^{-0.00171} \left(1 + P/P_y\right)^{0.0142}} - 158 \right\} \dfrac{1}{1 - P/P_y}$ （付 2.2.66）	$0.04 \leq R_t \leq 0.08$ $0.29 \leq \bar{\lambda} \leq 0.5$ $0.10 \leq P/P_0 \leq 0.70$	1 方向繰り返し解析 (40 データ) (SS400,SM490)	0.068
	最大荷重時変位	$\dfrac{\delta_M}{\delta_0} = \left\{ \dfrac{313}{R_t^{0.00838} \bar{\lambda}^{-0.00192} \left(1 + P/P_y\right)^{0.0185}} - 316 \right\} \dfrac{1}{1 - P/P_y}$ （付 2.2.67）			0.272

記号：H_0, δ_0：降伏水平荷重および降伏水平変位，H_M, δ_M：最大水平荷重，最大水平荷重時の変位

表-付 2.2.7　偏心軸圧縮鋼製橋脚（逆 L 形橋脚）の水平 1 方向地震動に対する限界値の推定式

断面	水平力の作用方向	指標	推定式	適用範囲	算定根拠
補剛箱形断面, 円形断面 [葛ら, 2000a ; Gao et al., 2000a]	面内 （橋軸直角）	最大荷重	$H_{e,yM} = H_{c,yM} \mp \dfrac{Pe}{h}$ （付 2.2.68）	$0.25 \leq R_f \leq 0.56$ $0.05 \leq R_t \leq 0.115$ $0.2 \leq \bar{\lambda} \leq 0.5$ $0.0 \leq P/P_y \leq 0.3$ $\gamma/\gamma^* \geq 1.0$ $e/h \leq 0.5$	1 方向繰り返し解析 (18 データ) (修正二曲面モデル, SM490)
		最大荷重時変位	$\delta_{e,yM} = \delta_{c,yM} \pm \dfrac{Peh^2}{6EI}$ （付 2.2.69）		
補剛箱形断面 [葛ら, 2003]	面外 （橋軸）	最大荷重	$H_{e,xM} = \dfrac{H_{c,xM}}{1 + 1.5\left(e/h\right)^2}$ （付 2.2.70）	$0.25 \leq R_f \leq 0.56$ $0.2 \leq \bar{\lambda} \leq 0.5$ $0.0 \leq P/P_y \leq 0.3$ $\gamma/\gamma^* \geq 1.0$ $e/h \leq 0.5$	1 方向繰り返し解析 (23 データ) (修正二曲面モデル, SM490)
		最大荷重時変位	$\delta_{e,xM} = \dfrac{\delta_{c,xM}}{1 + 1.6\left(e/h\right) - 4\left(e/h\right)^2}$ （付 2.2.71）		
円形断面 [葛ら, 2000a; Gao et al., 2000b]	面外 （橋軸）	最大荷重	$H_{e,xM} = \dfrac{H_{c,xM}}{1 + 3.9\left(e/h\right)^2}$ （付 2.2.72）	$0.05 \leq R_t \leq 0.115$ $0.2 \leq \bar{\lambda} \leq 0.5$ $0.0 \leq P/P_y \leq 0.3$ $e/h \leq 0.5$	1 方向繰り返し解析 (14 データ) (修正二曲面モデル, SS400)
		最大荷重時変位	$\delta_{e,xM} = \dfrac{\delta_{c,xM}}{1 + 3.9\left(e/h\right)^2}$ （付 2.2.73）		

注 1) 式(付 2.2.68), (付 2.2.69) の複合の上段は上部構造重量が偏心する側の量，下段はその反対側の量を表す.

注 2) $H_{c,xM}, H_{c,yM}, \delta_{c,xM}, \delta_{c,yM}$：T 形橋脚の諸量で，それぞれ表-付 2.2.6 の H_M, δ_M に対応する．$H_{e,xM}, H_{e,yM}, \delta_{e,xM}, \delta_{e,yM}$：逆 L 形橋脚の諸量，$e$：上部構造重量の偏心量，$h$：橋脚の高さ.

(2) 終局ひずみ

ひずみ照査法および Pushover 解析における破壊基準すなわち終局ひずみの経験式として，終局状態を 95% 耐力とした場合での，両縁支持板および部材セグメント（無補剛箱形，補剛箱形および円形断面）の終局圧縮ひずみの算定式を表-付 2.2.8 に示す．ここでは，以下に示す有効破壊長領域での平均ひずみに対して照査を行う．

［箱形断面］
$$L_e = Min(0.7b, \quad a) \tag{付 2.2.74}$$

［円形断面］
$$L_e = 1.2(\frac{1}{R_t^{0.08}} - 1)D \text{ または } L_e = 3.0\sqrt{\frac{Dt}{2}} \tag{付 2.2.75}$$

表-付 2.2.8　要素および部材セグメントの終局圧縮ひずみの限界値の推定式

種別		終局ひずみ推定式	適用範囲	算定根拠
両縁支持板（純圧縮）	無補剛 宇佐美ら，[1995]	$\dfrac{\bar{\varepsilon_u}}{\varepsilon_y} = \dfrac{0.07}{\left(R_f - 0.2\right)^{2.53}} + 1.85 \leq 20.0$　(付 2.2.76)	$0.2 \leq R_f \leq 0.7$	単調載荷解析 (SS400, SM490)
	補剛 ［渡辺ら，1999］	$\dfrac{\bar{\varepsilon_u}}{\varepsilon_y} = \dfrac{0.145}{\left(\bar{\lambda_s} - 0.2\right)^{1.11}} + 1.19 \leq 20.0$　(付 2.2.77)	$0.2 \leq R_f \leq 0.5$ $0.2 \leq \bar{\lambda_s} \leq 0.8$ $\gamma / \gamma^* \geq 1.0$	単調・繰り返し解析 (修正二曲面モデル，SM490)
部材セグメント（純圧縮）	箱形断面	板要素に同じ		
	円形断面 ［ Gao et al., 1998］	$\dfrac{\bar{\varepsilon_u}}{\varepsilon_y} = \dfrac{0.445}{\left(R_t - 0.03\right)^{0.6}} + 1.0 \leq 20.0$　(付 2.2.78)	$0.03 \leq R_t \leq 0.09$	単調載荷解析 (トリリニアモデル，SS400，SM490)
部材セグメント（圧縮と1軸曲げ）	無補剛箱形断面 ［葛ら，2004］	$\dfrac{\bar{\varepsilon_u}}{\varepsilon_y} = \dfrac{0.24}{\left(R_f - 0.2\right)^{2.8}\left(1 + N / N_y\right)^{2.4}}$ $+ \dfrac{2.8}{\left(1 + N / N_y\right)^{0.6}} \leq 20.0$　(付 2.2.79)	$0.2 \leq R_f \leq 0.7$ $0.0 \leq N / N_y \leq 1.0$	単調載荷解析 (トリリニアモデル，SS400)
	補剛箱形断面 ［葛ら，2000c］	$\dfrac{\bar{\varepsilon_u}}{\varepsilon_y} = \dfrac{0.8\left(1 - N / N_y\right)^{0.94}}{\left(R_f \lambda_s^{-0.18} - 0.168\right)^{1.25}}$ $+ 2.78\left(1 - N / N_y\right) \leq 20.0$　(付 2.2.80)	$0.3 \leq R_f \leq 0.7$ $0.0 \leq N / N_y \leq 0.5$	1方向繰り返し載荷実験，単調載荷解析(トリリニアモデル，SS400，SM490)
	補剛箱形断面 ［葛ら，2004］	$\dfrac{\bar{\varepsilon_u}}{\varepsilon_y} = \dfrac{0.7}{\left(R_f \lambda_s^{-0.18} - 0.18\right)^{1.3}\left(1 + N / N_y\right)^{2.2}}$ $+ \dfrac{3.2}{\left(1 + N / N_y\right)} \leq 20.0$ (付 2.2.81)	$R_f \leq 0.5$ $\gamma / \gamma^* \geq 1.0$ $0.0 \leq N / N_y \leq 1.0$	単調載荷解析 (トリリニアモデル，SS400)
	円形断面 ［葛ら，2004］	$\dfrac{\bar{\varepsilon_u}}{\varepsilon_y} = \dfrac{0.14\left(1.1 - N / N_y\right)^{1.8}}{\left(R_t - 0.03\right)^{1.4}}$ $+ \dfrac{3.0}{\left(1 + N / N_y\right)^{0.7}} \leq 20.0$　(付 2.2.82)	$0.03 \leq R_t \leq 0.09$ $0.0 \leq N / N_y \leq 1.0$	単調載荷解析 (トリリニアモデル，SS400)

また，終局状態を最大耐力点とした場合での，補剛箱形断面に対するひずみ換算曲率の許容値が式(付2.2.83)のように示されている［徳永ら，2009］．

$$\frac{\varepsilon_u}{\varepsilon_y} = \frac{2.0}{0.03 + 2\left(N/N_y\right)^3 + \left(N/N_y\right)^{2/\bar{\lambda}}} \exp\left[-\frac{(a/b)^{-0.2}\left(\gamma/\gamma^*\right)^{0.25}R_f}{0.2 + 2\left(N/N_y\right)^3}\right] \qquad (\text{付} 2.2.83)$$

適用範囲：$0.3 \leq R_R \leq 0.7$，$0.3 \leq R_f \leq 0.5$，$\gamma/\gamma^* \geq 1.0$，$0.2 \leq \bar{\lambda} \leq 0.5$，$0.0 \leq N/N_y \leq 0.2$，$0.5 \leq a/b \leq 1.5$，鋼種 SM490，SM400

ここで，ひずみ換算曲率を求める際には，部材長さ$\left(b_w + b_f\right)/2$での平均ひずみを用いる(b_f：フランジ幅，b_w：ウェブ幅)．また，式(付2.2.83)のパラメータは，単調・繰り返し載荷実験および Pushover 解析（ファイバー要素，バイリニアモデル）に基づき同定されている．

3. 各種安全限界評価式の精度

3.1 多方向地震動下の無充填鋼製橋脚の限界相関式

多方向地震動下での 2.1 の限界相関式の精度に関して,橋脚の地震時応答解析により得られた限界値と式(付 2.2.3), (付 2.2.4)により定められる限界相関曲線とを比較して図-付 2.3.1(a), (b)に示す[後藤ら, 2009a, 2009b, 2012 ; Goto et al., 2014]. これによると,力による限界相関式(式(付 2.2.3), (付 2.2.4))では,地震時応答解析により得られた限界値はほぼ限界相関曲線上に存在し,妥当な精度で橋脚の限界状態が評価されている. その一方,図-付 2.3.1(c) に示すように,Pushover 解析による最大耐力点の変位を限界変位として求めた限界相関曲線と地震応答解析で求めた限界変位とのばらつきは大きく,変位の限界値は荷重履歴の差に大きく影響されることがわかる(条文 2.3【解説】1)参照). また,実験に基づく精度検証として,図-付 2.3.2 に示す 2 径間連続高架橋供試体の加振実験[後藤ら, 2014 ; Goto et al., 2017]による例を示す. この実験では,図-付 2.3.3 に示すように水平 2 方向同時加振により橋軸直角方向へ橋脚変位が増大し,最終的には橋脚が傾斜して倒壊寸前の状態に至った. 各橋脚頂部に作用する等価水平作用力成分 (H_x^{eq}, H_y^{eq}) の応答曲線と式(付 2.2.4)による限界相関曲線を比較したものを図-付 2.3.4 に示す. 図-付 2.3.4 には実験で応答値が限界相関曲線に到達した限界点と到達時間を示している. この図より,すべての橋脚の等価水平作用力成分の応答値が限界相関曲線に到達後,徐々に各橋脚の橋軸方向変位が増加していることから限界相関式により各橋脚の限界状態が妥当な精度で評価されていると言える.

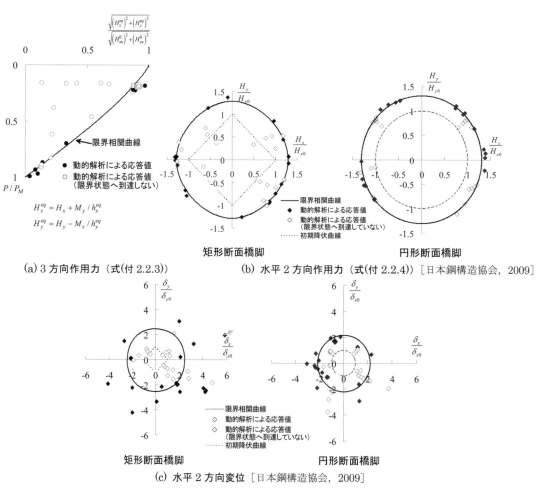

(a) 3 方向作用力(式(付 2.2.3))

(b) 水平 2 方向作用力(式(付 2.2.4))[日本鋼構造協会, 2009]

(c) 水平 2 方向変位[日本鋼構造協会, 2009]

図-付 2.3.1 多方向地震動下での橋脚の強度相関式と変位相関式の比較

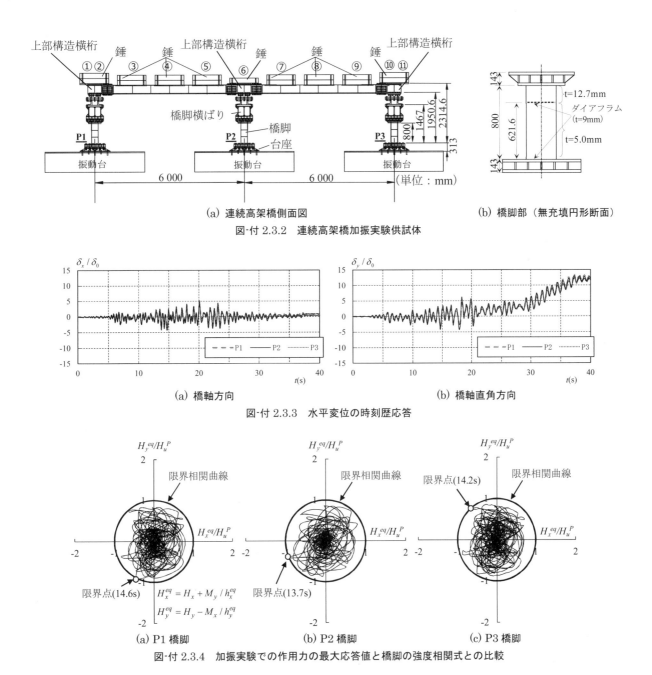

図-付 2.3.2 連続高架橋加振実験供試体

図-付 2.3.3 水平変位の時刻歴応答

図-付 2.3.4 加振実験での作用力の最大応答値と橋脚の強度相関式との比較

3.2 水平1方向繰り返しが作用する中心軸圧縮無充填鋼製橋脚（T形橋脚）

表-付 2.2.6 に示す補剛箱形断面の最大耐力の推定式（式(付 2.2.56), (付 2.2.58), (付 2.2.60), (付 2.2.62)）について，推定式による値を，その同定に用いた水平1方向繰り返し作用下の実験あるいは解析による結果と比較して図-付 2.3.5 に示す．この図では，当該推定式の算定に用いた実験・解析結果とともに，他の推定式算定時に用いた実験・解析データのうち表-付 2.2.6 に示す各推定式の適用範囲内にあるものを抽出して比較したものも併せて示している．これによると同定に用いたデータとのばらつきは小さいものの，それ以外の実験や解析による結果ではばらつきが生じている．

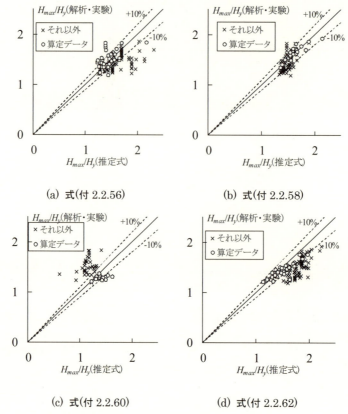

(a) 式(付 2.2.56)　　(b) 式(付 2.2.58)

(c) 式(付 2.2.60)　　(d) 式(付 2.2.62)

図-付 2.3.5　中心軸圧縮鋼製橋脚（T形橋脚）の最大荷重の推定式（表-付 2.2.6）の精度

3.3　水平1方向繰り返しが作用する偏心軸圧縮無充鋼製橋脚（逆L形橋脚）

橋脚モデルには，正方形断面橋脚 81 種類(R_R=0.3〜0.5，γ/γ^*=1.00〜2.09，$\bar{\lambda}$=0.2〜0.5，P/P_y=0.04〜0.34，e/h=0.1〜0.5），円形断面橋脚 42 種類（R_t=0.05〜0.08，$\bar{\lambda}$=0.29〜0.4，P/P_y=0.04〜0.25，e/h=0.1〜0.5）を用いた．図-付 2.3.6 に示すようなシェル要素によりモデル化した．そして，鋼製橋脚の頂部において図-付 2.2.6(b) のように偏心量 e を与えた位置を載荷点として一定の圧縮荷重を載荷し，面内あるいは面外の1方向漸増繰り返しの水平変位を与えて FE 解析を行った．解析対象の橋脚としては正方形および円形断面の無充填鋼製橋脚とし，材料構成則には三曲面モデルを構成則に導入したシェル要素により離散化した．ここで，矩形断面橋脚については局部座屈変形の生じない $2B$（B：パネル幅）より上側の橋脚部についてははり要素によりモデル化し計算の簡略化を図っている．図-付 2.3.7 には，表-付 2.2.7 の逆 L 形橋脚を対象とした推定式による最大耐力値を横軸に，FE 解析により得られた値を縦軸にとって比較している．これによると，面内方向載荷であ

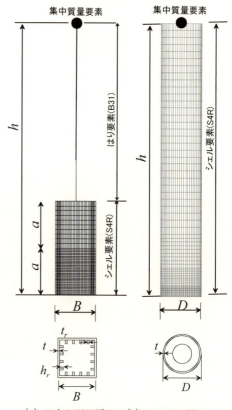

(a) 正方形断面橋脚　(b) 円形断面橋脚

図-付 2.3.6　解析モデル

る図-付 2.3.7 の(a)，(b)については比較的精度は良いが，面外方向載荷である(c)については精度が劣る場合がある．これは軸力比が高く鉛直荷重による偏心モーメントで橋脚が降伏するケースが主である．逆 L 形橋脚の場合，面内の水平地震動に対する首振り現象で無視できない軸力変動が生じる可能性がある[Alamiri ら，2015] ので，このような場合には精度が低下する可能性がある．一方，逆 L 形橋脚の柱部のみを取り出し，2.1 で示した一般的な限界相関式（式(付 2.2.1)）で最大耐力値を算定した場合の精度比較を図-付 2.3.8 に示す．これから，(c)の面外方向載荷による最大耐力も含めて，すべての場合について式(付 2.2.1)によると比較的精度の良い解が得られている．

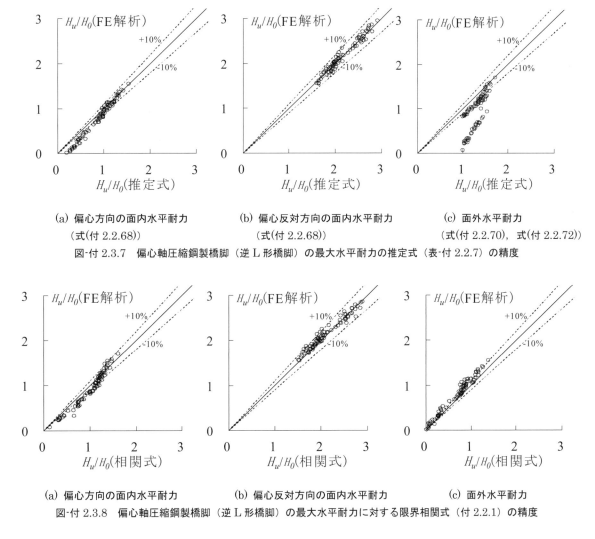

(a) 偏心方向の面内水平耐力　　(b) 偏心反対方向の面内水平耐力　　(c) 面外水平耐力
　（式(付 2.2.68)）　　　　　　　（式(付 2.2.68)）　　　　　　（式(付 2.2.70)，式(付 2.2.72)）

図-付 2.3.7　偏心軸圧縮鋼製橋脚（逆 L 形橋脚）の最大水平耐力の推定式（表-付 2.2.7）の精度

(a) 偏心方向の面内水平耐力　　(b) 偏心反対方向の面内水平耐力　　(c) 面外水平耐力

図-付 2.3.8　偏心軸圧縮鋼製橋脚（逆 L 形橋脚）の最大水平耐力に対する限界相関式（付 2.2.1）の精度

付録 2 の参考文献

宇佐美勉，鈴木森晶，Mamaghani, I. H. P.，葛漢彬（1995）：コンクリートを部分的に充填した鋼製橋脚の地震時保有水平耐力照査法の提案，土木学会論文集，No.525/I-33, pp.69-82.

鈴木森晶，宇佐美勉（1995）：繰り返し荷重下における鋼製橋脚モデルの強度と変形能の推定式に関する研究，土木学会論文集，No.519/I-32, pp.115-125.

西村宣男，小野潔，池内智行（1995）：単調載荷曲線を基にした繰り返し塑性履歴を受ける鋼材の構成則，土木学会論文集，No.513/I-13, pp.27-38.

土木学会（1996）：鋼橋の耐震設計指針案と耐震設計のための新技術，鋼構造委員会・鋼構造新技術小委員会・耐震設計研究 WG.

葛漢彬，高聖彬，宇佐美勉，松村寿男（1997）：鋼製パイプ断面橋脚の繰り返し弾塑性挙動に関する数値解析的研究，土木学会論文集，No.584/I-41, pp.181-190.

渡辺智彦, 葛漢彬, 宇佐美勉 (1999)：繰り返し載荷を受ける補剛板の強度と変形能に関する解析的研究, 構造工学論文集, Vol.45A, pp.185-195.

葛漢彬, 高聖彬, 宇佐美勉 (2000a)：鉛直荷重が偏心して作用する鋼製橋脚の繰り返し弾塑性挙動に関する数値解析的研究, 土木学会論文集, No.654/I-52, pp.271-284.

葛漢彬, 宇佐美勉, 高聖彬 (2000b)：鋼製補剛箱形断面橋脚の繰り返し弾塑性挙動に関する解析的研究, 構造工学論文集, Vol.46A, pp.109-118.

葛漢彬, 宇佐美勉, 高聖彬 (2000c)：コンクリート部分充填橋脚の統一的耐震設計法, 第4回地震時保有耐力法に基づく橋梁の耐震設計に関するシンポジウム講演論文集, pp.257-262.

葛漢彬, 渡辺俊輔, 宇佐美勉, 青木徹彦 (2003)：面外繰り返し水平力を受ける逆L形鋼製箱形断面橋脚の耐震性能に関する解析的研究, 土木学会論文集, No.738/I-64, pp.207-218.

葛漢彬, 河野豪, 宇佐美勉 (2004)：圧縮と曲げを受ける鋼部材セグメントの終局ひずみと鋼アーチ橋の動的耐震照査への応用, 構造工学論文集, Vol.50A, pp.1479-1488.

後藤芳顯, 村木正幸, 海老澤健正 (2009a)：2方向地震動を受ける円形断面鋼製橋脚の限界値と動的耐震照査法に関する考察, 構造工学論文集, Vol.55A, pp.629-642.

後藤芳顯, 小山亮介, 藤井雄介, 小畑誠 (2009b)：2方向地震動を受ける矩形断面鋼製橋脚の動特性と耐震照査法における限界値, 土木学会論文集A, Vol.65, No.1, pp.61-80.

徳永宗正, 小野潔, 橋本亮, 西村宣男, 谷上裕明 (2009)：繰返し塑性履歴の影響を考慮したファイバーモデルによる鋼骨組み構造の耐震性能照査法の提案, 土木学会論文集, Vol.65/No.4, pp.898-914.

日本鋼構造協会 (2009)：鋼橋の耐震設計の信頼性と耐震性能の向上, JSSCテクニカルレポートNo.85.

岡田誠司, 小野潔, 谷上裕明, 徳永宗正, 西村宣男 (2010)：高圧縮軸力が作用する矩形断面鋼部材の耐震性能評価に関する研究, 土木学会論文集A, Vol.66, No.3, pp.576-595.

後藤芳顯, 海老澤健正, 石川純平 (2011)：2方向水平力と2軸曲げを受ける鋼製橋脚の限界状態と連続高架橋の耐震安全性の検討, 構造工学論文集, Vol.57A, pp.490-499.

後藤芳顯, 海老澤健正 (2012)：3方向地震動を受ける正方形断面鋼製橋脚の限界状態の評価法, 構造工学論文集, Vol.58A, pp.399-412.

Alamiri, M. A., 後藤芳顯 (2015)：地震時に3方向の力の成分と3方向のモーメント成分が作用する円形断面鋼脚柱の終局限界状態の評価, 土木学会論文集A1, Vol.71, No.1, pp.20-36.

後藤芳顯, 海老澤健正, 奥村徹, 松澤陽, 小畑誠, Li, J., Xu Y. (2014)：水平2方向加振を受ける連続高架橋模型における橋脚, ゴム支承, 上部構造の連成とその終局挙動について, 第17回性能に基づく高架橋の耐震設計に関するシンポジウム講演論文集, pp.431-438.

海老澤健正, 奥村徹, 後藤芳顯 (2017)：多方向地震動下での高架橋の耐震安全性照査に用いる無充填鋼製橋脚柱の限界相関式に関する検討, 第20回性能に基づく高架橋の耐震設計に関するシンポジウム講演論文集, pp.93-98.

奥村徹, 後藤芳顯 (2018)：鋼製橋脚で支持された連続高架橋の多方向地震動下の耐震安全照査法に関する検討, 構造工学論文集, Vol.64A, pp.208-221.

Gao, S.B., Usami, T. and Ge, H.B. (1998)：Ductility of steel short cylinders in compression and bending, Journal of Engineering Mechanics, ASCE, Vol.124, No.2, pp.176-183.

Gao, S. B., Usami, T. and Ge, H.B. (2000a)：Eccentrically loaded steel columns under cyclic in-plane loading, Journal of Structural Engineering, ASCE, Vol.126, No.8, pp.964-973.

Gao, S. B., Usami, T. and Ge, H.B. (2000b)：Eccentrically loaded steel columns under cyclic out-of-plane transverse loading, Journal of Structural Engineering, ASCE, Vol.126, No.8, pp.974-981.

Usami, T., Gao, S. and Ge, H.B. (2000)：Stiffened steel box columns. Part2: Ductility evaluation, Earthquake Engineering and Structural Dynamics, Vol.29, pp.1707-1722.

Goto. Y., Ebisawa. T., Lu. X. and Lu.W. (2015)：Ultimate state of thin-walled circular steel columns subjected to biaxial horizontal forces and biaxial bending moments caused by bidirectional seismic accelerations, Journal of Structural Engineering, ASCE, Vol.141, No.4, 0404122-1-12.

Goto. Y., Ebisawa. T., Obata. M., Li. J. and Xu. Y. (2017)：Ultimate behavior of steel and CFT piers in two-span continuous elevated-girder bridge models tested by shake-table excitations, Journal of Bridgel Engineering, ASCE, Vol.22, No.5, 04017001-1-14.

付録 3 ひずみ照査法をめぐる問題

1. はじめに

　前回示方書で提示された「ひずみ照査法」（以下「前回示方書のひずみ照査法」）に関しては，発刊以来，複数の論文などの文献で問題点が指摘されてきた［小野ら，2007；佐野ら，2007；葛西ら，2014；日本道路協会，2015；奥村ら，2017；深谷，2018］．これらの問題点を指摘した論文の一部については，前回示方書のひずみ照査法の提案者より討議［宇佐美，2008a, 2008b, 2018］がなされ，その討議に対する回答も寄せられている［小野ら，2008；宇佐美，2008b；奥村ら，2018］．

　今回の［耐震設計編］の改訂にあたっては，「前回示方書のひずみ照査法」の問題点を指摘した文献やそれらの一部に対する討議・回答の内容を十分に吟味した上で，「ひずみ照査法」の取り扱いについて検討した結果，適用範囲を実験などで妥当性が検証されている単一鋼製橋脚やコンクリート充填橋脚において部材座屈の影響が小さい範囲で，水平1方向地震動に対する照査に限定することになった．本付録は「前回示方書のひずみ照査法」の取り扱いを上記のように決定した根拠資料として，既発表の論文や討議・回答の内容をまとめ，「ひずみ照査法をめぐる問題」として整理したものである．

2. ひずみ照査法の問題点

ひずみ照査法について指摘されている問題点としては次の2つに大別される．

・前回示方書における「幾何学的非線形性を考慮することにより，部材座屈（梁－柱としての曲げ座屈）の影響は適切なモデル化の中で自動的に考慮されるので，照査は改めて行う必要がない．（前回示方書p.35）」という前提で部材の座屈を照査しないのは正しくない．

・ファイバーモデルによる弾塑性有限変位動的解析で得られる部材の有効破壊長領域の応答平均圧縮ひずみに対する限界値として前回示方書に提示されている終局圧縮ひずみの精度が悪い．

ここでは，これら2つに大別された内容をそれぞれ次のタイトルでまとめる．

　2.1　前回示方書のひずみ照査法では部材座屈を考慮できない問題

　2.2　前回示方書の終局圧縮ひずみの精度が悪い問題

2.1　前回示方書のひずみ照査法では部材座屈を考慮できない問題

　ひずみ照査法ではファイバーモデルによる弾塑性有限変位動的解析で得られる部材の有効破壊長領域の応答平均圧縮ひずみがあらかじめ部材セグメントに対するPushover解析で設定されている終局圧縮ひずみ以内であることで構造安全性が確保される．限界値である終局圧縮ひずみは，有効破壊長さの部材セグメントに一定圧縮軸力下 P でセグメント両端に単調増加する1軸回転角 θ を与えた場合の反力曲げモーメント M のピークから低下した95%耐力点における圧縮パネルの平均ひずみをもとに規定されている．したがって，ひずみ照査法では応答ひずみの算定に幾何学的非線形性による影響を考慮しているものの，限界値である終局圧縮ひずみには部材全体の幾何学的非線形性に起因した構造不安定（部材座屈）の影響が考慮されていない．すなわち，細長比や軸力比の大きな部材ではセグメントが限界ひずみに到達する以前に不安定現象で終

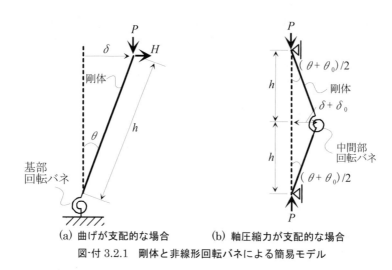

(a) 曲げが支配的な場合　　(b) 軸圧縮力が支配的な場合

図-付 3.2.1　剛体と非線形回転バネによる簡易モデル

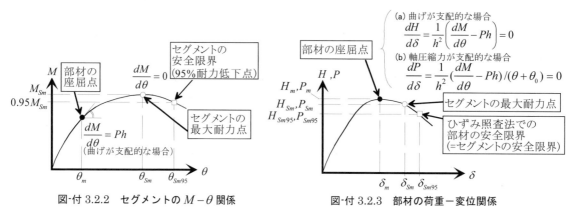

図-付 3.2.2　セグメントの $M-\theta$ 関係　　　図-付 3.2.3　部材の荷重－変位関係

局状態に到達するため，危険側の照査になる恐れがある．以下に，セグメントの限界ひずみで鋼部材の安全限界を照査することの問題点について，(1)安全限界に対して曲げが支配的となる橋脚柱，および(2)軸圧縮力が支配的となるトラス部材の2ケースについて理論的に説明するとともに，この理論的説明の妥当性を検討した数値解析結果や実験結果をそれぞれのケースについて示す．なお，アーチリブについては(2)に含めて示す．

(1) 部材の安全限界状態に対して曲げが支配的となる場合（橋脚など）

(a) 問題点の理論的説明 ［奥村ら，2017］

ここでは，ひずみ照査法の問題点を，部材の安全限界に対して水平荷重Hによる曲げが支配的となる場合である単柱式の橋脚を対象として理論的に説明されている．

単柱式橋脚として，図-付 3.2.1 (a)に示す橋脚を想定した片持ち柱の基部セグメントを非線形回転バネ，基部セグメントから上を剛棒とした簡易モデルを用いる．非線形回転バネの構成則は一定軸力作用下でのセグメントの曲げモーメント－相対回転角関係として図-付 3.2.2 のように与えられる．図-付 3.2.1 (a)のモデルをもとに幾何学的非線形性を考慮して力の釣り合いを考えると以下の式(付 3.2.1)が得られる．

$$M = Hh\cos\theta + P\delta \approx Hh + Ph\theta \tag{付 3.2.1}$$

式(付 3.2.1)をHについて解くと以下の式が得られる．

$$H = \frac{M}{h} - P\theta \qquad (付 3.2.2)$$

Pushover 解析で得られる図-付 3.2.3 の橋脚頂部の水平荷重 H と水平変位 δ の関係において水平荷重のピーク点では極大値になるので，以下の条件を満足する．

$$\frac{dH}{d\delta} = \frac{dH}{hd\theta} = \frac{1}{h^2}\left(\frac{dM}{d\theta} - Ph\right) = 0 \qquad (付 3.2.3)$$

したがって，式(付 3.2.3)より，水平荷重がピーク点に到達するのは基部回転バネの $M-\theta$ 関係における接線剛性 $dM/d\theta$ が以下の条件を満足するときである．

$$\frac{dM}{d\theta} = Ph \qquad (付 3.2.4)$$

すなわち，部材に作用する水平荷重 H のピーク点到達時において，セグメントの曲げモーメントはピーク前の正の勾配を有する領域（図-付 3.2.2）にあり，セグメントの曲げモーメントがピーク点 $dM/d\theta = 0$ に到達以前に常に部材に座屈が生じることがわかる．「ひずみ照査法」では終局限界ひずみがセグメントの M がピーク点よりさらに低下した 95%耐力点での圧縮パネルの平均ひずみをもとに規定されているので，部材座屈が生じたかなり後に，部材が安全限界に到達することになる．

式(付 3.2.4)からわかるように，部材の高さ h と軸力 P が大きいほど，セグメントの $M-\theta$ 関係において勾配 $dM/d\theta$ が大きな位置で橋脚が安全限界に到達するため，図-付 3.2.3 のように，基部セグメントの限界点到達時の橋脚の水平変位 δ_{Sm} と橋脚の限界点到達時の変位 δ_m との差は増大し，ひずみ照査法による橋脚の安全限界の評価はより危険側になる．

実際の部材では細長比パラメータと軸力比が大きいほど，この差が大きくなる．一方，式(付 3.2.4)において右辺の Ph が 0 となる場合は，セグメントのピーク点と水平荷重 H のピーク点が一致する．これは式(付 3.2.1)の釣り合い式において幾何学的非線形性の影響を考慮したことによる右辺の $Ph\theta$ を無視した場合に相当する．すなわち，厳密に言えば，微小変位の仮定が成り立ち，部材座屈が生じない構造においてのみセグメントの限界点をもとに設定した終局圧縮ひずみで部材の限界点を評価できることを意味する．なお，前回示方書ではひずみ照査法で橋脚の部材座屈を照査しない根拠として，幾何学的非線形性を考慮することで部材座屈（はり－柱としての曲げ座屈）の影響は適切なモデル化により解析の中で自動的に考慮されることを挙げているが，理論的にはひずみ照査法が適用できるのは微小変位の仮定が成り立つ場合であるので，前回示方書のひずみ照査法の前提には誤りがある．

(b) 安全限界状態の照査における問題点の数値解析による検討［奥村ら，2017］

(a)で理論的に明らかにされたように，部材全体の幾何学的非線形性の影響により，部材はセグメントの限界点到達に先行して部材座屈が生じるため，ひずみ照査法は常に危険側の評価となるが，幾何学的非線形性の影響が小さい場合には，近似的にひずみ照査法の適用が可能となる範囲があると考えられる．

一例として，鋼製橋脚を対象にひずみ照査法の精度を 1 方向繰り返し載荷での数値解析で検証された結果［奥村ら，2017］を図-付 3.2.4，3.2.5 に示す．これらの図の縦軸には鋼製橋脚をシェル要素と高精度の材料構成則を用いた精緻な FE モデルにより算定した柱頂部の水平荷重のピーク点到達時の変位 δ_u，横軸はひずみ照査法

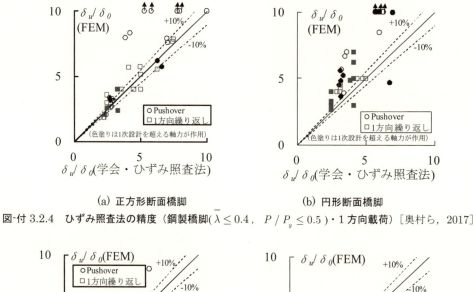

(a) 正方形断面橋脚　　(b) 円形断面橋脚
図-付 3.2.4　ひずみ照査法の精度（鋼製橋脚($\bar{\lambda} \leq 0.4$, $P/P_y \leq 0.5$）・1方向載荷）[奥村ら，2017]

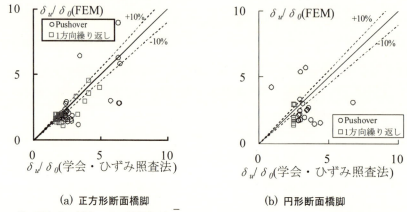

(a) 正方形断面橋脚　　(b) 円形断面橋脚
図-付 3.2.5　ひずみ照査法の精度（その他鋼部材($\bar{\lambda} > 0.4$, $0.1 \leq P/P_y \leq 0.7$）・1方向載荷）[奥村ら，2017]

により評価した水平荷重のピーク点に相当する限界点到達時の変位 $\delta_u = \delta_{95}/1.2$（前回示方書 p.28 参照）とし，両者を比較している．この図では 1:1 の実線よりも下側の領域がひずみ照査法で危険側の評価となることを表す．鋼製橋脚のパラメータの範囲（$\bar{\lambda} \leq 0.4, P/P_y \leq 0.5$）を対象とした図-付 3.2.4 においては 1:1 の実線の下側の危険側の領域にあるものも見られるが，大きく入り込むものは少ない．一方，$\bar{\lambda} > 0.4$ の鋼製橋脚以外の幾何学的非線形性の影響が大きい鋼部材（図-付 3.2.5）においては危険側の領域に大きく入り込むケースが多くみられる．これらの結果は，一般的な鋼製橋脚の範囲であれば幾何学的非線形性による部材座屈の影響が小さく，近似的にひずみ照査法が適用できる範囲があることを示唆している．ただし，2 方向載荷においては，結果はここでは割愛するが，上記のことは成り立たないので注意すべきである [奥村ら，2017]．

(c) 安全限界状態の照査における問題点の実験による検討 [小野ら，2007；日本道路協会，2015]

実験に基づく事例として，道路橋示方書・同解説耐震設計編に関する参考資料 [日本道路協会，2015] では，高軸力下（$P/P_y = 0.5$）での鋼製橋脚の繰り返し載荷実験の包絡線とはり要素（ファイバーモデル）による Pushover 解析の水平力―水平変位関係が示されている（図-付 3.2.6）．同図には，はり要素による Pushover 解析において，柱基部から $0.7 B_F$（B_F：フランジ幅）までの範囲の圧縮側フランジの平均圧縮ひずみが ε_y, $2\varepsilon_y$, $3\varepsilon_y$ に達した点もあわせて示している．これより，変形能の大きい供試体では前回示方書での地震後の使用性・修復性に関する限界値である $2\varepsilon_y (\leq \varepsilon_u)$（$\varepsilon_u$：終局圧縮ひずみ）到達点の水平変位が実験の最大荷重点の変位と較べて 1/3 程度と小さいのに対して，変形能の小さい供試体では，$2\varepsilon_y$ 到達点が実験における最大水平力（安全限界）の変位とほぼ一致していることがわかる．この結果に対して，「作用軸力，供試体のパラメータによっ

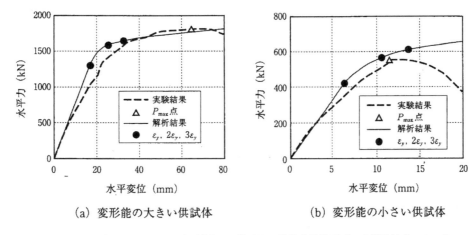

図-付 3.2.6　高軸力下における鋼製橋脚の繰り返し載荷実験結果 ［日本道路協会，2015］

ては，同じひずみ（許容値）に対する水平力－水平変位と鋼製橋脚の許容変位に対する最大水平力の点との関係が異なってくるので注意が必要である．」と述べられている．

(2) 部材の安全限界状態に対して軸圧縮力が支配的となる場合（トラスの圧縮部材，アーチ部材など）

ひずみ照査法を軸力が支配的となる部材に適用した場合の問題点について，まず，トラスの圧縮部材に対する理論的な説明とともに，数値計算で検討した2例を示す．つぎに，アーチリブについて，その面内挙動を数値計算より検討した例，面外挙動を実験により検討した例を以下にまとめる．

(a)トラス部材を対象とした 終局状態の照査における問題点の理論的説明 ［奥村ら，2018］

ここでは，ひずみ照査法の問題点を，部材の安全限界に対して軸圧縮力 P が支配的となる場合として，トラス部材を対象として理論的に説明されている．

両端ピンのトラス部材を想定して図-付3.2.1(b)に示す中間部セグメントを非線形回転バネ，その他の部分を剛棒とした簡易モデルを対象として用いる．非線形回転バネの構成則はセグメントの曲げモーメント－相対回転角関係として前出の図-付3.2.2のように与えられるとする．図-付3.2.1(b)のモデルをもとに幾何学的非線形性を考慮して力の釣り合いを考えるとセグメントの曲げモーメントは以下の式(付3.2.5)となる．

$$M = P(\delta + \delta_0) \quad (付 3.2.5)$$

ここに，δ は中央部の軸圧縮力による水平方向のたわみである．δ_0 は初期たわみとする．中間部回転バネの軸圧縮力による相対回転角を θ で表すと，$\delta = h\theta/2$ となる．また初期相対回転角を θ_0 とすると $\delta_0 = h\theta_0/2$ となる．

この部材の圧縮軸力に関する最大耐力点 $\dfrac{dP}{d\delta} = 0$ を求めるために式(付3.2.5)を δ で微分すると，

$$\frac{dM}{d\delta} = \frac{dP}{d\delta}(\delta + \delta_0) + P \quad (付 3.2.6)$$

式(付3.2.6)を $\dfrac{dP}{d\delta}$ について解き，$\dfrac{dP}{d\delta} = 0$ の条件を考慮すると

$$\frac{dP}{d\delta} = \left(\frac{dM}{d\delta} - P\right)/(\delta + \delta_0) = \frac{2}{h^2}\left(\frac{2dM}{d\theta} - Ph\right)/(\theta + \theta_0) = 0 \quad (付 3.2.7)$$

したがって，式(付3.2.7)より，軸圧縮力がピーク点に到達するのは中央部回転バネの$M-\theta$関係における接線剛性$dM/d\theta$が以下の条件を満足するときである．

$$\frac{dM}{d\theta} = \frac{Ph}{2} \qquad (付3.2.8)$$

軸圧縮力が最大耐力点に到達するときのセグメントの$M-\theta$関係における接線剛性$dM/d\theta$に関する条件式である式(付3.2.8)からわかるように，式(付3.2.4)と同様，セグメントの曲げモーメントがピーク点$dM/d\theta=0$に到達以前に常に部材に座屈が生じることがわかる．この場合，式(付3.2.8)の右辺の値は，曲げが支配的な場合の条件式(付3.2.4)の値の1/2となっている．しかし，式(付3.2.4)ではPが定数で$P/P_y \leq 0.5$であるのに対して，式(付3.2.8)の場合はトラス部材が対象であるため，Pが変数でかつ支配的（高圧縮軸力）であるので曲げが支配的な部材に比べて，「ひずみ照査法」でトラス部材が限界点に到達するとされる$dM/d\theta=0$のさらに前で座屈が生じる場合が多いものと考えられる．

(b) トラス部材の終局挙動照査における問題点の数値計算による検討［葛西ら，2014］

前回示方書で示された終局圧縮ひずみは鋼橋の耐震・制震設計ガイドライン［宇佐美，2006］に基づくものであるが，次のような著者による見解が示されている．「これまでの多くの研究から，日本鋼構造協会は，鋼構造の耐震・制震設計ガイドラインを策定している．この中で，部材照査の段階で，下部構造および上部構造については，構造形式によらず，鋼製橋脚に関する研究成果から導き出された設計限界値を準用するようにまとめている．これは，当時，研究実績に乏しく，精確な値を設定する根拠がなかったためである．（中略）本研究で取り上げる部材は，主に鋼トラス橋上弦材に用いることを想定している．同部材は，格点間で軸圧縮力を受ける部材であり，鋼製橋脚などと断面力の状況が異なる．すなわち，鋼製橋脚は一定軸力下で曲げモーメントが作用するのに対して，本研究対象部材は主に圧縮力が作用する状況である．にもかかわらず，上記の通り，上部構造という点で鋼製橋脚に関する推定式を準用するのは，合理的な設計法とは呼べない．」

以上の見解をもとに，軸圧縮力が卓越するトラス部材の終局圧縮ひずみを弾塑性有限変位解析で求め前回示方書で示された終局圧縮ひずみとの比較検討が行われている（図-付3.2.7）．この結果に対して，「細長い部材に式(9)（終局圧縮ひずみの評価式）を適用すると，限界値が実際よりも大きく評価され，設計を行う上では，危険側となる」と考察されている．さらに，部材座屈の影響を考慮するための部材の細長比パラメータを含んだ新たな推定式の必要性について言及している．この結論は(a)の結論と整合している．

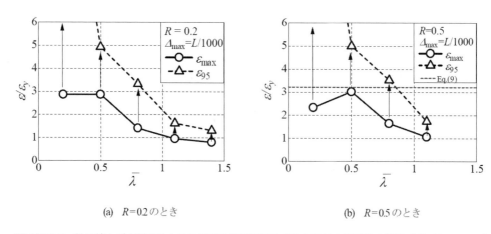

図-付3.2.7　軸圧縮力が卓越するトラス部材の終局圧縮ひずみと部材の細長比の関係［葛西ら，2014］
（※）Eq.(9)は終局圧縮ひずみの評価式により算定した値．(a) $R=0.2$では上限の$20\varepsilon_y$となる）

付録 3　ひずみ照査法をめぐる問題　　　303

　セグメントのひずみ照査では応答値の評価において幾何学非線形解析を行っても部材座屈の影響が考慮できないので，これを近似的に考慮する方法として，道路橋示方書・同解説Ⅴ耐震設計編［日本道路協会，2012］，文献［小野ら，2007］が行っているように限界ひずみに細長比（部材長）をパラメータとして含めるか，細長比パラメータのパラメータ制限をしなければならない．

(c) トラス部材における部材健全度 2 の限界ひずみを $2\varepsilon_y$ とすることの問題点の数値計算による検討［深谷，2018］

　前回示方書のひずみ照査法では，上部構造に部材健全度 2 の損傷として有効破壊長領域の平均ひずみが降伏ひずみの 2 倍（$2\varepsilon_y$）まで許容できること，ひずみを算定する解析には幾何学的非線形と材料非線形を同時に考えたはり要素を用いた複合非線形動的解析を用いることを原則とすることが解説され，初期不整（たわみと残留応力）を考慮することは要求されていない．このような観点から，実務で行われているように初期不整の影響を考慮せずに，ひずみ照査法を地震動により高圧縮軸力が作用するトラス部材に適用し，その結果として生じる問題点が具体的に示されている．

　トラス部材の解析対象として，文献［日本鋼構造協会，2003］に示された上路式鋼アーチ橋の端柱の対傾構とする．この対傾構は溶接集成の H 形断面のトラス部材である．解析モデルは，対傾構の有効座屈長で単純支持するトラス部材とする．対傾構の諸元を表-付 3.2.1 に示す．この解析例は，道路橋示方書・同解説 II 鋼橋編，V 耐震設計編［日本道路協会，1996a，1996b］が適用されて，設計・施工された鋼アーチ橋の端柱の対傾構を対象としたものである．ちなみに，道路橋示方書・同解説では，圧縮部材の細長比は，主要部材で 120 以下，二次部材で 150 以下とされているが，解析例の細長比は 68.35 であり，極端に大きいものではなく，レベル 2 地震動で設計された対傾構および横構として一般的な値である．

表-付 3.2.1　対傾構部材の座屈パラメータと座屈荷重

	単位	対傾構	備考
断面図	mm		
断面積 A	mm²	15,480	
断面 1 次モーメント I	mm⁴	72,096,040	弱軸回り
断面 2 次半径 r	mm	68.24	
有効座屈長 l_e	mm	4,665	$0.8L$（両側に添接板）
l_e / r	-	68.35	
材質	-	SMA490W	
降伏点 σ_y	MPa	355	
降伏軸力 N_y	kN	5,495	
降伏軸変位 δ_y	mm	8.3	
$\bar{\lambda}$	-	0.917	道路橋示方書・同解説（II 鋼橋編）（平成 24 年 3 月）（解 3.2.1）
$\bar{\sigma}$	-	0.609	
σ_{cr}	MPa	216	
軸圧縮耐力 N_{cr}	kN	3,349	$A\sigma_{cr}$

図-付 3.2.8 に示す断面の残留応力分布は，座屈設計ガイドライン（2005 年改訂版）[土木学会，2005] に示された溶接 I 形断面の典型残留応力分布（実測）を参考に設定している．ここに，$\sigma_{rt}=\sigma_y$，$\sigma_{rc}=\alpha\sigma_y$（$\alpha=0.4, 0.2$）として，応力分布の範囲は断面軸力がゼロになるように求める．また，$\sigma_{rc}=0.2\sigma_y$ の場合に，L_{rc2} はとても小さい値になるため，圧縮の残留応力は一様の分布とする．残留応力度は，はり要素にも考慮できるソフトウェアがあるものの，設計実務では一般的でないため，ここでは，局部座屈の影響も考慮できるシェル要素モデルにのみ考慮した．シェル要素モデルの分割は残留応力の分布と対応するように留意した．要素の大きさは，部材軸方向に 100 分割とし長さは 46.65mm 断面方向の要素幅は 20mm～32mm としている．

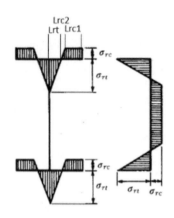

図-付 3.2.8 残留応力分布

また，初期たわみを考慮する場合，最大たわみ量はモデル長の 1/1000 としている．

荷重漸増解析ケースは，表-付 3.2.2 に示すとおりである．

はり要素モデルとシェル要素モデルを用いた弾塑性有限変位解析（複合非線形解析）により得られた圧縮荷重と軸方向変位の関係は表-付 3.2.3 と図-付 3.2.9 に示すとおりである．

表-付 3.2.2　端柱対傾構単体モデルの荷重漸増解析ケース

モデル	初期たわみ，残留応力および使用した要素（要素分割）
Beam-n3	初期たわみを考慮，残留応力を無視したはり要素（3 分割）
Beam-n4	初期たわみを考慮，残留応力を無視したはり要素（4 分割）
Beam-n4	初期たわみを考慮，残留応力を無視したはり要素（5 分割）
Beam-n6	初期たわみを考慮，残留応力を無視したはり要素（6 分割）
Shell-Rs4	初期たわみと残留応力（$\sigma_{rc}=0.4\sigma_y$）を考慮した shell 要素
Shell-Rs2	初期たわみと残留応力（$\sigma_{rc}=0.2\sigma_y$）を考慮した shell 要素
Shell-Rs0	初期たわみを考慮，残留応力を無視した shell 要素

表-付 3.2.3　各解析ケースの最大荷重と最大荷重時の変位

解析モデル	最大荷重 (kN)	最大荷重と道路橋示方書の耐力との比率	最大荷重時変位(cm)
shell（$\sigma_{rc}=0.4\sigma_y$）	2,991	0.89	0.495
shell（$\sigma_{rc}=0.2\sigma_y$）	3,577	1.07	0.540
shell（$\sigma_{rc}=0$）	4,179	1.25	0.633
beam（$n=3$, $\sigma_r=0$）	4,297	1.28	0.666
beam（$n=4$, $\sigma_r=0$）	4,241	1.27	0.654
beam（$n=5$, $\sigma_r=0$）	4,220	1.26	0.648
beam（$n=6$, $\sigma_r=0$）	4,190	1.25	0.645
軸圧縮耐力（表-付 3.2.1）	3,349	-	-

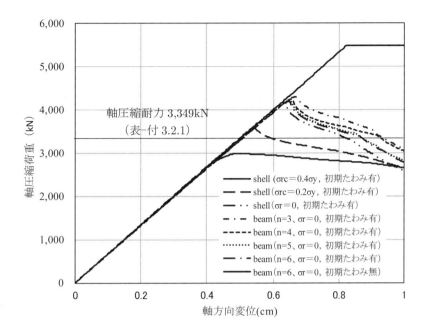

図-付 3.2.9 はり要素モデルと shell 要素モデルの圧縮荷重と軸方向変位の関係［深谷, 2018］

表-付 3.2.3 と図-付 3.2.9 に示すトラス部材の弾塑性有限変位解析の結果より以下のことがわかる．

- トラス部材をはり要素でモデル化し，中間節点を設けても，初期たわみを考慮しなければ耐荷力は降伏軸力となり，耐荷力を著しく過大評価する．
- 部材をはり要素で中間節点を設け，初期たわみのみを考慮しても，残留応力を考慮しなければ抵抗力を過大評価する．
- 適切な要素分割，適切な初期たわみおよび残留応力を考慮することにより，道路橋示方書・同解説の軸圧縮耐力を近似できる．

表-付 3.2.3 と図-付 3.2.9 より明らかなように，細長比パラメータが 0.2 以上の軸圧縮力が卓越する部材に初期不整を考慮しないひずみ照査法を適用すれば，道路橋示方書・同解説に定められた軸圧縮耐力を超える過大な部材耐力を持つと評価されることになり，危険側の軸圧縮耐力評価になる．このことは，部材端を隣接部材と剛結するはり要素モデルでも同様である．

以上から，地震動により高軸圧縮力が作用するトラス部材やその他の二次部材に，初期不整を考慮せずにひずみ照査法を適用すると軸圧縮耐力を過大評価し，危険な設計になる．細長比が大きい二次部材（対傾構，横構）に対し，降伏ひずみの2倍までのひずみを許容する設計事例が複数みられ，いずれも初期たわみと残留応力の記載がない．このような場合，実際の部材は降伏軸力の6割程度で最大耐力に達した後に大きく耐力が低下し変形性能はほとんど期待出来ないにもかかわらず，初期不整を考慮しないと設計上の部材は降伏軸力の耐力を有し，降伏ひずみの2倍の軸ひずみまで耐力低下が生じない，あたかも，軸降伏型ダンパーのような挙動を示すことになる．これでは，ほとんどエネルギー吸収ができない二次部材に過大な吸収能を期待することになり非常に危険である．

(d) アーチリブの橋軸方向の安全限界状態の照査における問題点の数値解析による検討［奥村ら, 2018］

軸圧縮力が卓越する部材として，前回示方書に照査例として示された上路式アーチ橋のアーチリブの橋軸方向の終局挙動を数値計算で解析し，ひずみ照査法を適用した場合の問題点が検討されている．アーチリブには支柱位置に一定死荷重を作用させた状態でアーチクラウンに橋軸方向に変位制御による Pushover 解析を行っ

ている（図-付 3.2.10）．Pushover 解析はアーチリブをシェル要素でモデル化した場合とはり要素でモデル化した場合の 2 ケースについて行っている．

　Pushover 解析におけるアーチクラウンの水平荷重－水平変位関係を図-付 3.2.11(a)に，はりモデルの Pushover 解析における損傷が生ずるセグメントの平均圧縮ひずみ－アーチクラウンの水平変位関係を同図(b)に示す．これより，セグメントが終局限界に到達するのは，u_x/h =0.045 の点であり，この点は(a)水平荷重－水平変位関係における最大耐力の 66%低下点（シェル要素モデルによる解析結果）である．すなわち，セグメントの終局圧縮ひずみに対する照査では最大耐力の 95%低下点である部材としての安全限界をかなり危険側に評価することになる．なお，同図より，はり要素モデルにおいても最大耐力の 75%低下点となっており，アーチリブの終局挙動にはひずみ照査法で考慮できない部材座屈の影響が支配的であることがわかる．また，はりモデルではシェルモデルと較べてピーク以降の荷重低下の度合いを低く評価するので危険側の照査となる．

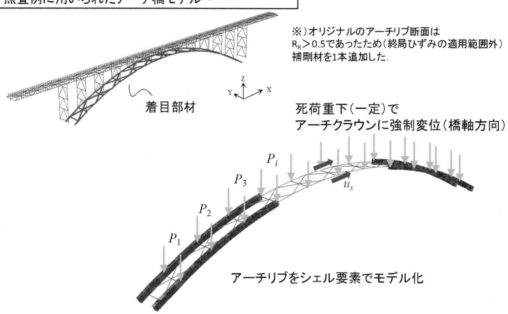

図-付 3.2.10　解析対象のアーチ橋とモデル化の概要

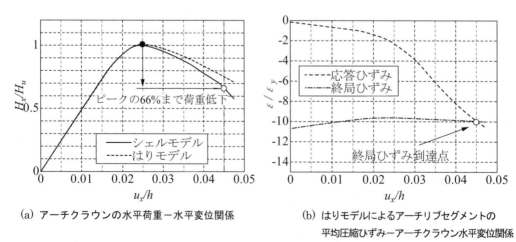

(a) アーチクラウンの水平荷重－水平変位関係　　(b) はりモデルによるアーチリブセグメントの平均圧縮ひずみ－アーチクラウン水平変位関係

図-付 3.2.11　Pushover 解析の結果 ［奥村ら，2018］

(e) アーチリブの橋軸直角方向終局挙動の実験に基づく検討［佐野ら，2007］

複弦アーチリブの橋軸直角方向の繰り返し載荷実験により，前回示方書のひずみ照査法［宇佐美，2006］において部材健全度2（地震後の使用性）の損傷限界として用いられる限界値 $2\varepsilon_y$ の問題点を検討している．

前回示方書では $2\varepsilon_y$ というひずみ（有効破壊長領域の平均ひずみ）は，ひずみ照査法による照査で耐震性能2を満足するためにアーチリブに要求される部材健全度2（地震後の使用性）の限界値と定義される．前回示方書の定義では耐震性能2とは荷重変位関係（$H-\delta$ 曲線）で降伏を少し過ぎ，水平耐力にはかなり余裕のある状態であるが，本実験供試体においては，$2\varepsilon_y$ が計測された状態は Case1 で $+2\delta_y \sim +3\delta_y$，Case2 で $+1.7\delta_y$ 近くで生じ水平耐力に近い状態であるため，本実験供試体のアーチリブは文献［宇佐美，2006］にいう部材健全度2を超えた状態になると考えられる（図-付 3.2.12）．

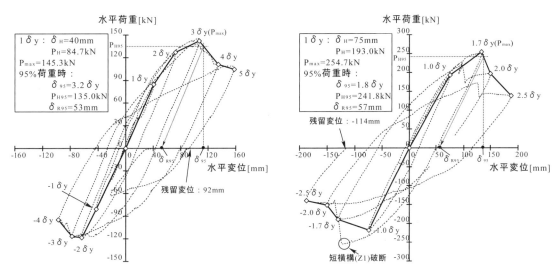

図-付 3.2.12　荷重－変位関係［佐野ら，2007］

2.2　前回示方書の終局圧縮ひずみの精度が悪い問題［小野ら，2007］

文献［小野ら，2007］は，前回示方書で示されている終局圧縮ひずみ［宇佐美，2006］の妥当性を検証するため，終局圧縮ひずみ（式(付3.2.9)）から求まる δ_{95} とシェル要素を用いた解析結果および実験結果の δ_{95} との比較を図-付 3.2.13 のように行っている．

$$\frac{\varepsilon_u}{\varepsilon_y} = \min\left(\frac{0.7}{(R_f\bar{\lambda}_s^{0.18} - 0.18)^{1.3}(1+P/P_y)^{2.2}} + \frac{3.2}{(1+P/P_y)},\ 20.0\right) \qquad (\text{付 } 3.2.9)$$

ここに，R_f：幅厚比パラメータ，$\bar{\lambda}_s$：補剛材細長比パラメータ，P/P_y：軸力比である．

図-付 3.2.13 で対象とした実験供試体，解析モデルの構造諸元は前回示方書の終局圧縮ひずみの算定公式の適用範囲（$0.3 \leq R_f \leq 0.5$，$\gamma_l/\gamma_l^* \geq 1.0$，$0.0 \leq N/N_y \leq 1.0$）をほぼ満足する（ただし，降伏応力は公称値を用いて計算）ものであり，細長比パラメータ $\bar{\lambda}$ の最大値は 0.44 である．2.1(1)(b)の部材座屈の影響に着目した検討では（$\bar{\lambda} \leq 0.4, N/N_y \leq 0.5$）の範囲ではひずみ照査法による限界点到達時の変位が大きく危険側に精度低下することは無かったが，図-付 3.2.13 では，前回示方書に示される終局圧縮ひずみから計算される δ_{95} は，実験結果等の δ_{95} に対して+50%〜-30%程度となっており，全体的に危険側に実験結果を評価していることがわかる．このことから，ひずみ照査法が危険側の評価となる理由として，ひずみ照査法では部

材座屈の影響を考慮できないこと［奥村ら，2017］の他，解析ケース（$\bar{\lambda} \leq 0.4, N/N_y \leq 0.5$）によっては，前回示方書の終局圧縮ひずみの算定公式自体が危険側の評価を与えることが影響していると考えられる．なお，小野らは最大荷重点に対応する許容平均ひずみの式(付 3.2.10)を提案している．式(付 3.2.10)により算定されるδ_mとシェル要素を用いた解析結果および実験結果のδ_mを比較した図-付 3.2.14 は図-付 3.2.13 に比べ，ばらつきが小さくすべて安全側となっている．ばらつきが小さくなった1つの理由として，小野らの許容平均ひずみの提案式(付 3.2.10)では部材座屈の影響を表すための細長比パラメータ$\bar{\lambda}$の関数となっていることが考えられる．

$$\frac{\varepsilon_{am}}{\varepsilon_y} = \frac{0.6}{0.02 + (P/P_y)^3 + (P/P_y)^{2/\bar{\lambda}}} \exp\left[\frac{\alpha^{-0.2}(\gamma_l/\gamma_l^*)^{0.25} R_F}{0.2 + 2(P/P_y)^3}\right] \quad \text{(付 3.2.10)}$$

ここに，R_F：幅厚比パラメータ，γ_l/γ_l^*：補剛材の剛比，$\bar{\lambda}$：細長比パラメータ，P/P_y：軸力比，α：ダイヤフラム間隔aとフランジ幅Bの比（$=a/B$）である．

なお，図-付 3.2.13 に示される終局圧縮ひずみによる計算値と実験結果等のばらつきは，道路橋示方書・同解説 V 耐震設計編［日本道路協会，2012］の許容ひずみの計算値と実験結果のばらつき（コンクリートを充填しない矩形断面鋼製橋脚）に対しても大きなものとなっている．平成 29 年度の部分係数化された道路橋示方書・同解説 V 耐震設計編［日本道路協会，2017］では，最大水平荷重時の水平変位について，許容ひずみから求まる水平変位と実験の水平変位とのばらつきを考慮して鋼製橋脚の抵抗係数が 0.75 と設定されている．よって，実験と計算値のばらつきが大きくなれば，抵抗係数が 0.75 より小さくなることもあるため，その点にも注意が必要である．

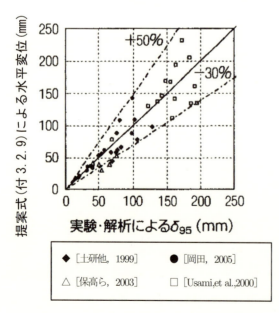

図-付 3.2.13 既往の終局圧縮ひずみの妥当性の検証
［小野ら，2007］

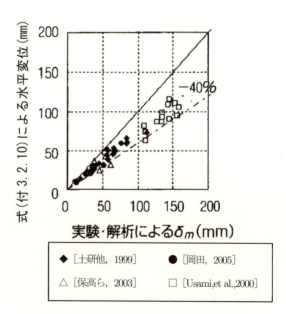

図-付 3.2.14 許容平均ひずみの妥当性の検証
［小野ら，2007］

3. ひずみ照査法の問題点を指摘した各論文に対する討議と回答

2.で要約したひずみ照査法の問題点を指摘した論文のうち3篇の論文［奥村ら，2017；佐野ら，2007；小野ら，2007］に対しては前回示方書のひずみ照査法の提案者より討議［宇佐美，2018，2008a，2008b］が寄せられているので回答［奥村ら，2018；宇佐美，2008b；小野ら，2008］とともに要約して示す．

3.1 論文「セグメントのひずみにもとづく鋼製橋脚を含む鋼部材の耐震安全照査法の妥当性」［奥村ら，2017］に対する討議［宇佐美，2018］と回答［奥村ら，2018］

(1) 討議のまえがきと回答のまえがき

（討議のまえがき）［宇佐美，2018］

奥村らの論文［2017］は，前回示方書（2008年制定）の「ひずみ照査法」に対する問題点を2項目挙げ，静的（Pushover）および準静的（繰り返し）解析結果を基に検討を行ったものである．しかし，この論文には，誤解を招くと思われる点が散見されるので，前回示方書(2008年)作成の責任者の立場から討議を提出する．各論に先立ち，論点を明確にするため，両問題に共通する「ひずみ照査法」の要約，および著者らの論文における考え方との基本的な相違点を補足事項としてまとめる．

（回答のまえがき）［奥村ら，2018］

ひずみ照査法の抱える問題の核心となる点について述べた後に，個々の討議に対して回答する．

ひずみ照査法では，部材セグメントの終局限界に対して求めたひずみを限界値として用い，幾何学的非線形性を考慮した動的解析で求められる構造系のひずみの応答値を照査すれば，<u>部材座屈（はり－柱としての曲げ座屈）の影響は幾何学的非線形解析の中で自動的に考慮されるため，部材座屈の照査は必要ない（部材の安全性照査が自動的に行える）</u>ことになっている．この前提に基づき，討議者らは鋼製橋脚以外の構造（例えば軸力比の大きなアーチ橋やトラス橋）に対してもひずみ照査法が準用できるとされている．著者らは，ひずみ照査法が汎用的な照査法として成立する上で最も重要な前提となる上記の下線部の考え方に対して疑問を抱き，数学展開により，「前回示方書のひずみ照査法では，応答値の算定に幾何学的非線形解析を用いても部材の座屈は照査することはできない」ということを理論的に明らかにした．すなわち，前回示方書のひずみ照査法では常に部材座屈を検出できないので危険側の照査法になることを示した．このことが本論文の最も重要な点であることに留意いただきたい．個々の数値解析の例は，上述の理論的な結論を検証するための事例として示したものに過ぎない．すなわち，ひずみ照査法自体の前提に誤りが認められ，理論的には危険側の照査になるものの，工学的に許容できる範囲も存在すると考えられるので，どのような構造パラメータの範囲であればひずみ照査法が"近似的に成り立つ"のかを数値解析で検証したのが論文の趣旨である．

(2) ひずみ照査法の要約と異議

（ひずみ照査法の要約）［宇佐美，2018］

1) レベル1地震動による性能照査［1次設計］（微小変位静的あるいは動的解析）
2) レベル2地震動による性能照査［2次設計］
   (2-1) 構造安全性（複合非線形動的解析）：$\gamma\varepsilon_{a)\max} \leq \varepsilon_u$
   (2-2) 修復性（複合非線形動的解析）：$\gamma\varepsilon_{a)\max} \leq 2.0\varepsilon_y$（上部構造），$8.4\varepsilon_y$（鋼製橋脚）
   (2-3) 構造全体の不安定性（複合非線形静的解析－Pushover解析）：95%荷重保持

（ひずみ照査法の要約に対する異議）［奥村ら，2018］

　討議者の見解は前回示方書の記述とかなり異なっている．(2-3)の照査では構造全体の強度劣化が生じない荷重ピーク点を限界点とした照査になっており（前回示方書 p.35 下から 4 行目〜p.36，3 行目），討議に書かれているような，構造全体系の 95%荷重保持を照査することはどこにも記載されていない．さらに，(2-3)の照査については構造全体の幾何学的非線形性が非常に強い場合と述べられているだけで，具体的な判断基準は何も書いていない．また，前回示方書に記載されているひずみ照査法によるアーチ橋の照査例やアーチの照査を対象とした討議者らの論文［例えば，葛ら，2004］などで(2-3)の照査が行われた例は皆無である．すなわち，このような状況から判断して(2-3)の照査は重要視されていないのは明らかと考える．

(3) 補足事項—奥村らの論文の考え方との相違点と異議

（補足事項—奥村らの論文の考え方との相違点）［宇佐美，2018］

　1) 2次設計における限界状態は，ひずみ照査法では，構成部材の局部座屈発生防止(2-1)，過度の残留変形発生防止(2-2)，および構造全体の95%荷重保持(2-3)であるが，著者らの論文では $H-\delta$ 曲線（復元力特性）のピーク荷重である．ひずみ照査法では，地震外力の場合は，ピーク荷重に達することは必ずしも構造物の崩壊を意味しないという立場に立っているが，提案法では死荷重に対するのと同様，ピーク荷重を限界状態としている．この考え方の相違が，著者らの論文におけるひずみ照査法に対する多くの批判のもとをなす第1の点と考えられる．

　2) (2-3)の照査は「実施するのが望ましい」となっている．これは，(2-1)，(2-2)の複合非線形動的解析により，構造全体の不安定性が検出できなかった場合のセーフガードとしての照査である．ところが，著者らの論文では動的解析は実施されず，静的解析のみにより議論が展開されているため，(2-3)の照査は必須の照査項目となるが，そのような検討がなされていないことが，ひずみ照査法に対する批判のもとをなす第2の点と考える．

（補足事項に対する異議）［奥村ら，2018］

　1)* 著者らの論文では，上に述べたように「前回示方書のひずみ照査法では，応答値の算定に幾何学的非線形解析を用いても部材の座屈は照査することはできない」ということを主張するもので，構造系の限界状態をピーク荷重にするかピーク荷重からの95%耐力低下点にするかという問題とは関係ない．

　上記とは別に，セグメントの95%荷重点に対応する平均ひずみに基づく限界ひずみを用いて構造系の耐力の95%保持を照査する方法そのものにも疑義がある．照査に用いるセグメントの限界ひずみは「・・・部材セグメントの解析から得られる 95%荷重点に対応する板要素あるいはフランジの平均ひずみから導かれたものを，静的繰り返し載荷に対する実験および解析結果を参考に比較的厚肉の断面に対して多少安全側にしてある．」（前回示方書 p.41）と述べられているが，セグメントの 95%荷重点に対応した限界ひずみをもとにした，はり要素を用いたモデルの応答ひずみの照査で構造系の耐力の 95%保持をなぜ確認できるのかが明らかでない．多少安全側というような感覚的な表現では客観性に欠ける．セグメントが 95%荷重を保持することを照査しても，構造系の耐力は 95%以下になるので，ひずみ照査法では部材座屈が考慮できないという問題に加えて，危険側の照査になる．このことは，図-付 3.2.1 のモデルを用いて以下のように容易に証明できる．

　セグメント耐力のピーク点と 95%点の 2 つのケースについて，部材中心のセグメントに対して幾何学的非線形性を考慮して釣り合いをとると，図-付 3.2.1(a)では，

$$Ph\theta_{Sm} + H_{Sm} = M_{Sm} \qquad\qquad Ph\theta_{Sm95} + H_{Sm95} = 0.95M_{Sm} \qquad (\text{付 } 3.3.1\text{a,b})$$

ここに，θ_{Sm95} はセグメントの耐力 M_{Sm} から 95%に低下した点でのセグメントの相対回転角（図-付 3.2.2），H_{Sm95} は同じ点での橋脚の水平耐力である．θ_{Sm95} はセグメントのピーク点を越えた位置にあるので $\theta_{Sm95} > \theta_{Sm}$ が成立する．

図-付 3.2.1(b)でも同様にセグメントの耐力のピーク点と耐力の 95%点について，釣り合いをとると，

$$P_{Sm}h(\theta_{Sm} + \theta_0)/2 = M_{Sm} \qquad\qquad P_{Sm95}h(\theta_{Sm95} + \theta_0)/2 = 0.95M_{Sm} \qquad (\text{付 } 3.3.2\text{a,b})$$

式(付 3.3.1a,b)より $\dfrac{H_{Sm95}}{H_{Sm}}$，式(付 3.3.2a,b)より $\dfrac{P_{Sm95}}{P_{Sm}}$ をそれぞれ計算すると

$$\frac{H_{Sm95}}{H_{Sm}} = \frac{(0.95M_{Sm} - Ph\theta_{Sm95})}{(M_{Sm} - Ph\theta_{Sm})} = 0.95\frac{\left\{1 - 1.05\theta_{Sm95}Ph/M_{Sm}\right\}}{\left(1 - \theta_{Sm}Ph/M_{Sm}\right)}$$
$$\approx 0.95\left\{1 - (1.05\theta_{Sm95} - \theta_{Sm})\frac{Ph}{M_{Sm}}\right\} < 0.95 \qquad (\text{付 } 3.3.3)$$

$$\frac{P_{Sm95}}{P_{Sm}} = \frac{\left\{0.95M_{Sm}/h(\theta_{Sm95} + \theta_0)\right\}}{\left\{M_{Sm}/h(\theta_{Sm} + \theta_0)\right\}} = 0.95\frac{(\theta_{Sm} + \theta_0)}{(\theta_{Sm95} + \theta_0)} < 0.95 \qquad (\text{付 } 3.3.4)$$

これからわかるように，前回示方書のひずみ照査法では幾何学的非線形解析を行っても，セグメントの耐力がピーク点を越えて低下し 95%点に到達時には構造系の耐力は常に 95%以下になり，基本的には危険側の照査になることがわかる．とくに，Ph/M_{Sm}，$\theta_{Sm95}/\theta_{Sm}$ が大きいと，構造系の耐力は 95%点からより大きく低下する．文献［葛西ら，2014］ではこのような危険側になる数値計算例が示されている．ひずみ照査法で，構造系の 95%耐力保持を保証するには，セグメントの耐力 95%点でのひずみだけでなく，Ph/M_{Sm}，$\theta_{Sm95}/\theta_{Sm}$ などのパラメータを考慮して限界ひずみを設定する必要がある．前回示方書にはこのようなことは一切記述されていない．さらに，上記とは別の問題として，構造系の最大耐力点を越えた軟化域にある 95%耐力点ではセグメントの局部座屈の影響が大きくなるので，シェル要素を用いずに，前回示方書のようなはり要素を全面的に用いたモデルに基づく近似的な照査では 95%耐力の精度確保は非常に難しい．

　2)* 「論文では動的解析を実施されず静的解析のみであるので(2-3)の照査が必須事項になる」と討議者は主張されているが，動的解析はダランベールの原理ですべて静的解析に変換できる．さらに，前回示方書のひずみ照査法では単にひずみを指標として用いているだけで，動的指標はまったく用いていない．また，解析でも材料構成則にひずみ速度の影響は考慮されていない．以上から，ひずみ照査法を静的解析で議論しても何ら問題は生じない．すなわち，動的解析であるから(2-3)の照査が必須事項になることはない．さらに，(2-3)の照査は構造全体の安定性の照査であり，この照査を行っても部材の安全性は必ずしも保証されない．照査できるのは部材の安全限界と構造全体の安全限界が一致する場合のみである．

(4) ひずみ照査法を適用する橋脚のパラメータについての討議と回答
（ひずみ照査法を適用する橋脚のパラメータについての討議）［宇佐美，2018］

　ひずみ照査法では「(2) ひずみ照査法の要約」で述べた通り，まず，1)レベル 1 地震動による性能照査［1次設計］を満足することが前提条件となっている．1次設計を満たす単柱式鋼製橋脚の力学的パラメータは，

著者らの論文によれば，$\overline{\lambda} \leq 0.4$，$P / P_y \leq 0.1$ である．この範囲では論文中で示された結果においてもセグメントのピーク点到達時の変位と柱のピーク点到達時の水平変位の差は小さくなっているので，ひずみ照査法は実用上，問題ないと考えられる．

論文では上記のパラメータの範囲を超える橋脚モデルに対してひずみ照査法を適用し，危険側の照査となる例が示されている．上記のパラメータの範囲を超える橋脚モデルを設定した理由として「レベル2地震動に対しては，上下動がある場合や構造的な特性から鋼製橋脚に軸力変動が生ずる場合があるので，（中略）$P / P_y \leq 0.5$ 程度まで考慮した．」とあるが，具体的にどのような地震動や構造特性を想定しているのか？

（回答）［奥村ら，2018］

討議者は論文で検討が行われた橋脚のパラメータ（$\overline{\lambda} = 0.4$，$P / P_y \geq 0.3$）は鋼製橋脚では1次設計（レベル1地震動に対する照査）を満足しないためひずみ照査法の適用範囲（$\overline{\lambda} = 0.4$ では $P / P_y \leq 0.1$）外であると主張されているが，レベル1地震動に対する照査では $P / P_y = 0.1$ であってもレベル2地震動下では構造形式によっては1次設計における設計軸力 $P / P_y = 0.1$ を大きく超える軸力が生じる可能性がある．レベル2地震動として水平地震動のみ考慮する場合でもラーメン橋脚など構造によっては軸力比が $P / P_y = 0.5$ まで上昇するケースもある．さらに，レベル2地震動として地震動の上下動成分も同時に考える場合には軸力比が1次設計での軸力比を大きく超えるケースも稀ではないと考える．

例えば，文献［後藤ら，2012］では以下の上下動の大きな観測波に対する単柱式橋脚の応答解析が行われており，上部構造を集中質量として橋脚をモデル化した場合には $P / P_y > 0.8$ の応答が生じることが示されている．

・2004年新潟県中越地震 K-Net 小千谷 NIG019
・2008年岩手・宮城内陸地震 KiK-Net 一関西 IWTH25

また，文献［後藤ら，2017］は熊本地震の大切畑大橋の再現地震動を用いた連続高架橋の応答を計算しているが，鉛直方向地震動成分により橋脚上の支承の正反力が死荷重時の5.5倍に増加している．上記の例では，軸力比 $P / P_y \approx 0.5$ 程度の値であれば地震動継続時間中に橋脚に生じる回数は5~10回はある．したがって，水平地震力の最大値に近い値と同期するする可能性を否定することはできないと考える．事実，大切畑大橋では上下動による大きな負反力と大きな水平地震動の同期によりゴム支承取付部ボルトが破壊するという過去に例のない崩壊様式が生じた．

以上のように，1次設計での軸力比とレベル2地震動で発生する軸力比は異なるので，直接的に柱部材の構造パラメータ $\overline{\lambda}$ と軸力比 P / P_y を用いてひずみ照査法の適用範囲を明確に示すべきであると考える．1次設計を満足する構造であっても，ひずみ照査法では適切に照査できない事例を(5)の討議に対する回答で紹介する．

なお，1次設計は道路橋示方書などのレベル1地震動に対する照査法を想定されていると考えるが，このような1次設計はひずみ照査法が成り立つ条件となることを意識して構成されたものではなく，必ずしも未来永劫不変なものでもない．1次設計をひずみ照査法の要件とするのならば，1次設計を具体的に規定するとともに，なぜ，1次設計を満足すれば良いのかという根拠を明らかにする必要があると考える．

(5) 鋼製橋脚以外の部材に対する検証方法に対する討議と回答

（鋼製橋脚以外の部材に対する検証方法に対する討議）［宇佐美，2018］

論文では「これらのパラメータの値には道示の適用範囲外で一般的な鋼製橋脚では見られないものを含むが，アーチ橋やトラス橋等の部材では存在しうることを考慮したものである．」と述べられているが，アーチ

付録3　ひずみ照査法をめぐる問題　　　313

リブであれば，そのような構造に対する"適切"な構造モデルを作成し，1次設計による照査を満たす力学的パラメータを選択して荷重履歴の検討を行うべきではないか．パラメータ値さえ合わせれば，どのような構造・荷重モデルで検証しても良いわけではないはずである．検討に用いた単柱式橋脚モデルにより，アーチリブの構造ならびに地震時の荷重を模擬できるとは考えられない．加えて，1次設計を満足しない単柱式橋脚モデルは，幾何学的非線形の影響が強調されるため，決して"適切"なモデルではないと考える．

（回答）[奥村ら，2018]

上路式鋼アーチ橋のアーチリブに対して行った Pushover 解析の例を先述の 2.1 (2) (d)に示した．対象のアーチ橋は前回示方書の照査例 (pp.129-143) に用いられたものであり，「1 次設計を満足する構造」である．また，前回示方書の照査例では全体系の Pushover 解析による照査（討議者の言われる(2-3)の照査）は行われていないので，構造全体の幾何学的非線形性が非常に強い場合ではないと討議者が判断されている構造と考える．著者らは時刻歴応答解析の結果を踏まえ，実際に即したアーチリブへの作用力として支柱位置に一定死荷重を作用させた状態でアーチクラウンに橋軸方向に変位制御による Pushover 解析を行った（図-付3.2.10）．Pushover 解析はアーチリブをシェル要素でモデル化した場合（シェルモデル）とはり要素でモデル化した場合（はりモデル）の 2 ケースについて行っている．Pushover 解析におけるアーチクラウンの水平荷重－水平変位関係を図-付 3.2.11(a)に，はりモデルの Pushover 解析において損傷が生ずるセグメントの平均圧縮ひずみ－アーチクラウンの水平変位関係を同図(b)に示した．これより，はりモデルによる解析で応答ひずみが終局圧縮ひずみに到達する点は a)水平荷重－水平変位関係における最大耐力の 66%低下点（シェル要素モデルによる解析結果）となる．すなわち，セグメントの終局圧縮ひずみに対する照査では最大耐力の95%低下点である部材としての安全限界をかなり危険側に評価することになることがわかる．なお，同図より，はり要素モデルにおいても最大耐力の 75%低下点となっており，アーチリブの終局挙動にはひずみ照査法で考慮できない部材座屈の影響が支配的であることがわかる．このように，「1 次設計を満足する構造」という条件では，ひずみ照査法の適用範囲を適切に表していないことがわかる．したがって，ひずみ照査法が適用できる範囲は明確に構造パラメータにより表すべきと考える．また，前回示方書(2-3)の照査では，はりモデルによる Pushover 解析を行うことになっているが，はりモデルではシェルモデルと較べてピーク以降の荷重低下の度合いを低く評価する（図-付 3.2.11(a)）ので危険側の照査になる．

(6) ひずみ照査法の精度検証に対する討議と回答

（ひずみ照査法の精度検証に対する討議）[宇佐美，2018]

ひずみ照査法の限界値（(2-1)，(2-2)の右辺）は平均値ベースで算定し，左辺の部分係数 γ に含まれる部材係数 γ_b（構造安全性の照査では，静定構造に対して1.32，不静定構造に対して1.1，修復性照査に対しては一律に1.1）で除すことにより下界相当値に下げる操作を行っている（前回示方書，表-解4.1.1参照）．したがって，図-付3.2.4, 3.2.5のひずみ照査法によって算定された鋼製橋脚の終局変位 δ_u（横軸）は γ_b=1.32で除して解析結果（縦軸）と比較すべきである．このような操作を行うことにより，図-付3.3.1に示すように，(a)1方向の単調（Pushover）および繰り返し載荷，(b)2方向の繰り返し載荷に対してひずみ照査法による終局水平変位 δ_u/γ_b は，ほぼ全て安全側に位置するようになる．円形断面についても概略同様です．2方向の繰り返し載荷に対しても精度の良い結果が得られていることは，ひずみ照査法が2方向地震動を受ける一般の鋼橋への適用の妥当性を示唆していると考えられる．

（回答）[奥村ら，2018]

本論文では明確な橋脚の数学モデルを対象としたときの「ひずみ照査法」による終局限界到達時の変位の

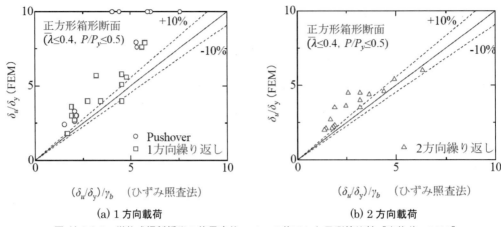

図-付 3.3.1 単柱式鋼製橋脚の終局変位 δ_u/δ_y の修正した予測値比較 [宇佐美, 2018]

算定精度の議論を行っている．したがって，このような場合に部分安全係数を持ち出すのは不適当である．

仮に，計算上の不確実性をあらわす部分安全係数を考慮するとしても，部分安全係数 $\gamma_b=1.32$ には計算上の不確実性以外にも部材の重要度などを考慮するための割増しも含まれているので，これらを含んだ部材係数 $\gamma_b=1.32$ をそのまま用いて除すことは不適当である．すなわち，討議者の言われる部材係数 $\gamma_b=1.32$ は①強度解析モデルの不確かさを考慮した係数 $\gamma_{b1}=1.1$ と②限界状態の特性等を考慮した係数 $\gamma_{b2}=1.2$（静定構造物）の積として算定された値（$1.32=1.1\times1.2$）である．しかし，②限界状態の特性等を考慮した係数 $\gamma_{b2}=1.2$ は 1.0 とすべきである．なぜなら $\gamma_{b2}=1.2$ は静定構造物では部材の破壊で構造系の崩壊が急激に生じることから定められた値で，構造系に対する当該部材の重要度を考慮する係数である．計算上の不確実性とは関係ない．計算上の不確実性を考慮する部材係数としては $\gamma_{b1}=1.1$ の値でなければならない．この値を用いても，1 方向載荷，2 方向載荷ともひずみ照査法が危険側の照査になるという結論はほとんど変わらない．

(7) ε_m が $2\varepsilon_y$ を下回る問題に対する討議と回答

（ε_m が $2\varepsilon_y$ を下回る問題に対する討議）[宇佐美, 2018]

$R_R=0.3$, $\bar{\lambda}=1.0$, $P/P_y=0.7$ の部材のみ $\varepsilon_m\leq2\varepsilon_y$ となる場合があることを単柱式鋼製橋脚の解析から示されている．論文では「実際の鋼製橋脚の範囲ではこのようなことは生じないが，軸力比や細長比の大きいトラスの主部材や各種二次部材では ε_m が $2\varepsilon_y$ を下回る [小野ら, 2007, 2008；日本道路協会, 2015] ことは否定できない」としている．「否定できない」とは，例えば実際のトラス橋の地震応答解析から ε_m が $2\varepsilon_y$ を下回る例が見られたのか，あるいは単柱式鋼製橋脚の実験・解析からの単なる推測なのか．引用文献 [小野ら, 2007, 2008；日本道路協会, 2015] は前者（トラス部材）を取り扱った文献ではないようなので，後者（鋼製橋脚）とすると，どのような過程で推測出来るのか．$\varepsilon_m\leq2\varepsilon_y$ が許容できるか否かの判断は簡単ではない．部材に地震後残留する変形量（$2\varepsilon_y$ に関連づけられる変形）が必要で，この量は部材周辺の枠組みの健全度，また地震終了後の揺れ戻し等の影響を受けるため，構造物全体の複合非線形地震応答解析を多数実施する必要がある．

（回答）[奥村ら, 2018]

例えば文献 [葛西ら, 2014] において，軸圧縮力が支配的な無補剛箱形断面部材を対象とした Pushover 解析の結果（図-付 3.2.7）が示されており，$\bar{\lambda}\geq0.8$ において ε_m が $2\varepsilon_y$ を下回っていることがわかる．

このことは，討議者もご自身の論文 [宇佐美, 2016] でも検討されているように，初期不整を考慮した中

心軸圧縮柱の細長比パラメータ $\bar{\lambda}=1.0$ の場合では最大耐力到達時において圧縮フランジで最大 $1.28\,\varepsilon_y$ 程度のひずみ値であることが示されている．なお，このひずみ値は応答ひずみに初期ひずみ（$0.25\,\varepsilon_y$）を加えた値であるので，応答ひずみとしては $1\,\varepsilon_y$ 程度となるものと考えられる．以上の事例より，軸力比や細長比の大きい部材では ε_m が $2\,\varepsilon_y$ を下回る場合があると考えられる．

(8) 討議の総括と回答

（討議の総括）［宇佐美，2018］

(2)で述べたように，a)著者らの論文と前回示方書では限界状態に対する考え方が相違する，また，b)著者らの論文では(2-3)の照査が実施されていない，の2点から生ずる「ひずみ照査法」に対する様々な問題点が指摘されている．しかしながら，1次設計は必ず実施し，加えて(2-3)の照査も，(2-1)および(2-2)の動的解析による照査を行わない場合は，必ず実施することにより，論文で指摘されているような「ひずみ照査法」に対する問題点の多くは解消出来るのではないかと考えている．私見では，著者らのように精緻な解析により構造設計法の検討を行うことは大事であるが，主荷重に比べ圧倒的に不確定要素が多い外力（地震動），誤差を生みやすい連成挙動の準静的・動的解析，バラツキが避けられない地震終了後の残留変形などを勘案すると，細かい数値の検討だけに終始するだけでなく，現状を見据え，ある程度割切る判断が耐震設計の研究では必要なような気がする．

（回答）［奥村ら，2018］

冒頭にも述べたように，本論文では「セグメントの終局限界に対して求めた限界ひずみでは，部材の座屈を伴う終局限界を照査することはできない」ということを理論的に明らかにした．このことは限界状態をピーク点に定義しても95%耐力低下点に定義しても変わるものではない．95%耐力低下点を限界状態に定義する場合の問題点は今回の討議の中で理論的に明らかにした．

著者らはこれを踏まえた上で，部材座屈の影響が小さければセグメントの終局限界と部材の終局限界はほぼ一致し，工学的に許容できる範囲も存在すると考えている．したがって，ひずみ照査法の適用にあたっては上記の観点から支配パラメータを選び，適用範囲を明確にすることが重要であると考える．現状では「1次設計を満足する構造」ということがひずみ照査法の適用範囲とされているが，このことは必ずしも，レベル2地震動に対して部材座屈の影響が小さいことを保証することにはならず，2.1 (2) (d)のアーチ橋の数値解析例で示したように，かなり危険側の評価となる場合もあるので，適用範囲は部材座屈の影響を表すパラメータを用いて構造ごとに制限すべきであると考える．

先に述べたように，静的解析，動的解析によらず，前回示方書のひずみ照査法では部材の曲げ座屈の影響は考慮できない．したがって，損傷を許容する部材に対するPushover解析が別途必要である．しかし，(2-3)の照査（全体系のPushover解析）では最大応答ひずみが生じる場合の慣性力モードを用いるとしか書いていないので，各部部材ごとにCriticalになる慣性力モードは考慮できないと考えられる．また(2-3)の照査では，はり要素を用いたモデルのPushover解析を用いるので，局部座屈と全体座屈からなる連成挙動を考慮できない．とくに前回示方書ではセグメントの軟化域の95%耐力点を限界点とされているので局部座屈の影響が大きくなる．したがって，損傷する部位についてはセグメントの限界ひずみの算定に用いられたようなシェル要素のモデルを用いる必要があると考える．このことは2.1 (2) (d)のアーチリブの例で示したようにピーク以降の軟化域においてシェルモデルと較べ，はりモデルの耐力が高くなっており危険側の評価を与えていることからも明らかである．なお，シェル要素のモデルを損傷部位に用いると，局部座屈の影響は解析モデルで直接考慮できるので，もはや終局圧縮ひずみに対する照査の必要はなくなる．

前回示方書のひずみ照査法の枠組みをなるべく変えずに改良するための著者らの1つの試案を以下に述べる.

1. 部材座屈の影響が考慮できるように限界ひずみを部材の有効細長比の関数とする.

2. (2-3)の照査は構造全体系の座屈の影響が小さい連続高架橋などの構造以外には常に用いる．Pushover解析に用いる構造全体系のモデルでは損傷部分にシェル要素を用いる．はり要素のみのモデルを用いる場合は損傷を許容するのはエネルギー吸収部材（パラメータ制限がある部材）のみとする．前回示方書のように，はり要素のみで構造全体系をモデル化する場合はピーク以降の軟化域の荷重低下を過少評価するので，限界値は最大耐力点とする必要がある.

「耐震設計の研究ではある程度割り切る判断が必要」との意見に対しては次のように考えている．前回示方書に用いられている部分係数設計法では，作用係数，部材係数，構造解析係数等のように，応答値（地震力）と構造物の限界値に分け，各ばらつきが生じる要因について独立に安全係数が設定される．つまり，今回，論文で指摘したような対処法が明らかな要因については各要因の評価において精緻化を図ることで部分係数を1.0にすることができるようになっている．すなわち，地震動の不確定性を考慮する作用係数とは別に，構造物の応答値の算定精度は構造解析係数，構造物の限界値の評価精度は部材係数に考慮される．応答値や限界値の算定手法の精緻化を図ることにより構造解析係数や部材係数などを1に近づけることができるのであれば，設計の合理化を図る上で重要なことと考える．数値計算の環境や技術のさらなる発展が見込まれる将来を見据えれば，このような方向性に間違いはないと考える.

3.2 論文「複弦アーチリブの橋軸直角方向地震時耐荷力に関する検討」［佐野ら，2007］に対する討議と回答［宇佐美，2008b］

(1) 討議［宇佐美，2008b］

「$2\varepsilon_y$は計測したアーチリブの状態は，文献［宇佐美，2006］にいう部材健全度 2 を超えた状態であったと推定された.」（p.309，L.19-21［佐野ら，2007］）に対する討議者の見解は以下のとおりである.

a) 文献［宇佐美ら，2006］で考えている耐震性能照査は部材ごとに設定した部材健全度の確保の積み重ねによって，構造全体の所要の耐震性能を確保する考えである.

b) 今，部材健全度による照査が不十分で，ある部材（A）が大きな損傷を起こしてしまった．すなわち，設計時に許容している損傷度を超えてしまい，その結果他の部材（B）に影響を及ぼし，部材（B）も設計時に想定していた損傷度を超えてしまったとする.

c) 今回の実験を見てみると，部材（A）は，横つなぎ材，部材（B）はアーチリブに相当すると思われる．すなわち，今回の実験は，横つなぎ材の損傷がなければ，（適切に機能していれば）構造全体系の耐力，変形性能はもっと大きくなっていた（推測では Case1 でアーチリブに局部座屈が出た $4\delta_y$ 程度でピークになっていたように思われる）.

d) そこで問題は，上記の"アーチリブの状態は文献［宇佐美，2006］にいう部材健全度 2 を超えた状態であると推定された."の所で，これは正しくは，"構造全体系の状態は文献［宇佐美，2006］にいう耐震性能 2 または 3 を超えた状態であると推定された."であって，アーチリブのみの状態ではないはずである.

e) 上述の点を明確にするには，横つなぎ材が破壊しないような（例えば，座屈拘束ブレースにする）状態で同種の実験を行うことだと思われる.

付録3　ひずみ照査法をめぐる問題　317

　著者らの論文を深く読まないで結論だけを読むと，$2\varepsilon_y$はアーチリブの部材健全度 2 の限界値としては不適切と誤解されるような気がするのであえて討議として問題点を指摘した．

(2) 佐野らの回答［宇佐美，2008b］

　はじめに本論文では，文献［宇佐美，2006］にいうアーチリブの部材健全度2の限界値に関して直接議論するものではなく，実験より計測されたひずみと実験供試体の状態に対して，これを参考として考察を行った立場であることを明確にしたい．

　本論文の複弦アーチリブの正負交番載荷実験では，横構の損傷が先行して生じ，横構構面の形状保持機能が失われると，アーチリブに局部座屈が生じ水平耐力が低下する結果となった．文献［宇佐美，2006］にいう各部材の健全度では，アーチリブの部材健全度が2（ひずみでは$2\varepsilon_y$）を超え，すぐに二次部材である横構および横支材（以下，横つなぎ材）に破断等の大きな損傷が生じ部材健全度4を超えた結果，構造全体系の状態は文献［宇佐美，2006］にいう耐震性能2または3を超えた状態（耐力付近）であった（表-付3.3.1）と考えられる．本論文ではアーチリブのみに着目してp.309，L.19-21のような表現にしたが，構造系全体の状態は討議者のご指摘の通りと考える．さらに，横構が早期に損傷せずに機能した場合は，異なった結果となるであろうという討議者の指摘に対して異論はない．しかし一方で，横構が健全に機能した場合，アーチリブへの軸力分担が増加し，支承部のアップリフトが増大するため，全体のバランスの良い設計が要求されるが，既設橋の補強設計を行う場合は全てを満足するのは困難な場合が多いようである．また，平成8年以前の道路橋示方書・同解説V耐震設計編で設計された既設のアーチ橋では，以下の3点の理由から横つなぎ材が本実験と同様に早期に損傷する（部材健全度4を超えてしまう）可能性が想定され，耐震補強設計では注意が必要と考える．

① 横構にCT形鋼などを用いた場合，軸心が偏心する．
② 横構の断面が二次部材の細長比規定（150以下）で決定され，剛性が小さいことが多い．
③ 横支材の断面は，設計断面力が小さいため断面力で決定されず，通常はアーチリブや横構の部材寸法とのバランスで決定されていて剛性が大きくない．

　討議者の討議にあるように，本実験より実験供試体の状態は"構造系全体の状態は文献［宇佐美，2006］にいう耐震性能2または3を超えた状態であると推定された．"といえると思われる．また，その要因は横つなぎ材の形状保持機能が損失したことが大きいと考えられる．一方，文献［宇佐美，2006］には二次部材は耐震性能2～4を満足するために部材健全度4で照査されるが，本実験結果からも明らかなように，アーチリブの横構は橋軸直角方向地震に対して耐震・制震上重要な部材となる．よって，部材本体のみではなく，部材軸の偏心やガセット取付部の剛性急変部等の構造上の弱点にも配慮した設計が重要と考える．

表-付3.3.1　部材健全度と耐震性能

部　材	文献［宇佐美，2006］	実験結果
アーチリブ	部材健全度2	部材健全度2超
二次部材（横構，横支材）	部材健全度4	部材健全度4超
耐震性能	耐震性能2	耐震性能2または3超

3.3 「ファイバーモデルを用いた矩形断面鋼部材の耐震性能照査法に関する一提案」［小野ら，2007］に対する討議［宇佐美，2008a］と回答［小野ら，2008］

(1) 討議［宇佐美，2008a］

論文［小野ら，2007］では，既往の単柱式橋脚の繰り返し載荷実験および解析におけるδ_{95}とPushover解析に終局圧縮ひずみを適用して求められたδ_{95}^{push}（図-付3.3.2参照）を比較し，鋼橋の耐震・制震設計ガイドライン［宇佐美，2006］の終局圧縮ひずみ（＝前回示方書の終局圧縮ひずみ）は著者が提案する許容平均ひずみの場合に比べて，誤差が大きく危険側の評価であるといえる"と結論づけている．これは以下に示すように，鋼橋の耐震・制震設計ガイドラインの提案する耐震性能照査法の誤った解釈・適用からきている．

ガイドラインで用いている照査式は，表-付3.3.2の式(1)はなく，正しくは式(6)である．変位照査法もひずみを変位に置き換えれば同様である．すなわち，限界値ε_uは平均値ベースで算定し，部材係数γ_bで除すことにより下界相当値に下げる操作を行っている．この考えは，鋼・合成構造標準示方書［土木学会，2008］における共通の考えである．それに対し報告では，表-付3.3.2の式(1)を照査に用いることを考え，部分係数（安全係数）は考えていない．したがって，報告の限界値ε_uは，下界値に相当する値であり，ガイドラインのε_uと直接比較はできない．ガイドラインでは，γ_bの値として，静定構造物に対して1.32，不静定構造に対して1.1が採用されている．不静定構造物の場合は，1部材セグメントが限界値に達しでも構造物全体の終局に対して余裕がある［森下ら，2002］ことから，部材係数を小さくしている．

終局圧縮ひずみの妥当性の検証は，上述の点から，報告のようなδ_{95}（横軸）に対してδ_{95}^{push}（縦軸）で行うのでなく，縦軸は$\delta_{95}^{push}/\gamma_b$で行うべきである．図-付3.3.3は，図-付3.2.13の点を読み取り，縦軸を$\delta_{95}^{push}/\gamma_b$に変更してプロットし直した図である．図中の●は$\gamma_b$=1.1（不静定構造），○は$\gamma_b$=1.32（静定構造）に対応する点である．この図から分かるように，静定構造に対応する○は全て安全側，不静定構造に対応する●は，数点を除いて全て安全側に位置するようになる．不静定構造の場合は，静定構造に比べ，安全性に余裕（余裕度=1.3～1.8）［森下ら，2002］があるので，数点の危険側の点は許容できると考えている．このことから，ガイドラインの終局圧縮ひずみは，表-付3.3.2の式(6)の照査法を用いれば妥当であり，さらに先述のようにP_{max}^{push}も高い精度でP_{max}を予測できることから，ガイドラインのひずみ照査法の適用性には何ら問題がないことがわかる．

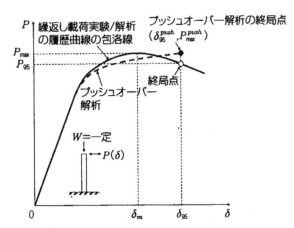

図-付 3.3.2 繰り返し載荷実験/解析の包絡線とプッシュオーバー解析結果の比較［宇佐美，2008］

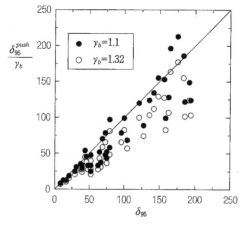

図-付 3.3.3 終局圧縮ひずみの妥当性の再検討［宇佐美，2008］

付録 3　ひずみ照査法をめぐる問題　　　319

表-付 3.3.2　報告およびガイドラインが奨励する手法の比較［宇佐美，2008a］

	報　　告[16]	ガイドライン[3]
（a）解析方法	ファイバーモデル	ファイバーモデル
（b）構成則	バイリニア$\sigma-\varepsilon$移動硬化則	Pushover 解析：新技術モデル 動 的 解 析：バイリニア$\sigma-\varepsilon$移動 　　　　　　　硬化則
（c）非線形性	複 合 非 線 形	複 合 非 線 形
（d）終局点	最大荷重点P_{max}	$0.95P_{max}$
（e）ひずみの算定	領域［$B \times B$］の平均ひずみ	領域［$B \times \min(0.7B, a)$］の平均ひずみ
（f）対象構造物	一 般 橋 梁	一 般 橋 梁
（g）性能照査 （ひずみ照査法）	$\varepsilon_u(t) \geq \varepsilon_{max}$ ……………（1）	$\varepsilon_u(t)/\gamma_b \geq \gamma_i \cdot \gamma_a \cdot \varepsilon_{max}$ ……………（6） γ_b＝部材係数（1.1〜1.32） γ_i＝構造物係数（1.0） γ_a＝構造解析係数（1.0〜1.1）

注）B＝フランジ幅，a＝ダイヤフラム間隔

(2) 回答［小野ら，2008］

　a) 部材係数 γ_b

　討議では，ガイドラインの照査式は，限界値 $\varepsilon_u(t)$ を部材係数 γ_b で除すことにより下限値相当に下げる操作を行った表-付 3.3.2 中の式(6)であるとしている．確かに，ガイドラインでの 149 ページの記述，315 ページの表-3.3.10 等は討議者の指摘とおりである．しかしながら，26 ページおよび 147 ページの「平均圧縮ひずみの時刻歴 $\varepsilon_a(t)$ を算出して応答値 ε_{max} とし，それと部材セグメントの終局圧縮ひずみ $\varepsilon_u(t)$ を限界値として照査を行う方法」という記述およびそれに対応する図 2.3.2 および図 7.4.1，315 ページの図 3.3.18 等，表-付 3.3.2 の式(6)ではなく式(1)の $\varepsilon_u(t) \geq \varepsilon_{max}$ で照査しているとしか解釈できない箇所が存在する．よって，著者らが誤った適用と指摘されることには納得がいかず，むしろガイドラインの記述の整合がとれていないことが誤解を生む原因であると言える．なお，討議者らは，文献［葛ら，2004］やその他いくつかの論文で，表-付 3.3.2 の式(6)でなく，式(1)で照査を行っていることを参考までに記す．

　b) 精度および適用性

　以下の式(付 3.3.5)に示す平均値ベースの許容平均ひずみ ε_{am} の検討も行っている．

$$\frac{\varepsilon_{am}}{\varepsilon_y} = \frac{1.6}{0.04 + 2(N/N_y)^3 + (N/N_y)^{2/\bar{\lambda}}} \exp\left[-\frac{a^{-0.2}\left(\gamma_l/\gamma_l^*\right)^{0.25} R_F}{0.2 + 2(N/N_y)^3}\right] \tag{付 3.3.5}$$

その平均値相当の式(付 3.3.5)から計算される水平変位と図-付 3.2.14 で用いた実験結果等の最大水平力時変位との比較を図-付 3.3.4 に示す．平均値相当の提案式による計算結果と実験結果等との誤差に関して，式(付 3.2.10)の図-付 3.2.13 では+50〜-30％程度の誤差，式(付 3.3.5)の図-付 3.3.4 では+20〜-20％程度の誤差となっており，式(付 3.3.5)の方のばらつきが小さいため，精度が良いと考える．

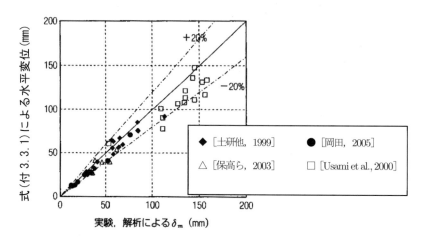

図-付 3.3.4　既往の終局圧縮ひずみの妥当性の検証 [小野ら, 2008]

付録 3 の参考文献

日本道路協会 (1996a)：道路橋示方書 (Ⅱ鋼橋編)・同解説, 丸善.

日本道路協会 (1996b)：道路橋示方書 (Ⅴ耐震設計編)・同解説, 丸善.

土木研究所, 首都高速道路公団, 阪神高速道路公団, 名古屋高速道路公社, 鋼材倶楽部, 日本橋梁建設協会 (1999)：道路橋脚の地震時限界状態設計法に関する共同研究報告書 (総括編), 共同研究報告書第 219 号.

森下邦宏, 宇佐美勉, 阪野崇人, 高橋昌利 (2002)：鋼構造物の動的耐震照査法に関する解析的検討, 構造工学論文集, Vol.48A, pp.779-788.

日本鋼構造協会 (2003)：土木鋼構造物の動的耐震性能照査法と耐震性向上策.

保高篤司, Susantha, K.A.S., 青木徹彦 (2003)：長方形断面鋼製橋脚の耐震性能に関する実験的研究, 構造工学論文集, Vol.49A, pp.381-391.

葛漢彬, 河野豪, 宇佐美勉 (2004)：圧縮と曲げを受ける鋼部材セグメントの終局ひずみと鋼アーチ橋の動的耐震照査への応用, 構造工学論文集, Vol.50A, pp.1479-1448.

岡田誠司 (2005)：高軸力が作用する矩形断面鋼部材の耐震性能および評価手法に関する研究, 大阪大学学位論文.

土木学会 (2005)：座屈設計ガイドライン改訂第二版 (2005 年改訂版), 鋼構造シリーズ 12, pp.61-62.

宇佐美勉 (2006)：鋼橋の耐震・制震設計ガイドライン, 日本鋼構造協会, 技報堂出版.

小野潔, 橋本亮, 西村宣男, 山口栄輝 (2007)：ファイバーモデルを用いた補剛矩形断面鋼部材の耐震性能照査法に関する一提案, 橋梁と基礎, Vol.41, No.6, pp.26-33.

佐野泰如, 小池洋平, 大森邦雄 (2007)：複弦アーチリブの橋軸直角方向地震時耐荷力に関する検討, 土木学会論文集 A, Vol.63, No.2, pp297-311.

宇佐美勉 (2008a)：「ファイバーモデルを用いた補剛矩形断面鋼部材の耐震性能照査法に関する一提案」への討議, 橋梁と基礎, Vol.42, No.3, pp.32-35.

宇佐美勉 (2008b)：「複弦アーチリブの橋軸直角方向地震時耐荷力に関する検討」への討議・回答, 土木学会論文集 A, Vol.64, No.2, pp.458-459.

小野潔, 橋本亮, 西村宣男, 山口栄輝 (2008)：「ファイバーモデルを用いた補剛矩形断面鋼部材の耐震性能照査法に関する一提案」への討議に対する回答, 橋梁と基礎, Vol.42, No.3, pp.36-39.

土木学会 (2008)：鋼・合成構造標準示方書　総則編・構造計画編・設計編, 丸善.

後藤芳顯, 海老澤健正 (2012)：3 方向地震動を受ける正方形断面鋼製橋脚の限界状態の評価法, 構造工学論文集, Vol.58A, pp.399-412.

日本道路協会 (2012)：道路橋示方書 (Ⅴ耐震設計編)・同解説, 丸善.

葛西昭, 宮本勇紀, 河岡英明, Lilya, S. (2014)：鋼圧縮部材の終局ひずみに関する解析的検討, 土木学会論文集 A2 (応用力学), Vol.70, No.2, pp.I_575-586.

日本道路協会 (2015)：道路橋示方書・同解説 Ⅴ耐震設計編に関する参考資料, 丸善.

宇佐美勉 (2016)：鋼橋の座屈・耐震設計に関する一考察, 橋梁と基礎, Vol.50, No.9, pp.26-31.

奥村徹, 海老澤健正, 後藤芳顯 (2017)：セグメントのひずみにもとづく鋼製橋脚を含む鋼部材の耐震安全照査法の妥当性, 構造工学論文集, Vol.63A, pp301-314.

後藤芳顯, 奥村徹, 海老澤健正 (2017)：連続高架橋の多方向地震動下でのゴム支承と支承取付部の曲げせん断挙動, 土木学会論文集 A1（構造・地震工学）, Vol.73, No.3, pp.532-551.

日本道路協会 (2017)：道路橋示方書（V 耐震設計編）・同解説, 丸善.

宇佐美勉 (2018)：構造工学論文集 Vol.63A「セグメントのひずみにもとづく鋼製橋脚を含む鋼部材の耐震安全照査法の妥当性」に対する討議.

奥村徹, 海老澤健正, 後藤芳顯 (2018)：構造工学論文集 Vol.63A「セグメントのひずみにもとづく鋼製橋脚を含む鋼部材の耐震安全照査法の妥当性」に対する討議の回答.

深谷茂広 (2018)：構造工学論文集 Vol.63A「セグメントのひずみにもとづく鋼製橋脚を含む鋼部材の耐震安全照査法の妥当性」に対する討議.

Usami, T., Gao, S. and Ge, H. (2000) : Stiffened steel box columns, Part 2 : Ductility evaluation, Earthquake Engineering and Structural Dynamics, Vol.29, Issue 11, pp.1707-1722.

鋼・合成構造標準示方書一覧

	書名	発行年月	版型：頁数	本体価格
※	2009年制定 鋼・合成構造標準示方書 施工編	平成21年7月	A4：180	2,700
※	2013年制定 鋼・合成構造標準示方書 維持管理編	平成26年1月	A4：344	4,800
※	2016年制定 鋼・合成構造標準示方書 総則編・構造計画編・設計編	平成28年7月	A4：414	4,700
※	2018年制定 鋼・合成構造標準示方書 耐震設計編	平成30年9月	A4：338	2,800

鋼構造架設設計施工指針

	書名	発行年月	版型：頁数	本体価格
※	鋼構造架設設計施工指針［2012年版］	平成24年5月	A4：280	4,400

鋼構造シリーズ一覧

	号数	書名	発行年月	版型：頁数	本体価格
	1	鋼橋の維持管理のための設備	昭和62年4月	B5：80	
	2	座屈設計ガイドライン	昭和62年11月	B5：309	
	3-A	鋼構造物設計指針 PART A 一般構造物	昭和62年12月	B5：157	
	3-B	鋼構造物設計指針 PART B 特定構造物	昭和62年12月	B5：225	
	4	鋼床版の疲労	平成2年9月	B5：136	
	5	鋼斜張橋－技術とその変遷－	平成2年9月	B5：352	
	6	鋼構造物の終局強度と設計	平成6年7月	B5：146	
	7	鋼橋における劣化現象と損傷の評価	平成8年10月	A4：145	
	8	吊橋－技術とその変遷－	平成8年12月	A4：268	
	9-A	鋼構造物設計指針 PART A 一般構造物	平成9年5月	B5：195	
	9-B	鋼構造物設計指針 PART B 合成構造物	平成9年9月	B5：199	
	10	阪神・淡路大震災における鋼構造物の震災の実態と分析	平成11年5月	A4：271	
	11	ケーブル・スペース構造の基礎と応用	平成11年10月	A4：349	
	12	座屈設計ガイドライン 改訂第2版［2005年版］	平成17年10月	A4：445	
	13	浮体橋の設計指針	平成18年3月	A4：235	
	14	歴史的鋼橋の補修・補強マニュアル	平成18年11月	A4：192	
※	15	高力ボルト摩擦接合継手の設計・施工・維持管理指針（案）	平成18年12月	A4：140	3,200
	16	ケーブルを使った合理化橋梁技術のノウハウ	平成19年3月	A4：332	
	17	道路橋支承部の改善と維持管理技術	平成20年5月	A4：307	
※	18	腐食した鋼構造物の耐久性照査マニュアル	平成21年3月	A4：546	8,000
※	19	鋼床版の疲労［2010年改訂版］	平成22年12月	A4：183	3,000
	20	鋼斜張橋－技術とその変遷－［2010年版］	平成23年2月	A4：273＋CD-ROM	
※	21	鋼橋の品質確保の手引き［2011年版］	平成23年3月	A5：220	1,800
※	22	鋼橋の疲労対策技術	平成25年12月	A4：257	2,600
※	23	腐食した鋼構造物の性能回復事例と性能回復設計法	平成26年8月	A4：373	3,800
	24	火災を受けた鋼橋の診断補修ガイドライン	平成27年7月	A4：143	
※	25	道路橋支承部の点検・診断・維持管理技術	平成28年5月	A4：243＋CD-ROM	4,000
※	26	鋼橋の大規模修繕・大規模更新－解説と事例－	平成28年7月	A4：302	3,500
※	27	道路橋床版の維持管理マニュアル2016	平成28年10月	A4：186＋CD-ROM	3,300
※	28	道路橋床版防水システムガイドライン2016	平成28年10月	A4：182	2,600
※	29	鋼構造物の長寿命化技術	平成30年3月	A4：262	2,600

※は、土木学会および丸善出版にて販売中です。価格には別途消費税が加算されます。

定価（本体 2,800 円＋税）

2018 年制定
鋼・合成構造標準示方書　耐震設計編

平成 20 年　2 月 29 日　2008 年制定・第 1 刷発行
平成 30 年　9 月 20 日　2018 年制定・第 1 刷発行

編集者……公益社団法人　土木学会　鋼構造委員会
　　　　　鋼・合成構造標準示方書耐震設計編小委員会
　　　　　委員長　後藤　芳顯
発行者……公益社団法人　土木学会　専務理事　塚田　幸広

発行所……公益社団法人　土木学会
　　　　　〒160-0004　東京都新宿区四谷 1 丁目（外濠公園内）
　　　　　TEL　03-3355-3444　FAX　03-5379-2769
　　　　　http://www.jsce.or.jp/
発売所……丸善出版株式会社
　　　　　〒101-0051　東京都千代田区神田神保町 2-17　神田神保町ビル
　　　　　TEL　03-3512-3256　FAX　03-3512-3270

©JSCE2018／Committee on Steel Structures
ISBN978-4-8106-0912-7
印刷・製本：昭和情報プロセス（株）　用紙：京橋紙業（株）

・本書の内容を複写または転載する場合には、必ず土木学会の許可を得てください。
・本書の内容に関するご質問は、E-mail（pub@jsce.or.jp）にてご連絡ください。